陕西省中等职业学校专业骨干教师培训系列教材

焊接技术及应用

主编　惠媛媛

参编　陈茂军　靳全胜　张凌云

主审　李　桓

西安电子科技大学出版社

内 容 简 介

本书以焊接专业知识为主线，系统地讲授了焊接专业理论、焊接专业核心工艺技术和焊接专业特种技术，附录部分给出了焊接专业相关标准。焊接专业理论知识涵盖焊接概论、电弧焊基础、焊接工艺基础、焊接安全知识、焊接缺陷及焊接检验等内容；焊接专业核心工艺技术涵盖气焊、气割、焊条电弧焊、二氧化碳气体保护焊、钨极惰性气体保护焊、埋弧焊、碳弧气刨、钎焊、机器人焊接相关知识及操作技能；焊接专业特种技术知识涵盖等离子弧焊接、切割与喷涂、电子束焊、激光焊、超声波焊、电渣焊、扩散焊、摩擦焊、铝热焊、爆炸焊、电阻焊等。

本书涵盖范围广泛，编写模式新颖。按照焊接专业知识进行模块分解，以单元、项目、任务，学习目标、知识链接、技能操作为层次安排编写内容。本书是为中职"双师型"师资培训专门编写的培训用书，也可作为各类成人教育、继续教育焊接专业的教材及相关技术人员的参考书。

图书在版编目(CIP)数据

焊接技术及应用/惠媛媛主编. —西安：西安电子科技大学出版社，2016.6(2023.12 重印)
ISBN 978-7-5606-4086-0

Ⅰ.① 焊… Ⅱ.① 惠… Ⅲ.① 焊接工艺—中等专业学校—教材 Ⅳ.① TG44

中国版本图书馆 CIP 数据核字(2016)第 130290 号

策　　划　李惠萍
责任编辑　李惠萍　杨　薇
出版发行　西安电子科技大学出版社(西安市太白南路 2 号)
电　　话　(029)88202421　88201467　　　　邮　　编　710071
网　　址　www.xduph.com　　　　　　电子邮箱　xdupfxb001@163.com
经　　销　新华书店
印刷单位　西安日报社印务中心
版　　次　2016 年 6 月第 1 版　　2023 年 12 月第 3 次印刷
开　　本　787 毫米×1092 毫米　1/16　印 张 22.5
字　　数　526 千字
定　　价　43.00 元
ISBN 978 - 7 - 5606 - 4086 - 0/TG
XDUP 4378001-3
如有印装问题可调换

序　言

　　教育之魂，育人为本；教育质量，教师为本。高素质高水平的教师队伍是学校教育内涵实力的真正体现。自"十一五"起，教育部就将职业院校教师素质提升摆到十分重要的地位，2007 年启动《中等职业学校教师素质提高计划》，开始实施中等职业学校专业骨干教师国家级培训；2011 年印发了《关于实施职业院校教师素质提高计划的意见》、《关于进一步完善职业教育教师培养培训制度的意见》和《关于"十二五"期间加强中等职业学校教师队伍建设的意见》。我省也于 2006 年率先在西北农林科技大学开展省级中等职业学校专业骨干教师培训，并相继出台了相关政策文件。

　　2013 年 6 月，陕西省教育厅印发了《关于陕西省中等职业教育专业教师培训包项目实施工作的通知》，启动培训研发项目。评议审定了 15 个专业的研究项目，分别是：西安交通大学的护理教育、电子技术及应用，西北农林科技大学的会计、现代园艺，陕西科技大学的机械加工技术、物流服务与管理，陕西工业职业技术学院的数控加工技术、计算机动漫与游戏制作，西安航空职业技术学院的焊接技术及应用、机电技术及应用，陕西交通职业技术学院的汽车运用与维修、计算机及应用，杨凌职业技术学院的高星级饭店运营与管理、旅游服务与管理，陕西学前师范学院的心理健康教育。承担项目高校皆为省级以上职教师资培养培训基地，具有多年职教师资培训经验，对培训研发项目高度重视，按照项目要求，积极动员力量，组建精干高效的项目研发团队，皆已顺利完成调研、开题、期中检查、结题验收等研发任务。目前，各项目所取得的研究报告、培训方案、培训教材、培训效果评价体系和辅助电子学习资源等成果大都已经用于实践，并成为我们进一步深化研发工作的宝贵经验和资料。

　　本次出版的"陕西省中等职业学校专业骨干教师培训系列教材"是培训包的研发成果之一，具有四大特点：

　　一是专业覆盖广，受关注度高。8 大类 15 个专业都是目前中等职业学校招生的热门专业，既包含战略性新兴产业、先进制造业，也包括现代农业和现代服务业。

　　二是内容新，适用性强。教材内容紧密对接行业产业发展，突出新知识、新技能、新工艺、新方法，包括专业领域新理论、前沿技术和关键技能，具有很强的先进性和适用性。

三是重实操，实用性强。教材遵循理实并重的原则，对接岗位要求，突出技术技能实践能力培养，体现项目任务导向化、实践过程仿真化、工作流程明晰化、动手操作方便化的特点。

四是体例新，凸显职业教育特点。教材采用标准印制纸张和规范化排版，体例上图文并茂、相得益彰，内容编排采用理实结合、行动导向法、工作项目制等现代职业教育理念，思路清晰，条块相融。

当前，职业教育已经进入了由规模增量向内涵质量转化的关键时期，现代职业教育体系建设，大众创业、万众创新，以及互联网+，中国制造 2025 等新的时代要求，对职业教育提出了新的任务和挑战，着力培养一支能够支撑和胜任职业教育发展所需的高素质、专业化、现代化的教师队伍已经迫在眉睫。本套教材是由从事职业教育教学工作多年的广大一线教师在实践中不断探索、总结编制而成的，它既是智慧的结晶，也是教学改革的成果。这套教材将作为我省相关专业骨干教师培训的指定用书，也可供职业技术院校师生和技术人员使用。

教材的编写和出版在省教育厅职业教育与成人教育处和省中等职业学校师资队伍建设项目管理办公室精心组织安排下开展，得到省教育厅领导、项目承担院校领导、相关院校继续教育学院（中心）及西安电子科技大学出版社等单位及个人的大力支持，在此我们表示诚挚的感谢！希望读者在使用过程中提出宝贵意见，以便进一步完善。

陕西省中等职业学校专业骨干教师培训系列教材

编写委员会

2015 年 11 月 22 日

陕西省中等职业学校专业骨干教师培训系列教材
编审委员会名单

主　任：王建利

副主任：崔　岩　韩忠诚

委　员：（按姓氏笔划排序）

　　　　　王奂新　　王晓地　　王　雄　　田争运　　付仲锋　　刘正安

　　　　　李永刚　　李吟龙　　李春娥　　杨卫军　　苗树胜　　韩　伟

陕西省中等职业学校专业骨干教师培训系列教材
专家委员会名单

主　任：王晓江

副主任：韩江水　　姚聪莉

委　员：（按姓氏笔划排序）

　　　　　丁春莉　　王宏军　　文怀兴　　冯变玲　　朱金卫　　刘彬让

　　　　　刘德敏　　杨生斌　　钱拴提

前　言

为了进一步贯彻陕西省 2013 年中等职业教育专业教师培训包项目"焊接技术及应用"(ZZPXB09)文件精神,加强培训包教材建设,满足中等职业教育专业教师培训对教材建设的要求,陕西省教育厅在西安召开了"关于中等职业教育专业教师培训包成果教材出版专题会议"。会上,由八个省级中职师资培训基地提出中职师资专业教师的培养目标及根据各专业的需求编制培训教材的计划。本书正是根据中等职业教育专业教师培训计划、以提升中等职业教育专业教师能力为目标而编写的。

焊接技术是各行各业重要的加工方法,也需要更多专业技术人员的投入,因此培养这类人才迫在眉睫。中等职业学校教育是培养焊接技术一线操作人才的重要途径,因此中等职业学校专业教师的培养尤为重要!通过师资培训提高教师的专业能力,旨在使教师在教学中拓宽视野,融会贯通地使用教材中的内容,为中职学生进行更好的理论和实践教学。

焊接技术所涉及的理论知识较多,焊接方法种类繁杂,且每种焊接方法的应用场合及其适用程度不相同,不同焊接方法的工艺参数、焊接条件也不相同,这就使得教材内容不可能面面俱到。根据对企业的调查,将常规焊接方法中气焊、气割、焊条电弧焊、二氧化碳气体保护焊、钨极惰性气体保护焊、埋弧焊、碳弧气刨、钎焊、机器人焊接作为本书核心内容是比较合适的;特种焊接方法涉及等离子弧焊接、切割与喷涂、电子束焊、激光焊、超声波焊、电渣焊、扩散焊、摩擦焊、铝热焊、爆炸焊、电阻焊等,目前应用也很广泛,因此这部分内容也是本书的重要内容。

本书分为三个单元。第一单元为焊接专业理论,分别介绍焊接概论、电弧焊基础、焊接工艺基础、焊接安全知识、焊接缺陷及检验;第二单元为焊接专业核心工艺技术,以项目任务形式阐述常规焊接方法的知识点和实际操作技能;第三单元为焊接专业特种技术,以项目形式重点介绍特种焊接方法的基本原理、工艺特点和应用范围。同时本书注重吸收焊接专业前沿发展,力求拓展专业视野,适应焊接技术的快速发展。

本书第一单元、第二单元项目一、项目二、项目三、项目八、项目九和第三单元由西安航空职业技术学院惠媛媛编写，第二单元项目四由西安航空职业技术学院张凌云编写，第二单元项目五由西安航空职业技术学院陈茂军编写，第二单元项目六、项目七由西安航空职业技术学院靳全胜编写。全书由惠媛媛统稿，天津大学李桓教授担任本书主审，李教授审阅全书并提出了修改意见。

在本书的编写过程中，作者参阅了大量的相关资料和教材，尤其是教育部、财政部中等职业学校素质提升计划成果——焊接专业师资培训包开发项目(LBZD024)的教材成果，同时也得到了有关专家和同行的有益指导，在此一并表示衷心的感谢！

由于作者水平有限，书中不妥之处在所难免，敬请读者批评指正。

编　者

2016 年 2 月

目　　录

第一单元　焊接专业理论

第二单元　焊接专业核心工艺技术

第三单元　焊接专业特种技术

第一单元　焊接专业理论

第一节　焊接概论

焊接是一种不可拆卸的连接方法，是金属热加工方法之一。焊接与铸造、锻压、热处理、金属切削等加工方法一样，是机器制造、石油化工、矿山、冶金、航空、航天、造船、电子、核能等工业部门中的一种基本生产手段。没有现代焊接技术的发展，就没有现代的工业和科学技术的发展。

焊接是指通过适当的物理化学过程(加热或加压)，使两个分离的工件产生原子(或分子)之间结合力而连成一体的加工方法。

一、焊接方法的分类

焊接方法可分为三大类：熔焊、压焊和钎焊。

● 熔焊是将焊接接头加热至熔化状态而不加压力的一类焊接方法。其中电弧焊、气焊应用最为广泛。

● 压焊是对焊件施加压力，加热或不加热的焊接方法。其中电阻焊应用较多。

● 钎焊是采用熔点比焊件金属低的钎料，将焊件和钎料加热到高于钎料的熔点而焊件金属不熔化，利用毛细作用使液态钎料填充接头间隙，与母材原子相互扩散的焊接方法。如铜焊等。

熔焊、压焊和钎焊三类焊接方法，依据其工艺特点又可将每一类分成若干种不同的焊接方法，如图 1-1 所示。

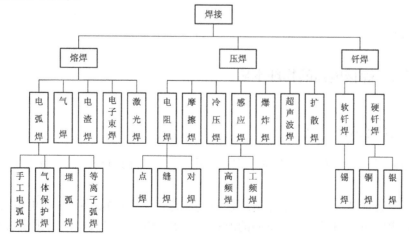

图 1-1　焊接方法的分类

二、焊接的特点及应用

当今世界已大量应用焊接方法制造各种金属构件。焊接方法得到普遍的重视并获得迅速发展，它与机械连接法(如铆接、螺栓连接等)相比具有以下特点：

(1) 焊接质量好。焊缝具有良好的力学性能，能耐高温、高压、低温，并具有良好的气密性、导电性、耐腐蚀性和耐磨性等；焊接结构刚性大，整体性好。

(2) 焊接适用性强。焊接可以较方便地将不同形状与厚度的型材相连接；可以制成双金属结构；可以实现铸、焊结合件，锻、焊结合件，冲压、焊结合件，以致实现铸、锻、焊结合件等；焊接工作场地不受限制，可在场内、外进行施工。

(3) 省工省料成本低，生产率高。采用焊接连接金属，一般比铆接节省金属材料10%～20%。焊接加工快、工时少、劳动条件较好，生产周期短，易于实现机械化和自动化生产。

(4) 焊接设备投资少。焊接生产不需要大型、贵重的设备，因此投产快，效率高，同时更换产品灵活方便，并能较快地组织不同批量、不同结构件的生产。

(5) 焊接也存在一些问题，例如焊后零件不可拆，更换修理不方便；如果焊接工艺不当，焊接接头的组织和性能会变差；焊后工件存在残余应力和变形，影响了产品质量和安全性；容易形成各种焊接缺陷，如应力集中、裂纹、引起脆断等。但只要合理地选用材料、合理选择焊接工艺、精心操作，以及进行严格的科学管理，就可以将焊接问题、焊接缺陷的严重程度和危害性降到最低限度，保证焊件结构的质量和使用寿命。

第二节　电弧焊基础

学习目标 ✎

(1) 了解焊接电弧的物理本质；
(2) 理解焊接电弧的各项特性。

知识链接 📄

★ 知识点1　焊接电弧的物理本质

一、焊接电弧的定义

焊接电弧是一种气体放电现象，它是带电粒子通过两电极之间气体空间的一种导电过程。

气体导电必须具备的两个条件是：① 两电极之间有带电粒子；② 两电极之间有电场。

气体放电随电流的强弱而有不同的形式，如暗放电、辉光放电、电弧放电等。电弧放电的主要特点是电流最大、电压最低、温度最高、发光最强。

二、焊接电弧的结构

焊接电弧的结构如图 1-2 所示。由图可见，沿电弧长度方向的电场强度分布并不均匀。按电场强度分布的特征可将电弧分为三个区域：

- 阴极附近的区域为阴极区，其电压 U_K 称为阴极电压降；
- 中间部分为弧柱区，其电压 U_O 称为弧柱电压降；
- 阳极附近的区域为阳极区，其电压 U_A 称为阳极电压降。

阳极区和阴极区占整个电弧长度的尺寸皆很小，约为 $10^{-2} \sim 10^{-6}$ cm，故可近似认为弧柱长度即为电弧长度。

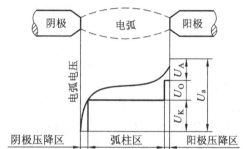

U_A—阳极压降；U_K—阴极压降；U_O—弧柱压降；U_a—电弧电压

图 1-2　焊接电弧的结构

电弧作为导体不同于金属导体，金属导电是通过金属内部自由电子的定向移动形成电流的，而电弧导电时，电弧气氛中的电子、正离子、负离子都参与导电，同时，电弧的各区域电场强度分布不均匀，说明各区域的电阻是不同的，即电弧电阻是非线性的。

三、电弧中带电粒子的产生

电弧两极间带电粒子产生的来源有：中性气体粒子的电离、金属电极发射电子、负离子形成等。其中气体电离和阴极发射电子是电弧中产生带电粒子的两个基本物理过程。

1. 气体的电离

1) 电离

在外加能量作用下，使中性的气体分子或原子分离成电子和正离子的过程称为气体电离。

2) 第一电离能

第一电离能是指中性气体粒子失去第一个电子所需的最小外加能量。电离能通常以电子伏(eV)为单位，1 电子伏就是指 1 个电子通过电位差为 1V 的两点间所需做的功。失去第二个电子所需的能量称为第二电离能，依此类推。

电弧焊中的气体粒子电离现象主要是一次电离。

3) 电离难易程度

当其他条件(如气体的解离性能、热物理性能等)一定时，气体电离电压的大小反映了带电粒子产生的难易程度。电离电压低，表示带电粒子容易产生，有利于电弧导电；相反，电离电压高表示带电粒子难以产生，电弧导电困难。

4) 电离种类

根据外加能量来源的不同，气体电离种类可分为以下几种：

(1) 热电离。气体粒子受热的作用而产生电离的过程称为热电离。它实质上是由于气体粒子的热运动形成频繁而激烈的碰撞产生的一种电离过程。

电弧中带电粒子数的多少对电弧的稳定起着重要作用。单位体积内电离的粒子数与气体电离前粒子总数的比值称为电离度，用 x 表示，即 $x =$ 已电离的中性粒子密度 / 电离前的中性粒子密度。

电离度的影响因素：热电离的电离度与温度、气体压力及气体的电离电压有关。随着温度的升高，气体压力的减小及电离电压的降低，电离度随之增加，电弧中带电粒子数增加，电弧的稳定性增强。

(2) 场致电离。在两电极间的电场作用下，气体中的带电粒子被加速，电能将转换为带电粒子的动能。当带电粒子的动能增加到一定数值时，则可能与中性粒子发生非弹性碰撞而使之产生电离，这种电离称为场致电离。

(3) 光电离。中性气体粒子受到光辐射的作用而产生的电离过程称为光电离。

焊接电弧的光辐射只可能对 K、Na、Ca、Al 等金属蒸气直接引起光电离，而对焊接电弧气氛中的其他气体则不能直接引起光电离。因此，光电离只是电弧中产生带电粒子的一种次要途径。

2. 阴极电子发射

1) 电子发射

阴极中的自由电子受到一定的外加能量作用时，从阴极表面逸出的过程称为电子发射。

电子从阴极表面逸出需要能量，1 个电子从金属表面逸出所需的最低外加能量称为逸出功(A_w)，单位是电子伏。因电子电量为常数 e，故通常用逸出电压(U_w)来表示，$U_w = A_w / e$，单位为 V。

逸出功的大小受电极材料种类及表面状态的影响。当金属表面存在氧化物时逸出功都会减小。

2) 阴极斑点

阴极表面通常可以观察到发出烁亮的区域，这个区域称为阴极斑点。它是发射电子最集中的区域，即电流最集中流过的区域。

"阴极破碎"的作用是指：当采用钢、铜、铝等材料作阴极时(通常称为冷阴极)，其斑点在阴极表面作不规则的游动，甚至可观察到几个斑点同时存在；由于金属氧化物的逸出功比纯金属低，因而氧化物处容易发射电子；氧化物发射电子的同时自身被破坏，因而阴极斑点有清除氧化物的作用。阴极表面某处氧化物被清除后另一处氧化物就成为集中发射电子的所在。于是，斑点游动力图寻找在一定条件下最容易发射电子的氧化物。如果电弧在惰性气体中燃烧，阴极上某处氧化被清除后不再生成新的氧化物，阴极斑点移向有氧化物的地方，接着又将该处氧化物清除。这样就会在阴极表面的一定区域内将氧化物清除干净，显露出金属本色。这种现象称为"阴极清理"作用或"阴极破碎"作用。

3) 电子发射的类型

根据外加能量形式的不同，电子发射可分为以下四种类型：

(1) 热发射。阴极表面因受到热的作用而使其内部的自由电子热运动速度加大，动能增加，一部分电子动能达到或超出逸出功时产生的电子发射现象称为热发射。

热发射的强弱受材料沸点的影响。当采用高沸点的钨或碳作阴极时(其沸点分别为5950 K 和 4200 K)，电极可被加热到很高的温度(一般可达 3500 K 以上)，此时，通过热发射可为电弧提供足够的电子。

(2) 场致发射。当阴极表面空间存在一定强度的正电场时，阴极内部的电子将受到电场力的作用。当此力达到一定程度时电子便会逸出阴极表面，这种电子发射现象称为场致发射。

当采用钢、铜、铝等低沸点材料作阴极时(其沸点分别为 3013 K、2868 K 和 2770 K)，阴极加热温度受材料沸点限制不可能很高，热发射能力较弱，此时向电弧提供电子的主要方式是场致发射电子。实际上，电弧焊时纯粹的场致发射是不存在的，只不过是在采用冷阴极时以场致发射为主，热发射为辅而已。

(3) 光发射。当阴极表面受到光辐射作用时，阴极内的自由电子能量达到一定程度而逸出阴极表面的现象称为光发射。光发射在阴极电子发射中居次要地位。

(4) 粒子碰撞发射。电弧中高速运动的粒子(主要是正离子)碰撞阴极时，把能量传递给阴极表面的电子，使电子能量增加而逸出阴极表面的现象称为粒子碰撞发射。

焊接电弧中，阴极区有大量的正离子聚积，正离子在阴极区电场作用下被加速，获得较大动能，撞击阴极表面可能形成碰撞发射。在一定条件下，这种电子发射形式也是焊接电弧阴极区提供导电所需要带电粒子的主要途径之一。

实际焊接过程中，上述几种电子发射形式常常是同时存在、相互促进、相互补充的，只是在不同的条件下它们起的作用各不相同。

四、带电粒子的消失

电弧导电过程中，在产生带电粒子的同时，伴随着带电粒子的消失过程。在电弧稳定燃烧时，二者是处于动平衡状态的。带电粒子在电弧空间的消失主要有扩散、复合两种形式和电子结合成负离子等过程。

★ 知识点 2　焊接电弧的导电特性

焊接电弧的导电特性是指参与电荷的运动并形成电流的带电粒子在电弧中产生、运动和消失的过程。在焊接电弧的弧柱区、阴极区和阳极区三个组成区域中，它们的导电特性是各不相同的。

一、弧柱区的导电特性

弧柱的温度很高，且随电弧气体介质、电流大小的不同而异，大约在 5000～50 000 K之间。电弧稳定燃烧时，弧柱与周围气体介质处于热平衡状态。当弧柱温度很高时，可使其中的大部分中性粒子电离成电子和正离子。由于正离子和电子的空间密度相同，两者的总电荷量相等，所以宏观上看弧柱呈电中性。

电弧等离子体：弧柱是包含大量电子、正离子等带电粒子和中性粒子等聚合在一起的气体状态。这种状态又称为电弧等离子体。电弧等离子体虽然对外呈现电中性，但由于其内部有大量电子和正离子等带电粒子，所以具有良好的导电性能。

弧柱单位长度上的电压降(即电位梯度)称为弧柱电场强度 E。E 的大小表征弧柱的导电性能，弧柱的导电性能好，则所要求的 E 值小。显然，当弧柱中通过大电流时，电离度提高，E 值将减少。电场强度 E 和电流 I 的乘积 EI，相当于电源供给每单位弧长的电功率，它将与弧柱的热损失相平衡。由此可见：① 电场强度 E 的大小与电弧的气体介质有关；② E 的大小将随弧柱的热损失情况而自行调整。

最小电压原理：弧柱在稳定燃烧时，有一种使自身能量消耗最小的特性。即当电流和电弧周围条件(如气体介质种类、温度、压力等)一定时，稳定燃烧的电弧将自动选择一个确定的导电截面，使电弧的能量消耗最小。当电弧长度也为定值时，电场强度的大小即代表了电弧产热量的大小，因此，能量消耗最小时的电场强度最低，即在固定弧长上的电压降最小，这就是最小电压原理。

二、阳极区的导电特性

阳极区是指靠近阳极的很小一个区域，在电弧中，它的主要作用是接受弧柱中送来的电子流，同时向弧柱提供所需要的正离子流。

阳极斑点：在阳极表面也可看到烁亮的区域，这个区域称为阳极斑点。

弧柱中送来的电子流，集中在此处进入阳极，再经电源返回阴极。阳极斑点的电流密度比阴极斑点的小，它的形态与电极材料及电流大小有关。由于金属蒸气的电离电压比周围气体介质的低，因而电离易在金属蒸气处发生。如果阳极表面某一区域产生均匀的金属熔化和蒸发，或这些区域的蒸发比其他区域更强烈，则这个区域便成为阳极导电区。

★ 知识点 3 焊接电弧的工艺特性

电弧焊以电弧为能源，主要利用其热能及机械能。焊接电弧与热能及机械能有关的工艺特性，主要包括电弧的热能特性、电弧的力学特性、电弧的稳定性等。

一、电弧的热能特性

电弧的热能特性是指电弧各部分的温度分布。

电弧各部分的温度分布受电弧产热特性的影响，电弧的三个组成区域产热特性不同，温度分布也有较大区别。电弧温度的分布特点可从轴向和径向两个方面比较：在轴向上，阴极区和阳极区的温度较低，弧柱温度较高(如图 1-3 所示)；在径向上，温度分布规律为弧柱轴线上温度高，沿径向温度逐渐降低(如图 1-4 所示)。

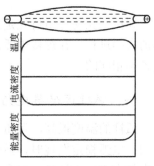

图 1-3 焊接电弧轴向温度、电流、
能量密度分布

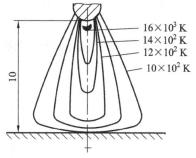

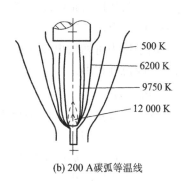

(a) W-Cu电极之间电弧等温线(电流200 A、Ar气、电压14 V)　　　　(b) 200 A碳弧等温线

图 1-4　焊接电弧径向温度分布

二、电弧的力学特性

电弧力不仅直接影响焊件的熔深及熔滴过渡，而且也影响到熔池的搅拌、焊缝成形及金属飞溅等，因此，对电弧力的利用和控制将直接影响焊缝质量。电弧力主要包括电磁收缩力、等离子流力、斑点力等。

1. 电磁收缩力

当电流流过导体时，电流可看成是由许多相距很近的平行同向电流线组成的，这些电流线之间将产生相互吸引力。如果是可变形导体(液态或气态)，将使导体产生收缩，这种现象称为电磁收缩效应，如图 1-5 所示，产生电磁收缩效应的力称为电磁收缩力。这个电磁收缩力往往是形成其他电弧力的力源。

焊接电弧是能够通过很大电流的气态导体，电磁效应在电弧中产生的收缩力表现为电弧内的径向压力。通常电弧可看成是一圆锥形的气态导体。电极端直径小，焊件端直径大。由于不同直径处电磁收缩力的大小不同，直径小的一端收缩压力大，直径大的一端收缩压力小，因此将在电弧中产生压力差，形成由小直径端(电极端)指向大直径端(工件端)的电弧轴向推力。而且电流越大，形成的推力越大。

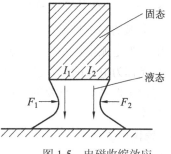

图 1-5　电磁收缩效应

电弧轴向推力在电弧横截面上分布不均匀，弧柱轴线处最大，向外逐渐减小，在焊件上此力表现为对熔池形成的压力，称为电磁静压力。这种分布形式的力作用在熔池上，则形成碗状熔深焊缝形状。

2. 等离子流力

高温气体流动时要求从电极上方补充新的气体，形成有一定速度的连续气流进入电弧区。新加入的气体被加热和部分电离后，受轴向推力作用继续冲向焊件，对熔池形成附加的压力，如图 1-6 所示。

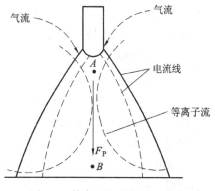

图 1-6　等离子流力产生示意图

熔池这部分附加压力是由高温气流(等离子气流)的高速运动引起的,所以称为等离子流力,也称为电弧的电磁动压力。

等离子流力可增大电弧的挺直性,在熔化极电弧焊时促进熔滴轴向过渡,增大熔深并对熔池形成搅拌作用。

3. 斑点力

电极上形成斑点时,由于斑点处受到带电粒子的撞击或金属蒸发的反作用而对斑点产生的压力,称为斑点压力或斑点力,如图1-7所示。

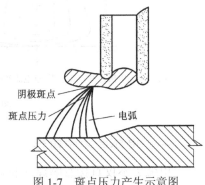

阴极斑点力比阳极斑点力大,主要原因是:① 阴极斑点承受正离子的撞击,阳极斑点承受电子的撞击,而正离子的质量远大于电子的质量,且阴极压降一般大于阳极压降,所以阴极斑点承受的撞击远大于阳极斑点;② 阴极斑点的电流密度比阳极斑点的电流密度大,金属蒸发产生的反作用力也比阳极斑点大。

图1-7 斑点压力产生示意图

由于阴极斑点力大于阳极斑点力,所以在直流电弧焊时可通过采用反接法来减小这种影响。熔化极气体保护焊采用直流反接,可以减小熔滴过渡的阻碍作用,减少飞溅,钨极氩弧焊采用直流反接,由于阴极斑点位于焊件上,正离子的撞击使电弧具有阴极清理作用。

三、焊接电弧的稳定性

焊接电弧的稳定性是指电弧保持稳定燃烧(不产生断弧、飘移和偏吹等)的程度。电弧焊过程中,当电弧电压和焊接电流为某一定值时,电弧放电可在长时间内连续进行且稳定燃烧的性能称为电弧的稳定性。电弧的稳定燃烧是保证焊接质量的一个重要因素,因此维持电弧的稳定性是非常重要的。电弧的稳定性除受操作人员技术熟练程度影响外,还与下列因素有关。

1. 焊接电流

焊接电流大,电弧的温度就会增高,则电弧气氛中的电离程度和热发射作用就增强,电弧燃烧也就越稳定。通过实验测定电弧稳定性的结果表明:随着焊接电流的增大,电弧的引燃电压就降低;同时,随着焊接电流的增大,自然断弧的最大弧长也增大。所以焊接电流越大,电弧燃烧越稳定。

2. 磁偏吹

电弧在其自身磁场作用下具有一定的挺直性,使电弧尽量保持在焊丝(条)的轴线方向上,即使当焊丝(条)与焊件有一定倾角时,电弧仍将保持指向焊丝(条)轴线方向,而不垂直于焊件表面,如图1-8(a)所示。但在实际焊接中,由于多种因素的影响,电弧周围磁力线均匀分布的状况被破坏,使电弧偏离焊丝(条)轴线方向,这种现象称为磁偏吹,如图1-8(b)、(c)、(d)所示。一旦产生磁偏吹,电弧轴线就难以对准焊缝中心,这将导致焊缝成形不规则,影响焊接质量。

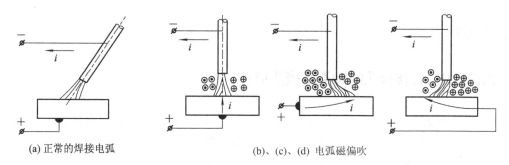

(a) 正常的焊接电弧　　　　　　　　　　(b)、(c)、(d) 电弧磁偏吹

图 1-8　正常的焊接电弧和电弧磁偏吹

引起磁偏吹的根本原因主要有：

(1) 导线接线位置。导线接在焊件的一侧，焊接时电弧左侧的磁力线由两部分叠加组成：一部分由电流通过电弧产生；另一部分由电流通过焊件产生。而电弧右侧磁力线仅由电流通过电弧本身产生，所以电弧两侧受力不平衡，偏向右侧。

(2) 电弧附近的铁磁物体。当电弧附近放置铁磁物体(如钢板)时，因铁磁物体磁导率大，磁力线大多通过铁磁物体形成回路，使铁磁物体一侧磁力线变稀，造成电弧两侧磁力线分布不均匀，产生磁偏吹，电弧偏向铁磁物体一侧。

在实际生产中，为减弱磁场偏吹的影响可优先选用交流电源；采用直流电源时，在焊件两端应同时接地线，以消除导线接线位置不对称所带来的磁偏吹，并尽可能在周围没有铁磁物质的地方焊接。同时，压短电弧，使焊丝向电弧偏吹方向倾斜，也是减弱磁偏吹影响的有效措施。

3．其他影响因素

电弧长度对电弧的稳定性也有较大的影响，如果电弧太长，电弧就会发生剧烈摆动，从而破坏了焊接电弧的稳定性，而且飞溅也增大。焊接处如有油漆、油脂、水分和锈层等存在时，也会影响电弧燃烧的稳定性。此外，强风、气流等因素也会造成电弧偏吹，同样会使电弧燃烧不稳定。

因此焊前做好焊件坡口表面及附近区域的清理工作十分重要。焊接中除选择并保持合适的电弧长度外，还应选择合适的操作场所，使外界对电弧稳定性的影响尽可能降低。

第三节　焊接工艺基础

学习目标

(1) 掌握焊接接头的种类及接头形式；
(2) 掌握坡口的形式及表示；
(3) 掌握焊缝的表示；
(4) 掌握焊接方法的表示；
(5) 了解焊接工艺参数对焊缝成形的影响。

知识链接 📄

★ 知识点 1　焊接接头的种类及接头形式

用焊接方法连接的接头称为焊接接头(简称为接头)。它由焊缝、熔合区、热影响区及其邻近的母材组成，如图 1-9 所示。在焊接结构中焊接接头起两方面的作用，第一是连接作用，即把两焊件连接成一个整体；第二是传力作用，即传递焊件所承受的载荷。

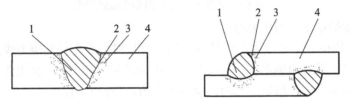

1—焊缝；2—熔合区；3—热影响区；4—临近的母材

图 1-9　焊接接头

根据 GB/T3375—94《焊接名词术语》中的规定，焊接接头可分为 10 种类型，即对接接头、T 形接头、十字接头、搭接接头、角接接头、端接接头、套管接头、斜对接接头、卷边接头和锁底接头，如图 1-10 所示。其中以对接接头和 T 形接头应用最为普遍。

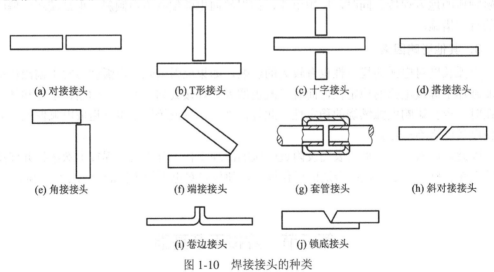

(a) 对接接头　　(b) T形接头　　(c) 十字接头　　(d) 搭接接头

(e) 角接接头　　(f) 端接接头　　(g) 套管接头　　(h) 斜对接接头

(i) 卷边接头　　(j) 锁底接头

图 1-10　焊接接头的种类

一、对接接头

两件表面构成大于或等于 135°，小于或等于 180°夹角的接头，叫做对接接头。在各种焊接结构中它是采用最多的一种接头形式。

钢板厚度在 6 mm 以下，除重要结构外，一般不开坡口。

厚度不同的钢板对接的两板厚度差($\delta-\delta_1$)不超过表 1-1 规定时，则焊缝坡口的基本形式与尺寸按较厚板的尺寸数据来选取；否则，应在厚板上作出如图 1-11 所示的单面或双面削薄，其削薄长度 $L \geq 3(\delta - \delta_1)$。

表 1-1 厚度不同的钢板对接的两板厚度差

较薄板厚度 δ_1	≤2~5	>5~9	>9~12	>12
允许厚度差($\delta - \delta_1$)	1	2	3	4

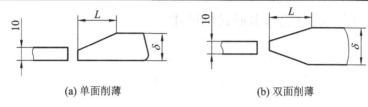

(a) 单面削薄　　　　　　　(b) 双面削薄

图 1-11 不同厚度板材的对接

二、角接接头

两焊件端面间构成大于 30°、小于 135°夹角的接头，叫做角接接头，见图 1-12。这种接头受力状况不太好，常用于不重要的结构中。

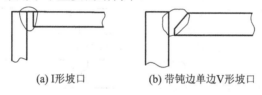

(a) I形坡口　　　　　　(b) 带钝边单边V形坡口

图 1-12 角接接头

三、T 形接头

一件之端面与另一件表面构成直角或近似直角的接头，叫做 T 形接头，见图 1-13。

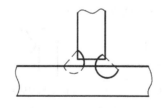

图 1-13 T 形接头

四、搭接接头

两件部分重叠构成的接头叫搭接接头，搭接接头根据其结构形式和对强度的要求，分为 I 形坡口(不开坡口)、圆孔内塞焊和长孔内角焊三种形式，见图 1-14。

(a) I形坡口　　　　(b) 圆孔内塞焊　　　　(c) 长孔内角焊

图 1-14 搭接接头

Ⅰ 形坡口的搭接接头，一般用于厚度 12 mm 以下的钢板，其重叠部分≥2(δ_1+δ_2)，双面焊接。这种接头用于不重要的结构中。

当遇到重叠部分的面积较大时，可根据板厚及强度要求，分别采用不同大小和数量的圆孔内塞焊或长孔内角焊的接头形式。

★ 知识点2　焊缝坡口的基本形式与尺寸

根据设计或工艺需要，将焊件的待焊部位加工成一定几何形状的沟槽称为坡口。开坡口的目的是为了得到在焊件厚度上全部焊透的焊缝。

一、坡口形式

坡口的形式由 GB985—88《气焊、手工电弧焊及气体保护焊焊缝坡口的基本形式与尺寸》、GB986—88《埋弧焊焊缝坡口的基本形式及尺寸》做了规定：根据坡口的形状，坡口分成 Ⅰ 形(不开坡口)、V 形、Y 形、双 Y 形、U 形、双 U 形、单边 V 形、双单边 Y 形、J 形等各种坡口形式，如图 1-15 所示。

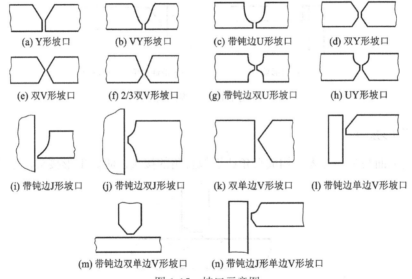

(a) Y形坡口　　(b) VY形坡口　　(c) 带钝边U形坡口　　(d) 双Y形坡口

(e) 双V形坡口　　(f) 2/3双V形坡口　　(g) 带钝边双U形坡口　　(h) UY形坡口

(i) 带钝边J形坡口　　(j) 带钝边双J形坡口　　(k) 双单边V形坡口　　(l) 带钝边单边V形坡口

(m) 带钝边双单边V形坡口　　(n) 带钝边J形单边V形坡口

图 1-15　坡口示意图

V 形和 Y 形坡口的加工和施焊方便(不必翻转焊件)，但焊后容易产生角变形。

双 Y 形坡口是在 V 形坡口的基础上发展的。当焊件厚度增大时，采用双 Y 形代替 V 形坡口，在同样厚度下，可减少焊缝金属量约 1/2，并且可对称施焊，焊后的残余变形较小。缺点是焊接过程中要翻转焊件，在筒形焊件的内部施焊，使劳动条件变差。

U 形坡口的填充金属量在焊件厚度相同的条件下比 V 形坡口小得多，但这种坡口的加工较复杂。

二、坡口的几何尺寸

1. 坡口面

待焊件上的坡口表面叫坡口面。

2．坡口面角度和坡口角度

待加工坡口的端面与坡口面之间的夹角叫坡口面角度，两坡口面之间的夹角叫坡口角度，见图1-16。

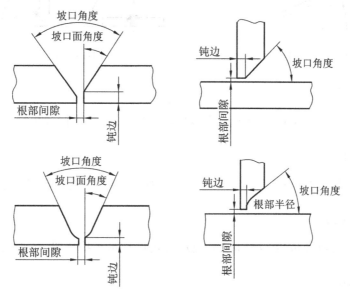

图 1-16 坡口的几何尺寸

开单面坡口时，坡口角度等于坡口面角度；开双面对称坡口时，坡口角度等于两倍的坡口面角度。

坡口角度(或坡口面角度)应保证焊条能自由伸入坡口内部，不和两侧坡口面相碰，但角度太大将会消耗太多的填充材料，并降低劳动生产率。

3．根部间隙

焊前在接头根部之间预留的空隙叫根部间隙，见图1-16。根部间隙又叫装配间隙。根部间隙的作用在于焊接底层焊道时，能保证根部可以焊透。因此，根部间隙太小时，将在根部产生焊不透现象；但太大的根部间隙，又会使根部烧穿，形成焊瘤。

4．钝边

焊件开坡口时，沿焊件接头坡口根部的端面直边部分叫钝边，见图1-16。钝边的作用是防止根部烧穿。但钝边值太大，又会使根部焊不透。

5．根部半径

在 J 形、U 形坡口底部的圆角半径叫根部半径(见图1-16)。它的作用是增大坡口根部的空间，使焊条能够伸入根部，以便焊透根部。

★ 知识点3 焊接位置种类

根据 GB／T3375—94《焊接术语》的规定，焊接位置，即熔焊时，焊件接缝所处的空间位置，可用焊缝倾角和焊缝转角来表示。有平焊、立焊、横焊和仰焊位置等。

焊缝倾角，即焊缝轴线与水平面之间的夹角，见图1-17。

焊缝转角,即焊缝中心线(焊根和盖面层中心连线)和水平参照面 y 轴的夹角,见图 1-18。

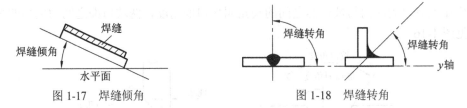

图 1-17　焊缝倾角　　　　　　　　　图 1-18　焊缝转角

一、平焊位置

平焊位置:焊缝倾角 0°,焊缝转角 90° 的焊接位置,见图 1-19(a)。

二、横焊位置

横焊位置:焊缝倾角 0°,180°;焊缝转角 0°,180° 的对接位置,见图 1-19(b)。

三、立焊位置

立焊位置:焊缝倾角 90°(立向上),270°(立向下)的焊接位置,见图 1-19(c)。

四、仰焊位置

仰焊位置:对接焊缝倾角 0°,180°;转角 270° 的焊接位置,如图 1-19(d)。

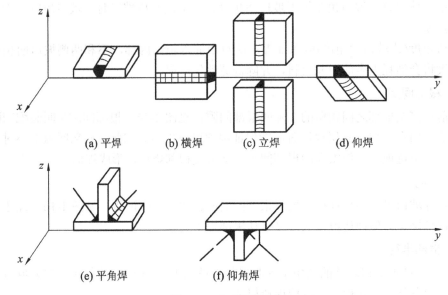

(a) 平焊　　　(b) 横焊　　　(c) 立焊　　　(d) 仰焊

(e) 平角焊　　　　　(f) 仰角焊

图 1-19　各种焊接位置

此外,对于角焊位置还规定了另外两种焊接位置。

五、平角焊位置

平角焊位置:角焊缝倾角 0°,180°;转角 45°,135° 的角焊位置,见图 1-19(e)。

六、仰角焊位置

仰角焊位置：倾角0°，180°；转角225°，315°的角焊位置，见图1-19(f)。

在平焊位置、横焊位置、立焊位置、仰焊位置进行的焊接分别称为平焊、横焊、立焊、仰焊。T形、十字形和角接接头处于平焊位置进行的焊接称为船形焊。在工程上常用的水平固定管的焊接，由于在管子360°的焊接中，有仰焊、立焊、平焊，所以称全位置焊接。当焊件接缝置于倾斜位置(除平、横、立、仰焊位置以外)时进行的焊接称为倾斜焊。

★ 知识点4 焊缝形式及形状尺寸

一、焊缝形式

焊缝按不同分类方法可分为下列几种形式：

1. 按焊缝结合形式分类

根据GB/T 3375—94的规定，按焊缝结合形式，分为对接焊缝、角焊缝、塞焊缝、槽焊缝和端接焊缝五种。

1) 对接焊缝

构成对接接头的焊缝称为对接焊缝。对接焊缝可以由对接接头形成，也可以由T形接头(十字接头)形成，后者是指开坡口后进行全焊透焊接而焊脚为零的焊缝，见图1-20。

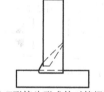

(a) 对接接头形成的对接焊缝　　(b) T形接头形成的对接焊缝

图1-20　对接焊缝

2) 角焊缝

沿两直交或近直交零件的交线所焊接的焊缝为角焊缝，见图1-21。

同时由对接焊缝和角焊缝组成的焊缝称为组合焊缝，T形接头(十字接头)开坡口后进行全焊透焊接并且具有一定焊脚的焊缝，即为组合焊缝，坡口内的焊缝为对接焊缝，坡口外连接两焊件的焊缝为角焊缝，见图1-22。

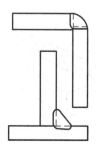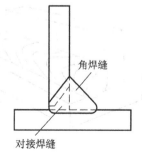

图1-21　角焊缝　　　　　　　　图1-22　组合焊缝

3) 塞焊缝

两零件相叠，其中一块开圆孔，在圆孔中焊接两板所形成的焊缝为塞焊缝，见图 1-23(a)，只在孔内焊角焊缝者不称为塞焊。

4) 端接焊缝

端接焊缝是构成端接接头所形成的焊缝，见图 1-23(b)。

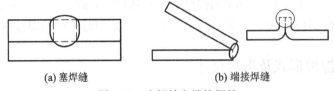

(a) 塞焊缝　　　　　　　　　　　　(b) 端接焊缝

图 1-23　塞焊缝和端接焊缝

5) 槽焊缝

两板相叠，其中一块开长孔，在长孔中焊接两板的焊缝为槽焊缝，只焊角焊缝者不称为槽焊。

2. 按施焊时焊缝在空间所处位置分类

按施焊时焊缝在空间所处位置分为平焊缝、立焊缝、横焊缝及仰焊缝四种形式。

3. 按焊缝断续情况分类

按焊缝断续情况分为连续焊缝和断续焊缝两种形式。

断续焊缝又分为交错式和并列式两种(图 1-24)，焊缝尺寸除注明焊脚 K 外，还注明断续焊缝中每一段焊缝的长度 l 和间距 e，并以符号"Z"表示交错式焊缝。

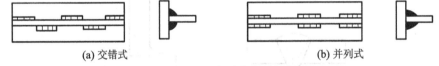

(a) 交错式　　　　　　　　　　　　(b) 并列式

图 1-24　断续角焊缝

二、焊缝的形状尺寸

焊缝的形状用一系列几何尺寸来表示，不同形式的焊缝，其形状参数也不一样。

1. 焊缝宽度

焊缝表面与母材的交界处叫焊趾。焊缝表面两焊趾之间的距离叫焊缝宽度，如图 1-25 所示。

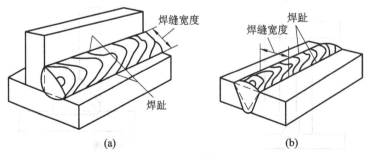

(a)　　　　　　　　　　　　(b)

图 1-25　焊缝宽度

2．余高

超出母材表面焊趾连线上面的那部分焊缝金属的最大高度称为余高，见图 1-26。在静载下它有一定的加强作用，所以它又称为加强高。但在动载或交变载荷下，它非但不起加强作用，反而因焊趾处应力集中易于促使脆断。所以余高不能低于母材但也不能过高。手弧焊时的余高值为 0～3 mm。

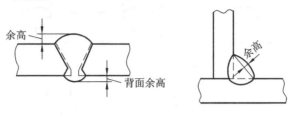

图 1-26　余高

3．熔深

在焊接接头横截面上，母材或前道焊缝熔化的深度叫熔深，见图 1-27。

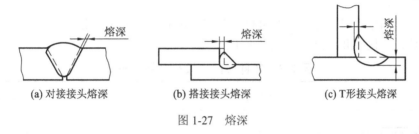

(a) 对接接头熔深　　(b) 搭接接头熔深　　(c) T形接头熔深

图 1-27　熔深

4．焊缝厚度

在焊缝横截面中，从焊缝正面到焊缝背面的距离称为焊缝厚度，见图 1-28。

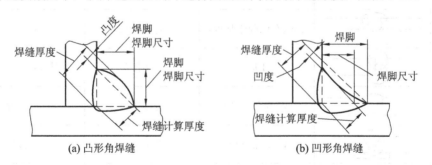

(a) 凸形角焊缝　　(b) 凹形角焊缝

图 1-28　焊缝厚度及焊脚

焊缝计算厚度是设计焊缝时使用的焊缝厚度。对接焊缝焊透时它等于焊件的厚度；角焊缝时它等于在角焊缝横截面内画出的最大直角等腰三角形中，从直角的顶点到斜边的垂线长度。

5．焊脚

角焊缝的横截面中，从一个直角面上的焊趾到另一个直角面表面的最小距离称为焊脚。在角焊缝的横截面中画出的最大等腰直角三角形中直角边的长度叫焊脚尺寸，见图 1-28。

6. 焊缝成形系数

熔焊时,在单道焊缝横截面上焊缝宽度(B)与焊缝计算厚度(H)的比值($\phi=B/H$)称为焊缝成形系数,见图 1-29。该系数值小,则表示焊缝窄而深,这样的焊缝中容易产生气孔和裂纹,所以焊缝成形系数应该保持一定的数值,例如埋弧自动焊的焊缝成形系数 ϕ 要大于 1.3。

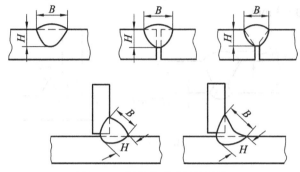

图 1-29　焊缝成形系数的计算

7. 熔合比

熔合比是指熔焊时,被熔化的母材在焊道金属中所占的百分比。

各种坡口、接头和焊缝的形式见表 1-2。

表 1-2　各种坡口、接头及焊缝形式

序号	简　图	坡口形式	接头形式	焊缝形式
1		I 形	对接接头	对接焊缝
2		I 形	对接接头	对接焊缝
3		I 形(有间隙带垫板)	对接接头	对接焊缝
4		I 形	对接接头	对接焊缝(双面焊)
5		V 形(带钝边)	对接接头	对接焊缝
6		V 形(带垫板)	对接接头	对接焊缝
7		V 形(带钝边)	对接接头	对接焊缝(有根部焊道)
8		X 形(带钝边)	对接接头	对接焊缝
9		V 形(带钝边)	对接接头	对接焊缝
10		X 形(带钝边)	对接接头	对接焊缝

序号	简 图	坡口形式	接头形式	焊缝形式
11		I 形	对接接头	角焊缝
12		单边 V 形(带钝边)	对接接头	对接焊缝
13		单边 V 形(带钝边、厚板削薄)	对接接头	对接焊缝
14		单边 V 形(带钝边)	对接接头	对接焊缝和角焊缝的组合焊缝
15		单边 V 形(带钝边)	对接接头	对接焊缝和角焊缝的组合焊缝
16		单边 V 形	T 形接头	角焊缝
17		I 形	T 形接头	角焊缝
18		K 形	T 形接头	角焊缝
19		K 形	T 形接头	角焊缝
20		K 形(带钝边)	T 形接头	角焊缝
21		单边 V 形	T 形接头	角焊缝
22		K 形	十字接头	角焊缝
23		I 形	十字接头	角焊缝
24		I 形	搭接接头	角焊缝
25		—	塞焊搭接接头	塞焊缝

序号	简　图	坡口形式	接头形式	焊缝形式
26		—	槽焊接头	槽焊缝
27		单边 V 形(带钝边)	角接接头	对接焊缝
28	>30° ＜135°	—	角接接头	角焊缝
29		—	角接接头	角焊缝
30		—	角接接头	角焊缝
31	0°～30°	—	端接接头	端接焊缝
32		—	套管接头	角焊缝
33		—	斜对接接头	对接焊缝
34		—	卷边接头	对接焊缝
35		U 形(带钝边)	对接接头	对接焊缝
36		双 U 形(带钝边)	对接接头	对接焊缝
37		J 形(带钝边)	T 形接头(A)对接 接头(B)	对接焊缝
38		双 J 形	T 形接头(A)对接 接头(B)	对接焊缝
39		V 形	锁底接头	对接焊缝
40		喇叭形		

★ 知识点 5　焊缝符号表示法

焊缝符号一般由基本符号和指引线组成，必要时还可以加上辅助符号、补充符号和焊缝尺寸符号等。

一、焊缝符号

根据 GB324—88《焊缝符号表示法》的规定，焊缝符号可以分为以下几种。

1．基本符号

基本符号是表示焊缝横截面形状的符号，见表 1-3。

表 1-3　基 本 符 号

序号	名　　称	示　意　图	符　号
1	卷边焊缝*(卷边完全熔化)		八
2	I 形焊缝		‖
3	V 形焊缝		∨
4	单边 V 形焊缝		V
5	带钝边 V 形焊缝		Y
6	带钝边单边 V 形焊缝		Y
7	带钝边 U 形焊缝		Y
8	带钝边 J 形焊缝		P
9	封底焊缝		⌣
10	角焊缝		◿
11	塞焊缝或槽焊缝		⊓
12	点焊缝		○
13	缝焊缝		⊖

注*：不完全熔化的卷边焊缝用 I 形焊缝符号来表示，并加注焊缝有效厚度 S。

2. 辅助符号

辅助符号是表示焊缝表面形状特征的符号，见表1-4。辅助符号的应用示例见表1-5。不需要确切地说明焊缝表面的形状时，可以不用辅助符号。

表1-4　辅助符号

序号	名　称	示　意　图	符　号	说　明
1	平面符号		—	焊缝表面齐平(一般通过加工)
2	凹面符号	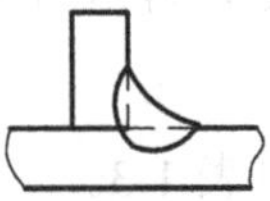	⌒	焊缝表面凹陷
3	凸面符号		⌣	焊缝表面凸起

表1-5　辅助符号的应用示例

名　称	示　意　图	符　号
平面V形对接焊缝		
凸面X形对接焊缝	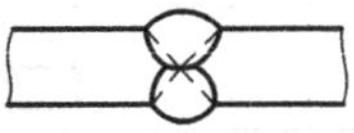	
凹面角焊缝	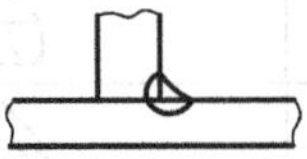	
平面封底V形焊缝		

3. 补充符号

补充符号是为了补充说明焊缝的某些特征而采用的符号，见表1-6。补充符号应用示例见表1-7。

表1-6　补充符号

名　称	示　意　图	符　号	说　明
带垫板符号		 ▭	表示焊缝底部有垫板
三面焊缝符号	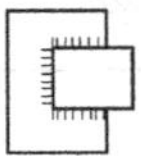	 ∏	表面三面带有焊缝
周围焊缝符号	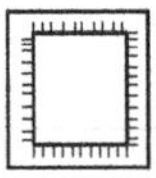	 ○	表面环绕焊件周围焊缝
现场符号		 ⚑	表示在现场或工地上进行焊接
尾部符号		 <	可以参照 GB5185—85 标注焊接工艺方法等内容

表 1-7　补充符号应用示例

示　意　图	标注实例	说　　明
		表示 V 形焊缝的背部底部有垫板
	111	工件三面带有角焊缝，焊接方法为手工电弧焊
		表示在现场沿工件周围施焊角焊缝

二、焊缝符号在图纸上的位置

1. 基本要求

完整的焊缝表示方法除了上述基本符号、辅助符号、补充符号以外，还包括指引线、焊缝尺寸符号及数据。

指引线一般由带有箭头的指引线(简称箭头线)和两条基准线(一条为实线，另一条为虚线)两部分组成，如图 1-30 所示。

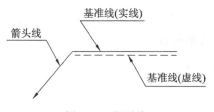

图 1-30　指引线

2. 箭头线和接头的关系

图 1-31 和图 1-32 给出的示例说明下列术语的含义。

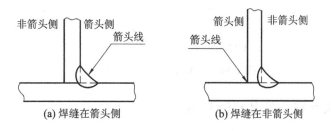

图 1-31　单角焊缝的 T 形接头

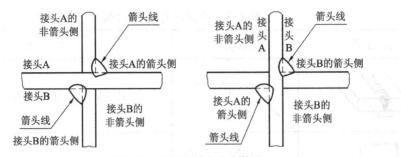

图 1-32 双角焊缝的十字接头

3．箭头线的位置

箭头线相对焊缝的位置一般没有特殊要求，见图 1-33(a)、(b)。但是在标注单边 V、单边 Y、J 形焊缝时，箭头线应指向带有坡口一侧的工件，见图 1-33(c)、(d)。必要时，允许箭头线弯折一次。

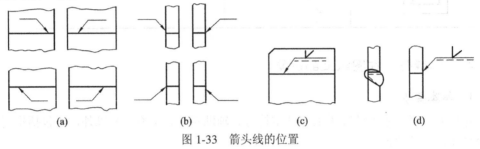

图 1-33 箭头线的位置

4．基准线的位置

基准线的虚线可以画在基准线的实线下侧或上侧。

基准线一般应与图样的底边相平行，但在特殊条件下亦可与底边相垂直。

5．基本符号相对基准线的位置

基本符号相对基准线的位置见图 1-34(a)、(b)、(c)、(d)；标注对称焊缝及双面焊缝时，不加虚线。

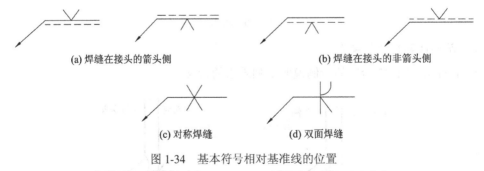

图 1-34 基本符号相对基准线的位置

三、焊缝尺寸符号及其标注位置

1．焊缝尺寸符号

焊缝尺寸符号，见表 1-8。

表 1-8 焊缝尺寸符号

符号	名 称	示意图	符号	名 称	示意图
δ	工件厚度		e	焊缝间距	
α	坡口角度		K	焊脚尺寸	
b	根部间隙		d	熔核直径	
P	钝边		s	焊缝有效厚度	
c	焊缝宽度		N	相同焊缝数量符号	$N=3$
R	根部半径		H	坡口深度	
l	焊缝长度		h	余高	
n	焊缝段数	$n=2$	β	坡口面角度	

2. 焊缝尺寸符号及数据标注原则

焊缝尺寸符号及数据的标注原则，如图 1-35 所示。

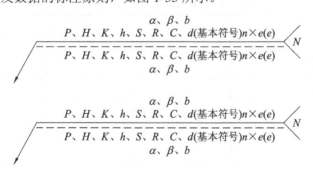

图 1-35 焊缝尺寸的标注原则

(1) 焊缝横截面上的尺寸标在基本符号的左侧。

(2) 焊缝长度方向尺寸标在基本符号的右侧。

(3) 坡口角度、坡口面角度、根部间隙等尺寸标在基本符号的上侧或下侧。

(4) 相同焊缝数量符号标在尾部。

(5) 当需要标注的尺寸数据较多又不易分辨时，可在数据前面增加相应的尺寸符号。当箭头线方向变化时，上述原则不变。

3. 关于尺寸符号的说明

(1) 在基本符号的右侧无任何标注且又无其他说明时，表示焊缝在工件的整个长度上是连续的。

(2) 在基本符号的左侧无任何标注且又无其他说明时，表示对接焊缝要完全焊透。

(3) 塞焊缝、槽焊缝带有斜边时，应该标注孔底部的尺寸。

【例题】　说明图 1-36 中焊缝符号的意义。

(a)表示为双面角焊缝，周围焊，焊脚尺寸 6 mm，手弧焊。(b)表示为单面 Y 形坡口，坡口角度 60°，装配间隙 2 mm，钝边 2 mm，焊后焊缝表面须加工成与母材平齐，相同焊缝有四条。(c)表示为带垫板的对接接头，单面焊，I 形坡口，装配间隙 2 mm。(d)表示为交错断续角焊缝，焊脚尺寸 8 mm，焊缝长 100 mm，共 20 条，焊缝之间距离 50 mm，在工地焊接。

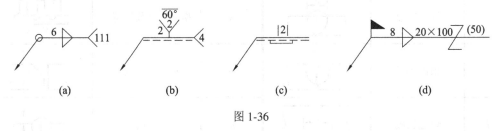

图 1-36

★ 知识点 6　焊接方法在图样上的表示

根据《金属焊接及钎焊方法在图样上的表示代号》中的规定，焊接方法用特定的数字表示方法。几种主要焊接方法的数字表示方法，见表 1-9。表中同时列出了旧标准 GB324—64 焊接方法的字母表示，以作对照。

表 1-9　焊接方法新旧代号的表示

焊接方法	标 准 名 称	
	GB5185—85	GB324—64
手弧焊	111	S
埋弧焊	121	Z
熔化极气体保护焊(MIG)	131	C
非熔化极气体保护焊(TIG)	141	A
气焊	311	Q
摩擦焊	42	M
冷压焊	48	L
电渣焊	72	D
电阻对焊	25	J
硬钎焊	91	H

　　在图样上，焊接方法代号标注在焊缝符号指引线的尾部。

★ 知识点 7　焊接工艺参数及其对焊缝形状的影响

　　焊接时，为保证焊接质量而选定的各项参数的总称叫焊接工艺参数。

一、焊接电流

　　当其他条件不变时，增加焊接电流，焊缝厚度和余高都增加，而焊缝宽度则几乎保持不变(或略有增加)，如图 1-37 所示，这是埋弧自动焊时的实验结果。分析这些现象的原因是：

　　(1) 焊接电流增加时，电弧的热量增加，因此熔池体积和弧坑深度都随电流而增加，所以冷却下来后，焊缝厚度就增加。

　　(2) 焊接电流增加时，焊丝的熔化量也增加，因此焊缝的余高也随之增加。如果采用不填丝的钨极氩弧焊，则余高就不会增加。

　　(3) 焊接电流增加时，一方面是电弧截面略有增加，导致熔宽增加；另一方面是电流增加促使弧坑深度增加。由于电压没有改变，所以弧长也不变，导致电弧潜入熔池，使电弧摆动范围缩小，则促使熔宽减少。由于两者共同的作用，所以实际上熔宽几乎保持不变。

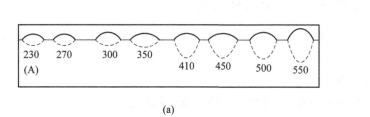
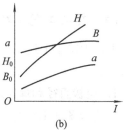

H—焊缝厚度；B—焊缝宽度；a—余高；I—焊接电流

图 1-37　焊接电流对焊缝形状的影响

二、电弧电压

　　当其他条件不变时，电弧电压增长，焊缝宽度显著增加而焊缝厚度和余高将略有减少，见图 1-38。这是因为电弧电压增加意味着电弧长度的增加，因此电弧摆动范围扩大而导致焊缝宽度增加。其次，弧长增加后，电弧的热量损失加大，所以用来熔化母材和焊丝的热量减少，相应焊缝厚度和余高就略有减小。

　　由此可见，电流是决定焊缝厚度的主要因素，而电压则是影响焊缝宽度的主要因素。因此，为得到良好的焊缝形状，即得到符合要求的焊缝成形系数，这两个因素是互相制约的，即一定的电流要配合一定的电压，不应该将一个参数在大范围内任意变动。

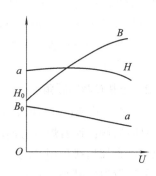

图 1-38　电弧电压对焊缝形状的影响

三、焊接速度

焊接速度对焊缝厚度和焊缝宽度有明显的影响。当焊接速度增加时，焊缝厚度和焊缝宽度都大为下降，见图 1-39。这是因为焊接速度增加时，焊缝中单位时间内输入的热量减少了。

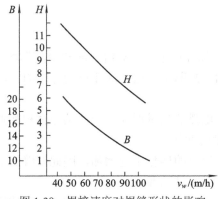

图 1-39 焊接速度对焊缝形状的影响

从焊接生产率考虑，焊接速度愈快愈好。但当焊缝厚度要求一定时，为提高焊接速度，就得进一步提高焊接电流和电弧电压，所以，这三个工艺参数应该综合在一起进行选用。

四、其他工艺参数及因素对焊缝形状的影响

电弧焊除了上述三个主要的工艺参数外，其他一些工艺参数及因素对焊缝形状也有一定的影响。

1．电极直径和焊丝外伸长

当其他条件不变时，减小电极(焊丝)直径不仅使电弧截面减小，而且还减小了电弧的摆动范围，所以焊缝厚度和焊缝宽度都将减小。

焊丝外伸长是指从焊丝与导电嘴的接触点到焊丝末端的长度，即焊丝上通电部分的长度。当电流在焊丝的外伸长上通过时，将产生电阻热。因此，当焊丝外伸长增加时，电阻热也将增加，焊丝熔化加快，因此余高增加。焊丝直径愈小或材料电阻率愈大时，这种影响愈明显。实践证明，对于结构钢焊丝来说，直径为 5 mm 以上的粗焊丝，焊丝的外伸长在 60～150 mm 范围内变动时，实际上可忽略其影响。但焊丝直径小于 3 mm 时，焊丝外伸长波动范围超过 5～10 mm 时，就可能对焊缝成形产生明显的影响。不锈钢焊丝的电阻率很大，这种影响就更大。因此，对细焊丝，特别是不锈钢熔化电极弧焊时，必须注意控制外伸长的稳定。

2．电极(焊丝)倾角

焊接时，电极(焊丝)相对于焊接方向可以倾斜一个角度。当电极(焊丝)的倾角顺着焊接方向时叫后倾；逆着焊接方向时叫前倾，见图 1-40(a)、(b)。电极(焊丝)前倾时，电弧力对熔池液体金属后排作用减弱，熔池底部液体金属增厚了，阻碍了电弧对熔池底部母材的加热，故焊缝厚度减小。同时，电弧对熔池前部未熔化母材预热作用加强，因此焊缝宽度增加，余高减小。前倾角度愈小，这一影响愈明显，见图 1-40(c)。

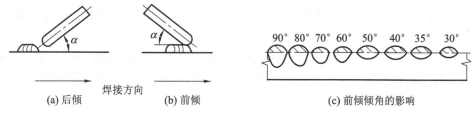

图 1-40　电极(焊丝)倾角对焊缝形状的影响

电极(焊丝)后倾时，情况与上述相反。

3. 焊件倾角

焊件相对水平面倾斜时，焊缝的形状可因焊接方向不同而有明显差别。焊件倾斜后，焊接方法可分为两种：从高处往低处焊称为下坡焊；从低处往高处焊称为上坡焊，如图 1-41 所示。

当进行上坡焊时，熔池液体金属在重力和电弧力作用下流向熔池尾部，电弧能深入到加热熔池底部的金属，因而使焊缝厚度和余高都增加。同时，熔池前部加热作用减弱，电弧摆动范围减小，因此焊缝宽度减小。上坡角度愈大，影响也愈明显。上坡角度>6°～12°时，焊缝就会因余高过大，两侧出现咬边而使成形恶化，见图 1-41(d)。因此，在自动电弧焊时，实际上总是尽量避免采用上坡焊。

下坡焊的情况正好相反，即焊缝厚度和余高略有减小，而焊缝宽度略有增加。因此倾角<6°～8°的下坡焊可使表面焊缝成形得到改善，手弧焊焊薄板时，常采用下坡焊，一方面是避免焊件烧穿，另一方面可以得到光滑的焊缝表面成形。如果倾角过大，则会导致未焊透和熔池铁水溢流，使焊缝成形恶化，见图 1-41(c)。

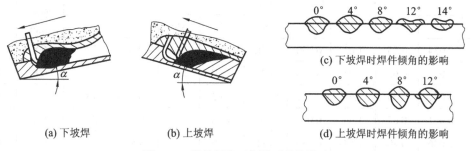

(a) 下坡焊　　　　　　(b) 上坡焊

(c) 下坡焊时焊件倾角的影响

(d) 上坡焊时焊件倾角的影响

图 1-41　焊件倾角对焊缝形状的影响

4. 坡口形状

当其他条件不变时，增加坡口深度和宽度时，焊缝厚度略有增加，焊缝宽度略有增加，而余高显著减小，见图 1-42。

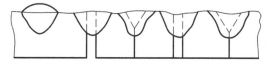

图 1-42　坡口形状对焊缝形状的影响

5. 焊剂

埋弧焊时，焊剂的成分、密度、颗粒度及堆积高度均对焊缝形状有一定影响。当其他条件相同时, 稳弧性较差的焊剂焊缝厚度较大、而焊缝宽度较小。焊剂密度小, 颗粒度大或堆积高度减小时, 由于电弧四周压力降低, 弧柱体积膨胀, 电弧摆动范围扩大, 因此焊缝厚度减小、焊缝宽度增加、余高略为减小。此外, 熔渣粘度对焊缝表面成形有很大影响, 若粘度过大, 使熔渣的透气性不良, 熔池结晶时所排出的气体无法通过熔渣排除, 则会使焊缝表面形成许多凹坑, 成形恶化。

6. 保护气体成分

气体保护焊时, 保护气体的成分以及与此密切相关的熔滴过渡形式对焊缝形状有明显影响。采用不同保护气体进行熔化极气体保护焊直流反接时, 焊缝形状的变化如图 1-43 所示。射流过渡氩弧焊总是形成明显蘑菇状焊缝, 氩气中加入 O_2、CO_2 或 H_2 时, 可使根部成形展宽, 焊缝厚度略有增加。颗粒状和短路过渡电弧焊形成的焊缝形状则宽而浅。

CO_2　　　$Ar+O_2$　　　Ar　　　$Ar+He$　　　He　$Ar+CO_2+O_2$

图 1-43　保护气体成分对焊缝形状的影响

7. 母材的化学成分

母材的化学成分不同, 在其他工艺因素不变的情况下, 焊缝形状不一样, 这一点在氩弧焊时特别明显。如三种产地不同的 0Cr18Ni19 和 0Cr18Ni12Mo2 不锈钢, 用钨极氩弧焊方法焊接, 采用相同的焊接工艺参数时, 所得焊缝形状的变化如表 1-10 所示。

表 1-10　母材化学成分对焊缝形状的影响

序号	母材的化学成分/%								焊缝厚度/mm	焊缝宽度/mm	电弧电压/V
	C	Si	Mn	P	S	Cr	Mo	Ni			
1	0.034	0.55	1.63	0.030	0.002	17.2	2.65	11.4	2.5	6.8	15.1
2	0.037	0.63	0.93	0.018	0.02	16.0	2.18	10.2	1.7	6.8	14.9
3	0.042	0.45	1.65	0.032	0.012	16.3	2.62	11.5	1.6	6.6	14.9
4	0.041	0.67	1.66	0.031	0.014	17.8	—	8.6	3.0	5.2	15.1
5	0.036	0.40	1.54	0.035	0.11	18.0	—	8.8	2.3	6.5	15.2
6	0.44	0.60	0.99	0.016	0.004	17.8	—	9.1	1.3	6.9	14.7

注: 钨棒端部 45°; 弧长 2 mm; 电流 150 A; 焊接速度 300 mm/min。

★ 知识点 8　焊接工程图的表达方法

一、焊缝表示法

1. 焊缝画法

在技术图样中一般采用 GB324—88 规定的焊缝符号法表示焊缝。需要在图样上简易地绘制焊缝时, 可以用视图、剖视图、断面图表示, 也可以用轴测图示意表示。图样中的可见焊缝可以用圆弧、直线表示(这些线段可以徒手绘制), 也允许采用粗线(粗线宽度的 2 倍)

表示焊缝。具体要求如下:

(1) 在垂直于焊缝的视图或剖视图中,一般应画出焊缝的形式并涂黑;

(2) 在平行于焊缝的视图中一般采用粗线表示可见的焊缝,也可用栅线段表示(可徒手绘制,细实线)。但在同一图样中,应采用同一画法。

2. 焊缝的标注

1) 焊缝的结构形式

焊缝的结构形式用焊缝代号来表示,焊缝代号主要由基本符号、辅助符号、补充符号、指引线和焊缝尺寸等组成。它被用来说明焊缝横截面的形状、尺寸,线宽为标注字符高度的1/10,如字高为3.5 mm,则符号线宽为0.35 mm。

2) 指引线

指引线采用细实线绘制,一般由带箭头的指引线(称为箭头线)和两条基准线(其中一条为实线,另一条为虚线,基准线一般与图纸标题栏的长边平行,必要时可以加上尾部(90°夹角的两条细实线))组成,如图1-44所示。

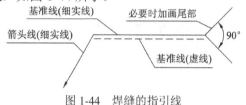

图1-44 焊缝的指引线

3) 标注

标注时,箭头线对于焊缝的位置一般没有特殊的要求。当箭头线直接指向焊缝时,可以指向焊缝的正面或反面。但当标注单边V形焊缝、带钝边的单边V形焊缝、带钝边的单边J形焊缝时,箭头线应当指向有坡口一侧的工件,如图1-45所示。

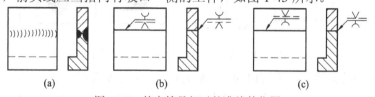

图1-45 基本符号相对基准线的位置

基准线的虚线也可以画在基准线实线的上方,如图1-45(c)所示V形焊缝在视图中不可见的一侧,标在上下都一样,一定是符号中有虚线的一侧。

当箭头线直接指向焊缝时,基本符号应标注在实线侧,如图1-45中的U形焊缝符号和图1-46中的角焊缝符号。当箭头线指向焊缝的另一侧时,基本符号应标注在基准线的虚线侧,如图1-45(c)中的V形焊缝的标注以及图1-47中下方的角焊缝。

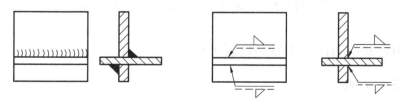

图1-46 基本符号相对基准线的位

标注对称焊缝和双面焊缝时，基准线中的虚线可省略，如图 1-47 所示。

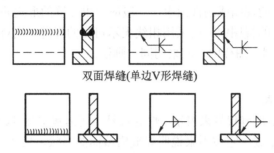

双面焊缝(单边V形焊缝)

对称焊缝(角焊缝)标注

图 1-47　双面焊缝与对称焊缝的标注

在不致引起误解的情况下，当箭头线指向焊缝，而另一侧又无焊缝要求时，允许省略基准线的虚线。

4) 焊缝尺寸符号

焊缝尺寸符号为：α、β、γ、P、H、K、h、S、R、c、d、n、l、e 等。

各字母代号含义如图 1-48 所示。

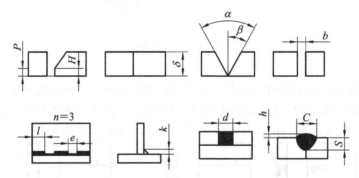

图 1-48　焊缝尺寸符号各字母代号含义

其中 P 为钝边高度；H 为坡口深度；K 为焊角高度；h 为焊缝的余高；S 为焊缝有效高度；c 为焊缝宽度；d 为熔核直径；α 为坡口角度、β 为坡口面角度；b 为根部间隙；n 为相同焊缝数量；l 为焊缝长度；e 为焊缝间隙长度。

在焊缝基本符号的左侧标注焊缝横截面上的尺寸，如钝边高度 P、坡口深度 H，焊角高度 K 等。如果焊缝的左侧没有任何标注又无其他说明时，说明对接焊缝要完全焊透。

在焊缝基本符号的右侧，标注焊缝长度方向的尺寸，如焊缝段数 n、焊缝长度 l、焊缝间隙 e。如果基本符号右侧无任何标注又无其他说明时，表明焊缝在整个工件长度方向上是连续的。在焊缝基本符号的上侧或下侧，标注坡口角度 α、坡口面角度 β 和根部间隙 b。

在指引线的尾部标注相同焊缝的数量 n 和焊接方法。

二、符号说明

图 1-49 为焊缝符号说明。

标注示例	说　明
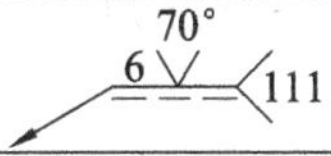 6 ∨ 70° 111	V形焊缝，坡口角度70°，焊缝有效高度6 mm
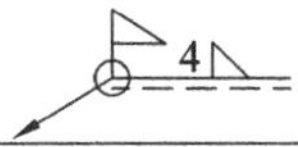 4	角焊缝，焊角高度4 mm，在现场沿工件周围焊接
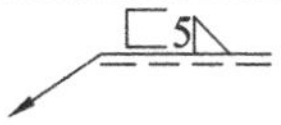 5	角焊缝，焊角高度5 mm，三面焊接
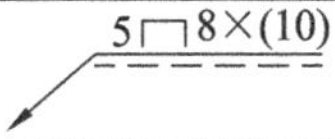 5 □ 8×(10)	槽焊缝，槽宽(或直径)5 mm，共8个焊缝，间距10 mm
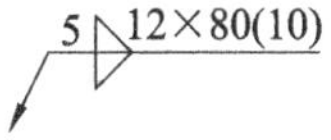 5 12×80(10)	断续双面角焊缝，焊角高度5 mm，共12段焊缝，每段80 mm，间隔10 mm
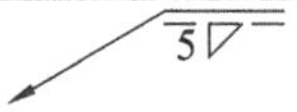 5	在箭头所指的另一侧焊接，连续角焊缝，焊缝高度5 mm

图 1-49　焊缝符号说明

三、焊接装配图

　　焊接装配图是一种不可拆卸的装配，许多大型的设备都采用这种装配方法。小型的钢制家具也多采用这种方法。

　　焊接装配图与一般的装配图编号、明细表、视图等表达方法相同，不同的是有些简单的焊接装配图直接标注所有装配件的详细尺寸，不再设计每一个小的零件结构，装配图充当了零件图的功能。当然也可以完全按照装配图、零件图的要求进行设计。图 1-50 为一支架焊接装配图。

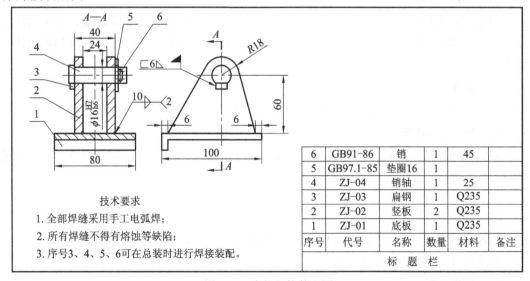

6	GB91-86	销	1	45	
5	GB97.1-85	垫圈16	1		
4	ZJ-04	销轴	1	25	
3	ZJ-03	扁钢	1	Q235	
2	ZJ-02	竖板	2	Q235	
1	ZJ-01	底板	1	Q235	
序号	代号	名称	数量	材料	备注
标　题　栏					

技术要求

1. 全部焊缝采用手工电弧焊；
2. 所有焊缝不得有熔蚀等缺陷；
3. 序号3、4、5、6可在总装时进行焊接装配。

图 1-50　支架焊接装配图

　　剖视图中的焊接符号说明，竖板(件 2)与底板(件 1)之间采用焊角尺寸为 10 mm 的对称角焊缝焊接，这样的焊缝共有 2 处(竖板有 2 件，左右各有两条焊缝)。焊缝的右侧无任何标注和其他说明，意味着焊缝在竖板(件 2)的全长上是连续的。

　　左视图中的焊接符号说明，扁钢(件3)与支架左侧竖板也采用焊接，此处焊接在现场装配焊接，选用焊角尺寸为 6 mm 的单面角焊缝，进行三面焊接。三面焊缝的开口方向与焊缝的实际方向相一致，表明扁钢(件3)与销轴(件4)之间没有焊缝。

　　技术要求的第一条注明图样中的焊接方法均采用手工电弧焊接。

第四节　焊接安全知识

学习目标

(1) 掌握焊接安全知识;
(2) 了解焊接安全生产流程。

知识链接

★ 知识点 1　触电

　　触电事故是指人体触及带电体，导致电流通过人体的电气事故。

一、电流对人体的危害

电流对人体的危害有电击、电伤和电磁生理伤害三种。

1. 电击

电流通过人体内部时，会破坏人的心脏、肺部以及神经系统的正常功能，使人出现痉挛、呼吸窒息、心颤、心脏骤停以至危及人的生命，绝大部分触电死亡事故都是电击造成的。

2. 电伤

电流的热效应、化学效应或机械效应对人体外部组织造成局部伤害。

3. 电磁生理伤害

在高频电磁场的作用下，使人产生头晕、乏力、记忆力衰退、失眠多梦等神经系统的症状。

二、触电的类型

　　按照人体触及带电体的方式和电流通过人体的途径，触电可分为单相触电、两相触电、跨步电压触电和高压触电四种类型。

1. 单相触电

当站在地面或者其他接地导体上的人，其身体某一部位触及一相带电体时而发生的触电事故，称为单相触电。单相触电的危险程度与电网运行方式有关，一般情况下，接地电网的单相触电比不接地电网的危险性大。大部分焊接触电事故都是单相触电。

2．两相触电

当人体两处同时触及电源的任何两相带电体时而发生的触电事故，称为两相触电。两相触电时，触电者所触及的电压是 220 V 或 380 V，触电危险性很大。

3．跨步电压触电

当带电体接地，有电流流入地下时，电流在接地点周围地面产生电压降，人在接地点周围，两脚之间出现的电压即为跨步电压，由此引起的触电事故称为跨步电压触电。由于高压故障接地处，有大电流流过接地点周围，会出现较高的跨步电压，所以，在检查高压设备接地故障时，室内不得接近故障接地点 4 m 以内，室外不得接近故障接地点 8 m 以内，进入上述范围的人员必须穿绝缘鞋。

4．高压触电

在 1000 V 以上的高压电气设备上，当人体过分接近带电体时，高压电能使空气击穿，电流流过人体，同时还伴有电弧产生，将触电者烧伤的触电事故，称为高压触电。高压触电事故能使触电者致残甚至死亡。

★ 知识点 2　弧光辐射

电弧光中有三种对人体有害的光线，即紫外线、红外线和强烈的可见光线。

一、紫外线

紫外线的波长为 180～400 μm。焊条电弧焊形成的紫外线波长一般在 230 μm 左右，氩弧焊时紫外线辐射光谱在 390 μm 以下。

紫外线的作业强度随焊接方法不同而不同。如钨极氩弧焊比焊条电弧焊大 5 倍，熔化极氩弧焊比焊条电弧焊大 20～30 倍，等离子弧焊的紫外线强度比氩弧焊还高，尤其是产生强烈的生物学作用的短波紫外线(290 μm 以下)的强度较强。

紫外线照射可引起皮炎、弥漫性红斑，有时出现小水泡、渗出液和水肿，有灼烧发痒的感觉，甚至蜕皮。过度照射会引起眼睛的急性角膜炎，又称为电光性眼炎。

二、红外线

红外线的波长是 760～15 000 μm，焊条电弧焊时，可以产生全部上述波长的红外线。红外线波长越短，对人体的作用越强，长波的红外线被皮肤表面吸收，使人产生热的感觉，短波红外线被皮肤组织吸收后，可使血液和深部组织加热，产生灼伤。眼睛长期在短波红外线的照射下，会产生红外线白内障和视网膜灼伤。

三、可见光线

焊接电弧的可见光线光度，比正常情况下肉眼所承受的光度高 1 万倍以上，眼睛受到可见光照射时，有疼痛感，一时看不清东西，通常叫电弧"晃眼"，短时间丧失劳动力，但不久即可恢复。但需注意，长时间照射可见光线会引起视力下降。

★ 知识点3 焊接烟尘

焊接烟尘的浓度及成分主要取决于焊接方法、焊接材料及焊接参数。焊接烟尘可造成焊工尘肺、锰中毒和金属烟热等危害。

一、焊工尘肺

焊工尘肺是焊接烟尘及有毒气体被焊工吸入超过一定量时，引起肺组织弥漫性、纤维化病变所致的疾病。焊工尘肺的发病一般比较缓慢，多在接触焊接烟尘后10年，有的长达10～20年以上。焊工尘肺主要发生在呼吸系统，其主要症状表现为气短、咳痰、胸闷和胸疼等，有时也表现为身体无力、食欲减退、体重减轻以及神经衰弱等。

二、锰中毒

焊接过程中，锰蒸气在空气中能很快氧化成灰色的一氧化锰及红色的四氧化三锰烟雾，长期吸入超过允许浓度的锰及其化合物的微粒和蒸气，将患上职业性锰中毒。锰中毒主要发生在高锰焊条以及高锰钢的焊接过程中，锰中毒的发病缓慢，一般在2年以上。锰中毒早期表现为易疲劳、头痛、头晕、瞌睡、记忆力差以及自主神经功能紊乱，如舌、眼和手指细微颤抖，转身和下蹲困难等。

三、金属烟热

金属烟热反应是焊接烟尘中的氧化铁、氧化锰微粒和氟化物等物质通过上呼吸道进入末梢细支气管和肺泡，再进入体内。金属烟热主要症状是工作后打寒颤，继而发烧、疲倦，口内有金属味，恶心、喉痒、呼吸困难、胸痛和食欲不振等。焊接过程中，碱性焊条比酸性焊条容易产生金属烟热反应。

★ 知识点4 有毒气体

焊接或切割作业中，由于电弧的辐射作用，会产生臭氧、氮氧化物、一氧化碳、二氧化碳和氟化氢等有害气体。

一、臭氧

空气中的氧，在短波紫外线的激发下，被大量地破坏生成臭氧。臭氧具有刺激性，是一种淡蓝色的有毒气体。焊条电弧焊产生臭氧浓度较低，氩弧焊、等离子弧焊产生臭氧量多。人体超量吸入臭氧时，会引起咳嗽、胸闷、乏力、头晕和全身酸痛等，严重时还会引起支气管炎。

二、氮氧化物

电焊烟气中的氮氧化物主要为焊接过程中焊接电弧高温使空气中的氧、氮分子重新组合而形成的二氧化氮和一氧化氮。人体吸入氮氧化物后容易引起激烈咳嗽，出现全身无力和呼吸困难等症状。

三、一氧化碳

一氧化碳气体是无色、无臭、无刺激性的窒息性气体，一氧化碳经肺泡进入血液，与血红蛋白结合，使组织缺氧。另外，一氧化碳直接抑制细胞内呼吸，造成内窒息。中枢神经对缺氧特别敏感，人体过量吸入一氧化碳会出现头痛、耳鸣、眼花、呕吐、面色苍白和四肢无力等症状，重者意识模糊，甚至死亡。各种明弧焊都会产生一氧化碳气体，其中二氧化碳气体保护焊的一氧化碳气浓度最高。

四、氟化氢

碱性焊条在焊接过程中，会有氟化物产生，焊工长期吸入氟化物气体，对眼、鼻和呼吸道黏膜产生刺激，引起鼻腔和黏膜充血、干燥及鼻腔溃疡，严重时还会发生支气管炎及肺炎。长期接触氟化氢可导致骨质病变，形成骨硬化，尤其以脊柱、骨盆等躯干骨最为显著。

★ 知识点5　其他有害因素

一、噪声

在无防护的情况下，噪声会引起听觉障碍、噪声性外伤、耳聋等症状。长期接触噪声会引起中枢神经系统和血液等系统失调，出现厌倦、烦躁、血压升高、心跳过速等症状。此外，噪声还会引起内分泌失调、流产和其他内分泌腺功能紊乱现象。在噪声作用下，工人对蓝色光、绿色光视野扩大而对红色光视野缩小，视力清晰度减弱。国家标准规定，工业企业噪声不得超过 85 dB(在 8 h 连续工作)。

二、射线

在钨极氩弧焊和等离子弧焊时，使用的电极是钍钨电极，其中钍是天然放射性物质，能放出 α、β、γ 三种射线。焊接过程中，其危害形式是钍及其衰变产物的烟尘被吸入人体后，很难排除体外，因而形成体内照射，三种射线中 γ 射线穿透较强，危害最大。人体长期受放射性照射，或放射性物质经常少量进入体内积蓄，可造成中枢神经系统、造血器官和消化系统疾病。

一般焊接场合下，放射性都低于国家允许的最高允许剂量。但下述两种情况必须注意：一是在容器内部焊接，二是在磨削钍钨极的地方，放射性气溶胶和放射性粉尘浓度可能超过国家规定的卫生标准。

三、高频电磁场

在非熔化极氩弧焊和等离子弧焊割作业时，常用高频振荡器激发引燃电弧，有的交流氩弧焊机也用高频振荡器来稳定电弧。人体在高频电磁场的作用下，能吸收一定的辐射能量，产生生物学效应(热作用)。

焊工长期接触高频电磁场，能引起自主神经功能紊乱和神经衰弱，表现为全身不适、头晕、疲乏、食欲不振、失眠及血压偏低等症状。高频电还会使焊工产生一定的麻电现象，这在高空作业时是非常危险的，所以在高空焊割作业过程中，不准使用高频振荡器。

四、熔渣及飞溅金属

焊接熔渣及飞溅金属在冷却前有 1000℃ 以上的高温，如不加强防护，会烫伤皮肤和眼睛。

★ 知识点 6　焊接安全生产技术

一、安全用电

焊接过程中，空载电压越高，引弧越容易，但过于高的空载电压对焊工安全不利。目前，我国焊条电弧焊电源的空载电压一般为 50～90 V；氩弧焊、二氧化碳焊电源的空载电压为 65 V 左右；埋弧焊电源的空载电压一般为 70～90 V；等离子弧切割电源的空载电压高达 300～450 V，所有焊接电源均为输入电压 220/380 V、50 Hz 的工频交流电，因此，触电的危险性较大。

1. 焊接触电原因

发生焊接触电事故的原因可以分为直接触电和间接触电两种。

1) 直接触电

直接触及焊接设备或靠近高压电网及电气设备而发生的触电，称为直接触电。发生直接触电的主要原因有：

(1) 更换焊条、电极或焊接时，焊工赤手或身体接触到焊条、焊钳或焊枪的带电部分，而脚或身体其他部位与地或焊件之间无绝缘防护。

(2) 焊工在金属容器、管道、锅炉、船舱或金属结构内部施工时，没有绝缘防护或绝缘防护用品不合格。

(3) 焊工身体大量出汗或在阴雨天和潮湿的地方进行焊接作业时，没有穿戴绝缘防护用品或绝缘防护用品不合格。

(4) 带电接线、带电调节焊接电流或带电移动焊接设备。

(5) 登高作业时，身体触及低压线路或靠近高压电网。

2) 间接触电

触及意外带电体所发生的触电，称为间接触电。意外带电体是指正常情况下不带电，但由于绝缘损坏或电气设备发生故障等原因而带电的导体。发生间接触电的原因有：

(1) 焊接设备的绝缘意外烧损或机械损伤(导电线圈潮湿、绝缘损坏、焊机长时间超负荷运行或短路时间过长，使绝缘能力降低，烧损而漏电；焊机遭受振动、碰击而使绝缘损坏；工作现场混乱，掉进金属物品而造成短路，导致绝缘损伤部位碰到焊接设备外壳，人体触及外壳而引起触电。

(2) 焊机的相线及零线接错，使外壳带电。

(3) 焊接过程中，人体触及绝缘破损的电缆、胶木电闸带电部分等。

(4) 利用厂房的金属结构、轨道、管道、天车吊钩或其他金属材料拼接件，作为焊接回路而发生的触电事故。

2．触电与焊接作业环境

环境状态直接关系到人类生存条件和人的身体健康。国家规定，对新建、改扩建、续建的工业企业必须把各种有害因素的治理设施与主体工程同时设计、同时施工、同时投产。焊接作业环境，按照可能发生触电的危险性大小，可分为普通、危险和特别危险三大类。

同时具备以下三个条件的环境为普通环境：

(1) 焊接作业环境现场干燥，相对湿度小于 70%。

(2) 焊接作业现场没有导电粉尘存在。

(3) 焊接作业现场为木材、沥青等非导电物质铺设时，其中的金属导电体占有系数小于 20%。

具备下列条件之一者，均属于危险环境的范围：

(1) 焊接作业现场潮湿，相对湿度超过 75%。

(2) 焊接作业现场有导电粉尘存在。

(3) 焊接作业现场地面金属导电物质占有系数大于 20%。

(4) 焊接作业现场温度高，平均气温超过 30℃。

(5) 焊接作业现场人体同时接触到地面导体和设备外壳。

同时具备危险环境条件五条中的两条者，即认为属于特别危险环境范围。除此之外，具备下列条件之一者，也为特别危险环境：

(1) 特别潮湿，相对湿度大(100%，如雨天)。

(2) 焊接现场如有腐蚀性气体、煤气、蒸气或是导电粉尘的车间(如化工厂的大多数车间、铸造车间、电镀车间和锅炉房等)。

(3) 在金属管道、容器内部和金属结构内部焊接时。

2．安全电压与焊工安全用电注意事项

安全电压能限制触电时通过人体的电流在较小的范围之内，从而保证人体安全。在比较干燥而触电危险性较大的工作环境中，安全电压为 30～45 V(我国规定安全电压为 36 V)；在潮湿而触电危险性较大的环境中，安全电压为 19.5 V，(我国规定为 12 V)；在水下或其他由于触电会导致严重二次事故的工作环境中，安全电压为 3.25 V(国际电工标准会议规定为 2.5 V)。焊接生产中，焊工安全用电注意事项为：

(1) 焊机的外壳必须可靠接地或接零，以免由于漏电而造成触电事故。

(2) 工作时必须穿绝缘鞋、戴绝缘手套、穿工作服，绝缘鞋、手套、工作服应保持干燥。

(3) 在推拉电闸时，必须单手侧向操作。如双手进行，一旦发生触电，电流会通过人体心脏形成回路，造成触电者迅速死亡。除此之外，拉闸时面部不要对着闸刀，以免推拉闸刀时，可能发生电弧火花而灼伤脸部。

(4) 焊钳应有可靠的绝缘，终断工作时，焊钳要放在绝缘的地方，以防止焊钳与工件产生短路而烧毁焊机。禁止在带电的情况下接地线、维修焊钳。

(5) 在容器内焊接时，应采用 12 V 的照明灯，登高作业不准将电缆线缠在焊工身上或搭在肩上。

(6) 更换焊条时，焊工必须戴好绝缘手套，对于空载电压和焊接电压较高的焊接操作和在潮湿环境操作时，焊工应使用绝缘橡胶衬垫，以确保焊工与工件绝缘。

(7) 在容器、船舱内或其他狭小工作场所焊接时，需两人轮换操作，其中一个留守在外面监护，以防发生意外时，立即切断电源便于急救。

(8) 焊接电缆必须有完整的绝缘，不可将电缆放在焊接电弧的附近或炽热的焊缝金属上，避免高温烧坏绝缘层，同时，也要避免碰撞磨损。焊接电缆如有破损应立即进行修理或更换。

(9) 熟悉和掌握安全用电的基本知识、预防触电及触电后急救方法等知识，严格遵守有关部门规定的安全措施，防止触电事故发生。

二、防火防爆

焊接时，由于电弧及气体火焰温度较高，而且焊接过程中有大量的金属飞溅物，若稍有疏忽大意，就有可能引起火灾及爆炸事故。因此焊工在工作时，必须采取下列安全措施，以防止火灾及爆炸事故的发生。

(1) 在企业规定的禁火区内，不准焊接，需要焊接时，必须把焊件移到指定的动火区内或在安全区内进行。

(2) 焊接作业点的可燃、易燃物料，与焊接作业点的火源距离不小于 10 m。

(3) 焊接、切割作业时，如附近墙体和地面上留有孔、洞、缝隙以及运输带联通孔口等，对其都应采取封闭或屏蔽措施。

(4) 焊接、切割地点堆存大量易燃物料(如漆料、棉花、硫酸、干草等)，而又不可能采取有效防护措施时，禁止焊接、切割作业。

(5) 焊接、切割作业时，可能形成易燃、易爆蒸气或聚集爆炸型粉尘时，禁止焊接、切割作业。

(6) 在有易燃、易爆物的车间、场所或煤气管、乙炔管(瓶)附近焊接时，必须采取严密措施，防止火星飞溅引起火灾。

(7) 焊接密闭空心工件时，必须留有出气孔，焊接管子时，管子两端不准堵塞。

(8) 对受压容器、密闭容器、各种油桶和管道、沾有可燃物质的工件进行焊接时，必须事先进行检查，并经过冲洗除掉有毒、有害、易燃、易爆物质，解除容器及管道压力，消除容器密闭状态后，再进行焊接。

(9) 不准在手把或接地线裸露情况下进行焊接，也不准将二次回路线乱接乱搭。

(10) 焊接、切割车间或工作现场，必须配有足够的水源、干砂、灭火工具和灭火器材。存放的灭火器应该是有效的，合格的。

(11) 焊条头及焊后的焊件不能随便乱扔，要妥善管理，更不能扔在易燃易爆物品的附近，以免发生火灾。

(12) 应会根据扑救的物料燃烧性能，正确选用灭火器材(如表 1-11 所示)。

表 1-11 灭火器性能及其使用方法

种 类	药 剂	用 途	注意事项
泡沫灭火器	碳酸氢钠发沫剂和硫酸铝溶液	扑灭油类火灾	冬季防冻结, 定期更换
二氧化碳灭火器	液态二氧化碳	扑救贵重仪器设备, 不能用于扑救钾、钠、镁、铝等物质的火灾	防喷嘴堵塞
1211 灭火器	二氟氯一溴甲烷	扑救各种油类、精密仪器、高压电器设备	防受潮、日晒, 半年检查一次, 充装药剂
干粉灭火剂	小苏打或钾盐干粉	扑救石油产品、有机溶剂、电气设备、液化石油气、乙炔气瓶等火灾	干燥、通风、防潮, 半年称重一次
红卫九一二灭火器	二氟二溴液体	扑救天然气、石油产品和其他易燃、易爆化工产品等火灾	在高温下, 分解产生毒气, 应注意现场通风和呼吸道防护

三、预防有害气体和烟尘的措施

焊接时, 焊工周围的空气常被一些有害气体及粉尘所污染, 如氧化锰、氧化锌、氟化氢、一氧化碳和金属蒸气等。焊工长期呼吸这些烟尘和气体, 对身体健康是不利的, 因此应采取下列措施。

(1) 焊接场地应有良好的通风, 焊接区的通风是排出烟尘和有毒气体的有效措施, 通风的方式有以下几种。

① 全面机械通风。在焊接车间内安装数台轴流式风机向外排风, 使车间内经常更换新鲜空气。

② 局部机械通风。在焊接工位安装小型通风机械, 进行送风或排风。

③ 充分利用自然通风。正确调节车间的侧窗和天窗, 加强自然通风。

(2) 在容器内或双层底舱等狭小的地方焊接时, 应注意通风排气工作。通风应用压缩空气, 严禁使用氧气。

(3) 合理组织劳动布局, 避免多名焊工拥挤在一起操作。

(4) 尽量多采用焊接专机或自动焊设备。

四、预防弧光辐射的措施

电弧辐射主要产生可见光、红外线、紫外线三种射线。过强的可见光耀眼炫目, 紫外线对眼睛和皮肤有较大的刺激性, 它能引起电光性眼炎, 电光性眼炎的症状是眼睛疼痛, 有沙粒感、多泪、畏光、怕吹风等, 但电光性眼炎一般不会有任何后遗症。皮肤受到紫外线照射时, 先是痒、发红、触痛, 以后变黑、脱皮。如果工作时注意防护, 以上症状是不会发生的。预防弧光辐射应采取下列措施:

(1) 焊工必须使用电焊防护玻璃面罩。

(2) 面罩应该轻便、成形合适、耐热、不导电、不导热、不漏光。

(3) 焊工工作时，应该穿白色帆布工作服，防止弧光灼伤皮肤。

(4) 操作引弧时，焊工应该注意周围工人，以免强烈的弧光伤害他人。

在厂房内和人多的区域进行焊接时，尽可能使用屏风板，以免周围人受到弧光伤害。

★ 知识点 7　焊接生产安全检查

为确保焊接生产安全进行，不出现各类事故，所以焊前应该进行与焊接生产有关的安全检查。

一、焊接生产场地的安全检查

1. 焊接场地检查的必要性

焊接过程中，由于生产场地不符合安全要求而酿成的火灾、爆炸事故和触电事故时有发生，往往造成设备毁坏和人员伤亡的严重后果，其破坏性和危害性很大。为了确保焊接生产顺利进行，防患于未然，必须对焊接场地的安全性进行检查。

2. 焊接场地的类型

焊接作业场地一般有两类：一类是正常结构产品的焊接场地，如车间等；另一类是现场检修、抢修工作场地。

3. 焊接场地检查的内容

(1) 检查焊接与切割作业点的设备、工具、材料是否排列整齐。不得乱堆乱放。

(2) 检查焊接场地是否保持必要的通道，且车辆通道宽度不小于 3 m；人行通道不小于 1.5 m。

(3) 检查所有气焊胶管、焊接电缆线是否互相缠绕，如有缠线，必须分开；气瓶用后是否已移出工作场地，在工作场地各种气瓶不得随便横躺竖放。

(4) 检查焊工作业面积是否足够，焊工作业面积不应小于 4 m^2；地面应干燥；工作场地要有良好的自然采光或局部照明，以保证工作面照度达到 50～100 lx。

(5) 检查焊割场地周围 10 m 范围内，各类可燃易爆物品是否清除干净。如不能清除干净，应采取可靠的安全措施如用水喷湿或用防火盖板、湿麻袋、石棉布等覆盖。放在焊割场地附近的可燃材料需预先采取安全措施以隔绝火星。

(6) 室内作业应检查通风是否良好。多点焊接作业或与其他工种混合作业时，各工位间应设防护屏。

(7) 室外作业现场要检查如下内容：登高作业现场是否符合安全要求；在地沟、坑道、检查井、管段和半封闭地段等处作业时，应严格检查有无爆炸和中毒危险，应该用仪器(如测爆仪、有毒气体分析仪)进行检验分析，禁止用明火或其他不安全的方法进行检查。对附近敞开的孔洞和地沟，应用石棉板盖严，防止火花进入。

对焊接切割场地检查要做到：仔细观察环境，针对各类情况、认真加强防护。

二、焊接用工具、夹具的安全检查

焊接前应该对以下工具、夹具进行安全检查：

（1）电焊钳。焊接前应检查电焊钳与焊接电缆接头处是否牢固。两者接触不牢固，焊接时将影响电流的传导，甚至会打火花。另外，接触不良，将使接头处产生较大的接触电阻，造成电焊钳发热、变烫，影响焊工的操作。要检查钳口是否完好，有无破损，以免影响焊条的夹持。

（2）面罩和护目镜片。主要检查面罩和护目镜片是否遮挡严密，有无漏光的现象。

（3）角向磨光机。要检查砂轮转动是否正常，有没有漏电的现象；砂轮片是否已经紧固牢固，是否有裂纹、破损，要杜绝使用过程中砂轮碎片飞出伤人。

（4）锤子。要检查锤头是否松动，避免在打击中锤头甩出伤人。

（5）扁铲、錾子。应检查其边缘有无飞刺、裂痕，若有应及时清除，防止使用中碎块飞出伤人。

（6）夹具。各类夹具，特别是带有螺钉的夹具，要检查其上的螺钉是否转动灵活，若已锈蚀则应除锈，并加以润滑。否则使用中会失去作用。

第五节　焊接缺陷及焊接检验

学习目标

（1）掌握常见的焊接缺陷类型；
（2）了解常见焊接缺陷的产生原因及防止方法；
（3）了解各种焊接检验方法。

知识链接

★ 知识点1　常见的焊接缺陷及防止方法

常见的焊接缺陷有焊缝表面尺寸不符合要求、焊接裂纹、气孔、咬边、未焊透、未熔合、夹渣、焊瘤、塌陷、烧穿等。

一、焊缝表面尺寸不符合要求

焊缝表面高低不平、焊缝宽窄不齐、尺寸过大或过小、角焊缝单边以及焊脚尺寸不符合要求，均属于焊缝表面尺寸不符合要求。

1. 产生原因

焊件坡口角度不对，装配间隙不均匀，焊接速度不当或运条手法不正确，焊条和角度选择不当或改变，加上埋弧焊焊接工艺选择不正确等都会造成该种缺陷。

2. 防止方法

选择适当的坡口角度和装配间隙，正确选择焊接工艺参数，特别是焊接电流值，采用恰当运条手法和角度，以保证焊缝成形均匀一致。

二、焊接裂纹

在焊接应力及其他致脆因素的共同作用下，焊接接头局部地区的金属原子结合力遭到破坏而形成的新界面所产生的缝隙叫焊接裂纹。它具有尖锐的缺口和大的长宽比特征。

1. 热裂纹的产生原因与防止方法

焊接过程中，焊缝和热影响区金属冷却到固相线附近的高温区产生的焊接裂纹叫热裂纹。

1) 产生原因

热裂纹是由于熔池冷却结晶时，受到的拉应力作用，而凝固时，低熔点共晶体形成的液态薄层共同作用的结果。增大任何一方面的作用，都能促使形成热裂纹。

2) 防止方法

(1) 控制焊缝中的有害杂质的含量(即碳、硫、磷的含量)，减少熔池中低熔点共晶体的形成。

(2) 采用预热的方法以降低冷却速度，改善应力状况。

(3) 采用碱性焊条，因为碱性焊条的熔渣具有较强脱硫、脱磷的能力。

(4) 控制焊缝形状，尽量避免得到深而窄的焊缝。

(5) 采用收弧板，将弧坑引至焊件外面，即使发生弧坑裂纹，也不影响焊件本身。

2. 冷裂纹的产生原因及防止方法

焊接接头冷却到较低温度时(200～300℃)，产生的焊接裂纹叫冷裂纹。

1) 产生原因

冷裂纹主要发生在中碳钢、低合金和中合金高强度钢中。原因是焊材本身具有较大的淬硬倾向，焊接熔池中溶解了多量的氢，以及焊接接头在焊接过程中产生了较大的拘束应力。

2) 防止方法

(1) 焊前按规定要求严格烘干焊条、焊剂，以减少氢的来源。

(2) 采用低氢型碱性焊条和焊剂。

(3) 焊接淬硬性较强的低合金高强度钢时，采用奥氏体不锈钢焊条。

(4) 焊前预热。

(5) 后热：焊后立即将焊件的全部(或局部)进行加热或保温、缓冷的工艺措施叫后热。后热能使焊接接头中的氢有效地逸出，所以是防止延迟裂纹的重要措施。但后热加热温度低，不能起到消除应力的作用。

(6) 适当增加焊接电流，减慢焊接速度，可减慢热影响区冷却速度，防止形成淬硬组织。

3. 再热裂纹的产生原因与防止方法

焊后焊件在一定温度范围再次加热(消除应力热处理或其他加热过程如多层焊时)而产生的裂纹，叫再热裂纹。

1) 产生原因

再热裂纹一般发生在熔点线附近，即被加热至1200～1350℃的区域中，对于低合金高强度钢大致为 580～650℃。

2) 防止方法

防止再热裂纹的措施，第一是控制母材中铬、钼、钒等合金元素的含量；第二是减少结构钢焊接残余应力；最后在焊接过程中采取减少焊接应力的工艺措施，如使用小直径焊条，小参数焊接，焊接时不摆动焊条等。

4．层状撕裂的产生原因与防止方法

焊接时焊接构件中沿钢板轧层形成的阶梯状的裂纹叫层状撕裂。

1) 产生原因

产生层状撕裂的原因是轧制钢板中存在着硫化物、氧化物和硅酸盐等非金属夹杂物，在垂直于厚度方向的焊接应力作用下(图中箭头)，在夹杂物的边缘产生应力集中，当应力超过一定数值时，某些部位的夹杂物首先开裂并扩展，以后这种开裂在各层之间相继发生，连成一体，形成层状撕裂的阶梯形。

2) 防止方法

防止层状撕裂的措施是严格控制钢材的含硫量，在与焊缝相连接的钢材表面预先堆焊几层低强度焊缝和采用强度级别较低的焊接材料。

三、气孔

焊接时，熔池中的气泡在凝固时未能逸出，残存下来形成的空穴叫气孔。

1．产生原因

(1) 铁锈和水分。铁锈和水分对熔池一方面有氧化作用，另一方面又带来大量的氢。

(2) 焊接方法。埋弧焊时由于焊缝大，焊缝厚度深，气体从熔池中逸出困难，故生成气孔的倾向比手弧焊大得多。

(3) 焊条种类。碱性焊条比酸性焊条对铁锈和水分的敏感程度大得多，即在同样的铁锈和水分含量下，碱性焊条十分容易产生气孔。

(4) 电流种类和极性。当采用未经很好烘干的焊条进行焊接时，使用交流电源，焊缝最易出现气孔；直流正接气孔倾向较小；直流反接气孔倾向最小。采用碱性焊条时，一定要用直流反接，如果使用直流正接，则生成气孔的倾向显著加大。

(5) 焊接工艺参数。焊接速度增加，焊接电流增大，电弧电压升高都会使气孔倾向增加。

2．防止方法

(1) 对手弧焊焊缝两侧各 10 mm，埋弧自动焊两侧各 20 mm 内，仔细清除焊件表面上的铁锈等污物。

(2) 焊条、焊剂在焊前按规定严格烘干，并存放于保温桶中，做到随用随取。

(3)采用合适的焊接工艺参数，使用碱性焊条焊接时，一定要短弧焊。

四、咬边

由于焊接参数选择不当，或操作工艺不正确，沿焊趾的母材部位产生的沟槽或凹陷叫咬边。

1．产生原因

咬边的产生主要是由于焊接工艺参数选择不当，焊接电流太大，电弧过长，运条速度和焊条角度不适当等。

2．防止方法

防止咬边的产生一般要选择正确的焊接电流及焊接速度，电弧不能拉得太长，掌握正确的运条方法和运条角度。埋弧焊时一般不会产生咬边。

五、未焊透

焊接时接头根部未完全熔透的现象叫未焊透。

1．产生原因

未焊透的产生原因主要有：焊缝坡口钝边过大，坡口角度太小，焊根未清理干净，间隙太小；焊条或焊丝角度不正确，电流过小，速度过快，弧长过大；焊接时有磁偏吹现象；电流过大，焊件金属尚未充分加热时，焊条已急剧熔化；层间或母材边缘的铁锈、氧化皮及油污等未清除干净，焊接位置不佳，焊接可达性不好等。

2．防止方法

防止未焊透需要正确选用和加工坡口尺寸，保证必须的装配间隙，正确选用焊接电流和焊接速度，认真操作，防止焊偏等。

六、未熔合

熔焊时，焊道与母材之间或焊道与焊道之间，未完全熔化结合的部分叫未熔合。

1．产生原因

未熔合的产生原因主要是层间清渣不干净，焊接电流太小，焊条偏心，焊条摆动幅度太窄等。

2．防止方法

防止未熔合一般采用的方法是加强层间清渣，正确选择焊接电流，注意焊条摆动等。

七、夹渣

焊后残留在焊缝中的熔渣叫夹渣。

1．产生原因

夹渣的产生原因有：焊接电流太小，以致液态金属和熔渣分不清；焊接速度过快，使熔渣来不及浮起；多层焊时，清渣不干净；焊缝成形系数过小以及手弧焊时焊条角度不正确等。

2．防止方法

防止夹渣的一般方法有：采用具有良好工艺性能的焊条，正确选用焊接电流和运条角度，焊件坡口角度不宜过小，多层焊时，认真做好清渣工作等。

八、焊瘤

焊接过程中，熔化金属流淌到焊缝之外未熔化的母材上，所形成的金属瘤叫焊瘤。

1．产生的原因

焊瘤产生的原因主要是操作不熟练和运条角度不当。

2．防止方法

防止焊瘤产生的方法主要是提高操作的技术水平。正确选择焊接工艺参数，灵活调整焊条角度，装配间隙不宜过大。此外，要严格控制熔池温度，不使其过高。

九、塌陷

单面熔化焊时，由于焊接工艺选择不当，造成焊缝金属过量透过背面，而使焊缝正面塌陷、背面凸起的现象叫塌陷。

塌陷的产生往往是由于装配间隙或焊接电流过大所致。

十、凹坑

焊后在焊缝表面或焊缝背面形成的低于母材表面的局部低洼部分叫凹坑。背面的凹坑通常叫内凹。凹坑会减少焊缝的工作截面。

凹坑的产生主要是由于电弧拉得过长，焊条倾角不当和装配间隙太大等。

十一、烧穿

焊接过程中，熔化金属自坡口背面流出，形成穿孔的缺陷叫烧穿。

1．产生原因

烧穿产生的原因是对焊件加热过多。

2．防止方法

防止烧穿的方法有：正确选择焊接电流和焊接速度，严格控制焊件的装配间隙。另外，还可以采用衬垫、焊剂垫、自熔垫或使用脉冲电流防止烧穿。

★ 知识点 2　焊接检验

焊接检验是对焊接工艺的验证过程，贯穿于整个焊接生产过程中。

一、焊接检验阶段

在不同阶段，焊接检验的目的也各不相同。按不同的焊接检验阶段，可将焊接检验分为焊前检验、焊接过程中的检验和焊后检验。

1．焊前检验

焊前检验主要是检查技术文件是否完整齐全，原材料的质量是否可靠，焊接设备和焊工的资格是否符合要求。焊前检验可以减少和降低产生焊接缺陷的各种影响因素，对预防焊接缺陷的产生具有重要意义。

焊前检验包括：

(1) 所用焊接材料和母材的检查和验收。

(2) 检查焊接材料及母材的牌号和规格、焊接坡口形式及尺寸是否与焊接工艺文件的要求一致，焊前清理和焊前预热是否符合规定，焊接设备的运行是否正常等。

(3) 生产前焊接试样检验，即在产品部件焊接前，应对试样进行断口或接头的力学性能等试验，试验合格后，才能焊接产品。

2. 焊接过程中的焊接检验

焊接过程中的检验主要是对焊接工艺的执行进行检查，可以防止和及时发现焊接缺陷的产生，若出现焊接缺陷，也可以及时分析缺陷产生的原因，采取必要的纠正措施，保证工件在制造过程中的质量。

焊接过程中的检验包括：

(1) 焊接工艺检查，包括焊接参数和层间温度的检查等。

(2) 焊道的外观质量检查和各种无损检测。

3. 焊后检验

焊后检验是在全部焊接工作完成后，对焊接接头进行的成品检验。焊后检验是为了保证所制造的产品各项性能指标完全满足该产品的设计要求，是保证焊接结构获得可靠产品质量的重要手段。

焊后检验包括：

(1) 接头的外观质量检验，包括目视检查、着色检测、磁粉检测等。

(2) 接头的内部质量检验，一般采用超声波检测和射线检测。

(3) 接头和整体结构的耐压检验和密封性检验。

(4) 产品试板的理化试验和力学性能检验等。

二、焊接检验的分类

在特种设备制造过程中，焊接检验应根据焊接生产的特点，严格按照相关的法律、法规、设计图样、技术标准和检验文件规定的要求进行检验。

图样规定了材料、焊缝位置、坡口形状和尺寸及焊缝的检验要求。而技术标准规定了焊缝的质量评定方法和要求。工艺规程、质量检验计划具体规定了检验方法和检验程序，还包括检查工程中的检验记录、不良品处理单、更改通知单，如图样更改、工艺更改、材料代用、追加或改变检验要求等所使用的书面通知。订货合同包括了用户对产品焊接质量的要求，也应作为图样和技术文件的补充规定。

常用的焊接检验方法分非破坏性检验和破坏性检验两大类。

1. 破坏性检验

破坏性检验包括力学性能试验、化学分析、金相检验和焊接性试验。产前通过焊接性试验试板、焊接工艺评定试板和产前试件进行破坏性检验；产后通过产品试板对焊接接头进行破坏性检验。

2. 非破坏性检验

非破坏性试验包括外观检验、无损检验和焊缝铁素体含量测定等检验，检验对象可以是产品焊接接头，也可以是焊接试板(例如焊接工艺评定试板和产品试板)；耐压试验和密封性试验的检验对象为产品整体或产品部件。

三、焊接接头的破坏性检验

1. 焊接接头力学性能试验

力学性能试验用来测定焊接材料、焊缝熔敷金属和焊接接头在不同载荷作用下的强度、塑性和韧性。焊接接头包括母材金属、焊缝熔敷金属和热影响区三个部分，焊接接头具有金相组织和化学成分的不均匀性，从而导致力学性能的不均匀性。焊接接头力学性能试验结果与焊缝在焊接接头中的位置和方向有一定关系。

焊接接头力学性能试件取样方法：焊接接头拉伸、弯曲、冲击等取样方法部位见图 1-51；具体尺寸及数量详见有关标准及技术条件要求；试验用的母材、焊接材料、焊接条件、焊前预热及焊后热处理，均应与相应产品或构件的制造条件相同，或符合有关技术条件规定。

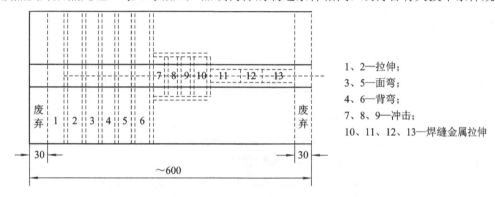

1、2—拉伸；
3、5—面弯；
4、6—背弯；
7、8、9—冲击；
10、11、12、13—焊缝金属拉伸

图 1-51　焊接试板取样方法

1）焊接接头拉伸试验

焊接接头的拉伸试验应按 GB/T2651《焊接接头拉伸试验方法》的规定进行。该标准适用于熔焊和压焊的焊接接头。焊缝及熔敷金属拉伸试验应按 GB/T2652《焊缝及熔敷金属拉伸试验方法》的规定进行。

(1) 接头拉伸试样的形状有板状试样、整管试样和圆形试样三种，见图 1-52，应根据试验要求予以选用。

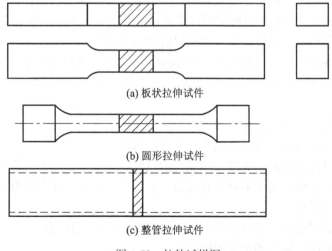

(a) 板状拉伸试件

(b) 圆形拉伸试件

(c) 整管拉伸试件

图 1-52　拉伸试样图

(2) 焊接接头的拉伸试验一般都采用横向试样。当焊缝金属的强度超过母材金属，缩颈和破坏会发生在母材金属区。若焊缝金属强度远低于母材，塑性应变集中在焊缝内发生，在这种情况下，局部应变测得的断后伸长率将比正常标距低。所以横向焊接接头拉伸试验只可以评定接头的抗拉强度 R_m(MPa)，不能评定接头的屈服强度和断后伸长率。焊接接头的拉伸试验还可发现断口处有无气孔、裂纹、夹渣或其他焊接缺陷。

(3) 焊缝及熔敷金属拉伸试样应从焊接试件上纵向(垂直于焊缝轴线方向)截取，见表1-12。加工完成后，试样的平行长度应全部由焊缝金属组成。通过试验可获得焊缝金属抗拉强度 R_m(MPa)、屈服强度 R_{el}(MPa)、断后伸长率 A(%)和断面收缩率 Z(%)。此外，在断口处可检查有无气孔、裂纹、夹渣或其他焊接缺陷。

表 1-12　熔敷金属拉伸样坯截取方位

试件厚度	焊接方法	样坯方位	说　明
>12	电弧焊或气焊	0.5S	适用于焊材与试板为同种材料时
>12	电弧焊或气焊	0.5S	坡口面上应施焊二层过渡层，并使其厚度大于 3 mm。适用于焊材与试板为非同种材料时

注：S 为试件厚度。

2) 焊接接头弯曲及压扁试验

焊接接头弯曲及压扁试验按照 GB/T2653《焊接接头弯曲试验方法》的规定进行。该标准适用于熔焊和压焊的焊接接头。

(1) 试验目的：在国家标准中规定了金属材料焊接接头的弯曲及压扁试验是对焊接接头进行横向正弯及背弯、横向侧弯、纵向正弯及背弯、管材压扁等试验，从而确定接头拉伸面上的塑性和缺陷。焊接接头正弯是指受拉面是焊缝正面的弯曲；背弯是指受拉面是焊缝背面的弯曲，主要是检验焊缝根部的焊接质量；而侧弯是指受拉面是焊缝纵剖面的弯曲，检验焊缝与母材间的结合强度，以及多层焊时的层间缺陷。

(2) 试样制备：焊接接头的弯曲试样按试样长度与焊缝轴线的相对位置可分为横弯试样、纵弯试样；按弯曲试样受拉面在焊缝中的位置可分为正弯试样、背弯试样和侧弯试样。

横弯试样即焊缝轴线与试样纵轴垂直的弯曲试样。

纵弯试样即焊缝轴线与试样纵轴平行的弯曲试样。

正弯试样即试样受拉面为焊缝正面的弯曲试样。对于双面不对称焊缝，正弯试样的受拉面为焊缝最大宽度面；对于双面对称焊缝，先焊面为正面。正弯试样用以考核焊缝的塑性及熔合线的接合质量。

背弯试样即试样受拉面为焊缝背面的弯曲试样。背弯试样用以考核单面焊缝，如管子对接、小直径容器纵、环缝的根部焊接质量。

　　侧弯试样即试样受拉面为焊缝纵剖面的弯曲试样。侧弯试样用以考核焊层与母材金属之间的结合强度，堆焊过渡层、双金属接头过渡层以及异种钢焊接接头的脆性、多层焊的层间缺陷。

　　弯曲试样按照 GB/T2653《焊接接头弯曲试验方法》规定的加工方法和加工尺寸进行制作，使其形状符合要求。弯曲试样图如图 1-53 所示。焊缝的正背面均应采用机械加工的方法修整，使之与母材原始表面平齐。

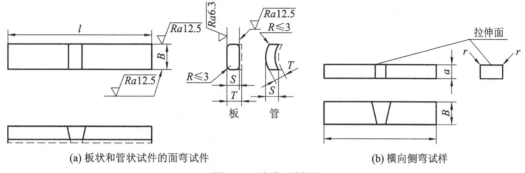

(a) 板状和管状试件的面弯试件　　　　　　　　　(b) 横向侧弯试样

图 1-53　弯曲试样图

3) 焊接接头冲击试验

　　焊接接头冲击试验是以 GB/T2650《焊接接头冲击试验方法》为依据进行的。GB/T2650《焊接接头冲击试验方法》规定了金属材料焊接接头夏比冲击试验方法，用以测定焊接接头各区域的冲击功吸收。冲击试样的截取如图 1-54 所示。

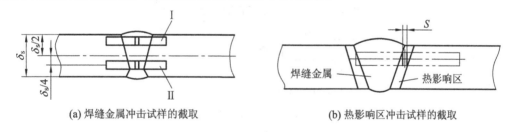

(a) 焊缝金属冲击试样的截取　　　　　　　　　(b) 热影响区冲击试样的截取

图 1-54　夏比冲击试样的截取图

　　将规定几何形状的缺口试样置于试验机两支座之间，缺口背向打击面放置，用摆锤依次打击试样，测定试样的吸收能量。该试验可以测定焊缝、熔合线、热影响区和母材在突加载荷作用时对缺口的敏感性、冲击吸收能量 K(J)。

　　冲击试样应采用机械加工或磨削方法制备，加工过程中要避免表面硬化或过热。尤其是避免缺口附近发生加工硬化。以尺寸为 10 mm×10 mm×55 mm 并加工有 V 形缺口和 U 形缺口的试样为标准试样，如图 1-55 所示。

4) 焊接接头及堆焊金属硬度试验法

　　硬度是指焊接接头抵抗局部变形或表面损伤的能力。由于硬度和强度有一定的关系，可以通过测定焊缝和热影响区的硬度，间接估算材料的强度，并比较焊接接头各个区域的性能差别和热影响区的淬硬倾向。

　　焊接接头的硬度试验一般在接头的横截面上测定，按照 GB/T2654《焊接接头硬度试验方法》进行。对接接头硬度测试的方法如图 1-56 所示。

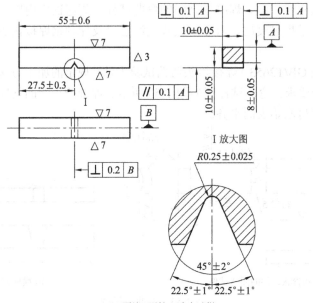

(a) 夏比V形缺口冲击试样

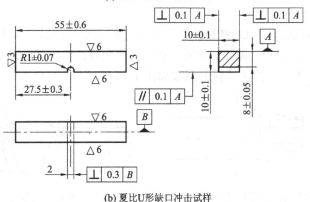

(b) 夏比U形缺口冲击试样

图 1-55　夏比冲击试样图

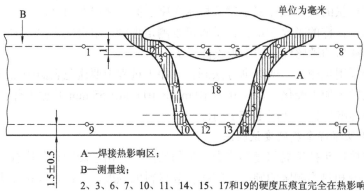

A—焊接热影响区；

B—测量线；

2、3、6、7、10、11、14、15、17和19的硬度压痕宜完全在热影响区内，
并尽量靠近焊缝金属与热影响区之间的熔合线；

顶部的的测量线宜位于适当位置，使得2和6压痕与最后焊道的热影响区
或与最后焊道的熔合线的轮廓变化一致。

图 1-56　对接焊缝硬度测试方法

5) 试样数量

接头拉伸不少于 1 个；熔敷金属、焊缝金属拉伸各不少于 1 个；整管接头拉伸 1 个；管接头剖条拉伸不少于 2 个；正弯、背弯、侧弯各不少于 1 个；纵弯不少于 2 个；接头冲击不少于 3 个；管接头压扁不少于 1 个；接头及堆焊硬度不少于 1 个。

2．化学分析

焊缝的化学分析试验用来检查焊缝金属的化学成分。分析的元素有碳、锰、硅、硫、磷等五大元素，对于一些合金结构钢和不锈钢焊缝，还需分析相应的合金元素如铬、镍、钼、钒、铝、铜等。必要时还需分析焊缝中氢、氧、氮的含量。

3．金相检验

金相检验主要是检验焊缝金属及热影响区组织、晶粒度的变化和观察各种缺陷，从而对焊接材料、工艺方法和焊接参数作出相应的评价。

金相检验分为宏观金相检验和微观金相检验两大类。

(1) 宏观金相检验是用低倍放大镜或目视检查焊缝一次结晶组织的粗细程度、熔池形状、尺寸以及各种焊接缺陷等。一般是在试板上截取横断面试样进行酸浸试验。

(2) 微观金相检验是在小于 2000 倍的光学(或电子)显微镜下进行金相分析，以确定焊缝金属中的显微缺陷和金相组织。

四、焊接接头的非破坏性检验

有些产品的检验是带有破坏性的，就是产品检查以后本身不复存在或被破坏得不能再使用了。因此破坏性检验只能采用抽检形式。

而非破坏性检验是指检验时，产品不受破坏，对产品质量不发生实质性影响的检验。包括外观检验、无损检测、耐压试验和泄漏试验等。

1．外观检验

焊接接头的外观检验是一种简便而又广泛应用的检验方法。外观检验贯穿整个焊接过程的始终，它不仅是对产品最终焊缝外观尺寸和表面质量进行检验，对产品焊接过程中的每一道焊缝也应进行外观检验，如进行多层焊时，为防止前道焊道的缺陷带到下一焊道，每焊完一道焊道便需进行外观检验。

外观检验主要通过目视方法检查焊缝表面的缺陷。必要时借助放大镜、量具和样板进行焊缝外观形状尺寸和表面质量的检验。

1) 焊缝的目视检验

(1) 目视检验的方法：

① 直接目视检验焊缝外形应均匀，焊道与焊道及焊道与基本金属之间应平滑过渡。目视检验是用眼睛直接观察和分辨缺陷的形貌。在检验过程中可采用适当照明设施，利用反光镜调节照射角度和观察角度，或借助于低倍放大镜观察，以提高眼睛发现和分辨缺陷的能力。

② 远距离目视检验主要用于眼睛不能接近被检物体，而必须借助于望远镜、内孔管道镜(窥视镜)、照相机等辅助设施进行观察的场合。

(2) 目视检验的程序：目视检验工作较简单、直观、方便、效率高。应对焊接结构的所有可见焊缝进行目视检验。对于结构庞大、焊缝种类或形式较多的焊接结构，为避免目视检验时遗漏，可按焊缝的种类或形式分为区、块、段逐次检查。

(3) 目视检验的项目：焊接工作结束后，要及时清理焊渣和飞溅。目视检验项目包括：几何形状、焊接缺陷、伤痕(机械损伤、引弧部位、装配拉筋拆除部位)补焊；若发现裂纹、夹渣、气孔、焊瘤、咬边等不允许存在的缺陷，应清除、补焊、修磨，使焊缝表面质量符合要求。

2) 焊缝外形尺寸的检验

焊缝外形尺寸的检验是按图样标注尺寸或技术标准规定的尺寸对实物进行测量检查。通常在目视检验的基础上，选择焊缝尺寸正常部位、尺寸变化的过渡部位和尺寸异常变化的部位进行测量检查，然后相互比较，找出焊缝外形尺寸变化的规律，与标准规定的尺寸对比，从而判断焊缝的外形几何尺寸是否符合要求。

(1) 对接焊缝外形尺寸的检验：对接焊缝的外形尺寸包括：焊缝的余高 h、焊缝宽度 c、焊缝边缘直线度 f、焊缝宽度差和焊缝表面凹凸度。焊缝的余高 h、焊缝宽度 c 是重点检查的外形尺寸。

(2) 角焊缝外形尺寸的检验：角焊缝外形尺寸包括焊脚、焊脚尺寸、凹凸度和焊缝边缘直线度等。大多数情况下，焊缝计算厚度不能进行实测，需要通过焊脚尺寸进行计算。要了解角焊缝外形尺寸的检验，必须首先了解角焊缝外形尺寸的有关术语定义。

焊脚、焊脚尺寸、焊缝计算厚度的术语定义如下：

① 焊脚：角焊缝的横截面，从一个直角面上的焊趾到另一个直角面表面的最小距离。

② 焊脚尺寸：在角焊缝横截面画出的最大等腰直角三角形直角边的长度。

③ 焊缝计算厚度：在角焊缝横截面画出的最大等腰直角三角形中，从直角顶点到斜边的垂直长度。

(3) 焊缝外观尺寸的检验：焊缝外观尺寸主要用焊缝检验尺来进行检验。焊缝检验尺主要由主尺、高度尺、咬边深度尺和多用尺四个零件组成，用来检测焊缝的各种坡口角度、高度、宽度、间隙和咬边深度。

2. 无损检测

无损检测方法主要包括射线(RT)、超声(UT)、磁粉(MT)、渗透(PT)和涡流(ET) 等检测方法。制造单位或者无损检测机构应当根据设计图样要求和 JB/T 4730 的规定制定相应的无损检测工艺。

无损检测方法的选用原则应根据受检承压设备的材质、结构、制造方法、工作介质、使用条件和失效模式，预计可能产生的缺陷种类、形状、部位和方向，选择适宜的无损检测方法。

射线和超声检测主要用于承压设备的内部缺陷的检测；磁粉检测主要用于铁磁性材料制承压设备的表面和近表面缺陷的检测；渗透检测主要用于非多孔性金属材料和非金属材料制承压设备的表面开口缺陷的检测；涡流检测主要用于导电金属材料制承压设备表面和近表面缺陷的检测。

铁磁性材料表面检测时，宜采用磁粉检测。

当采用两种或两种以上的检测方法对承压设备的同一部位进行检测时，应按各自的方法评定级别。

采用同种检测方法按不同检测工艺进行检测时，如果检测结果不一致，应以危险度大的评定级别为准。

3. 耐压试验和泄漏试验

耐压试验和泄漏试验是两种对锅炉、压力容器产品部件进行整体性能检验的方法。耐压试验是把液体或气体等介质充入产品部件中缓慢加压，以检查其泄漏、耐压、破坏等性能。泄漏试验是对有密封性要求的储存液体或气体的容器进行充气或充液试验，以检查容器是否有贯穿裂纹、气孔、夹渣、未焊透等泄漏缺陷。

1) 耐压试验

耐压试验的目的是检验部件的强度和严密性。在试验过程中，通过观察部件有无明显变形和破裂，来验证设备是否具有设计压力下安全运行所必需的承压能力。同时观察焊缝和法兰等连接处有无渗漏，来检验设备的严密性。

耐压试验分为液压试验、气压试验以及气液组合压力试验三种。

2) 泄漏试验

耐压试验合格后，对于介质毒性程度为极度、高度危害或者设计上不允许有微量泄漏的压力容器，应当进行泄漏试验。

泄漏试验根据试验介质的不同，分为气密性试验以及氨检漏试验、卤素检漏试验和氦检漏试验等。试验方法的选择，按照设计图样和有关标准要求执行。

通过以上各种非破坏性试验，能够有效检测设备的制造质量，特别是焊缝的焊接质量，保证设备的有效运行。

第二单元　焊接专业核心工艺技术

项目一　气　焊

学习目标

(1) 掌握气焊的原理及工艺；
(2) 掌握气焊操作技能。

知识链接

★ 知识点 1　气焊的原理及特点

气焊英文为 oxygen fuel gas welding (简称 OFW)。

一、气焊的原理

气焊是利用气体火焰作热源的一种熔焊方法。它借助可燃气体与助燃气体混合燃烧产生的气体火焰，将接头部位的母材和焊丝熔化，使被熔化的金属形成熔池，冷却凝固后形成牢固接头，从而使两焊件连接成一个整体。常用氧气和乙炔混合燃烧的火焰进行焊接，故又称为氧乙炔焊。

二、气焊的优点

(1) 设备简单，操作方便，成本低，适应性强，在无电力供应的地方可方便焊接。
(2) 可以焊接薄板、小直径薄壁管。
(3) 焊接铸铁、有色金属、低熔点金属及硬质合金时质量较好。

三、气焊的缺点

(1) 火焰温度低，加热分散，热影响区宽，焊件变形大和过热严重，接头质量不如焊条电弧焊容易保证。
(2) 生产率低，不易焊较厚的金属。
(3) 难以实现自动化。

★ 知识点 2　气焊设备及工具

气焊设备及工具主要有氧气瓶、乙炔瓶、液化石油气瓶、减压器、焊炬及输气胶管等。

一、氧气瓶、乙炔瓶、液化石油气瓶

氧气瓶、乙炔瓶、液化石油气瓶是分别贮存和运输氧气、乙炔、液化石油气的压力容器。氧气瓶外表涂天蓝色，瓶体上用黑漆标注"氧气"字样；乙炔瓶外表涂白色，并用红漆标注"乙炔"字样；液化石油气瓶外表面涂银灰色漆并用红漆标注"液化石油气"字样。氧气瓶、乙炔瓶、液化石油气瓶如图 2-1 所示。

(a) 氧气瓶　　　　(b) 乙炔瓶　　　　(c) 液化石油气瓶

图 2-1

二、减压器

由于氧气瓶内的氧气压力最高达 15 MPa，乙炔瓶内的乙炔压力最高达 1.5 MPa，而气焊工作时氧的压力一般为 0.1～0.4 MPa，乙炔的压力最高不超过 0.15 MPa，所以必须要有一种调节装置将气瓶内的高压气体降为工作时的低压气体，并保持工作时压力稳定，这种调节装置叫减压器，又称压力调节器。

减压器按用途不同可分为氧气减压器、乙炔减压器、液化石油气减压器等；按构造不同可分为单级式和双级式两类；按工作原理不同可分为正作用式和反作用式两类。目前常用的是单级反作用式减压器。氧气减压器、乙炔减压器如图 2-2 所示。

(a) 氧化减压器　　　　　　(b) 乙炔减压器

图 2-2　减压器

三、焊炬

焊炬是气焊时用于控制气体混合比、流量及火焰并进行焊接的工具。焊炬按可燃气体与氧气混合的方式不同，可分为射吸式焊炬(也称低压焊炬)和等压式焊炬两类，现在常用的是射吸式焊炬，等压式焊炬可燃气体的压力和氧气的压力相等，不能用于低压乙炔，所以目前尚未广泛使用。两类焊炬的特点及原理结构如表 2-1 所示。

表 2-1　焊炬的特点及原理结构

焊炬种类	原理结构图	工作原理	特　点
射吸式焊炬	混合气体通道　乙炔调节阀　C_2H_2　氧气调节阀　射吸管　喷嘴　乙炔通道　氧气通道　焊嘴　喷射管　O_2　混合气体　乙炔　氧气	射吸作用是利用高压氧从喷嘴口快速射出，并在喷嘴外围造成吸力吸出乙炔，从而调节乙炔、氧气的流量，保证乙炔与氧气按一定比例混合	工作压力在 0.001 MPa 以上即可，通用性强，低、中压乙炔都可用，但较易回火
等压式焊炬	混合气体通道　乙炔通道　乙炔调节阀　混合室　C_2H_2　O_2　焊嘴　氧气通道　氧气调节阀　混合气体　乙炔　氧气	乙炔靠自己的压力与氧同时进入混合气管，自然混合后，从喷嘴喷出，因此乙炔与氧气的压力应相等或相近	结构简单，火焰燃烧稳定，回火可能性较射吸式焊炬小，但不能用于低压乙炔

对于新使用的射吸式焊炬，必须检查其射吸情况。即接上氧气胶管，拧开氧气阀和乙炔阀，将手指轻轻按在乙炔进气管接头上，若感到有一股吸力，则表明射吸能力正常，若没有吸力，甚至氧气从乙炔接头上倒流，则表明射吸能力不正常，禁止使用。

四、输气胶管

氧气瓶和乙炔瓶中的气体，须用橡皮管输送到焊炬或割炬中。根据 GB9448—1999《焊接与切割安全》标准规定，氧气管为黑色，乙炔管为红色，氧气管、乙炔管如图 2-3 所示。通常氧气管内径为 8 mm，乙炔管内径为 10 mm，氧气管与乙炔管强度不同，氧气管允许工作压力为 1.5 MPa，乙炔管为 0.3 MPa。连接于焊炬的胶管长度不能短于 5 m，但太长了会增加气体流动的阻力，一般在 10～15 m 为宜。焊炬用橡皮管禁止油污及漏气，并严禁互换使用。

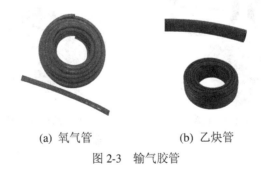

(a) 氧气管　　　　　　　　(b) 乙炔管

图 2-3　输气胶管

五、其他辅助工具

1. 护目镜

气焊时使用护目镜，主要是保护焊工的眼睛不受火焰亮光的刺激，以便在焊接过程中能够仔细地观察熔池金属，又可防止飞溅金属微粒溅入眼睛内。护目镜的镜片颜色和深浅，根据焊工的需要和被焊材料性质进行选用。颜色太深太浅都会妨碍对熔池的观察，影响工作效率，一般宜用 3～7 号的黄绿色镜片。护目镜如图 2-4 所示。

图 2-4　护目镜

图 2-5　手枪式点火枪

2．点火枪

气焊点火时使用手枪式点火枪最为安全方便，手枪式点火枪如图 2-5 所示。当用火柴点火时，必须把划着了的火柴从焊嘴的后面送到焊嘴或割嘴上，以免手被烧伤。

此外还有清理工具，如钢丝刷、手锤、锉刀；连接和启闭气体通路的工具，如钢丝钳、铁丝、皮管夹头、扳手等及清理焊嘴的通针等。皮管夹、通针如图 2-6 所示。

(a) 皮管夹

(b) 通针

图 2-6　皮管夹和通针

★ 知识点 3　气焊焊接材料

一、焊丝

气焊用的焊丝在气焊中起填充金属作用，与熔化的母材一起形成焊缝。因此焊缝金属的质量在很大程度上取决于焊丝的化学成分和质量。对气焊丝的一般要求是：

(1) 焊丝的熔点等于或略低于被焊金属的熔点。

(2) 焊丝所焊焊缝应具有良好的力学性能，焊缝内部质量好，无裂纹、气孔、夹渣等缺陷。

(3) 焊丝的化学成分应基本上与焊件相符，无有害杂质，以保证焊缝有足够的力学性能。

(4) 焊丝熔化时应平稳，不应有强烈的飞溅或蒸发。

(5) 焊丝表面应洁净，无油脂、油漆和锈蚀等污物。

常用的气焊丝有碳素结构钢焊丝、合金结构钢焊丝、不锈钢焊丝、铜及铜合金焊丝、铝及铝合金焊丝和铸铁气焊丝等。

二、气焊熔剂

气焊熔剂是气焊时的助熔剂。气焊熔剂熔化反应后，能与熔池内的金属氧化物或非金属夹杂物相互作用生成熔渣，覆盖在熔池表面，使熔池与空气隔离，因而能有效防止熔池金属的继续氧化，改善焊缝的质量。对气焊熔剂的要求是：

(1) 气焊熔剂应具有很强的反应能力，能迅速溶解某些氧化物或与某些高熔点化合物作用后生成新的低熔点和易挥发的化合物。

(2) 气焊熔剂熔化后粘度要小，流动性要好，产生的熔渣熔点要低，密度要小，熔化后容易浮于熔池表面。

(3) 气焊熔剂能减少熔化金属的表面张力，使熔化的填充金属与焊件更容易熔合。

(4) 气焊熔剂不应对焊件有腐蚀等副作用，生成的熔渣要容易清除。

气焊熔剂可以在焊前直接撒在焊件坡口上或者蘸在气焊丝上加入熔池。焊接有色金属(如铜及铜合金、铝及铝合金)、铸铁、耐热钢及不锈钢等材料时，通常必须采用气焊熔剂。

★ 知识点 4　气焊工艺参数

气焊工艺参数是保证焊接质量的主要技术依据。它包括接头形式、焊丝的型号、牌号及直径、气焊熔剂、火焰的性质及能率、焊炬的倾斜角度、焊接方向、焊接速度等。

一、接头形式

气焊可以在平、立、横、仰各种空间位置进行焊接，接头形式主要采用对接接头，卷边接头一般只在薄板焊接时使用，角接接头、搭接接头、T 形接头很少采用。对接接头时，当板厚大于 5 mm 时应开坡口。低碳钢的卷边接头及对接接头的形状和尺寸如表 2-2 所示。

表 2-2　低碳钢的卷边接头及对接接头的形状和尺寸

接头形式	图　示	板厚/mm	卷边及钝边/mm	间隙/mm	坡口角度/(°)	左向焊法
卷边接头		0.5～1.0	1.5～2.0			不用
Ⅰ形坡口对接接头		1.0～5.0		1.0～4.0		2.0～4.0
V 形坡口对接接头		>5.0	1.5～3.0	2.0～4.0	左向焊法 80，右向焊法 60	3.6～6.0

二、焊丝的型号、牌号及直径

焊丝的型号、牌号选择应根据焊件材料的力学性能或化学成分，选择相应性能或成分的焊丝。

气焊焊丝通常为实芯焊丝，实芯焊丝牌号的首位字母"H"表示焊接用实芯焊丝，后面的一位或两位数字表示含碳量，其他合金元素含量的表示方法与钢材的表示方法大致相同。化学元素符号及其后的数字表示该元素的近似含量，牌号尾部标有"A"或"E"时，"A"表示硫、磷量要求低的优质钢焊丝，"E"表示硫、磷含量要求特别低的特优质钢焊丝。在国标中，实芯焊丝的牌号表示与型号表示相同。焊丝牌号举例如下：

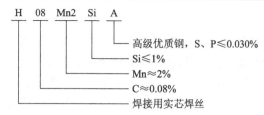

焊丝直径主要根据焊件的厚度来决定，如表2-3所示。

表 2-3　焊丝直径与焊件厚度的关系　　　　　　　　mm

焊件厚度	1～2	2～3	3～5	5～10	10～15
焊丝直径	1～2 或不用焊丝	2～3	3～3.2	3.2～4	4～5

若焊丝直径过细，焊接时焊件尚未熔化，而焊丝已很快熔化下滴，容易造成熔合不良等缺陷；相反，如果焊丝直径过粗、焊丝加热时间增加、使焊件过热，就会扩大热影响区，同时导致焊缝产生未焊透等缺陷。

在开坡口焊件的第一、二层焊缝焊接，应选用较细的焊丝，以后各层焊缝可采用较粗焊丝。焊丝直径还和焊接方向有关，一般右向焊时所选用的焊丝要比左向焊时粗些。

三、气焊熔剂

气焊熔剂的选择要根据焊件的成分及其性质而定，一般碳素结构钢气焊时不需要气焊熔剂，而不锈钢、耐热钢、铸铁、铜及铜合金、铝及铝合金气焊时，则必须采用气焊熔剂。

四、火焰的性质及能率

1. 火焰的性质

气焊火焰的性质，应该根据材料的种类来选择。

气体火陷具有很高的温度(3150～3200℃)，因混合气体中氧气与乙炔的体积比例不同，氧乙炔焰可分为中性焰、碳化焰和氧化焰三种，如图2-7所示。

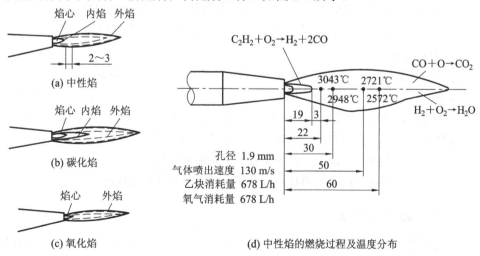

图 2-7　氧乙炔火焰

1) 中性焰

中性焰是氧气与乙炔体积比为 1.1～1.2 时燃烧所形成的火焰，此时氧气与乙炔量比较适中，燃烧充分，燃烧后既无过量的氧，又无游离的碳。中性焰分为焰心、内焰和外焰三个区域。火焰内有一个轮廓清晰，色白而明亮的锥形，此即焰心。焰心由氧气与乙炔组成，焰心外表面分布一层由乙炔分解形成的碳微粒，炽热的碳微粒发出明亮的白光并轻微闪动。由于乙炔分解时要吸收一部分的热量，故焰心温度较低，约 800～1200℃，内焰位于碳素微粒的外面，呈蓝白色，有深蓝色线条。在焰心前端约 2～4 mm 处的范围内，燃烧最激烈，最高温度可达 3100～3150℃，这个区域最适合焊接。外焰在内焰外部，其颜色由里向外由淡紫色变成橙黄色，外焰区域内有内焰燃烧生成的一氧化碳和氢气与空气中的氧充分燃烧生成的二氧化碳和水，外焰温度为 1200～2500℃。

2) 碳化焰

碳化焰是氧气与乙炔体积比小于 1.1 时燃烧所形成的火焰。因为乙炔过剩，燃烧不完全，火焰中含有游离碳，具有较强的还原作用和一定的渗碳作用。碳化焰也分为焰心、内焰和外焰三个区域。碳化焰的内焰比焰心长 1～2 倍，呈蓝白色，由一氧化碳、氢气和碳微粒组成。碳化焰的外焰特别长而柔软，呈橘红色，由水蒸气、二氧化碳、氧气、氢气和碳素微粒组成，随着乙炔量的增多，碳化焰变得越长，越柔软，挺直度越差。当乙炔量过多时，乙炔不能完全燃烧，火焰便会冒出黑烟。碳化焰的最高温度达到 2700～3000℃，由于碳化焰中过剩乙炔会分解游离碳和氢，焊接低碳钢等有渗碳现象，易造成焊缝金属力学性能降低和产生焊接缺陷，因此碳化焰不能用于焊接低碳钢及低合金钢。但轻微的碳化焰常用于焊接高碳钢、中合金钢、铸铁、铝及铝合金等材料。

3) 氧化焰

氧化焰是氧气与乙炔气体体积比大于 1.2 时燃烧所形成的火焰，氧化焰中存在过量氧，使火焰具有氧化性，火焰最高温度达 3200～3400℃。氧化焰的特征是焰心短而尖，轮廓不明显，内焰很短，几乎看不到，氧化焰的内外焰层次不清，主要由氧气、二氧化碳和水蒸气组成，氧化焰的内焰呈淡蓝色，外焰呈蓝色，火焰挺直，燃烧时发出急剧的嘶嘶声，火焰中氧气比例较大，整个火焰就越短，"嘶嘶"声就越大。氧化焰对焊件有氧化作用，会降低焊接质量，严重影响焊件的使用性能，所以一般材料焊接很少使用。

2. 火焰的能率

气焊火焰能率主要是根据每小时可燃气体(乙炔)的消耗量(L/h)来确定。在保证焊接质量的前提下，应尽量选择较大的火焰能率，以提高生产率。一般焊件较厚，金属材料熔点较高、导热性较好(如铜、铝及合金)，焊缝处于平焊位置时，应选择较大的火焰能率。

在气焊低碳钢和低合金钢时，可按下列经验来计算火焰能率：

左焊法乙炔的消耗量 = (100～120) × 焊件厚度(L/h)

右焊法乙炔的消耗量 = (120～150) × 焊件厚度(L/h)

五、焊炬的倾斜角度

焊炬的倾斜角度是指焊炬的焊嘴中心线与焊件平面的夹角，见图 2-8 所示(图中的带 mm 的数字为焊件厚度)。焊炬的倾斜角度与焊件厚度，焊嘴大小及施焊位置有关，倾角越大，散热越少，升温越快。焊接厚度大，导热性好，熔点高的材料，焊炬的倾斜角度要大些，焊接厚度小，导热性差，熔点低的材料，焊炬的倾斜角度要小些，刚开始焊接时倾角要大些，接近结束时倾角应减小，根据气焊常用的材质及焊件厚度，焊嘴倾角为30～40°左右。

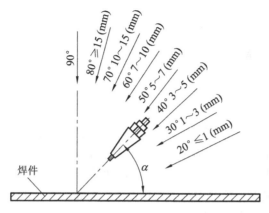

图2-8 焊炬的倾斜角度与焊件板厚的关系

六、焊接方向

气焊时，按照焊炬和焊丝的移动的方向，可分为左焊法和右焊法两种，如图2-9所示。左焊法适宜于薄板的焊接。右焊法适合焊接厚度较大，熔点及导热性较高的焊件。

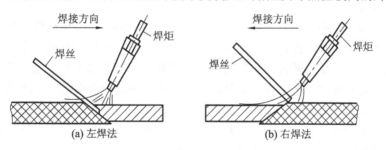

图2-9 气焊方向

1. 左焊法

它也称左向焊法，焊丝和焊炬从右向左移动。其特点是焊接火焰指向焊件待焊部分，对金属起预热作用。采用左焊法焊接时，熔池看得很清楚，故操作简单方便，容易掌握。它适用于较薄或熔点较低的焊件焊接，目前应用最普遍。

2. 右焊法

它也称右向焊法，焊丝和焊炬从左向右移动，焊丝位于焊炬后方，这种方法较难掌握。焊接过程热量较集中，焊件熔透深度较大，火焰指向焊缝，整个熔池被遮盖，起到良好的保护作用，使焊缝冷却缓慢。它适用于焊接厚度较大或熔点较高的焊件。

七、焊接速度

焊接速度应根据焊件的接头形式、焊件厚度、坡口尺寸和材料性能等选用，焊接速度还与火焰强弱及操作的熟练程度有关。焊接速度的快慢影响焊接质量和生产效率。通常焊件厚度大、熔点高，则焊接速度慢，以免产生未熔合的现象，反之则应快，否则易造成烧穿。

技能操作 📖

❖ 任务　气焊操作技能

一、起焊

火焰调整正常后便可进行焊接作业，起焊时焊件温度较低，可使焊嘴倾角大一些(约80～90°)，对焊件进行预热，同时使火焰在起焊位置往复运动，使焊接处受热均匀。如果焊件厚度不同，应将火焰偏向较厚的焊件，当起焊位置形成白亮而清晰的熔池时，即可填入焊丝施焊。焰心的尖端与熔池的距离保持在2～4 mm，并维持熔池的形状和大小稳定。焊接过程中，要掌握好火焰的喷射方向，保证熔池处在焊缝的中间位置。

二、焊丝和焊炬运动

在焊接过程中，为了获得优质美观的焊缝，焊丝和焊炬应协调运动，通过摆动使熔池的液态金属熔透均匀，避免焊接过热。焊接某些有色金属时，不断用焊丝搅拌熔池，以利于排出各种氧化物及逸出气体。

气焊时，焊炬有两个动作，即沿着焊接方向(焊缝方向)移动和垂直于焊缝横向摆动，并通过不断熔化焊丝和焊件，形成焊缝。对于焊丝，除与焊炬同样的两个动作外，由于焊丝不断熔化，焊丝还要不断地向熔池送进。为了避免焊缝高低不平，宽窄不匀的现象，应调节熔池的温度和焊丝的填充量，焊丝送进时其末端应均匀协调地上下跳动。

焊接中焊炬和焊丝应根据焊件厚度、焊缝空间位置、焊缝宽度等选择运动方法和幅度。厚度大于 3 mm 的对接接头气焊，焊炬与焊丝采用相互左右摆动的焊接方法，可使接头焊透并获得良好的焊缝。常见的几种摆动方法见图 2-10 所示。

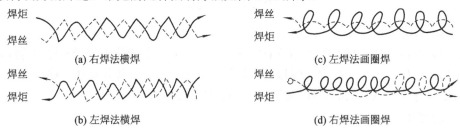

图 2-10　焊丝和焊炬的摆动

三、接头和收尾

焊接中途停止后，重新在焊缝停顿处起焊，原焊缝重叠的部分称为接头，焊接到焊缝的末端时，结束焊接的过程称为收尾。气焊接头时，应把接头处的原熔池重新加热熔化后形成新的熔池，才能开始加焊丝进行焊接。为保证焊接质量，接头处要与前焊缝重叠

5～10 mm，重叠处要少加或不加焊丝，并注意控制焊缝的合适高度，使接头焊缝与原焊点圆滑过渡。

收尾时，要防止焊缝温度过高而烧穿，可采用减小焊嘴倾角，加快焊接速度，适当抬高火焰，间断加热的方法，要多加焊丝，直至填满熔池为止。

四、回火现象

气焊、气割时发生气体火焰进入喷嘴内逆向燃烧的现象称为回火。发生回火的根本原因是混合气体从焊、割炬的喷射孔内喷出的速度小于混合气体燃烧速度。若发生回火，应先迅速关闭乙炔调节阀门，再关闭氧气调节阀门，切断乙炔和氧气来源。待火熄灭后焊、割嘴不烫手时方可重新进行气焊、气割。

项目二　气　割

学习目标 ✍

(1) 掌握气割的原理及工艺；
(2) 掌握气割操作技能。

知识链接 📖

★ 知识点 1　气割的原理及条件

气割英文为 oxygen fuel gas cutting(简称 OFC)。

一、气割的原理

气割是利用气体火焰的能量将金属分离的一种加工方法，是生产中钢材分离的重要手段。气割技术几乎是和焊接技术同时诞生的一对相互促进、相互发展的"孪生兄弟"，构成了钢铁的一裁一缝。

气割是利用气体火焰的热能，将工件切割处预热到燃烧温度后，喷出高速切割氧流，使其燃烧并放出热量以实现切割的方法。氧气切割过程是预热—燃烧—吹渣过程，其实质是铁在纯氧中的燃烧过程，而不是金属熔化过程。

二、金属气割的主要条件

(1) 金属在氧气中的燃烧点应低于熔点，这是氧气切割过程能正常进行的最基本条件。

(2) 金属气割时形成氧化物的熔点应低于金属本身的熔点。氧气切割过程产生的金属氧化物的熔点必须低于该金属本身的熔点，同时流动性要好，这样的氧化物能以液体状态从割缝处被吹除。常用金属材料及其氧化物的熔点如表 2-4 所示。

表 2-4　常用金属材料及其氧化物的熔点

金属材料	金属熔点/℃	氧化物的熔点/℃
纯铁	1535	1300～1500
低碳钢	1500	1300～1500
高碳钢	1300～1400	1300～1500
灰铸铁	1200	1300～1500
铜	1084	1230～1336
铅	327	2050
铝	658	2050
铬	1550	1990
镍	1450	1990
锌	419	1800

(3) 金属在切割氧射流中燃烧应该是放热反应，使所放出的热量足以维持切割过程继续进行而不中断。

(4) 金属的导热性不应太高，否则预热火焰及气割过程中氧化所析出的热量会被传导散失，使气割不能开始或中途停止。

三、常用金属的气割性

(1) 纯铁和低碳钢能满足上述要求，所以能很顺利地进行气割。

(2) 铸铁不能用氧气气割，原因是它在氧气中的燃点比熔点高很多，同时产生高熔点的二氧化硅(SiO_2)，而且氧化物的粘度也很大，流动性又差，切割氧流不能把它吹除。此外由于铸铁中含碳量高，碳燃烧后产生一氧化碳和二氧化碳冲淡了切割氧射流，降低了氧化效果，使气割发生困难。

(3) 高铬钢和铬镍钢会产生高熔点的氧化铬和氧化镍(约 1990℃)，遮盖了金属的割缝表面，阻碍下一层金属燃烧，也使气割发生困难。

(4) 铜、铝及其合金燃点比熔点高，导热性好，加之铝在切割过程中产生高熔点二氧化铝(约 2050℃)，而铜产生的氧化物放出的热量较低，都使气割发生困难。

目前，铸铁、高铬钢、铬镍钢、铜、铝及其合金均采用等离子弧切割。

★ 知识点 2　气割设备及工具

气割设备及工具主要有氧气瓶、乙炔瓶、液化石油气瓶、减压器、割炬(或气割机)等。氧气瓶、乙炔瓶、液化石油气瓶、减压器与气焊用的相同。手工气割时使用的是手工割炬，机械化设备使用的是气割机。

一、割炬

割炬是进行火焰气割的主要工具。同焊炬一样，割炬按可燃气体与氧气混合的方式不同也可分为射吸式割炬和等压式割炬两种，射吸式割炬应用最为普遍。射吸式割炬是在射吸式焊炬的基础上，增加了由切割氧调节阀、切割氧气管以及割嘴等组成的切割部分，其原理结构如图 2-11 所示。乙炔是靠预热火焰的氧气射入射吸管而被吸入射吸管内。这种割炬低、中压乙炔都可用。

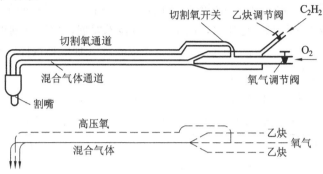

图 2-11　射吸式割炬原理结构图

　　割嘴的构造与焊嘴不同，如图 2-12 所示。焊嘴上的喷射孔是小圆孔，所以气焊火焰呈圆锥形；而射吸式割炬的割嘴按结构形式不同，混合气体的喷射孔有环形和梅花形两种。环形割嘴的混合气孔道呈环形，整个割嘴由内嘴和外嘴二部分组合而成，又称组合式割嘴。梅花形割嘴的混合气孔道，呈小圆孔均匀地分布在高压氧孔道周围，整个割嘴为一体，又称整体式割嘴。

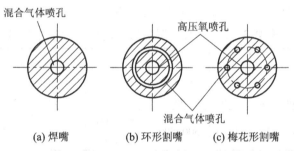

(a) 焊嘴　　　(b) 环形割嘴　　　(c) 梅花形割嘴

图 2-12　割嘴与焊嘴的截面比较

　　等压式割炬的可燃气体、预热氧分别由单独的管路进入割嘴内混合。由于可燃气体是靠自己的压力进入割炬，所以它不适用低压乙炔，而须采用中压乙炔。等压式割炬具有气体调节方便、火焰燃烧稳定、回火可能性较射吸式割炬小等优点，其应用量越来越大，国外应用量比国内大。等压式割炬结构如图 2-13 所示。

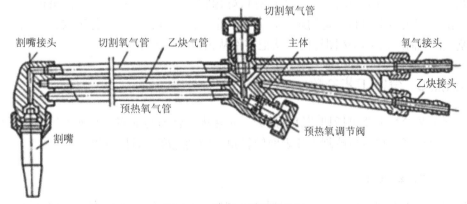

图 2-13　等压式割炬结构图

二、气割机

气割机是代替手工割炬进行气割的机械化设备。它比手工气割的生产率高，割口质量好，劳动强度和成本都较低。近年来，由于计算机技术发展，数控气割机也得到广泛应用。常用的气割机有半自动气割机、仿形气割机、光电跟踪气割机和数控气割机等。

1. CG1-30 型半自动气割机

CG1-30 型半自动气割机是小车式，能切割直线或圆弧，其主要技术参数见表 2-5。

表 2-5　CG1-30 型半自动气割机主要技术参数

型号	电源电压 /V	电动机功率 /W	气割钢板厚度 /mm	割圆直径 /mm	气割速度 /(mm/min)	割嘴数目 /个	外形尺寸（长×宽×高）/mm	质量 /kg
CG1-30	220	24	5～60	200～2000	50～750	1～3	370×230×240	17

2. CG2-150 型仿形气割机

仿形气割机是一种高效率的半自动气割机，可方便又精确地气割出各种形状的零件。仿形气割机的结构形式有门架式和摇臂式两种。其工作原理主要是靠轮沿样板仿形带动割嘴运动。CG2-150 型仿形气割机的主要技术参数见表 2-6。

表 2-6　CG2-150 型仿形气割机主要技术参数

型号	气割钢板厚度 /mm	气割速度 /(mm/min)	气割精度 /mm	气割正方形尺寸 /mm	气割长方形尺寸 /mm	气割直线长度 /mm	割圆直径 /mm	外形尺寸（长×宽×高）/mm	质量 /kg
CG2-150	5～60	50～750	±0.5	500×500	900×400 750×450	1200	600	190×335×800	35

3. 数控气割机

数控气割是按照数字指令规定的程序进行的自动切割。数控气割时，首先按照图样上零件的几何形状及数据编成计算机所能接受的加工指令即编制程序，然后把编好的程序按规定的编码打在穿孔纸带上，加工指令通过光电输入机被读入专用计算机中。光电输入机好像数控自动气割机的眼睛，而专用计算机好像它的大脑。数控自动气割机根据输入的指令计算出气割头的走向和应走的距离，并以一个脉冲向外输出至执行机构。经执行机构带动气割头(割嘴)，就可以按图样的形状把零件从钢板上切割下来。

★ 知识点 3　气割工艺参数

气割工艺参数主要包括切割氧气压力、预热火焰性质与能率、割嘴型号、割嘴与被割工件表面的距离、割嘴与被割工件表面倾斜角、切割速度、后拖量等。

一、切割氧气压力

切割氧气压力与工件厚度、割把型号、割嘴型号以及氧气纯度有关。切割氧气纯度最低为 98.5%。压力太低，切割过程缓慢，容易形成吹不透，粘渣。压力太大，容易形成氧气浪费，切口表面粗糙，切口加大。

二、预热火焰性质与能率

预热火焰的作用是把金属割件加热，并始终保持能在氧气流中燃烧的温度，同时使钢材表面上的氧化皮剥落和熔化，便于切割氧气流与铁化合。预热火焰对金属割件的加热温度，低碳钢时约为 1100～1150℃。

气割时，预热火焰应采用中性焰或轻微氧化焰，不能使用碳化焰，因为碳化焰会使割口边缘产生增碳现象。

预热火焰能率是以每小时可燃气体消耗量来表示的。预热火焰能率应根据割件厚度来选择，一般割件越厚，火焰能率应越大。

三、割嘴型号

割嘴型号分为 1、2、3 号，根据被割工件厚度选择割嘴型号。

四、割嘴与被割工件表面的距离

根据工件的厚度选择，厚度越大，距离越近，一般控制在 3～5 mm。薄工件应把距离拉开，以免前割后焊。

五、割嘴与被割工件表面倾斜角

倾斜角直接影响切割速度和后拖量。倾斜角大小根据工件厚度而定。切割厚度小于 30 mm 的钢板时，割嘴向后倾斜 20～30°。厚度大于 30 mm 的厚钢板，开始气割时应将割嘴向前倾斜 5～10°，全部割透后再将割嘴垂直于工件，当快切割完时，割嘴应逐渐向后倾斜 5～10°。

六、切割速度

根据厚度选择，工件越厚，速度越慢，反之，则快。速度过快，后拖量越大，甚至割不透。后拖量越小越好。

七、后拖量

后拖量是指切割面上切割氧流轨迹的始点与终点在水平方向的距离，如图 2-14 所示。切割的后拖量是不可避免的，尤其是切割厚钢板时更为显著。后拖量与气割速度等有关，气割时产生后拖量的原因主要是：

(1) 切口上层金属在燃烧时，所产生的气体冲淡了切割氧气流，使下层金属燃烧缓慢产生后拖量。

(2) 下层金属无预热火焰的直接预热作用，因而火焰不能充分对下层金属加热，使割件下层不能剧烈燃烧从而产生后拖量。

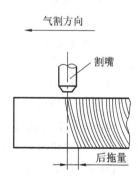

图 2-14　气割后拖量

(3) 割件金属离割嘴距离较大，切割氧气流吹除氧化物的能量降低产生后拖量。

(4) 气割速度过快，来不及将下层金属氧化，产生后拖量。

因此应采用合理的气割速度，使切口产生的后拖量较小，以保证气割质量。

技能操作 📖

❖ 任务　气割操作技能

一、气割的安全操作方法

(1) 气割作业前必须穿戴好劳动防护用品：安全帽、防护眼镜、工作服、劳保皮鞋、手套等。

(2) 气割作业场所不得存在易燃易爆物质，高空作业时要采取措施防止火花四处飞溅，以免引燃动火点周边易燃易爆物。

(3) 氧气、乙炔胶管不能搭在身上作业，胶管及接头不能有漏气现象。

(4) 使用半自动小车切割机时，电源线应接在漏电保护器上，切割时要及时移动胶管及电源线，避免胶管及电源线被火焰飞溅烫破。

(5) 当割炬发生回火时，反应要敏捷，及时关闭乙炔阀和氧气阀，稍停片刻，待割炬内回火熄灭后再点火。当回火导致胶管着火时不要惊慌，要马上关闭乙炔瓶阀，松开乙炔减压器的顶针。

(6) 气割下料及现场切割拆除时，一定要预先观察切割工件的形状及结构特征等情况。确定先切割哪个部位，后切割哪个部位。应保证切割者自身安全，保证最后割断时，切割者处于安全位置及保障他人及设备的安全。

(7) 气割下料后及时清理工件和边角余料，及时割断钢板上的尖锐棱角。

(8) 气割完工后，要将割炬、胶管收好。关闭瓶阀、松开减压器顶针，确认作业现场火焰熄灭，没有余火方可离开。

二、操作要领

(1) 氧气管为蓝色，内径 8 mm，工作压力 2 MPa，爆破压力 6 MPa；乙炔管为红色，内径 10 mm，工作压力 0.3 MPa，爆破压力 0.9 MPa。管长不少于 5 米，且用管箍密闭扎牢。

(2) 禁止使用紫铜、银、或含铜量超过 70% 的铜合金制造的仪表、管子、接头等零件与乙炔接触。

(3) 工作时应吹净管内残余气体才工作，且严禁使用回火烧损的管子。新管要先用氧气吹净管内的粉尘。

(4) 操作中的氧气瓶与热源或明火应相隔 5 米以上距离，与乙炔瓶应相隔 3 米左右距离。乙炔或液化气瓶与明火、热源距离 10 米以上距离。

(5) 严禁带压力开关氧气瓶阀，开关时操作速度不要太快，喷嘴不应对着人或火源，热源、易燃气体等。

(6) 气割时，先开一点预热氧调节阀，再打开乙炔阀点火，然后加大预热氧得到预热火焰。工件预热后，立即开启切割氧，使熔融金属在氧气中燃烧并吹掉，慢慢移动割炬形成割缝。关闭时，应先关切割氧，然后关闭乙炔与预热氧(割嘴中心孔为高压氧，边孔为混合气体通道)。

(7) 点火后开预热氧就熄，是各气道内有脏物或射吸管喇叭口接触不严，割嘴外套与内嘴配合不当。应将射吸管螺母拧紧或拆下清除管内脏物。

(8) 豁嘴芯漏气时，割嘴处有叭叭声，开大氧气时会熄火，这时要拆下割嘴外套，轻轻拧紧嘴芯(或填上石棉拧紧)。

(9) 气瓶内气体不能全部用完，应留有余压，氧气瓶留 0.1 MPa，乙炔瓶留 0.05～0.1 MPa。

项目三 焊条电弧焊

学习目标 ✍

(1) 掌握焊条电弧焊的原理及工艺；
(2) 了解焊条电弧焊的设备；
(3) 掌握焊条电弧焊基本操作技能；
(4) 掌握焊条电弧焊对接、角接操作技能。

知识链接 📄

★ 知识点 1 焊条电弧焊的原理及特点

焊条电弧焊英文为 shielded metal arc welding(简称 SMAW)或 manual metal arc welding(简称 MMAW)。

一、焊条电弧焊的原理

焊条电弧焊是利用焊条与工件之间建立起来的稳定燃烧的电弧，使焊条和工件熔化，从而获得牢固焊接接头的工艺方法。焊接过程中，药皮不断地分解、熔化而生成气体及溶渣，保护焊条端部、电弧、熔池及其附近区域，防止大气对熔化金属的有害污染。焊条芯也在电弧热作用下不断熔化，进入熔池，组成焊缝的填充金属。

二、焊条电弧焊的特点

焊条电弧焊是目前运用最广泛的一种焊接方法，其主要特点如下：
(1) 操作灵活，可达性好，适合在空间任意位置的焊缝，凡焊条能够达到的地方都能进行焊接。
(2) 设备简单，使用方便，无论采用交流弧电焊机或直流弧电焊机，焊工都能很容易地掌握，而且使用方便、简单、投资少。

(3) 应用范围广，选择合适的焊条可以焊接许多常用的金属材料。

(4) 焊接质量不够稳定，受焊工的操作技术、经验、情绪的影响。

(5) 劳动条件差，焊工劳动强度大，还要受到弧光辐射、烟尘、臭氧、氮氧化物、氟化物等有毒物质的危害。

(6) 生产效率低，受焊工体能的影响，焊接电流受限制，加之辅助时间较长。

★ 知识点 2　焊条电弧焊设备

焊条电弧焊设备包括电源设备和辅助设备及工具。

一、焊条电弧焊的电源设备

焊条电弧焊的电源设备分三类：交流弧焊电源、直流弧焊电源、逆变弧焊电源。

1. 交流弧焊电源

交流弧焊电源是一种特殊的降压变压器，也称为弧焊变压器，它具有结构简单、噪音小、价格便宜、使用可靠、维护方便等优点。这种变压器由一次、二次侧线圈相隔离的主变压器及所需要的调节装置和指示装置等组成。根据增加电抗的方式，可分为串联电抗器式和增强漏磁式两大类。

弧焊变压器为下降外特性的电源，是通过增大主回路电感量来获得下降特性。一种方式是做成独立的铁心线圈电感，称为电抗器，与正常漏磁式主变压器串联；另一种方式是增强变压器本身的漏磁，形成漏磁感抗，前者称为串联电抗式弧焊变压器，后者称为增强漏磁式弧焊变压器。

增强漏磁式弧焊电源分动铁式、动圈式和抽头式三种。

(1) BX1-300 型动铁式弧焊机是目前用得较广的一种交流弧焊机，其外形如图 2-15 所示。交流弧焊机可将工业用的电压(220 V 或 380 V)降低至空载 60～70 V、电弧燃烧时的20～35 V。它的电流调节通过改变活动铁心的位置来进行。具体操作方法是借转动调节手柄，并根据电流指示盘将电流调节到所需值。

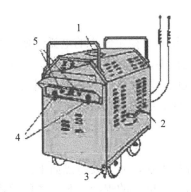

1—电流指示盘；

2—调节手柄(细调电流)；

3—接地螺钉；

4—焊接电源两极(接工件和焊条)；

5—线圈抽头(粗调电流)

图 2-15　BX-330 交流弧焊机

(2) BX3 型动圈式弧焊变压器则通过变压器的初级和次级线圈的相对位置来调节焊接电流的大小，如图 2-16 所示。

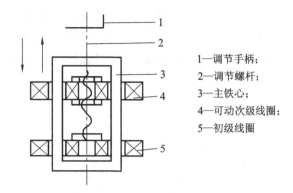

1—调节手柄；
2—调节螺杆；
3—主铁心；
4—可动次级线圈；
5—初级线圈

图 2-16 BX3 型动圈式弧焊变压器示意图

(3) BX6 型抽头式弧焊变压器则是通过改变变压器初级线圈和次级线圈的耦合匝数来调节焊接电流大小的，如图 2-17 所示。

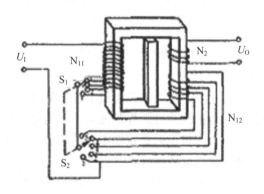

图 2-17 抽头式弧焊变压器示意图

2. 直流弧焊电源

直流弧焊电源输出端有正、负极之分，焊接时电弧两端极性不变。弧焊机正、负两极与焊条、焊件有两种不同的接线法(如图 2-18 所示)：将焊件接到弧焊机正极，焊条接至负极，这种接法称正接，又称正极性；反之，将焊件接到负极，焊条接至正极，称为反接，又称反极性。焊接厚板时，一般采用直流正接，这是因为电弧正极的温度和热量比负极高，采用正接能获得较大的熔深。焊接薄板时，为了防止烧穿，常采用反接。在使用碱性低氢钠型焊条时，均采用直流反接。

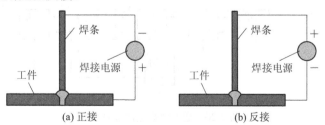

图 2-18 直流弧焊电源的不同接法

1) 旋转式直流弧焊机

旋转式直流弧焊机是由一台三相感应电动机和一台直流弧焊发电机组成，又称弧焊发电机。图 2-19 所示是旋转式直流弧焊机的外形。它的特点是能够得到稳定的直流电，因此，引弧容易，电弧稳定，焊接质量较好。但这种直流弧焊机结构复杂，价格比交流弧焊机贵得多，维修较困难，使用时噪音大。现在，这种弧焊机已停止生产，正在淘汰中。

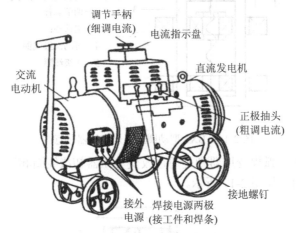

图 2-19　旋转式直流弧焊机的外形

2) 整流式直流弧焊机

整流式直流弧焊机的结构相当于在交流弧焊机上加上整流器，从而把交流电变成直流电，采用硅整流器作为整流元件的称为硅弧焊整流器；采用晶闸管整流的称为晶闸管整流器。这种电焊机既弥补了交流弧焊机电弧稳定性不好的缺点，又比旋转式直流弧焊机结构简单，消除了噪音。它已逐步取代旋转式直流弧焊机。

ZX5-400 型弧焊整流器是一种典型的将交流电变压、整流转换成直流电的弧焊电源。它属于晶闸管式弧焊整流器，采用全集成电路和三相全桥式整流电源。

3．逆变弧焊电源

逆变是指将直流电变为交流电的过程。它可通过逆变改变电源的频率，得到想要的焊接波形。

逆变弧焊电源的特点是：提高了变压器的工作频率，使主变压器的体积大大缩小，方便移动；提高了电源的功率因数；有良好的动特性；飞溅小，可一机多用，可完成多种焊接。

逆变弧焊电源的原理框图如图 2-20 所示。

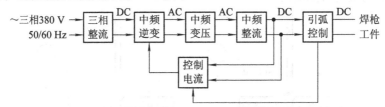

图 2-20　逆变弧焊电源原理框图

4．焊条电弧焊对电源设备的要求

焊条电弧焊时，欲获得优良的焊接接头，首先要使电弧稳定地燃烧。决定电弧稳定燃烧的因素很多，如电源设备、焊条成分、焊接规范及操作工艺等，其中主要的因素是电源设备。焊接电弧在起弧和燃烧时所需要的能量，是靠电弧电压和焊接电流来保证的，为确保能顺利起弧和稳定地燃烧，焊接电源需要满足以下要求：

(1) 焊接电源在引弧时，应供给电弧以较高的电压(但考虑到操作人员的安全，这个电压不宜太高，通常规定该空载电压在 50～90 伏)和较小的电流(几个安培)；引燃电弧、并稳定燃烧后，又能供给电弧以较低的电压(16～40 伏)和较大的电流(几十安培至几百安培)。电源的这种特性，称为陡降外特性。

(2) 焊接电源还应可以灵活调节焊接电流，以满足焊接不同厚度的工件时所需的电流。

(3) 焊接电源还应具有好的动特性。

5．正确使用电弧焊设备

电弧焊设备是焊接的供电设备，在使用过程中要注意操作者的安全，不要造成人身触电事故，要注意对弧焊设备的正常运行进行维护和保养，不应该发生损坏电源的事故。因此，在使用弧焊电源时必须正确对待以下几个方面：

(1) 电弧焊设备在允许的情况下应尽量放在通风干燥、不靠近高温和空气粉尘较多的地方。

(2) 电焊机的安装接线应由专业的电工来负责完成，操作焊工不允许自行动手。

(3) 所有的电弧焊设备必须严格按照用电的安全，有接地的装置，以防止机壳带电后伤人。

(4) 电弧焊设备的输入端电压必须与所接入的电压相匹配，严禁两者电压不同，以防止焊接设备因电压不符合要求而烧毁或造成其他人身伤亡事故。

(5) 电弧焊设备启动合闸时，电焊钳和焊件不能接通，以防止设备因短路升温而烧毁电焊机。

(6) 焊接时要按照焊接设备的额定焊接电流和负载持续率来使用，禁止过载使用弧焊设备，以免造成设备的损害。

(7) 焊接过程中要始终保持焊接电缆和弧焊设备接线柱的接触良好，要用专用的接线鼻将焊接电缆压紧，而且还要对压紧的螺钉进行一定的紧固，不得将裸露的线芯直接接在电焊机的接线柱上。

(8) 因焊接不同工件需要调节焊接电流的大小时，必须在电焊机空载的情况下进行。

(9) 焊接设备如果是经常处在露天的条件下，必须防止灰尘和雨水的侵入，尤其是电焊机的内部要特别注意防潮、防水和防尘，保持电焊机电源的清洁与卫生。

(10) 因工作需要，挪动焊接设备时要注意尽量不使电焊机受到剧烈的振动，以免影响电焊机正常工作的性能。

(11) 弧焊设备发生故障时要及时进行检查、维修和保养，故障排除后方可再次使用。

(12) 临时离开工作现场或焊接作业已经完成后，应切断焊接设备的电源，以防止长期不使用使电焊机发热而烧毁。

6．焊条电弧焊设备的选择

1) 根据焊条类型、母材材质、焊接结构来选用焊接设备

如果用酸性焊条焊接，应当首先考虑选用交流弧电焊机，如果用碱性焊条焊接，或焊接较重要的焊接结构时，应首先考虑选用直流弧电焊机。

2) 根据焊接结构所选用材料厚度、所需电焊机容量等选用焊接设备

选用焊接设备时，应注意观察设备铭牌上所标注的额定焊接电流值，该值是在额定负载持续率条件下允许使用的最大焊接电流。焊接过程中，使用的焊接电流值如果超过额定焊接电流值，就要考虑更换额定电流值大些的电焊机或者降低电焊机的负载持续率，否则，电焊机长期在过热状态下使用，容易损坏。

3) 根据综合情况选择焊接设备

(1) 根据焊接现场情况选择焊接设备。焊接现场在野外，并且移动性大，应考虑选用质量较轻的交流弧电焊机或逆变弧焊机。

(2) 根据自有资金多少选购焊接设备。

(3) 根据设备综合功能选择焊接设备。

二、焊条电弧焊辅助设备及工具

1. 焊条电弧焊辅助设备

1) 焊钳

用以夹持焊条并传导电流以进行焊接的工具即焊钳，俗称焊把。焊钳应该要能夹紧焊条，更换焊条要方便灵活，质量要轻，方便操作，安全绝缘性能要高。焊钳的外形如图 2-21 所示。

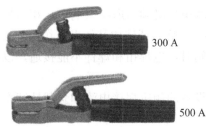

300 A

500 A

图 2-21 焊钳外形图

2) 焊接电缆

焊接电缆的作用主要是传导焊接电流。对焊接电缆的要求如下：

(1) 电焊机用的软电缆应尽量采用多股细铜线电缆，其截面应根据焊接需要选用。

(2) 电缆的外皮必须完整无缺，柔软性好，绝缘效果良好，电阻不得小于 1 $M\Omega$，如果电缆的外皮有破损，应及时修补或更换新的。

(3) 连接电焊机与焊钳的电缆必须用软电缆线，长度一般不宜超过 20～30 m。

(4) 电焊机的电缆线应尽量使用整根的导线，中间一般不应该有连接接头。

3) 防护面罩和滤光玻璃

防护面罩是为防止焊接时的飞溅、弧光及其他辐射对焊工面部及颈部损伤的一种遮盖工具，有手持式和头盔式(戴在头顶上工作)两种形式，如图 2-22 所示。

滤光玻璃是用以遮蔽焊接有害光线的黑色玻璃，一般视力比较好的适宜用色号大些，颜色深些的滤光玻璃，以保护视力。为了保护滤光玻璃在焊接时不被飞溅物损坏，一般要在滤光玻璃外

图 2-22 防护面罩

层加上两块无色透明防护玻璃，其常用规格见表2-7。

表2-7 滤光玻璃常用规格

颜色号	7～8	9～10	11～12
颜色深度	较浅	中等	较深
适用焊接电流范围/A	<100	100～350	≥350
玻璃尺寸厚(mm)×宽(mm)×长(mm)	2×50×107	2×50×107	2×50×107

4) 焊条保温筒

焊条保温筒是在施工现场供焊工携带的可储存少量焊条的一种保温容器，是焊工在工作时为保证焊接质量不可缺少的工具，其外形如图2-23所示，在焊接压力容器时尤为重要。

图2-23 焊条保温筒

使用焊条保温筒时，不要放在潮湿处，安放要尽量平稳，避免碰撞，以免损伤内部元件。焊条保温筒分为立式和卧式两种，温度可达200℃，一般可装焊条质量分别为2.55 kg和5 kg。

2．焊条电弧焊辅助工具

1) 角向打磨机

角向打磨机的外形如图2-24所示，它实际上是一种小型的电动砂轮机，根据所使用的砂轮片直径型号的不同，角向打磨机有ϕ100 mm、ϕ125 mm、ϕ150 mm、ϕ180 mm四种不同规格。它的主要作用是打磨焊接坡口和焊缝接头。如果换上不同直径的钢丝轮，还可以用来对焊件进行除锈。角向打磨机的功率很小，特别是ϕ100 mm的角向打磨机，其功率只有650 W，使用时不能过载，否则容易发热而烧毁。

图2-24 角向打磨机

图2-25 风铲

2) 风铲

风铲又叫扁铲打渣机，其外形图如图2-25所示。当采用碱性焊条焊接厚钢板时，人工敲渣的时间约占全部焊接时间的50%以上，而且冲击振动大，影响焊接质量。风铲是将扁铲装在一风动工具上进行敲渣，比手工敲渣可以缩短敲渣时间约 2/3，且轻巧灵活，后坐力小，清渣彻底，方便安全。

3）电动磨头

电动磨头的外形如图 2-26 所示，这种工具原来只是用在模具的型腔加工中，但是采用合适的磨头也可用来打磨焊件的坡口和焊缝接头。

4）手动切割机

手动切割机是一种高效电动工具，它根据砂轮磨削原理，利用高速旋转的薄片砂轮来切割各种型材，其特点是切割速度快，生产效率高，切割断面平整，垂直度好，光洁度高。焊接过程中，可以用以裁切各种金属材料，且裁切时可以调整切割角度。手动切割机主要是对批量的角钢、方钢、圆钢等材料进行下料切割。手动切割机按照切割砂轮片直径的不同可分为 $\phi350$ mm 和 $\phi400$ mm 两种。手动切割机外形如图 2-27 所示。

图 2-26　电动磨头　　　　　　图 2-27　手动切割机

5）焊缝测量器

焊缝测量器是一种精确测量焊缝的量规，使用范围非常广泛，它既可以测量焊接结构及焊接零件的坡口角度、间隙宽度，还可以测量焊缝高度和焊缝宽度等。其外形如图 2-28 所示。焊缝测量器的使用方法如图 2-29 所示。

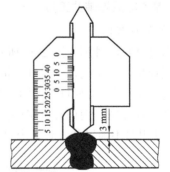

图 2-28　焊缝测量器　　　　图 2-29　焊缝测量器的使用方法

6）其他辅助工具

焊条电弧焊其他辅助工具主要有手锤、敲渣锤、錾子、锉刀、锯弓、钢丝刷、钢卷尺、钢板尺、角尺、钢字码等。其中敲渣锤和钢丝刷的主要作用是清理焊缝表面和焊缝层间的焊渣及焊件上的铁锈、油污。敲渣锤的两端可根据实际情况磨成圆锥或扁铲形等。为了能够更好地清理坡口内层间焊道，钢丝刷宜采用 2～3 行的窄形弯把刷。錾子和锉刀可以对焊接工件的表面进行加工，使工件达到要求的焊接尺寸、形状和表面粗糙度值，锉刀还可以用来锉除焊件表面的铁锈和修整焊件钝边。钢字码是持有焊工合格证的焊工必须有的代码，凡要求持有焊工合格证的焊工来焊接的焊件，焊接完成后应按照规定用钢字码打上自己的钢印。

★ 知识点3　焊条电弧焊焊接材料

焊条电弧焊所用的焊接材料是焊条，焊条对焊接质量、生产效率和经济效益有着重要的作用。

一、焊条的组成

焊条是由焊芯(金属芯)和药皮(涂层)组成的焊接用的熔化电极。其外形和结构示意图如图2-30、2-31所示。焊条的一端为引弧端，一般将引弧端的药皮磨成一定的角度，以使焊芯外露，便于引弧。焊条的另一端为夹持端，夹持端是一段长度为15～25 mm 的裸露焊芯，焊接时夹持在焊钳上，在靠近夹持端的药皮上印有焊条的型号或牌号。

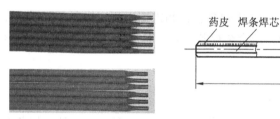

图 2-30　焊条外形图　　　　　　图 2-31　焊条结构图

常用的焊条直径有ϕ2.5 mm、ϕ3.2 mm、ϕ4.0 mm 三种。

焊条电弧焊中，焊条一方面起传导电流和引燃电弧的作用；另一方面又作为填充金属，与熔化的母材形成焊缝。

1.焊芯

焊条中被药皮包覆的金属就是焊芯，焊芯既是电极，又是熔化后的填充金属，焊芯的成分直接影响着熔敷金属的成分和性能。焊条电弧焊时，焊芯金属约占整个焊缝的50%～70%。

2.药皮

涂覆在焊芯表面的有效成分就是药皮，焊条药皮是矿石粉末、铁合金粉末、有机物和化工制品等原料按照一定的比例配置后涂压在焊芯表面上的一层涂料。药皮的主要作用如下：

(1) 保证电弧的集中、稳定，使熔滴金属容易过渡。

(2) 在电弧的周围造成一种还原性或中性的气氛，以防止空气中的氧和氮进入焊缝。

(3) 生成的熔渣均匀地覆盖在焊缝金属表面，减缓焊缝金属的冷却速度，并获得良好的焊缝外形。

(4) 保证熔渣具有合适的熔点、黏度、密度等，使焊条能进行全位置焊接或容易进行特殊作业，例如向下的立焊等。

(5) 药皮在电弧的高温作用下，发生一系列冶金化学反应，除去氧化物及 S、P 等有害杂质，还可以加入适当的合金元素，以保证焊缝金属具有要求的力学性能或其他特殊性能，例如耐蚀性、耐高温、耐磨损等。

此外，在焊条药皮中加入一定量的铁粉，可以改善焊接工艺性能或提高熔敷效率。

二、焊条的分类

焊条的种类繁多，国产的焊条就有大约 300 多种。

焊条按照药皮熔化后的熔渣性质，可分为酸性焊条和碱性焊条，一般金属材料的焊接主要选用酸性焊条进行焊接。酸性焊条容易引弧，电弧稳定，适用于交流和直流电源进行焊接，脱渣性好，对铁锈、油污、水分等不敏感，焊接时飞溅小，烟尘较少，但是焊缝金属的力学性能一般，主要适用于对焊缝连接要求不高的低碳钢的焊接。碱性焊条的电弧稳定性较差，只能采用直流焊接电源进行焊接，脱渣性较差，焊接时飞溅较大，烟尘较多，但焊缝金属的塑性、冲击韧性和抗裂性能较好，一般多用于对焊接质量要求较高的金属材料。

焊条按用途可分为：碳钢焊条、低合金钢焊条、钼和铬钼耐热钢焊条、不锈钢焊条、堆焊焊条、低温钢焊条、铸铁焊条、镍及镍合金焊条、铜及铜合金焊条、铝及铝合金焊条、特殊用途焊条等。

三、常用焊条的型号

焊条型号是以焊条国家标准为依据，反映焊条主要特性的一种表示方法。焊条型号包括以下含义：焊条类别、焊条特点(如焊芯金属类型、使用温度、熔敷金属化学组成或抗拉强度等)、药皮类型及焊接电源。不同类型焊条的型号表示方法也不同。

1．碳钢焊条型号划分

根据 GB/T5117—95《碳钢焊条》标准规定，碳钢焊条型号根据熔敷金属的力学性能、药皮类型、焊接位置和焊接电流种类进行划分。

碳钢焊条型号编制方法为：首字母 "E" 表示焊条；前两位数字表示熔敷金属抗拉强度的最小值，单位为 kgf/mm^2(1 kgf/mm^2 = 9.81 MPa)；第三位数字表示焊条的焊接位置，"0" 及 "1" 表示焊条适用于全位置焊接(即可平、立、仰、横焊)，"2" 表示焊条适用于平焊及平角焊，"4" 表示焊条适用于向下立焊；第三位和第四位数字组合时表示焊接电流种类及药皮类型。在第四位数字后附加字母表示有特殊规定的焊条，如 "R" 表示耐吸潮焊条；附加 "–1" 表示冲击性能有特殊规定的焊条。

碳钢焊条型号举例：

碳钢焊条型号按熔敷金属抗拉强度、药皮类型、焊接位置和焊接电源种类的划分见表2-8。

表 2-8 碳钢焊条型号的划分

焊条型号	药皮类型	焊接位置	电流种类
E43 系列-熔敷金属抗接强度≥420 MPa(43 kgf/mm²)			
E4300	特殊型	平、立、仰、横	交流或直流正、反接
E4301	钛铁矿型		
E4303	钛钙型		
E4310	高纤维素钠型		直流反接
E4311	高纤维素钾型		交流或直流反接
E4312	高钛钠型		交流或直流正接
E4313	高钛钾型		交流或直流正、反接
E4315	低氢钠型		直流反接
E4316	低氢钾型		交流或直流反接
E4320	氧化铁型	平	交流或直流正、反接
		平角焊	交流或直流正接
E4322		平	交流或直流正接
E4323	铁粉钛钙型	平、平角焊	交流或直流正、反接
E4324	铁粉钛型		
E4327	铁粉氧化铁型	平	交流或直流正、反接
		平角焊	交流或直流正接
	铁粉低氢型	平、平角焊	交流或直流反接
E50 系列-熔敷金属抗接强度≥490 MPa(50 kgf/mm²)			
E5001	钛铁矿型	平、立、仰、横	交流或直流正、反接
E5003	钛钙型		
E5010	高纤维素钠型		直流反接
E5011	高纤维素钾型		交流或直流反接
E5014	铁粉钛型		交流或直流正、反接
E5015	低氢钠型		直流反接
E5016	低氢钾型		交流或直流反接
E5018	铁粉低氢钾型		
E5018M	铁粉低氢型		直流反接
E5023	铁粉钛钙型	平、平角焊	交流或直流正、反接
E5024	铁粉钛型		
E5027	铁粉氧化铁型	平、平角焊	交流或直流正接
E5028	铁粉低氢型		交流或直流反接
E5048		平、仰、横、立向下	

注：(1) 平—平焊，立—立焊，仰—仰焊，横—横焊，平角焊—水平角焊，立向下—向下立焊。

(2) 焊接位置栏中立和仰系指适用于立焊和仰焊的直径不大于 4.0 mm 的 E××15、E××16、E5018 和 E5018M 型焊条及直径不大于 5.0 mm 的其他型号焊条。

(3) E4322 型焊条适宜单道焊。

2. 低合金钢焊条型号划分

根据 GB/T5118—95《低合金钢焊条》标准规定，低合金钢焊条型号根据熔敷金属的力学性能、化学成分、药皮类型、焊接位置及电流种类划分。

首字母"E"表示焊条，前两位数字表示熔敷金属抗拉强度的最小值；第三位数字表示焊条的焊接位置，"0"及"1"表示焊条适用于全位置焊接(平焊、立焊、仰焊及横焊)，"2"表示焊条适用于平焊及平角焊；第三位和第四位数字组合时表示焊接电流种类及药皮类型；后缀字母为熔敷金属化学成分的分类代号，并以短划"-"与前面数字分开。如还有附加化学成分时，附加化学成分直接用元素符号表示，并以短划"-"与前面后缀字母分开。

对于 E50××-×、E55××-×、E60××-× 低氢型焊条的熔敷金属化学成分分类后缀字母或附加化学成分后面加字母"R"时，表示耐吸潮焊条。低合金钢焊条型号划分见表2-9。

表 2-9　低合金钢焊条型号划分

焊 条 型 号	药 皮 类 型	焊 接 位 置	电 流 种 类
E50 系列-熔敷金属抗拉强度≥490 MPa(50 kgf/mm²)			
E5003-×	钛钙型	平、立、仰、横	交流或直流正、反接
E5010-×	高纤维素钠型		直流反接
E5011-×	高纤维素钾型		交流或直流反接
E5015-×	低氢钠型		直流反接
E5016-×	低氢钾型		交流或直流反接
E5018-×	铁粉低氢型		
E5020-×	高氧化铁型	平角焊	交流或直流正接
		平	交流或直流正、反接
E5027-×	铁粉氧化铁型	平角焊	交流或直流正接
		平	交流或直流正、反接
E55 系列-熔敷金属抗拉强度≥540 MPa(55 kgf/mm²)			
E5500-×	特殊型	平、立、仰、横	交流或直流正、反接
E5503-×	钛钙型		交流或直流正、反接
E5510-×	高纤维素钠型		直流反接
E5511-×	高纤维素钾型		交流或直流反接
E5513-×	高钛钾型		交流或直流正、反接
E5515-×	低氢钠型		直流反接
E5516-×	低氢钾型		交流或直流反接
E5518-×	铁粉低氢型		
E60 系列-熔敷金属抗拉强度≥590 MPa(60 kgf/mm²)			
E6000-×	特殊型	平、立、仰、横	交流或直流正、反接
E6010-×	高纤维素钠型		直流反接
E6011-×	高纤维素钾型		交流或直流反接

续表

E60 系列-熔敷金属抗拉强度≥590 MPa(60 kgf/mm^2)			
E6013-×	高钛钾型	平、立、仰、横	交流或直流正、反接
E6015-×	低氢钠型		直流反接
E6016-×	低氢钾型		交流或直流反接
E6018-×	铁粉低氢型		
E70 系列-熔敷金属抗拉强度≥690 MPa(70 kgf/mm^2)			
E7010-×	高纤维素钠型	平、立、仰、横	直流反接
E7011-×	高纤维素钾型		交流或直流反接
E7013-×	高钛钾型		交流或直流正、反接
E7015-×	低氢钠型		直流反接
E7016-×	低氢钾型		交流或直流反接
E7018-×	铁粉低氢型		
E75 系列-熔敷金属抗拉强度≥740 MPa(75 kgf/mm^2)			
E7515-×	低氢钠型	平、立、仰、横	直流反接
E7516-×	低氢钾型		交流或直流反接
E7518-×	铁粉低氢型		
E80 系列-熔敷金属抗拉强度≥780 MPa(80 kgf/mm^2)			
E8015-×	低氢钠型	平、立、仰、横	直流反接
E8016-×	低氢钾型		交流或直流反接
E8018-×	铁粉低氢型		
E85 系列-熔敷金属抗拉强度≥830 MPa(85 kgf/mm^2)			
E8515-×	低氢钠型	平、立、仰、横	直流反接
E8516-×	低氢钾型		交流或直流反接
E8518-×	铁粉低氢型		
E90 系列-熔敷金属抗拉强度≥880 MPa(90 kgf/mm^2)			
E9015-×	低氢钠型	平、立、仰、横	直流反接
E9016-×	低氢钾型		交流或直流反接
E9018-×	铁粉低氢型		
E100 系列-熔敷金属抗拉强度≥980 MPa(100 kgf/mm^2)			
E10015-×	低氢钠型	平、立、仰、横	直流反接
E10016-×	低氢钾型		交流或直流反接
E10018-×	铁粉低氢型		

注：(1) 后缀字母×代表熔敷金属化学成分分类代号如 A1、B1、B2 等。

(2) 平—平焊，立—立焊，仰—仰焊，横—横焊，平角焊—水平角焊，立向下—向下立焊。

(3) 表中立和仰系指适用于立焊和仰焊的直径不大于 4.0 mm 的 E××15-×、E××16-× 及 E××18-× 型焊条及直径不大于 5.0 mm 的其他型号焊条。

低合金钢焊条型号举例：

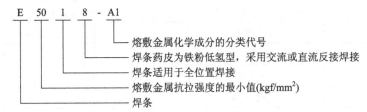

低合金钢焊条型号举例图示：
- E：焊条
- 50：熔敷金属抗拉强度的最小值(kgf/mm²)
- 1：焊条适用于全位置焊接
- 8：焊条药皮为铁粉低氢型，采用交流或直流反接焊接
- A1：熔敷金属化学成分的分类代号

四、焊条的选用

1. 焊条选用基本原则

焊条的种类繁多，每种焊条都有一定的特性和用途。为了保证产品质量、提高生产效率和降低生产成本，必须正确选用焊条。在实际选择焊条时，除了要考虑经济性、施工条件、焊接效率和劳动条件之外，还应考虑以下原则：

(1) 等强度原则。对于承受静载荷或一般载荷的工件或结构，通常按焊缝与母材等强的原则选用焊条，即要求焊缝与母材抗拉强度相等或相近。

(2) 等条件原则。根据工件或焊接结构的工作条件和特点来选用焊条。如在焊接承受动载荷或冲击载荷的工件时，应选用熔敷金属冲击韧性较高的碱性焊条；而在焊接一般结构时，则可选用酸性焊条。

(3) 等成分原则。在特殊环境下工作的焊接结构，如耐腐蚀、高温或低温等，为了保证使用性能，应根据熔敷金属与母材性能相同或相近原则选用焊条。

2. 碳钢焊条的选用

根据我国碳钢焊条标准，目前使用的碳钢焊条主要有 E43 系列及 E50 系列两种型号。低碳钢焊接时，一般结构可选用酸性焊条，承受动载荷或复杂的厚壁结构及低温使用时选用碱性焊条，如表 2-10 所示；中碳钢焊接时，由于含碳量较高，易发生焊接裂纹，因而应选用碱性焊条或使焊缝金属具有良好塑性及韧性的焊条，并应进行预热和缓冷处理，如表 2-11 所示；高碳钢焊接时，焊材的选用应视产品的设计要求而定，当强度要求高时，可用 J707(E7015-G)或 J607(E6015-G)焊条，而强度要求不高时，可选用 J506(E5016)或 J507(E5015)焊条。

表 2-10　低碳钢焊条的选用

钢号	焊条牌号	焊条型号	钢号	焊条牌号	焊条型号
Q235	J421, J422, J423	E4313, E4303, E4301	20g	J422, J426, J427	E4303, E4316, E4315
Q255	J424, J426, J427	E4320, E4316, E4315	22g	J506, J507	E5016, E5015
Q275	J426, J427, J506, J507	E4316, E4315, E5016, E5015	ZG230～450	J506, J507	E5016, E5015
08, 10	J422, J423, J424	E4303, E4301, E4320	25	J426, J427	E4316, E4315
15, 20	J426, J427, J507	E4316, E4315, E5015			

表 2-11 中碳钢焊条的选用

钢 号	不要求等强度		要求等强度	
	焊条牌号	焊条型号	焊条牌号	焊条型号
35	J422，J423	E4303，E4301	J506，J507	E5016，E5015
ZG270～500	J426，J427	E4316，E4315		
45	J422，J423，J426	E4303，E4301，E4316	J556，J557	E5516-G，E5515-G
ZG310～570	J427，J506，J507	E4315，E5016，E5015		
55			J606，J607	E6016-G，E6015-G
ZG340～640				

3. 低合金钢焊条的选用

焊接热轧及正火钢时，主要依据是保证焊缝金属的强度、塑性和冲击韧性等力学性能与母材相匹配，焊接大厚度构件时，为了防止产生焊接裂纹，可采用"低强匹配"原则，即选用熔敷金属强度低于母材的焊条。焊接低碳调质钢时，应严格控制氢，因而一般选用低氢型或超低氢型焊条。焊接中碳调质钢时，为了确保焊缝金属的塑性、韧性和强度，提高抗裂性，应采用低碳合金系统，尽量降低焊缝金属的硫、磷杂质含量。低合金钢焊条的选用如表 2-12 所示。

表 2-12 低合金钢焊条的选用

类别或屈服强度等级/MPa		钢 号	焊条牌号	焊条型号
热轧正火钢	295	09Mn2，09Mn2Si，09MnV，09MnVCu	J423，J422 J427，J426	E4301，E4303 E4315，E4316
	345	16Mn，16MnR，16MnCu，14MnNb	J503，J502，J507，J506 J507GR，J507RH J506Fe，J507Fe J506Fe1，J507Fe16	E5001，E5003，E5015 E5016，E5015-G E5018，E5028
	395	15MnV，15MnVCu，15MnVRE，16MnNb	J503，J502，J507，J506 J507GR，J507RH，J557 J557Mo，J557MoV，J556	E5001，E5003，E5015 E5016，E5015-G E5515-G，E5516-G
	440	15MnVN，15MnVNCu，15MnVTiRE	J557，J557Mo，J557MoV J556，J607，J607Ni J607RH，J606	E5515-G，E5516-G E6015-D1，E6015-G E6016-D1
	490	18MnMoNb，14MnMoV，14MnMoVCu，18MnMoNbg，18MnMoNbR	J607，J607Ni，J607RH J606，J707，J707Ni J707R，J707NiW	E6015-D1，E6015-G E6016-D1，E7015-D2 E7015，E7015-G

类别或屈服强度等级/MPa		钢　号	焊条牌号	焊条型号
低碳调质钢	490	WCF60，WCF62，HQ60		E6015，E6015-G
	590	HQ70A，HQ70B	J707，J707Ni，J707RH J707NiW	E7015，E7015-D2 E7015-G
		14MnMoVN，14MnMoNRE		
		12MnNiCrMoA		
	690	12Ni3CrMoV	65C-1 专用焊条	E8015-G
		15MnMoVNRE，QJ70， 14MnMoNbB	J757Ni，J807，J807RH J857CrNi，J857Cr	E7515-G，E8015-G E8515-G
		HQ80，HQ80C， WEL-TEN80		
	785	10Ni5CrMoV	J907，J907Cr	E9015-G
	880	HQ100	J107，J956，J107G	E10015-G
中碳调质钢		35CrMoA，30CrMnSiA	J907Cr，J107Cr，R306Fe	E9015-G，E10015-G E5518-B2
		35CrMoVA	R337，J857Cr，J107G	E5515-B2-VNb E8515-G，E10015-G
		34CrNi3MoA	R817，J857Cr J857CrNi	E2-11MoVNiW-15 E8515-G
		40Cr	J107Cr	E10015-G
		40CrMnSiMoVA	J107Cr，HT-2(专用焊条)，HT-3(专用焊条)	E50015-G
		30CrMnSiNi2A	HT-3(专用焊条)，HT-4(专用焊条)	

五、焊条的保管

(1) 焊条必须在干燥、通风良好的室内仓库中存放。焊条贮存库内，不允许放置有害气体和腐蚀介质。焊条应放在离地面和墙壁面距离均不小于 300 mm 的架子上，防止受潮。

(2) 焊条堆放时应按种类、牌号、批次、规格和入库时间分类堆放，并应有明确标注，避免混乱。

(3) 一般一次焊条出库量不能超过两天用量，已经出库的焊条焊工必须保管好。

(4) 保证焊条在供给使用单位后至少 6 个月之内使用，入库的焊条应做到先入库的先使用。

(5) 特种焊条储存与保管应高于一般性焊条，应堆放在专用仓库或指定的区域，受潮或包装破损的焊条未经处理不准入库。

(6) 焊条贮存库内应设置温度计和湿度计。低氢型焊条室内温度不低于 50℃，相对空气湿度不低于60%。

(7) 对于受潮、药皮变色、焊芯有锈迹的焊条，须经烘干后进行质量评定，若各项性能指示满足要求时方可入库，否则不能入库。

六、焊条的使用

(1) 焊条在使用前，一般要烘干，酸性焊条视受潮情况在 75～1500℃烘干 1～2 h；碱性低氢型结构钢焊条应在 350～4000℃烘干 1～2 h。烘干的焊条应放在 100～1500℃保温箱(筒)内，随用随取，使用时注意保持干燥。

(2) 低氢型焊条一般在常温下超过 4 小时，应重新烘干，重复次数不宜超过三次。

(3) 焊条烘干时应作记录，记录上应有牌号、批号、温度和时间等内容。

(4) 在焊条烘干期间，应有专门负责的技术人员，负责对操作过程进行检查和核对，每批焊条的检查和核对不得少于一次，并在操作记录上签名。

(5) 烘干焊条时，焊条不应成垛或成捆地堆放，应铺放成层状，每层焊条堆放不能太厚(一般 1～3 层)，避免焊条烘干时受热不均和潮气不易排除。

(6) 焊工在领用焊条时，必须根据产品要求填写领用单，其填写项目包括领号、产品图号、被焊工件号，以及领用焊条的牌号、规格、数量及领用时间等，并作为下班时回收剩余焊条的核查依据。

(7) 烘干焊条时，取出和放进焊条应防止焊条因骤冷骤热而产生药皮开裂、脱皮现象。

(8) 露天操作隔夜时，必须将焊条妥善保管，不允许露天存放，应在低温烘箱中恒温保存，否则次日使用前还要重新烘干。

(9) 为防止焊条牌号用错，除应建立焊接材料领用制度外，还需建立焊条头回收制度，以防剩余焊条散失生产现场。

★ 知识点 4　焊条电弧焊工艺参数

焊接工艺参数是指焊接时，为保证焊接质量而选定的诸物理量(例如：焊接电流、电弧电压、焊接速度、热输入等)的总称。焊条电弧焊的焊接工艺参数主要包括焊条直径、焊接电流、电弧电压、焊接速度和预热温度等。

1. 焊条直径

焊条直径是根据焊件厚度、焊接位置、接头形式、焊接层数等进行选择的。

厚度较大的焊件，搭接和 T 形接头的焊缝应选用直径较大的焊条。对于小坡口焊件，为了保证底层的熔透，宜采用较细直径的焊条，如打底焊时一般选用 ϕ2.5 mm 或 ϕ3.2 mm 的焊条。不同的焊接位置，选用的焊条直径也不同，通常平焊时选用较粗的 ϕ (4.0～6.0)mm 的焊条，立焊和仰焊时选用 ϕ(3.2～4.0)mm 的焊条；横焊时选用 ϕ(3.2～5.0)mm 的焊条。对于特殊钢材，需要小工艺参数焊接时可选用小直径焊条。

根据工件厚度选择时，可参考表 2-13。对于重要结构应根据规定的焊接电流范围(根据热输入确定)参照表 2-14 焊接电流与焊条直径的关系来决定焊条直径。

表 2-13　焊件厚度与焊接电流的关系

焊件厚度/mm	2	3	4～5	6～12	>13
焊条直径/mm	2	3.2	3.2～4	4～5	4～6

2. 焊接电流

焊接电流是焊条电弧焊的主要工艺参数,焊工在操作过程中需要调节的只有焊接电流,而焊接速度和电弧电压都是由焊工控制的。焊接电流的选择直接影响着焊接质量和劳动生产率。

焊接电流越大,熔深越大,焊条熔化快,焊接效率也高,但是焊接电流太大时,飞溅和烟雾大,焊条尾部易发红,部分涂层要失效或崩落,而且容易产生咬边、焊瘤、烧穿等缺陷,增大焊件变形,还会使接头热影响区晶粒粗大,焊接接头的韧性降低;焊接电流太小,则引弧困难,焊条容易粘连在工件上,电弧不稳定,易产生未焊透、未熔合、气孔和夹渣等缺陷,且生产率低。

因此,选择焊接电流时,应根据焊条类型、焊条直径、焊件厚度、接头形式、焊缝位置及焊接层数来综合考虑。首先应保证焊接质量,其次应尽量采用较大的电流,以提高生产效率。板较厚的,T 形接头和搭接接头,在施焊环境温度低时,由于导热较快,所以焊接电流要大一些。但主要考虑焊条直径、焊接位置和焊道层次等因素。

1) 考虑焊条直径

焊条直径越粗,熔化焊条所需的热量越大,必须增大焊接电流,每种焊条都有一个最合适电流范围,表 2-14 是常用的各种直径焊条合适的焊接电流参考值。

表 2-14　焊条直径与焊接电流的关系

焊条直径/mm	1.6	2.0	2.5	3.2	4	5	6
焊接电流/A	25～40	40～65	50～80	100～130	160～210	200～270	260～300

当使用碳钢焊条焊接时,还可以根据选定的焊条直径,用下面的经验公式计算焊接电流:

$$I = Kd$$

式中:I——焊接电流(A);

　　　d——焊条直径(mm);

　　　K——经验系数,见表 2-15。

表 2-15　焊接电流经验系数与焊条直径的关系

焊条直径 d / mm	1.6	2～2.5	3.2	4～6
经验系数 K	20～25	25～30	30～40	40～50

2) 考虑焊接位置

在平焊位置焊接时,可选偏大些的焊接电流,非平焊位置焊接时,为了易于控制焊缝成形,焊接电流比平焊位置小 10%～20%。

3) 考虑焊接层次

通常焊接打底焊道时,为保证背面焊道的质量,使用的焊接电流较小;焊接填充焊道时,为提高效率,保证熔合好,使用较大的电流;焊接盖面焊道时,防止咬边和保证焊道成形美观,使用的电流稍小些。

焊接电流一般可根据焊条直径进行初步选择,焊接电流初步选定后,要经过试焊,检查焊缝成形和缺陷,才可确定。对于有力学性能要求的如锅炉、压力容器等重要结构,要经过焊接工艺评定合格以后，才能最后确定焊接电流等工艺参数。

3．电弧电压

当焊接电流调好以后，焊机的外特性曲线就确定了。实际上电弧电压主要是由电弧长度来决定的。电弧长，电弧电压高，反之则低。焊接过程中，电弧不宜过长，否则会出现电弧燃烧不稳定、飞溅大、熔深浅及产生咬边、气孔等缺陷；若电弧太短，容易粘焊条。一般情况下，电弧长度等于焊条直径的 0.5～1 倍为好，相应的电弧电压为 16～25 V。碱性焊条的电弧长度不超过焊条的直径，为焊条直径的一半较好，尽可能地选择短弧焊；酸性焊条的电弧长度应等于焊条直径。

4．焊接速度

焊条电弧焊的焊接速度是指焊接过程中焊条沿焊接方向移动的速度，即单位时间内完成的焊缝长度。焊接速度过快会造成焊缝变窄，严重凸凹不平，容易产生咬边及焊缝波形变尖；焊接速度过慢会使焊缝变宽，余高增加，功效降低。焊接速度还直接决定着热输入量的大小，一般根据钢材的淬硬倾向来选择。

5．焊缝层数

厚板的焊接，一般要开坡口并采用多层焊或多层多道焊。多层焊和多层多道焊接头的显微组织较细，热影响区较窄。前一条焊道对后一条焊道起预热作用，而后一条焊道对前一条焊道起热处理作用。因此，接头的延性和韧性都比较好。特别是对于易淬火钢，后焊道对前焊道的回火作用，可改善接头组织和性能。

对于低合金高强钢等钢种，焊缝层数对接头性能有明显影响。焊缝层数少，每层焊缝厚度太大时，由于晶粒粗化，将导致焊接接头的延性和韧性下降。

6．热输入(线能量)

熔焊时，由焊接能源输入给单位长度焊缝上的热量称为热输入(线能量)。其计算公式如下：

$$E = \frac{nIU}{u}$$

式中：E——单位长度焊缝的热输入(J/cm)；

　　　I——焊接电流(A)；

　　　U——电弧电压(V)；

　　　u——焊接速度(cm/s)；

　　　n——热效率系数，焊条电弧焊为 0.7～0.8。

热输入(线能量)对低碳钢焊接接头性能的影响不大，因此，对于低碳钢焊条电弧焊一般不规定热输入(线能量)。对于低合金钢和不锈钢等钢种，热输入(线能量)太大时，接头性能可能降低；热输入(线能量)太小时，有的钢种焊接时可能产生裂纹。焊接电流和热输入(线能量)规定之后，焊条电弧焊的电弧电压和焊接速度就间接地大致确定了。

一般要通过试验来确定既可不产生焊接裂纹、又能保证接头性能合格的热输入(线能量)范围。允许的热输入(线能量)范围越大，越便于焊接操作。

7．预热温度

预热是焊接开始前对被焊工件的全部或局部进行适当加热的工艺措施。预热可以减小接头焊后冷却速度，避免产生淬硬组织，减小焊接应力及变形。它是防止产生裂纹的有效措施。对于刚性不大的低碳钢和强度级别较低的低合金高强钢的一般结构，一般不必预热。但对刚性大的或焊接性差的容易产生裂纹的结构，焊前需要预热。

预热温度根据母材的化学成分、焊件的性能、厚度、焊接接头的拘束程度和施焊环境温度以及有关产品的技术标准等条件综合考虑，重要的结构要经过裂纹试验确定不产生裂纹的最低预热温度。预热温度选得越高，防止裂纹产生的效果越好；但超过必需的预热温度，会使熔合区附近的金属晶粒粗化，降低焊接接头质量，劳动条件也将会更加恶化。整体预热通常用各种炉子加热。局部预热一般采用气体火焰加热或红外线加热。预热温度常用表面温度计测量。

8. 后热与焊后热处理

焊后立即对焊件的全部(或局部)进行加热或保温，使其缓冷的工艺措施称为后热。后热的目的是避免形成硬脆组织，以及使扩散氢逸出焊缝表面，从而防止产生裂纹。

焊后为改善焊接接头的显微组织和性能或消除焊接残余应力而进行的热处理称为焊后热处理。焊后热处理的主要作用是消除焊件的焊接残余应力，降低焊接区的硬度，促使扩散氢逸出，稳定组织及改善力学性能、高温性能等。因此，选择热处理温度时要根据钢材的性能、显微组织、接头的工作温度、结构形式、热处理目的来综合考虑，并通过显微金相和硬度试验来确定。

对于易产生脆断和延迟裂纹的重要结构，尺寸稳定性要求高的结构，以及有应力腐蚀的结构，应考虑进行消除应力退火；对于锅炉、压力容器，则有专门的规程规定，厚度超过一定限度后要进行消除应力退火。消除应力退火必要时要经过试验确定。铬钼珠光体耐热钢焊后常常需要高温回火，以改善接头组织，消除焊接残余应力。

重要的焊接结构，如锅炉、压力容器等，所制定的焊接工艺需要进行焊接工艺评定，按所设计的焊接工艺而焊得的试板的焊接质量和接头性能达到技术要求后，才能正式确定。焊接施工时，必须严格按规定的焊接工艺进行，不得随意更改。焊条严格按照说明书的规定进行烘焙；焊前清除焊件上的油污、水分，减少焊缝中氢的含量；选择合理的焊接工艺参数和热输入(线能量)，减少焊缝的淬硬倾向；焊后立即进行消氢处理，使氢从焊接接头中逸出。对于淬硬倾向高的钢材，焊前预热、焊后及时进行热处理，改善接头的组织和性能，采用降低焊接应力的各种工艺措施。

焊后，焊件在一定温度范围内再次加热(消除应力热处理或其他加热过程)而产生的裂纹叫再热裂纹。

再热裂纹产生的原因：再热裂纹一般发生在含 V、Cr、Mo、B 等合金元素的低合金高强度钢、珠光体耐热钢及不锈钢中，经受一次焊接热循环后，再加热到敏感区域(550~650℃范围内)而产生的。这是由于第一次加热过程中过饱和的固溶碳化物(主要是 V、Mo、Cr，碳化物)再次析出，造成晶内强化，使滑移应变集中于原先的奥氏体晶界，当晶界的塑性应变能力不足以承受松弛应力过程中的应变时，就会产生再热裂纹。裂纹大多起源于焊接热影响区的粗晶区。再热裂纹大多数产生于厚件和应力集中处，多层焊时有时也会产生再热裂纹。

再热烈纹的防止措施：在满足设计要求的前提下，选择低强度的焊条，使焊缝强度低于母材，应力在焊缝中松弛，避免热影响区产生裂纹；尽量减少焊接残余应力和应力集中；

控制焊接热输入(线能量)，合理地选择热处理温度，尽可能地避开敏感区范围的温度。

技能操作 📖

❖ 任务1 焊条电弧焊的基本操作技术

焊条电弧焊的基本操作技术包括引弧、运条、定位焊及平敷焊。

一、引弧

电弧焊开始时，引燃焊接电弧的过程叫引弧。引弧的方法包括两类：不接触引弧和接触引弧。

1．不接触引弧

不接触引弧是利用高频高压使电极末端与工件间的气体导电产生电弧。用这种方法引弧时，电极端部与工件不发生短路就能引燃电弧，其优点是可靠、引弧时不会烧伤工件表面，但需要另外增加小功率高频高压电源，或同步脉冲电源。焊条电弧焊很少采用这种引弧方法。

2．接触引弧

接触引弧是先使电极与工件短路，再拉开电极引燃电弧。这是焊条电弧焊时最常用的引弧方法，根据操作手法不同又可分为：

1) 直击法

直击法是使焊条与焊件表面垂直地接触，当焊条的末端与焊件表面轻轻一碰，便迅速提起焊条，使焊条末端与被焊表面的距离维持在 2～4 mm 的距离，立即引燃电弧。操作时必须掌握好手腕的上下动作的时间和距离，如图 2-32 所示。

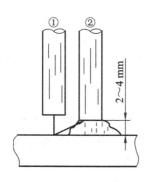

图 2-32 直击法引弧

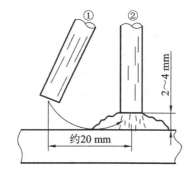

图 2-33 划擦法引弧

2) 划擦法

这种方法与擦火柴有些相似，先将焊条末端对准焊件，然后将焊条在焊件表面划擦一下，当电弧引燃后趁金属还没有开始大量熔化的一瞬间，立即使焊条末端与被焊表面的距离维持在 2～4 mm 的距离，电弧就能稳定地燃烧。操作时手腕顺时针方向旋转，使焊条端头与工件接触后再离开，如图 2-33 所示。

以上两种方法相比，划擦法比较容易掌握，但是在狭小工作面上或不允许烧伤焊件表面时，应采用直击法。直击法对初学者较难掌握，一般容易发生电弧熄灭或造成短路现象，这是没有掌握好离开焊件时的速度和保持一定距离的原因。如果操作时焊条上拉太快或提得太高，都不能引燃电弧或电弧只燃烧一瞬间就熄灭。相反，动作太慢则可能使焊条与焊件粘在一起，造成焊接回路短路。

引弧时，如果发生焊条和焊件粘在一起时，只要将焊条左右摇动几下，就可脱离焊件，如果这时还不能脱离焊件，就应立即将焊钳放松，使焊接回路断开，待焊条稍冷后再拆下。如果焊条粘住焊件的时间过长，则因过大短路电流可能使电焊机烧坏，所以引弧时，手腕动作必须灵活和准确，而且要选择好引弧起始点的位置。

二、运条

焊接过程中，焊条相对焊缝所做的各种动作的总称叫运条。正确运条是保证焊缝质量的基本因素之一，因此每个焊工都必须掌握好运条这项基本功。

运条的基本动作包括沿焊条轴线的送进、沿焊缝轴线方向纵向移动和横向摆动三个动作，如图 2-34 所示。

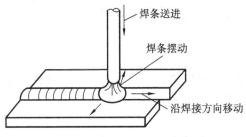

图 2-34　运条的基本动作

1. 运条的基本动作

1) 焊条沿轴线向熔池方向送进

为使焊条熔化后，能继续保持电弧的长度不变，因此要求焊条向熔池方向送进的速度与焊条熔化的速度相等。如果焊条送进的速度小于焊条熔化的速度，则电弧的长度将逐渐增加，导致断弧；如果焊条送进速度太快，则电弧长度迅速缩短，使焊条末端与焊件接触发生短路，同样会使电弧熄灭。

2) 焊条沿焊接方向的纵向移动

此动作使焊条熔敷金属与熔化的母材金属形成焊缝。焊条移动速度对焊缝质量、焊接生产率有很大影响。如果焊条移动速度太快，则电弧来不及熔化足够的焊条与母材金属，产生未焊透或焊缝较窄；若焊条移动速度太慢，则会造成焊缝过高、过宽、外形不整齐，在焊较薄焊件时容易焊穿。移动速度必须适当才能使焊缝均匀。

3) 焊条的横向摆动

横向摆动的作用是为获得一定宽度的焊缝，并保证焊缝两侧熔合良好。其摆动幅度应根据焊缝宽度与焊条直径决定。横向摆动力求均匀一致，才能获得宽度整齐的焊缝。正常的焊缝宽度一般不超过焊条直径的 2～5 倍。

2. 运条方法

运条的方法很多，选用时应根据接头的形式、装配间隙、焊缝的空间位置、焊条直径与性能、焊接电流及焊工技术水平等方面而定。常用运条方法及适用范围参见表2-16。

表2-16 常用运条方法及适用范围

运条方法		运条示意图	适用范围
直线形运条法			薄板对接平焊、多层焊的第一层焊道及多层多道焊
直线往复形运条法			薄板焊 对接平焊(间隙较大)
锯齿形运条法			对接接头平、立、仰焊 角接接头立焊
月牙形运条法			管的焊接、对接接头平、立、仰焊、角接接头立焊
三角形运条法	斜三角形		角接接头仰焊 开V形坡口对接接头横焊
	正三角形		角接接头立焊 对接接头
圆圈形运条法	斜圆圈形		角接接头平、仰焊 对接接头横焊
	正圆圈形		对接接头厚板件平焊
八字形运条法			对接接头厚焊件平、立焊

三、定位焊

焊前为固定焊件的相对位置进行的焊接操作叫定位焊，俗称点固焊。定位焊形成的短小而断续的焊缝叫定位焊缝，也叫点固焊缝。通常定位焊缝都比较短小，焊接过程中都不去掉，而成为正式焊缝的一部分保留在焊缝中，因此定位焊缝的质量好坏、位置、长度和高度等是否合适，将直接影响正式焊缝的质量及焊件的变形。

焊接定位焊缝时必须注意以下几点：

(1) 必须按照焊接工艺规定的要求焊接定位焊缝。如采用与工艺规定同牌号、同直径的焊条，用相同的焊接工艺参数施焊；若工艺规定焊前需预热，焊后需缓冷，则焊定位焊缝前也要预热，焊后也要缓冷。

(2) 定位焊缝必须保证熔合良好，焊道不能太高，起头和收尾处应圆滑不能太陡，防止焊缝接头时两端焊不透。

(3) 定位焊缝见图2-35，定位焊缝的长度、厚度、间距见表2-17。

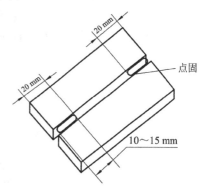

图2-35 定位焊缝

表 2-17　定位焊缝的长度、厚度、间距

工件厚度	长度焊缝	焊缝厚度	焊缝间距
≤4	5～10	<4	50～100
4～12	10～20	3～6	100～200
>12	15～20	6	100～300

(4) 定位焊缝不能焊在焊缝交叉处或焊缝方向发生急剧变化的地方，通常至少应离开这些地方 50 mm 才能焊定位焊缝。

(5) 为防止焊接过程中工件裂开，应尽量避免强制装配，必要时可增加定位焊缝的长度，并减小定位焊缝的间距。

(6) 定位焊后必须尽快焊接，避免中途停顿或存放时间过长，定位焊用电流可比焊接电流大 10%～15%。

四、平敷焊

平敷焊是在平焊位置上堆敷焊缝的一种焊接操作方法。焊接操作时，焊工左手持面罩，右手握焊钳，如图 2-36 所示。焊条工作角(焊条轴线在和焊条前进方向垂直的平面内的投影与工件表面间夹角)为 90°。焊条前倾角+(10°～20°)(正倾角表示焊条向前进方向倾斜，负倾角表示向前进方向的反方向倾斜)，如图 2-37 所示。

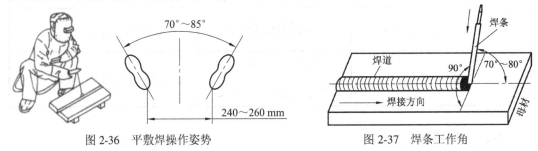

图 2-36　平敷焊操作姿势　　　　　　　　　图 2-37　焊条工作角

1．焊缝的起头

焊缝的起头是指刚开始焊接处的焊缝，在起焊处前方 10～15 mm 处引弧，拉长电弧移回至起焊处，预热 1～2 s，待焊接部位出现熔化现象，压低电弧，开始焊接，如图 2-38 所示。这部分焊缝的余高容易增高，这是由于开始焊接时工件温度较低，引弧后不能迅速使这部分金属温度升高，因此熔深较浅，余高较大。为减少或避免这种情况，可在引燃电弧后先将电弧稍微拉长些，对焊件进行必要的预热，然后适当压低电弧转入正常焊接。

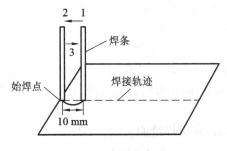

图 2-38　焊缝的起头

2. 焊缝的收尾

焊缝的收尾是指一条焊缝焊完后如何收弧。焊接结束时，如果将电弧突然熄灭，则焊缝表面留有凹陷较深的弧坑会降低焊缝收尾处的强度，并容易引起弧坑裂纹。过快拉断电弧，液体金属中的气体来不及逸出，还容易产生气孔等缺陷。为克服弧坑缺陷，可采用下述方法收尾，如图 2-39 所示。

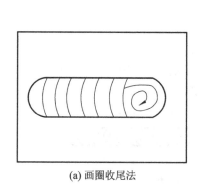
(a) 画圈收尾法

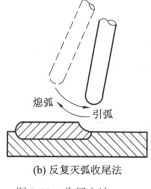
(b) 反复灭弧收尾法

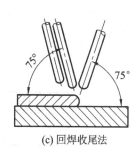
(c) 回焊收尾法

图 2-39　收尾方法

1) 划圈收尾法

焊条移到焊缝终点时，在弧坑处作圆圈运动，直到填满弧坑再拉断电弧，如图 2-39(a)所示。此方法适用于厚板。

2) 反复灭弧收尾法

焊条移到焊缝终点时，在弧坑处反复熄弧、引弧数次，直到填满弧坑为止，如图 2-39(b)所示。此方法适用于薄板和大电流焊接时的收尾，不适于碱性焊条。

3) 回焊收尾法

焊条移到焊缝终点时，在弧坑处稍做停留，将电弧慢慢抬高，引到焊缝边缘的母材坡口内，如图 2-39(c)所示。这时熔池会逐渐缩小，凝固后一般不出现缺陷，适用于换焊条或临时停弧时的收尾。

3. 焊缝的接头

后焊焊缝与先焊焊缝的连接处称为焊缝的接头，如图 2-40 所示。由于受焊条长度限制，焊缝前后两段的接头是不可避免的，但焊缝的接头应力求均匀，防止产生过高、脱节、宽窄不一致等缺陷。焊缝接头的方式有以下几种方式，如图 2-41 所示。

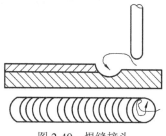

图 2-40　焊缝接头

1) 中间接头

中间接头是后焊的焊缝从先焊的焊缝尾部开始焊接，如图 2-41(a)所示。要求在弧坑前约 10 mm 附近引弧，电弧长度比正常焊接时略长些，然后回移到弧坑，压低电弧，稍作摆动，再向前正常焊接。这种接头方法是使用最多的一种，适用于单层焊及多层焊的表层接头。

2) 相背接头

相背接头是两焊缝的起头相接，如图 2-41(b)所示。要求先焊焊缝的起头处略低些，后焊的焊缝必须在前条焊缝始端稍前处起弧，然后稍拉长电弧将电弧逐渐引向前条焊缝的始端，并覆盖前焊缝的端头，待焊平后，再向焊接方向移动。

3) 相向接头

相向接头是两条焊缝的收尾相接，如图 2-41(c)所示。当后焊的焊缝焊到先焊的焊缝收弧处时，焊接速度应稍慢些，填满先焊焊缝的弧坑后，以较快的速度再略向前焊一段，然后熄弧。

4) 分段退焊接头

分段退焊接头是先焊焊缝的起头和后焊的收尾相接，如图 2-41(d)所示。要求后焊的焊缝焊至靠近前焊焊缝始端时，改变焊条角度，使焊条指向前焊缝的始端，拉长电弧，待形成熔池后，再压低电弧，往回移动，最后返回原来熔池处收弧。

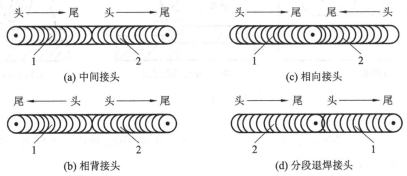

图 2-41　焊缝的接头方式

❖ 任务 2　焊条电弧焊 I 形坡口板对接双面焊操作技术

一、焊前准备

1. 焊件(试件)

本操作用焊件为 Q235-A 钢板，300 mm×100 mm×6 mm(两件)，如图 2-42 所示。

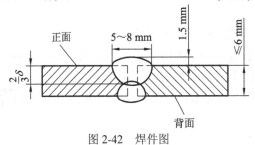

图 2-42　焊件图

2. 焊接材料

本操作用焊接材料为 E4303，规格为 ϕ 3.2。焊前烘干 70～150℃，保温 1～2 h，随用随取。

3. 焊件清理

清理坡口面及坡口正反两侧 20 mm 范围内的油污、锈蚀、水分及其他污物，至露出金属光泽。

4．焊接设备

本操作用焊接设备为交、直流弧焊机，直流正接。

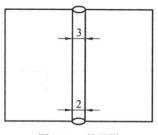

图 2-43　装配图

二、焊件装配

1．装配要求

起始端间隙为 2 mm，末端间隙为 3 mm，错边量
≤0.8 mm，两端固定焊，装配图如图 2-43 所示。

2．预制反变形

为了保证工件焊接后的平直度要求，需要在焊接之前预制反变形，反变形角度为
1°～2°。在工件定位焊之后，双手拿住工件并使其正面向下，在工作台上轻轻敲击，观察
变形角度，如果没有达到要求再继续轻轻敲击，直到达到预留的反变形角度要求，如图 2-44
所示。

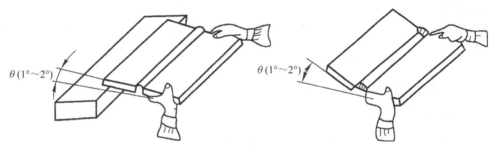

图 2-44　预制反变形

三、Ｉ形坡口板对接平焊

1．焊接工艺参数

Ｉ形坡口板对接平焊试件组对尺寸见表 2-18。

表 2-18　Ｉ形坡口板对接平焊试件组对尺寸

试件尺寸(组)/mm	组对间隙/mm	反变形角	错变量/mm
300×100×6	起焊端：2，终焊端：3	1°～2°	≤0.8

Ｉ形坡口板对接平焊焊接工艺参数见表 2-19。

表 2-19　Ｉ形坡口板对接平焊焊接工艺参数

焊接层次	名称	焊条直径/mm	焊接电流/A	焊条与试板面的角度/(°)	焊条运动方式
1	正面焊	3.2	100～130	65～80	连弧，直线或直线往复
2	反面焊	3.2	100～130	70～80	连弧，直线或直线往复

Ｉ形坡口板对接平焊焊条角度如图 2-45 所示。

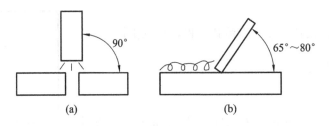

图 2-45 I形坡口板对接平焊焊条角度

2．焊接操作要点

1）正面的焊接

焊接的引弧、收弧和接头都与平敷焊相同，运条方式采用直线形或直线往复形，焊条与焊件两边的夹角为 90°，焊条与焊接轴线的夹角为 65°～80°，焊缝宽度为 5～8 mm，焊缝熔深达到板厚的三分之二。

2）反面的焊接

正面焊接完成后，将焊件翻转过来，清除背面熔渣后进行反面焊接，焊接方法与正面焊接相同。

四、I形坡口板对接立焊

1．焊接工艺参数

I形坡口板对接立焊试件组对尺寸见表 2-20。

表 2-20　I形坡口板对接立焊试件组对尺寸

试件尺寸(组)/mm	组对间隙/mm	反变形角	错变量/mm
300 × 100 × 6	起焊端：2，终焊端：3	1°～2°	≤0.8

I形坡口板对接立焊焊接工艺参数见表 2-21。

表 2-21　I形坡口板对接立焊焊接工艺参数

焊接层次	名　称	焊条直径/mm	焊接电流/A	焊条与试板面的角度/(°)	焊条运动方式
1	正面焊	3.2	80～100	65～80	连弧，直线或直线往复
2	反面焊	3.2	100～110	70～80	连弧，直线或直线往复

2．焊接操作要点

1）正面的焊接

焊接时在起焊处上方 10～15 mm 处引弧，拉长电弧移回至起焊处，预热 1～2 s，待焊接部位出现熔化现象，压低电弧，开始焊接，运条方式采用锯齿形或月牙形，为保证焊缝与母材熔合良好，运条至板材两侧时稍做停顿，运条方式如图 2-46 所示，焊条与焊件两边的夹角为 90°，焊条与焊缝的夹角为 60°～80°，I形坡口对接立焊焊条角度如图 2-47 所示，焊缝宽度为 5～8 mm，焊缝熔深达到板厚的三分之二，焊接接头注意连接，收弧采用断弧收尾法。

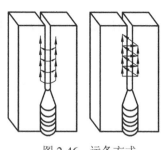

图 2-46 运条方式

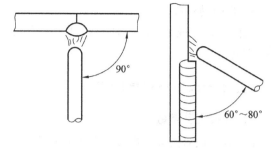

图 2-47 I 形坡口板对接立焊焊条角度

2) 反面的焊接

正面焊接完成后，将焊件翻转过来，清除背面熔渣后进行反面焊接，焊接方法与正面焊接相同。

五、I 形坡口板对接横焊

1. 焊接工艺参数

I 形坡口板对接横焊试件组对尺寸见表 2-22。

表 2-22 I 形坡口板对接横焊试件组对尺寸

试件尺寸(组)/mm	组对间隙/mm	反变形角	错变量/mm
300×100×6	起焊端：2，终焊端：3	1°～2°	≤0.8

I 形坡口板对接横焊焊接工艺参数见表 2-23。

表 2-23 I 形坡口板对接横焊焊接工艺参数

焊接层次	名　称	焊条直径/mm	焊接电流/A	焊条与试板面的角度/(°)	焊条运动方式
1	正面焊	3.2	90～110	65～80	连弧，直线或直线往复
2	反面焊	3.2	100～110	70～80	连弧，直线或直线往复

2. 焊接操作要点

1) 正面的焊接

焊接操作与平位焊基本相同，运条方式采用直线或直线往复运条，焊条与下侧焊件的夹角为 80°～90°，焊条与焊接轴线的夹角为 70°～80°，I 形坡口板对接横焊焊条角度如图 2-48 所示，焊缝宽度为 5～8 mm，焊缝熔深达到板厚的三分之二。

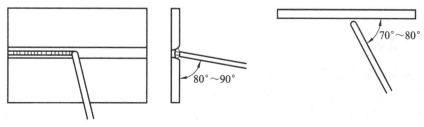

图 2-48 I 形坡口板对接横焊焊条角度

2) 反面的焊接

正面焊接完成后，将焊件翻转过来，清除背面熔渣后进行反面焊接，焊接方法与正面焊接相同。

六、I形坡口板对接仰焊

1. 焊接工艺参数

I形坡口板对接仰焊焊接工艺参数见表 2-24。

表 2-24　I形坡口板对接仰焊试件组对尺寸

试件尺寸(组)/mm	组对间隙/mm	反变形角	错变量/mm
300×100×6	起焊端: 2, 终焊端: 3	1°～2°	≤0.8

I形坡口板对接仰焊焊接工艺参数见表 2-25。

表 2-25　I形坡口板对接仰焊焊接工艺参数

焊接层次	名　称	焊条直径/mm	焊接电流/A	焊条与试板面的角度/(°)	焊条运动方式
1	正面焊	3.2	90～110	65～80	连弧, 直线或直线往复
2	反面焊	3.2	100～110	70～80	连弧, 直线或直线往复

2. 焊接操作要点

1) 正面的焊接

焊接操作与平位焊基本相同，运条方式采用直线或直线往复运条，焊条与焊件两边的夹角为 90°，焊条与焊接轴线的夹角为 70°～80°，I形坡口板对接仰焊焊条角度如图 2-49 所示，焊缝宽度为 5～8 mm，焊缝熔深达到板厚的三分之二。

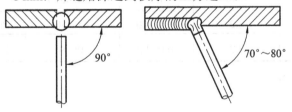

图 2-49　I形坡口板对接仰焊焊条角度

2) 反面的焊接

正面焊接完成后，将焊件翻转过来，清除背面熔渣后进行反面焊接，焊接方法与正面焊接相同。

七、注意事项

(1) 正确的焊前准备和焊件装配。

(2) 熟练掌握正面层、反面层的操作方法。

(3) 焊后保持焊缝原始状态，不得修磨、补焊、锤击、水冷；焊缝外表面没有气孔、裂纹、烧穿、焊瘤等焊接缺陷，局部咬边深度不得大于 0.5 mm。

❖ 任务3　焊条电弧焊单面焊双面成形技术

在有些焊接结构中，不能采用双面焊接，只能从焊缝一面进行焊接，又要求完全焊透，这种熔透焊道焊接法就是单面焊双面成形技术。

焊条电弧焊单面焊双面成形操作技术，一定要熟练掌握"五种要领"，学会"六种技巧"。五种要领(以下简称"五要领")，是指五种操作基本要领，其具体内容是指"看、听、准、短、控"。"六种技巧"(以下简称"六技巧")的具体内容是"点固、起头、运条、收弧、接头、收口"。

一、"五要领"

1. 看

在焊接过程中除要认真观察熔池的形状、熔孔的大小及铁液与熔渣的分离情况，还应注意观察焊接过程是否正常(如偏弧、极性正确与否等)。熔池一般保持椭圆形为宜(圆形时温度已高)。熔孔的大小以电弧将两侧钝边完全熔化并深入每侧 $0.5 \sim 1$ mm 为好。熔孔过大时，背面焊缝余高过高，易形成焊瘤或烧穿。熔孔过小时，容易出现未焊透或冷接现象(弯曲时易裂开)。焊接时一定要保持熔池清晰，熔渣与铁液要分开，否则易产生未焊透及夹渣等缺陷。当焊接过程中出现偏弧及飞溅过大时，应立即停焊，查明原因，采取对策。"看"是"控"的前提条件和依据，非常重要，只有看得清，辨得明，才能做到"控得有理"、"控制得法"。

2. 听

焊接时要注意听电弧击穿坡口钝边时发出的"噗噗"声，没有这种声音，表明坡口钝边未被电弧击穿，如继续向前焊接，则会造成未焊透、熔合不良等缺陷，所以在焊接过程中，应仔细听清楚有没有电弧击穿试件坡口钝边发出的"噗噗"声。"听"也很重要，一定要听清楚，为"控"提供可靠的信息，只有"听"得清，才能"控"得好。

3. 准

送给铁液的位置和运条的间距要准确，并使每个熔池与前面熔池重叠 2/3，保持电弧的 1/3 部分在熔池前方，用以加热和击穿坡口钝边，只有送给铁液的位置准确，运条的间距均匀，才能使焊缝正反面成形均匀、整齐、美观。"准"对焊接质量十分重要，它是衡量一个焊工操作技能是否熟练，基本功是否扎实的最终体现。一个好的焊工必须做到手眼合一，眼睛看到哪，手就迅速地把焊条准确无误地送到哪，只有这样才能保证焊缝的内部质量和外观成形。

4. 短

短有两层意思，一是指灭弧与重新引燃电弧的时间间隔要短，就是说每次引弧的时间要选在熔池处在半凝固半熔化的状态下(通过护目玻璃能看到黄亮时)。对于两点击穿法，灭弧频率大体上 $50 \sim 60$ 次/min 为宜。如果间隔时间过长，熔池温度过低，熔池存在的时间较短，冶金反应不充分，容易造成夹渣、气孔等缺陷。时间间隔过短，熔池温度过高，会使背面焊缝余高过大，甚至出现焊瘤或烧穿；二是指焊接时电弧要短，焊接时电弧长度等于焊条直径为宜。电弧过长，一是对熔池保护不好，易产生气孔；二是电弧穿透力不强，易产生未焊透等缺陷；三是铁液不易控制，不易成形而且飞溅较大。只有短弧操作和接弧的时间适当短，才会减少和避免气孔、未焊透等缺陷的产生。

5. 控

"控"的含义是指"控制"。"控制"的主要内容有以下三点：

(1) 控制铁液和熔渣的流动方向。

焊接过程中电弧要一直在铁液的前面，利用电弧和药皮熔化时产生的气体定向吹力，将铁液吹向熔池后方，这样既能保证熔深又能保证熔渣与铁液很好地分离，减少产生夹渣和气孔的可能性，当铁液与熔渣分不清时，要及时调整运条的角度(即焊条角度向焊接方向倾斜)，并且要压低电弧，直至铁液与熔渣分清，并且两侧钝边熔化 0.5～1 mm 缺口时方能灭弧，然后进行正常焊接。

(2) 控制熔池的温度和熔孔的大小。

焊接时熔池形状由椭圆形向圆形发展，熔池变大，并出现下塌的感觉。如不断添加铁液，焊肉也不会加高，同时还会出现较大的熔孔，此时说明熔池温度过高，应该迅速熄弧，并减慢焊接频率(即熄弧的时间长一些)，等熔池温度降低后，再恢复正常的焊接。在电弧的高温和吹力的作用下，试板坡口根部熔化并击穿形成熔孔。施焊过程中要严格控制熔池的形状，尽量保持大小一致，并随时观察熔池的变化及坡口根部的熔化情况。熔孔的大小决定焊缝背面的宽度和余高，通常熔孔的直径比间隙大 1～2 mm 为好。焊接过程中如发现熔孔过大，表明熔池温度过高，应迅速灭弧，并适当延长熄弧的时间，以降低熔池温度，然后恢复正常焊接。若熔孔太小则可减慢焊接速度，当出现合适的熔孔时方能进行正常焊接。

(3) 控制焊缝成形及焊肉的高低。

影响焊缝成形、焊肉高低的主要因素有：焊接速度的快慢、熔敷金属添加量(即燃弧时间的长短)、焊条的前后位置、熔孔大小的变化、电弧的长短及焊接位置等。一般的规律是：焊接速度越慢，正反面焊肉就越高；熔敷金属添加量越多，正反面焊肉就越高；焊条的位置越靠近熔池后部，表面焊肉就越高，背面焊肉高度相对减少；熔孔越大，焊缝背面焊肉就越高；电弧压得越低，焊缝背面焊肉就越高，否则反之。在仰焊位、仰立焊位时焊缝正面焊肉易偏高，而焊缝背面焊肉易偏低，甚至出现内凹现象。平焊位时，焊缝正面焊肉不易增高，而焊缝背面焊肉容易偏高。仰焊位焊缝背面焊肉高度达到要求的方法是利用超短弧(指焊条端头伸入到对口间隙中)焊接特性。同时还应控制熔孔不宜过大，避免铁液下坠，这样才能使焊缝背面与母材平齐或略低，符合要求。通过对影响焊肉高低的各种因素的分析，就能利用上述规律，对焊缝正反面焊肉的高度进行控制，使焊缝成形均匀整齐，特别是水平固定管子焊接时，控制好焊肉的高低尤为重要。"控"，是在"看、听、准、短"的基础上，完成焊接最关键的环节，是对焊工"驾驭"焊接熔池能力的考验。焊接技术水平越高的焊工，对焊接"火候"掌握得越好，焊缝质量也越高。

二、"六技巧"

1. 点固技巧

试件焊接前，必须通过点固来进行定位，板状试件(一般长 300 mm)前后两端点固进行定位，$\phi<57$mm 的管状或管板试件点固 1 点进行定位，$\phi>57$ mm 点固 2 点进行定位。定位焊缝长度以 10～15 mm 为宜。由于定位焊缝是正式焊缝的一部分，要求单面焊双面成形，并且不得有夹渣、气孔、未焊透、焊瘤、焊肉超高或内凹超标等缺陷(这一点对管状或管板试件尤为重要)。点固所采用的焊条牌号、直径、焊接电流与正式焊接时相同。板状及管板试件一般可以在平焊位进行点固，水平固定管一般采用立爬坡位进行点固。垂直固定管一般采用本位(横焊位)进行点固。

2. 起头技巧

起头的顺利与否直接影响焊工的操作情绪，管状或管板试件起头时有一定的难度，因没有依靠点(不许在点固处起弧)，操作不好易出问题。水平固定管和水平固定管板起头点应该选在仰焊位越过中心线 5～15 mm 处(小管 5～10 mm，大管 10～15 mm)。垂直固定小管和垂直固定管板起头选在定位点的对面，垂直固定大管起头选在两定位点对面(即第/等分点)，不论管状还是板状试件，引弧先用长弧预热 3～5 s，等金属表面有"出汗珠"的现象时，立即压低电弧，焊条做横向摆动；当听到电弧穿透坡口而发出"噗噗"声时，同时看到坡口钝边熔化并形成一个小熔孔(形成第 2 个熔池)表明已经焊透，立即灭弧，形成第 2 个焊点，此时，起头结束。

3. 运条技巧

运条是指焊接过程中的手法，包括焊条角度和焊条运行的轨迹(焊条摆动方式)，平焊、立焊、仰焊时焊条角度(焊条与焊方向的夹角)一般为 60°～80°。横焊和垂直固定管(横管)焊接时焊条角度一般为 60°～80°，与试板下方呈 75°～85°。垂直固定管板焊条与管切线夹角为 60°～70°，焊条与底板间的夹角为 40°～50°。水平固定管和水平固定管板由于焊位的不断变化，焊条角度也随之进行变化。仰焊时的焊条角度(焊条与管子焊接方向之间的夹角)为 70°～80°，仰立焊时的焊条角度为 90°～100°，立焊时的焊条角度为 85°～95°，坡立焊时的焊条角度为 90°～100°，平焊时的焊条角度为 80°～90°。而水平固定管板焊条与底板夹角为 40°～50°。平焊、立焊、仰焊、水平固定管及垂直、水平固定管板焊接时焊条运行的轨迹大多采取左右摆动(锯齿形运条)，可采取左(右)引弧，右(左)灭弧，再右(左)引弧，左(右)灭弧，依次循环运条，或左(右)引弧运条至右(左)侧再运条回到左(右)侧灭弧，依次循环运条。横焊和垂直固定管运条方式，一般采用斜锯齿或椭圆形。从坡口上侧引弧到坡口下侧灭(熄)弧，再从坡口上侧引弧到坡口下侧灭弧，依次运条。

4. 收弧技巧

当一根焊条焊完，或中途停焊而需要熄弧时，一定注意作收弧动作，焊条不能突然离开熔池，以免产生冷缩孔及火口裂纹，收弧的方法有 3 种，下面将分别介绍。

第一种为补充熔滴收弧方法，即收弧时在熔池前方做一个熔孔，然后灭弧，并向熔池尾部送 2～3 滴铁液，主要目的是减慢熔池的冷却速度，避免出现冷缩孔。该种收弧方法适用于酸性药皮焊条。

第二种方法叫衰减收弧法，即：要收弧时，多给一些铁液，并做一个熔孔，然后把焊条引至坡口边缘处熄弧，并沿焊缝往回点焊 2～3 点即可。这种方法的好处是收弧处焊肉较低，为热接头带来方便(接头一般不用修磨)。此法收弧一般不易产生冷缩孔，可用于酸性药皮焊条，在焊接生产中常用该种方法，以利于接头。

第三种方法叫回焊收弧法，收弧时焊条向坡口边缘回焊 5～10 mm(即向焊接反方向坡口边缘回焊收弧)，然后熄弧，该种收弧方法适用于碱性药皮焊条。

5. 接头技巧

接头方法有两种：热接法和冷接法。

(1) 热接法：收弧后，快速换上焊条，在收弧处尚保持红热状态时，立即从熔池前面引弧迅速把电弧拉到收弧处用连弧(作横向锯齿形运条)进行焊接，焊至熔孔处电弧下压，当听到电弧熔化坡口钝边时发出的"噗噗"声后，立即灭弧，转入正常断弧方法进行焊接。热接法的要领是更换焊条动作要迅速，运条手法一定要熟练和灵活。热接法特别适用于技术比武(节省时间)，也是在焊接生产中最常用的接头方法。

(2) 冷接法：引弧前把接头处的熔渣清理干净，收弧处过高时应进行修磨形成缓坡，在距弧坑约 10 mm 处引弧，用长弧稍预热后(碱性焊条可不预热)，用连弧作横向摆动，向前施焊至弧坑处，电弧下压，当听到电弧击穿坡口根部发出"噗噗"声后，即可熄弧进行正常的焊接。冷接法的优点是，当收弧不好(如有缩孔或焊肉过厚)时，能进行修磨，消除缺陷和削薄接头处，易保证接头质量。同时操作难度也比热接法小一些，缺点是焊接效率没有热接法高，特别是在不许修磨接头时(如技能比武赛)，不宜采用此法。

6. 收口技巧

收口也叫收尾，是指第#层打底焊环形焊缝首(头)尾相接处，也包括与点固焊缝相连接处，当焊至离焊缝端点或定位点固焊缝前端 3～5 mm 时，应压低电弧，用连弧焊接方法焊至焊缝并在超过 3～5 mm 后熄弧。如果留的未焊焊缝过长，采用连弧焊接就会造成熔孔过大而出现焊瘤和烧穿等缺陷。如果留的未焊焊缝过短，再用连弧焊进行焊接为时已晚，极易造成收口处未焊透等缺陷。所以收口时所留的未焊焊缝长度要合适，操作技巧要熟练，才能保证接头收口的质量。

❖ 任务 4　焊条电弧焊 V 形坡口板对接单面焊双面成形操作技术

一、焊前准备

1. 焊件(试件)

本操作用焊件为 Q235-A 钢板，300mm ×125mm ×12 mm(两件)，V 形坡口 60°±5°，钝边 0.5～1 mm，如图 2-50 所示。

2. 焊接材料

本操作用焊接材料为 E4303，规格为 ϕ3.2、ϕ4.0，焊前烘干温度 700～150℃，保温 1～2 h，随用随取。

3. 焊件清理

清理坡口面及坡口正反两侧 20 mm 范围内的油污、锈蚀、水分及其他污物，至露出金属光泽。

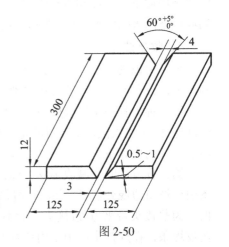

图 2-50

4．焊接设备

本操作用焊接设备为交、直流弧焊机，直流正接。

二、焊件装配

1．装配要求

起始端间隙为 3.2 mm，末端间隙为 4.0 mm，错边量≤0.8 mm，两端固定焊。

2．预制反变形

为了保证工件焊接后的平直度要求，需要在焊接之前预制反变形，反变形角度为 3°。在工件定位焊之后，双手拿住工件并使其正面向下，在工作台上轻轻敲击，观察变形角度，如果没有达到要求再继续轻轻敲击，直到达到预留的反变形角度要求，如图 2-51 所示。

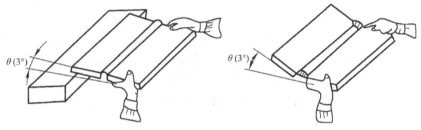

图 2-51　预制反变形

三、V 形坡口板对接平焊

1．焊接工艺参数

V 形坡口板对接平焊试件组对尺寸见表 2-26。

表 2-26　V 形坡口板对接平焊试件组对尺寸

试件尺寸(组)/mm	坡口角度/(°)	组对间隙/mm	钝边/mm	反变形角	错变量/mm
300×125×12	60°±5°	起焊端：3.2 终焊端：4.0	0.5～1	3°	≤0.8

V 形坡口板对接平焊焊接工艺参数见表 2-27。

表 2-27　V 形坡口板对接平焊焊接工艺参数

焊接层次	名称	焊条直径/mm	焊接电流/A	焊条与试板面的角度/(°)	焊条运动方式
1	打底焊	3.2	100～115	45～50	断弧，一点式或两点式运条
2	填充焊	3.2	130～135	75～85	连弧，锯齿形
3	填充焊	4	190～210	80～85	连弧，锯齿形
4	盖面焊	4	175～180	80～85	连弧，锯齿形

2．焊接操作要点

1）打底层焊接

在定位焊起弧处引弧，待电弧引燃并燃运动到坡口中心，电弧烧后再把电弧往下压，并作小幅度横向摆动，听到"噗噗"声，同时能看到每侧坡口边各熔化 1～1.5 mm，并形成第一个熔池(一个比坡口间隙大 2～3 mm 的熔孔)，此时应立即断弧，断弧的位置应在形成焊点坡口的两侧，不可断弧在坡口中心，断弧动作要果断，以防产生气孔。待熔池稍微冷却(大约 2 s)，透过护目镜观察熔池液态金属逐渐变暗，最后只剩下中心部位一个亮点时，将电弧(电焊条端)迅速作小横向摆动至熔孔处，有手感地往下压电弧，同时也能听到"噗噗"声，又形成一个新的熔池，这样反复类推，采用断弧焊将打底焊层完成。

当焊条还有 30～40 mm 时，采用回拉法进行收弧。接头时，先将熔池表面的熔渣清理干净，并将弧坑处打磨成缓坡。在已焊完的焊道(距离弧坑 20 mm)处引燃电弧，采取直接运条到弧坑顶端，并适当停留和下压，待完全熔合后采用正常焊接。

2) 填充层焊接

第 2、3 层为填充层，施焊前先清除前道焊缝的熔渣、飞溅，并将焊缝接头的过高部分打磨平整。

施焊时要严格遵循中间快、坡口两侧慢的运条手法，运条要平稳，焊接速度要一致，控制各填充层的熔敷金属高度一致。并注意各填充层间的焊接接头要错开，认真清理焊渣。并用钢丝刷处理至露出金属光泽，再进行下一层的焊接。最后一层填充层焊后的高度要低于母材 1～1.5 mm，并使坡口轮廓线保持良好，以利该面层的焊接。

3. 盖面层焊接

盖面焊时焊接电流要小些，运条方式采用锯齿形或月牙形。焊条摆动要均匀，熔合好坡口两侧棱边，每侧增宽 0.5～1.5 mm，始终保持短弧焊。焊条摆动到坡口轮廓线处应稍作停留，以防咬边和坡口边沿产生熔合不良等缺陷，从而使表面焊缝成形美观，鱼鳞纹清晰。

四、V 形坡口板对接立焊

1. 焊接工艺参数

V 形坡口板对接立焊试件组对尺寸见表 2-28。

表 2-28　V 形坡口板对接立焊试件组对尺寸

试件尺寸(组)/mm	坡口角度/(°)	组对间隙/mm	钝边/mm	反变形角	错变量/mm
300×125×12	60°±5°	起焊端：3.2 终焊端：4.0	0.5～1	3°	≤0.8

V 形坡口板对接立焊焊接工艺参数见表 2-29。

表 2-29　V 形坡口板对接立焊焊接工艺参数

焊接层次	名　称	焊条直径/mm	焊接电流/A	焊条与试板面的角度/(°)	焊条运动方式
1	打底焊	3.2	100～110	60～70	三角形
2	填充焊	3.2	100～120	70～80	锯齿形
3	填充焊	3.2	100～120	70～80	锯齿形
4	盖面焊	4	150～170	75～85	锯齿形

V 形坡口板对接立焊焊条角度如图 2-52 所示。

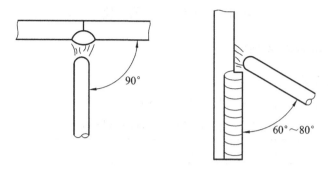

图 2-52 V 形坡口板对接立焊焊条角度

2. 焊接操作要点

1) 打底层焊接

施焊前先清除前道焊缝的熔渣、飞溅，并将焊缝接头的过高部分打磨平整。

在起焊点固部位引弧，先用长弧预热坡口根部，稳弧 3~4 s 后，当坡口两侧出现汗珠状时，应立即压低电弧，使熔滴向母材过渡，形成一个椭圆形的熔池和熔孔，此时应立即把电弧拉向坡口边一侧(左右任意一侧，以焊工习惯为主)往下断弧，熄弧动作要果断，焊工透过护目镜观察熔池金属亮度，当熔池亮度逐渐下降变暗，最后只剩下中心部位一亮点时，即可在坡口中心引弧，焊条沿已经形成的熔孔边作小的横向摆动，左右击穿，完成一个类似三角运动动作后，再往下在坡口一侧果断灭弧，这样以此类推，将打底层短弧焊方法完成。

施焊中要控制熔孔大小一致，熔孔过大，背面焊缝会出现焊瘤和焊缝余高超高，过小则会发生未焊透等缺陷。熔孔大小控制在焊条直径的 1.5 倍为好(坡口两侧熔孔击穿熔透的尺寸应一致，每侧为 1.5~2 mm)。

更换焊条时，要处理好熄弧及再引弧动作。当焊条还剩 10~20 mm 时就应有熄弧前的心理准备，这时应在坡口中心熔池中多给两三滴铁水，再将焊条摆动到坡口一侧果断断弧，这样做可以延长溶池的冷却时间，并增加原熔池处的焊肉厚度，避免缩孔的发生。更换焊条速度要快，引弧点应在坡口一侧以上距熔孔接头部位 20~30 mm 处，用稍长的电弧预热、稳弧并作横向往上小摆动，左右击穿，将电弧摆动到熔孔处，电弧向后压，听到"噗噗"声，并看到熔孔处熔合良好，铁水和熔渣顺利流向背面，同时又形成一个和以前大小一样的熔孔后，果断向坡口一侧往下断弧，恢复上述断弧焊方法，并使打底层焊完成。

2) 填充层焊接

第 2、3 层为填充层，运条方式采用锯齿形摆动，并做到"中间快，两边慢"，即焊条在坡口两侧稍作停顿，给足坡口两侧铁水，避免产生两侧夹角，焊条向上摆动要稳，运条要匀，始终保持熔池为椭圆形为好，避免产生"铁水下坠"，造成焊缝局部凹陷、两侧有夹角的焊道。同时焊接最后一层填充层(第 3 层焊道)时应低于母材 1~1.5 mm，过高过低都不适，并使坡口轮廓线保持良好，以利该面层的焊接。

3) 盖面层焊接

盖面层的焊接易产生咬边等缺陷，防止方法是保持短弧焊，采用锯齿或月牙运条方式为好，手要稳，焊条摆动要均匀，焊条摆到坡口边沿要有意识地多停留一会，给坡口边沿填足铁水，并熔合良好，才能防止产生咬边等缺陷，使焊缝表面圆滑过渡，成形良好。

五、V形坡口板对接横焊

1. 焊接工艺参数

V形坡口板对接横焊试件组对尺寸见表 2-30。

表 2-30　V 形坡口板对接横焊试件组对尺寸

试件尺寸(组)/mm	坡口角度/(°)	组对间隙/mm	钝边/mm	反变形角	错变量/mm
300×125×12	60°±5°	起焊端：3.2 终焊端：4.0	0.5～1	3°	≤0.8

V形坡口板对接横焊焊接工艺参数见表 2-31。

表 2-31　V 形坡口板对接横焊焊接工艺参数

焊接层次	名称	焊条直径/mm	焊接电流/A	焊条角度/(°)		焊条运动方式
				与前进方向	与试件后倾角度	
1	打底焊	3.2	105～115	60～65	65～70	"先上后下"断弧焊
2	填充焊	3.2	115～120	75～80	70～80	划椭圆连弧法
3	填充焊	4	160～180	75～80	70～80	划椭圆连弧法
4	盖面焊	4	160～180	75～80	70～80	划椭圆连弧法

V形坡口板对接横焊焊道分布，如图 2-53 所示。

V形坡口板对接横焊焊条角度如图 2-54 所示。

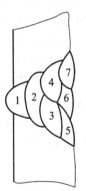

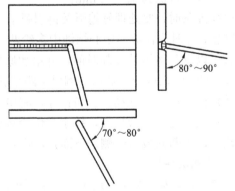

图 2-53　V 形坡口板对接横焊焊道分布　　　图 2-54　V 形坡口板对接横焊焊条角度

2. 焊接操作要点

1) 打底层焊接

施焊前先清除前道焊缝的熔渣、飞溅，并将焊缝接头的过高部分打磨平整。

在起焊处划擦引弧，待电弧稳定燃烧后，迅速将电弧拉至焊缝中心部位加热坡口，当看到坡口两侧达到半熔化状态时，压低电弧，当听到背面电弧穿透"噗噗"声后，形成第一个熔孔，果断向熔池的下方断弧，待从护目玻璃中看到熔池逐渐变成一个小亮点时，再在熔池的前方迅速引燃电弧，从小坡口边往上坡口边运弧，始终保持短弧，并按顺序在坡口两侧运条，即下坡口侧停顿电弧的时间要比上坡口侧短。为保证焊缝成形整齐，应注意坡口下边缘的熔化稍靠前方，形成斜椭圆形熔孔。

在更换焊条熄弧前，必须向熔池反复补送两三滴铁水，然后将电弧拉到熔池后的下方果断灭弧。接头时，在熔池后15 mm左右处引弧，焊到接头熔孔处稍拉长电弧，有手感往后压一下电弧，听到"噗噗"声后稍作停顿，形成新的熔孔后，再转入正常的断弧焊接。如此反复地引弧→焊接→灭弧→准备→引弧……以此类推，采用断弧焊接方法完成打底层的焊接。

2) 填充层焊接

第一遍填充层为φ3.2焊条连弧堆焊1道而成，第二遍填充层为φ4.0焊条连弧堆焊2道而成。操作时下坡口应压住电弧为好，不能产生夹角，并熔合良好，运条要匀，不能太快，各焊道要平直，焊缝光滑，互相搭接为2/3，在铁水与熔渣顺利分离的情况下堆焊焊肉应尽量厚些。较好的填充层表面平整、均匀、无夹渣、无夹角，并低于或等于焊件表面1 mm，上、下坡口边缘平直、无烧损，以利盖面层的焊接。

3) 盖面层焊接

盖面层共由3道连续堆焊完成，施焊时第1道焊缝压住下边坡口边，焊接速度稍快，第2道压住第1道的2/3，第3道压住第2道的1/3，焊接速度也应稍快，从而形成圆滑过渡的表面焊缝。

需要强调的是，焊道一定要焊直，焊接速度一定要均匀，层层叠堆焊而成，才能焊出表面美观的焊缝。

六、V形坡口板对接仰焊

1. 焊接工艺参数

V形坡口板对接仰焊试件组对尺寸见表2-32。

表2-32　V形坡口板对接仰焊试件组对尺寸

试件尺寸(组)/mm	坡口角度/(°)	组对间隙/mm	钝边/mm	反变形角	错变量/mm
300×125×12	60°±5°	起焊端：3.2 终焊端：4.0	0.5～1	3°	≤0.8

V形坡口板对接仰焊焊接工艺参数见表2-33。

表2-33　V形坡口板对接仰焊焊接工艺参数

焊接层次	名称	焊条直径/mm	焊接电流/A	焊条与前进方向角度/(°)	焊条运动方式
1	打底焊	3.2	110～125	20～30	横向小摆动
2	填充焊	3.2	120～130	10～20	"8"字运条
3	填充焊	3.2	120～130	10～20	"8"字运条
4	盖面焊	3.2	120～130	10～20	"8"字运条

2. 焊接操作要点

1) 打底层焊接

施焊前先清除前道焊缝的熔渣、飞溅，并将焊缝接头的过高部分打磨平整。

引弧时，应在起始点固处划擦引弧，稳弧后将电弧运动到坡口中心，待点固焊点及坡口根部成半熔状态，迅速压低电弧将熔滴过渡到坡口的根部，并借助电弧的吹力将电弧往上顶，并作一稳弧动作和横向小摆动使电弧的 2/3 穿透坡口钝边，作用于试板的背面上去，这时既能看到一个比焊条直径大的熔孔，同时又能听到电弧击穿根部的"噗噗"声，为防止熔池铁水下垂，这时应熄弧以冷却熔池，熄弧的方向应在熔孔的后面坡口一侧，熄弧动作应果断。再引弧时，待电弧稳定燃烧以后，迅速作横向小摆动(电弧在坡口钝边两侧稍稳弧)，运到坡口中心时还是尽力往上顶，使电弧的 2/3 作用于试件背面，使熔滴向熔池过渡，就这样引弧→稳弧→小摆动→电弧往上顶→熄弧，完成仰焊试板的打底焊。施焊应注意的是电弧击穿熔孔的位置要准确，运条速度要快，手把要稳，坡口两侧钝边的穿透尺寸要一致，保持熔孔的大小要一样，熔滴要小，电弧要短，焊层要薄，以加快熔池的冷却速度，防止铁水下垂形成焊瘤，导致试板的背面产生凹陷过大。

换焊条熄弧前，要在熔池边缘部位迅速向背面多补充几滴铁水，这有利于熔池缓冷，防止产生缩孔，然后将焊条拉向坡口断弧。接头时动作要迅速，在熔池红热状态，就应引燃电弧进行施焊。接头引弧点应在熔池前 10～15 mm 的焊道上，接头位置应选择在熔孔前边缘，当听到背面电弧穿透的声音后，有新的熔孔形成，恢复打底焊的正常焊接。

2) 填充层和盖面层焊接

第 2、3 层为填充层的焊接，第 4 层为盖面层的焊接，每层的清渣工作要仔细，采取"8"字运条法进行焊接，该运条法能控制熔池形状，不易产生坡口中间高、两侧有尖角的焊缝，但运条要稳，电弧要短，焊条摆动要均匀，才能焊出表面无咬边、不超高的良好成形的焊缝。

七、注意事项

(1) 正确的焊前准备和焊件装配。

(2) 熟练掌握打底层、盖面层的操作方法。

(3) 焊后保持焊缝原始状态，不得修磨、补焊、锤击、水冷；焊缝外表面没有气孔、裂纹、烧穿、焊瘤等焊接缺陷，局部咬边深度不得大于 0.5 mm。

❖ 任务 5　焊条电弧焊角接焊操作技术

角接焊是使两焊件端面构成大于 30°，小于 135° 夹角焊接接头的焊接，还包括 T 形接头、十字接头、搭接接头的焊接。根据板厚的不同，坡口形式可分为 I 形坡口、单边 V 形坡口、双边 V 形坡口、单边 J 形坡口和双边 J 形坡口等几种形式。按焊缝所处的空间位置不同，可以分为平角焊、船形焊、立角焊和仰角焊。

角接焊焊接时根据焊脚尺寸选择焊接方式，焊脚尺寸小于 8 mm 时，采用单层焊；焊脚尺寸为 8～10 mm 时采用多层焊；焊脚尺寸大于 10 mm 时采用多层多道焊。

由于角焊缝焊接热量向三个方向扩散，散热快，不易烧穿，焊接电流比相同板厚对接焊电流大10%左右。焊接角度，当两板等厚时为45°，厚度不等时偏向薄板，如图2-55所示。

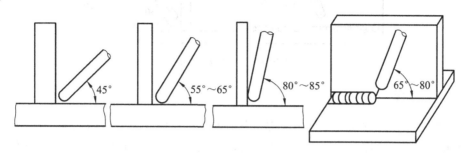

图2-55 不同板厚角焊缝焊条倾角

一、平角焊

平角焊是在角焊缝倾角0°或180°、转角45°或135°的角接位置的焊接。

平角焊时，由于立板熔化金属有下淌趋势，容易产生咬边和焊缝分布不均匀，造成焊脚不对称。操作时要注意立板的熔化情况和液体金属的流动情况，适时调整焊条角度和焊条的运条方法。焊接时，引弧的位置超前10 mm，电弧燃烧稳定后，再回到起头处，由于电弧对起头处有预热作用，可以减少起头焊处熔合不良的缺陷，也能消除引弧的痕迹。

1. 单层焊

焊脚尺寸小于5 mm时，焊脚采用单层焊。根据焊件厚度不同，选择直径3.2 mm或4.0 mm的焊条，保持焊条角度与水平焊件成45°，与焊接方向成65°～80°，若角度过小，会造成根部熔深不足，若角度过大，熔渣容易跑到熔池前面而产生夹渣。运条时采用直线形运条法，短弧焊接。

焊脚尺寸为5～8 mm时，可采用斜锯齿形或斜圆圈形运条方法，如图2-56所示。运条到底板时要慢速，以保证水平焊件的熔深。

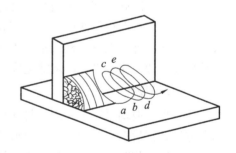

图2-56 单层角焊时的斜圆圈运条方法

2. 多层焊

当焊脚尺寸大于10 mm时应采用多层多道焊。焊接时，焊条不做任何摆动，但运条速度必须均匀，以保证有较大的熔深；焊下面焊道时，应覆盖第一层焊道的2/3以上，并且保证这条焊道的下边缘是所要求的焊角尺寸线(对准根部焊道的下沿)。这时的焊条与水平板的角度在50°～60°之间，与焊接方向的夹角度仍为60°～70°，采用直线运条。焊上面焊道时，应覆盖下面焊道的1/3～1/2，焊条的落点在立板与根部焊道的夹角处，焊条与水平板的角度为45°～50°，仍用直线形运条(可稍微地横向摆动)。多层焊焊条角度如图2-57所示。

整条焊缝应该宽窄一致、平滑圆整、略呈凹形，避免立板侧出现咬边、焊脚下偏等缺陷。

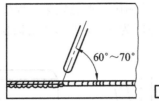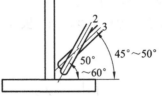

图 2-57　多层焊焊条角度

二、立角焊

立角焊是指 T 形接头焊件处于立焊位置时的焊接操作，如图 2-58 所示。

立角焊的关键是控制熔池形状。焊接时，熔池金属位于两直板的夹角内，比较容易控制。但是要获得良好的焊缝形状，焊条应该根据熔池温度状况作有节奏的左右摆动并向上运条。熔池温度与熔池形状的关系如图 2-59 所示。

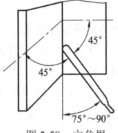

图 2-58　立角焊

(a) 正常　　(b) 温度稍高　　(c) 温度过高

图 2-59　熔池温度与溶池形状

温度过高时候，熔池下边缘轮廓逐渐凸起变圆，甚至会产生焊瘤，这时可加快摆动节奏，同时让焊条在焊缝两侧停留时间长一些，直到把熔池下部边缘调整为平直外形。焊接底层时使熔池外形保持为椭圆形。焊接填充层、盖面层时为扁圆形。不论选择什么形状都要使熔池外边缘保持平直，熔池宽度一致，厚度均匀。

1．焊接操作方法

立角焊一般均采用多层焊，打底层的运条方法有断弧法和挑弧法，填充层和盖面层的运条方法有锯齿形、月牙形和三角形，如图 2-60 所示。

断弧法操作时，熔滴从焊条末端过渡到熔池后，在熔池金属有下淌趋势时立即将电弧熄灭，使熔化金属有瞬间凝固的机会，随后重新在灭弧处引弧，当形成新的熔池且良好熔合后，再立即灭弧，使燃弧—灭弧交替地进行，灭弧的长短根据熔池温度的高低做相应的调节，燃弧时间根据熔池的熔合情况灵活掌握。

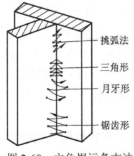

图 2-60　立角焊运条方法

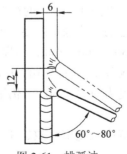

图 2-61　挑弧法

挑弧法操作时，电弧在工件上形成一个不大的熔池后，将电弧向前或向两侧移开，电弧移动的距离要小于12 mm，弧长不超过6 mm，如图2-61所示。这时熔化金属迅速冷却、凝固形成一个台阶，当熔池缩小到焊条的1～1.5倍时，再将电弧移到台阶上面，在台阶上面形成新的熔池。这样不断重复熔化、冷却、凝固，就能堆集成一条焊缝。

2. 焊接操作要点

(1) 打底层焊接：电弧要控制短些，焊条在焊道中间要快，两侧作适当的停留，填充后的焊道表面要与母材熔合良好，不得夹渣。

(2) 填充层焊接：第二层填充层焊接时，保持每个熔池均成扁平圆形，即可获得平整的焊道。

(3) 盖面层焊接：盖面层由于连续焊接，焊件温度会相应升高，焊接电流要做适当的调节，应比二层焊道稍小点。盖面层也采用锯齿形运条法，焊条摆动的宽度要小于所要求的焊脚尺寸，如所要求的焊脚尺寸为12 mm，焊条摆动的范围应在9 mm以内(考虑到熔池的熔宽)，待焊缝成形后就可以达到焊脚尺寸的要求。

盖面焊接时，焊条角度可与施焊方向成85°～90°的夹角，短弧操作。

三、仰角焊

仰角焊是指T形接头焊件处于立焊位置时的焊接操作，如图2-62所示。仰角焊是各种焊接位置中，操作难度最大的焊接位置。由于熔池倒悬在焊件下面，受重力作用而下坠，同时熔滴自身的重力不利于熔滴过渡，并且熔池温度越高，表面张力越小，所以仰焊时焊缝背面易产生凹陷，正面易出现焊瘤，焊缝成形较为困难。

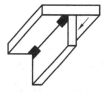

图2-62　仰角焊

1. 焊接操作方法

操作过程中，两脚成半开步站立，反握焊钳，头部左倾注视焊接部位，由远而近地运条。为减轻臂腕的负担，往往将焊接电缆悬挂在预设的钩子上。

仰角焊一般均采用多层焊，具体焊缝的层数，根据焊件的厚度(或图样给定的焊脚尺寸)来确定。当焊脚尺寸为8～10 mm时，宜用两层三道(第二层为表面焊缝，由两条焊道叠成)，如图2-63所示。

图2-63　焊道分布图

2. 焊接操作要点

(1) 打底层焊接：焊接第一层时用直径3.2 mm的焊条，焊条端头顶在接口的夹角处，在试板左侧引弧，保持图2-64所示的运条角度，运条方法采用直线形运条，向右焊接，压低电弧，保证顶角和两侧试板熔合良好，然后收尾填满弧坑；清理干净熔渣后焊接第二层。

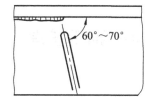

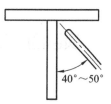

图2-64　根部仰角焊的焊条角度

焊道接头在弧坑前 1.0 mm 处引弧，回焊至弧坑处，沿弧坑形状将其填满，然后再正常施焊。

(2) 盖面层焊接：焊接第二层的第一条焊道时，要紧靠第一层焊道边缘，用小直径焊条直线形运条或稍加摆动，覆盖第一条焊道 1/2～2/3 以上，焊条与立板面的角度要稍大些，以能压住电弧为好。焊第二条焊道时，电弧对准根部焊道的上沿，稍加大焊条的上下摆动幅度，盖面焊道仰角焊焊条角度如图 2-65 所示。保持焊道与上面钢板的圆滑过渡。仍用直线形运条法，速度要均匀，不宜太慢，以免焊道凸起过高，影响焊缝美观。焊后一起清理表面熔渣。

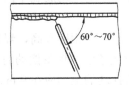
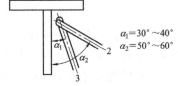

图 2-65　盖面仰角焊的焊条角度

焊缝表面应平滑，略呈凹形，避免出现焊偏和咬边，焊角应对称并符合尺寸要求。此外，由于焊件容易产生角变形，装配时，在接口两侧对称定位焊接牢固，采取对称焊接，以减小角变形。

四、船形焊

船形焊是 T 形、十字接头和角接接头翻转 45°(如图 2-66 所示)，使接头处于水平位置的焊接，相当于平焊，焊缝质量好，易于操作，焊接时可采用较大直径的焊条和较大电流。

在实际生产中，如焊件能翻转，应尽可能把焊件放成船形位置焊接，能大大提高生产率，容易获得平整美观的焊缝。焊接时可采用月牙形或锯齿形运条方法。

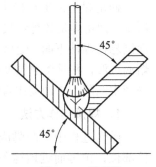

图 2-66　船形焊

五、注意事项

(1) 焊角尺寸应符合要求。当板厚相同时，焊角尺寸应对称分布于两板之间。反握焊钳，短弧操作。

(2) 仔细清除层间熔渣及飞溅物，使焊缝表面光滑，无气孔、夹渣、裂纹等缺陷。

(3) 焊缝应无明显咬边，接头处无脱节和超高现象。

(4) 焊件上不允许有引弧痕迹。

(5) 立角焊、仰角焊时熔滴飞溅极易灼伤人体，要十分注意劳动保护用品的佩带，合乎使用要求。

项目四　二氧化碳气体保护焊

学习目标

(1) 掌握二氧化碳气体保护焊的原理及工艺；

(2) 了解二氧化碳气体保护焊的焊接设备；

(3) 掌握二氧化碳气体保护焊的基本操作技术；

(4) 掌握二氧化碳气体保护焊的单面焊双面成形焊接技术。

知识链接

★ 知识点 1　熔化极气体保护焊

熔化极气体保护焊英文为 gas metal arc welding(简称 GMAW)，具有熔敷率高、适用金属材料广泛、可全位置焊接、焊接区的冶金作用相对简单和易于实现自动化等优点，在现代焊接生产中应用越来越广泛。

一、熔化极气体保护焊原理

熔化极气体保护焊是利用焊丝与工件间产生的电弧作为热源将金属熔化的焊接方法。焊接过程中，电弧熔化焊丝和母材形成熔池，并向焊接区输送惰性气体或活性气体，使电弧、熔化的焊丝、熔池及附近的母材金属免受周围空气的有害作用，随着热源的移动，熔池逐渐冷却结晶而形成焊缝，并把分离的母材通过冶金方式连接起来。

二、熔化极气体保护焊的分类及其应用

(1) 根据焊丝形式的不同，熔化极气体保护焊可分为实芯焊丝气体保护焊和药芯焊丝气体保护焊两大类。

(2) 根据保护气体类别可分为惰性气体保护焊(MIG 焊)、氧化性混合气体保护焊(MAG 焊)、CO_2 气体保护焊(CO_2 焊)。

(3) 按操作方式可分为自动焊和半自动焊两大类。手工移动焊枪、焊丝由送丝机送进的称为半自动熔化极气体保护焊，焊枪移动是机械化的称为自动熔化极气体保护焊。

(4) 按焊接电源可分为直流和脉冲两大类。脉冲电流熔化极气体保护焊是在一定平均电流下，焊接电源的输出电流以一定的频率和幅值变化来控制熔滴有节奏地过渡到熔池，可在平均电流小于临界电流值的条件下获得射流(射滴)过渡，稳定地实现一个脉冲过渡一个(或多个)熔滴的理想状态——熔滴过渡无飞溅，并具有较宽的电流调节范围。适合板厚 $\delta \geq 1.0$ mm 工件的全位置焊接，尤其对那些热敏感性较强的材料，可有效地控制热输入量，改善接头性能。由于脉冲电弧具有较强的熔池搅拌作用，可以改变熔池冶金性能，有利于消除气孔，未熔合等焊接缺陷。

熔化极气体保护焊适用于焊接大多数金属和合金，最适于焊接碳钢、低合金钢、不锈钢、耐热合金、铝及铝合金、铜及铜合金和镁合金。对于高强度钢、超强铝合金、锌含量高的铜合金、铸铁、奥氏体锰钢、钛和钛合金及高熔点金属，熔化极气体保护焊要求对母材进行预热和焊后热处理，采用特制的焊丝，控制保护气体要比正常情况更加严格。对低熔点的金属如铅、锡和锌等，不宜采用熔化极气体保护焊。表面包覆这类金属的涂层钢板也不适宜采用这类焊接方法。可焊接的金属厚度范围很广，最薄约 1 mm，最厚几乎没有限制。适应性也较强，平焊和横焊时焊接效率最高。

★ 知识点2 二氧化碳气体保护焊原理及特点

二氧化碳气体保护焊是熔化极气体保护焊中的一种，它是利用二氧化碳气体作为保护气体的气体保护焊，简称二氧化碳焊，又叫活性气体保护焊。按 ISO 4063 标准，数字标记为 135。

一、二氧化碳气体保护焊的原理

二氧化碳气体保护焊是使用焊丝来代替焊条，经送丝轮通过送丝软管送到焊枪，经导电嘴导电，在二氧化碳气氛中，与母材之间产生电弧，靠电弧热量进行焊接，如图 2-67 所示。

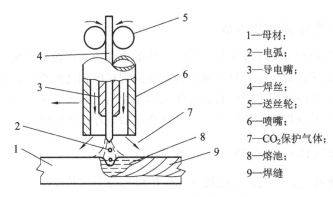

1—母材；
2—电弧；
3—导电嘴；
4—焊丝；
5—送丝轮；
6—喷嘴；
7—CO_2保护气体；
8—熔池；
9—焊缝

图 2-67 二氧化碳气体保护焊示意图

二氧化碳气体在工作时通过焊枪喷嘴，沿焊丝周围喷射出来，在电弧周围形成局部的气体保护层，使电极端部、熔滴和熔池金属处于保护气罩内，使其与空气隔绝，从而保护焊接过程稳定持续地进行，并获得优质的焊缝。

二、二氧化碳气体保护焊的特点

1. 优点

二氧化碳气体保护焊是一种高效、优质、低成本的焊接方法，与其他焊接方法相比，具有以下特点。

(1) 生产效率高。二氧化碳气体保护焊的焊接电流密度大，焊丝的熔敷速度高，母材的熔深较大，对于 10 mm 以下的钢板不开坡口可一次焊透，产生熔渣极少，层间或焊后不必清渣；焊接过程不必像手弧焊那样停弧换焊条，节省了清渣时间和一些填充金属，生产效率比手弧焊提高 2～4 倍。

(2) 抗锈能力强。由于二氧化碳气体在焊接过程中分解，氧化性较强，对焊件上的铁锈敏感性小，故对焊前清理的要求不高。

(3) 焊接变形小。由于电弧热量集中、二氧化碳气体有冷却作用、受热面积小，所以焊后焊件变形小，特别是薄板的焊接更为突出。

(4) 焊接质量较好。二氧化碳气体保护焊焊缝的扩散氢含量少，抗裂性能好，在焊接低合金高强度钢时，出现冷裂倾向小。

(5) 成本低。二氧化碳气体来源广、价格低，因而焊接成本只有埋弧焊和焊条手弧焊的 40%～50% 左右。

(6) 便于机械化与自动化。焊后不需要清渣。又因是明弧，熔池可见性好，观察和控制焊接过程较为方便，有利于实现焊接过程的机械化和自动化。

2．缺点

(1) 金属飞溅是二氧化碳气体保护焊较为突出的问题，目前不论从焊接电源、材料及工艺上采用何种措施，也只能使其飞溅减少，并不能完全消除。

(2) 焊接过程弧光较强，须重视劳动保护。

(3) 不能焊接易氧化的金属材料，且不适于在有风的地方施焊。室外焊接时，须采取防风措施。

(4) 不够灵活。

(5) 设备比较复杂，需要有专业人员负责维修。

三、二氧化碳气体保护焊的冶金特点

1．二氧化碳气体保护焊过程的氧化

二氧化碳在电弧高温作用下会发生分解

$$CO_2 \underset{\longleftarrow}{\overset{(高温)}{\longrightarrow}} CO+O$$

一般的二氧化碳气体保护焊电弧气氛中，往往只有 40%～60% 左右的二氧化碳气体完全分解，所以在电弧气氛中同时存在 CO_2、CO 和 O，这样的气氛对熔池金属有严重的氧化作用。

二氧化碳气体和氧对金属的氧化作用，主要有以下几种形式

$$Fe + CO_2 = FeO+CO$$
$$Fe+O = FeO$$
$$Si+2O = SiO_2$$
$$Mn+O = MnO$$

这些氧化反应既发生在熔滴中，也发生于熔池中。氧化反应的程度取决于合金元素的浓度和对氧的亲和力的大小，由于铁的浓度最大，故铁的氧化最强烈。Si、Mn、C 的浓度虽然较低但与氧的亲和力比铁大，所以大部分被氧化。

在焊接熔池中，二氧化碳气体与金属反应为

$$Si+2CO_2 = SiO_2+2CO$$
$$Mn+CO_2 = MnO+CO$$

氧化反应的产物 SiO_2、MnO 结合成为熔点较低的硅酸盐熔渣，浮于熔池上面，使熔池金属受到良好的保护。反应生成的 CO 气体，从熔池中逸到气相中，不会引起焊缝气孔，只是使焊缝中的 Si、Mn 元素烧损。

反应生成的 FeO 将继续与 C 作用产生 CO 气体，如果此时气体不能析出熔池，则在焊缝中生成 CO 气孔。反应生成的 CO 气体在电弧高温下急剧膨胀，使熔滴爆破而引起金属飞溅，因此必须采取措施，尽量减少铁的氧化。

2. 二氧化碳气体保护焊中的气孔

1) CO 气孔

焊丝中脱氧元素含量不足，会产生一氧化碳气孔。当熔池金属冷凝过快时，生成的一氧化碳气体来不及完全从熔池中逸出，从而成为气孔。通常这类气孔常出现在焊缝根部与表面，且多呈针尖状。只要焊丝选择合理，产生 CO 气孔的可能性很小。

2) 氢气孔

在二氧化碳气体保护焊时产生 H_2 气孔的几率不大，因为二氧化碳气体本身具有一定的氧化性，可以制止氢的有害作用，所以二氧化碳气体保护焊时对铁锈和水分没有埋弧焊和氩弧焊那样敏感，但是如果焊件表面的油污以及水分太多，则在电弧的高温作用下，将会分解出 H_2，当其量超过二氧化碳气体保护焊时氧化性对氢的抑制作用时，将仍然产生 H_2 气孔。

3) 氮气孔

气体保护作用不良，空气进入焊接区会产生氮气孔。如因工艺参数选择不当等原因而使保护作用变坏，或者保护气体纯度不高，在电弧高温下空气中的氮会溶到熔池金属中；当熔池金属冷却时，随着温度的降低，氮在液态金属中的溶解度降低，尤其是在结晶过程，溶解度将急剧下降，这时液态金属中的氮若来不及外逸，会在焊缝表面出现蜂窝状气孔，或者以弥散的形式分布于焊缝金属中；这些气孔往往在抛光后检验或水压试验时才能被发现。

3. 二氧化碳气体保护焊的脱氧

二氧化碳气体保护焊过程中，由于二氧化碳的氧化性，一方面使合金元素烧损，甚至在焊缝中产生大量气孔，从而降低了焊缝金属的力学性能；另一方面，氧化过程如果发生在焊丝熔滴过渡过程中，还会使焊接飞溅增大。

解决二氧化碳氧化性的措施是脱氧，具体做法是在焊丝中加入一定量脱氧剂。二氧化碳气体保护焊时，常用 Si、Mn 进行脱氧。Si、Mn 脱氧的反应式如下：

$$2[FeO]+[Si]=2[Fe]+(SiO_2)$$

$$[FeO]+[Mn]=[Fe]+(MnO)$$

式中，[ ] 内为液态金属反应物；( ) 内为焊渣中的反应物。

Si 和 Mn 联合脱氧效果非常好，脱氧产物能结合成复合化合物 $MnO \cdot SiO_2$ (硅酸盐)，熔点低(1543 K)，密度小(3.6 g/cm^3)，能成为熔渣浮到熔池表面。

4. 二氧化碳气体保护焊的熔滴过渡

电弧焊时，在焊条(或焊丝)端部形成的熔滴通过电弧空间向熔池转移的过程，称为熔滴过渡。二氧化碳气体保护焊中，焊接过程的稳定性和焊缝成形的好坏主要取决于熔滴过渡形式。二氧化碳气体保护焊熔滴过渡主要有两种形式：短路过渡和颗粒过渡。

1) 短路过渡

细丝二氧化碳气体保护焊(ϕ小于 1.6 mm)焊接过程中，因焊丝端部熔滴非常大，与熔池接触发生短路，从而使熔滴过渡到熔池形成焊缝。短路过渡是一个燃弧、短路(息弧)、燃弧的连续循环过程，通常把每一次短路和燃弧的时间称为一个周期，每秒内的周期数称为短路频率。短路过渡的频率由焊接电流、焊接电压控制，其特征是细焊丝、小电流、低电压、焊缝熔深大,焊接过程中飞溅较大。短路过渡具有电弧加热范围小,熔池体积小,电弧交替燃烧,焊接变形小的特点,主要用于细丝二氧化碳气体保护焊,薄板、中厚板的全位置焊接。

短路过渡时,过渡熔滴越小,短路频率越高,焊缝波纹越细密,焊接过程越稳定。在稳定的短路过渡情况下,要求尽可能高的短路频率。短路频率常常作为衡量短路过渡过程稳定性的标志。对于 $\phi 0.8 \sim 1.2$ mm 的焊丝,该值是 20 V 左右,最高短路频率约为 150 Hz。

短路过渡时焊接电流和电弧电压波形与熔滴过渡的关系如图 2-68 所示。电弧燃烧后,由电弧析出热量,熔化焊丝,并在焊丝端头积聚少量熔滴金属(图 2-68b)。由于焊丝迅速熔化而形成电弧空间,其长度决定于电弧电压。随后,熔滴体积逐渐增加,而弧长略微缩短(图 2-68c)。随着熔滴不断长大,电弧向未熔化的焊丝方向传入的热量减少,则焊丝熔化速度也降低(图 2-68d)。由于焊丝仍以一定速度送进,所以势必导致熔滴逐渐接近熔池,弧长缩短。同时熔滴与熔池都在不断地起伏运动着,这就增加了熔滴与熔池相接触的机会。每当接触时,就使电弧空间短路〔图 2-68e, f〕,于是电弧熄灭,电弧电压急剧下降,接近于零,而短路电流开始增大,在焊丝与熔池间形成液体金属柱。这种状态的液柱不能自行破断。随着短路电流按指数曲线规律不断增大,它所引起的电磁收缩力强烈地压缩液柱,同时在表面张力作用下,使得液柱金属向熔池流动,而形成缩颈(图 2-68g),该缩颈称为“小桥”。这个小桥连接着焊丝与熔池,同时通过较大的短路电流,而使小桥由于过热汽化而迅速爆炸。这时电弧电压很快恢复到空载电压以上,电弧又重新引燃。随后不断重复上述过程。

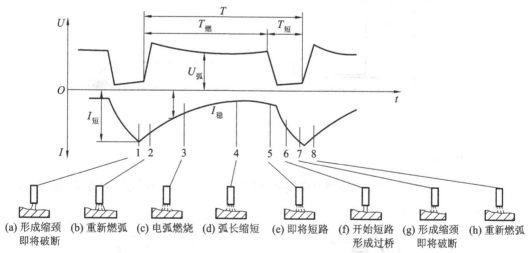

T——一个短路过渡周期的时间; $T_{燃}$——电弧燃烧时间; $T_{短}$——短路时间; $U_{弧}$——电弧电压;

$I_{短}$——短路最大电流; $I_{稳}$——稳定的焊接电流

图 2-68 短路过渡过程及焊接电流、电弧电压波形图

2) 颗粒过渡

粗丝二氧化碳气体保护焊(ϕ大于 1.6 mm)焊接过程中,焊丝端部熔滴较小,一滴一滴过渡到熔池,不发生短路现象,电弧连续燃烧。其特征是大电流、高电压、焊接速度快。尽管这种焊接方式热量大,可以焊接厚板,但这种过渡方式无法像短路过渡或喷射过渡一样

均匀一致，另外熔滴体积较大，熔滴所含热量过大，导致熔池容易快速过热，伴随产生大量的飞溅。在 Ar/CO_2 混合气或纯 CO_2 气体保护下，都会出现这种过渡，焊接过程极其不稳定并产生大量飞溅，因而在气体保护焊生产中要尽量避免。

★ 知识点 3 　二氧化碳气体保护焊设备

二氧化碳气体保护焊设备由焊接电源、送丝机构、供气系统、控制系统及焊枪组成。全自动二氧化碳气体保护焊设备还配有行走小车或悬臂梁等，而送丝机构及焊枪都安装在小车或悬臂梁的机头上。大电流二氧化碳气体保护焊设备还配有水冷系统。

这里主要介绍半自动的二氧化碳气体保护焊设备，如图 2-69 所示。

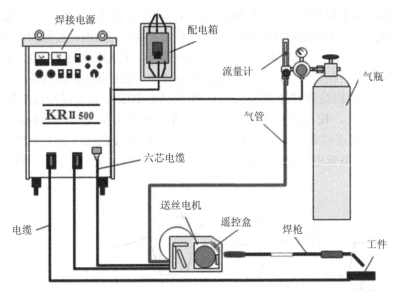

图 2-69　半自动二氧化碳气体保护焊设备

一、焊接电源

二氧化碳气体保护焊焊机类型有逆变式(NBC 系列)、晶闸管控制式(KR 系列)等，典型的焊机如图 2-70 所示。

(a) NBC-500 型

(b) KR$_{II}$-350 型

图 2-70　典型二氧化碳气体保护焊焊机外形图

1. NBC-500 型焊机

(1) 代号含义：N—熔化极；B—半自动；C—二氧化碳；500—额定电流(500 A)。

(2) 可焊材料：NBC-500 型焊机的可焊材料为碳钢、低合金钢、不锈钢。

(3) 焊接位置：MBC-500 型焊机适用于全位置的焊接。

(4) 焊接厚度：NBC-500 型焊机适应于 2 mm 以上厚度的材料。

(5) 应用领域：NBC-500 型焊机应用于汽车、铁路、机车、电力、集装箱、钢结构、锅炉、压力容器、造船等行业。

(6) 主要特点：

• 焊接质量高。NBC-500 型焊机采用特殊的电抗器，大大地改善了电弧特性，提高了焊接质量。

• 焊接过程稳定。NBC-500 型焊机采用高速反馈电路，系统干扰、抗网络波形性强，实现了稳定焊接。

• 引弧成功率高。NBC-500 型焊机采用特殊的引弧电路，引弧成功率高。

• 节电效果明显。NBC-500 型焊机先进的逆变技术及节电回路，大大地降低了输入功率，实现了节电。

• 体积小、重量轻。与传统的可控硅焊机相比，逆变焊机的体积是可控硅焊机的 1/3，重量是可控硅焊机的 1/4，可节省大量的铜材和钢材。

• 引弧性能好。NBC-500 型焊机具有引弧补偿回路和收弧控制回路，具有明显的去球效果。

2. KR$_{II}$-350 型焊机

(1) 代号含义：KR—松下型；II—晶闸管控制；350—额定电流(350 A)。

(2) 可焊材料：KR$_{II}$-350 型焊机的可焊材料为碳钢、低合金钢、不锈钢。

(3) 焊接厚度：KR$_{II}$-350 型焊机适合 2 mm 以上厚度的材料。

(4) 焊接位置：KR$_{II}$-350 型焊机适用于全位置的焊接。

(5) 主要特点：

• 采用晶闸管控制，无遥控电缆，提高了机动性，减少了断线的麻烦。

• 适用于实芯焊丝、药芯焊丝的碳钢和不锈钢的焊接。

• 可加长焊接电缆。

• 生产效率高，电弧穿透能力强、焊丝熔化速度快，生产效率是焊条电弧焊的 3 倍。

• 焊接综合成本低。

• 焊接变形小。

二、焊枪

焊枪的主要作用是向熔池和电弧区输送保护性良好的气流和稳定可靠地向焊丝供电，并将焊丝准确地送入熔池。二氧化碳气体保护焊焊枪按送丝方式(如图 2-71)可分为推丝式焊枪、拉丝式焊枪和推拉丝式焊枪；根据选用的焊丝直径不同分为细丝焊枪和粗丝焊枪两种；按焊枪结构形式可分为手枪式焊枪(图 2-72)和鹅颈式焊枪(图 2-73)，其中鹅颈式焊枪应用最为广泛；按冷却方式可分为空气冷却式焊枪和内循环水冷却焊枪。

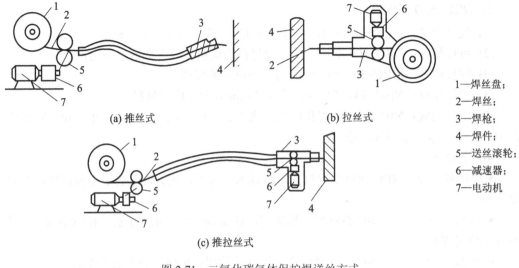

(a) 推丝式　　　　　　　　　　　(b) 拉丝式

1—焊丝盘；

2—焊丝；

3—焊枪；

4—焊件；

5—送丝滚轮；

6—减速器；

7—电动机

(c) 推拉丝式

图 2-71　二氧化碳气体保护焊送丝方式

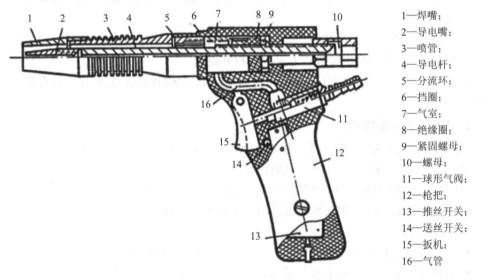

1—焊嘴；

2—导电嘴；

3—喷管；

4—导电杆；

5—分流环；

6—挡圈；

7—气室；

8—绝缘圈；

9—紧固螺母；

10—螺母；

11—球形气阀；

12—枪把；

13—推丝开关；

14—送丝开关；

15—扳机；

16—气管

图 2-72　手枪式焊枪

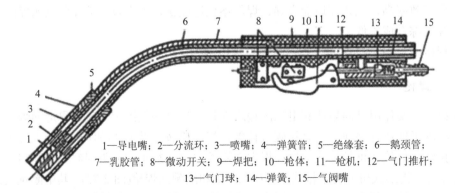

1—导电嘴；2—分流环；3—喷嘴；4—弹簧管；5—绝缘套；6—鹅颈管；
7—乳胶管；8—微动开关；9—焊把；10—枪体；11—枪机；12—气门推杆；
13—气门球；14—弹簧；15—气阀嘴

图 2-73　鹅颈式焊枪

推丝式焊枪常用的形式有两种，鹅颈式和手枪式，焊丝由送丝机构推送，通过软管进入焊枪，该结构简单、操作灵活、轻便，但焊丝经过软管产生的阻力较大，软管长度受限制，对送丝软管的要求也较高。软管不宜过长，一般为 2～5 m。同时所用的焊丝不宜过细，多用于直径 1 mm 以上焊丝的焊接。焊枪的冷却方法一般采用自冷式，水冷式焊枪不常用。因此推丝式焊枪的活动范围较小，只适用于固定场地焊接小焊件和不规则的焊缝。

拉丝式焊枪其主要特点是一般均做成手枪式；送丝均匀稳定，引入焊枪的管线少，焊接电缆较细，尤其是其中没有送丝软管，所以管线柔软，操作灵活。但因为送丝部分(包括微电机、减速器、送丝滚轮和焊丝盘等)都安装在枪体上，所以焊枪比较笨重，结构较复杂。通常适用于直径 0.5～0.8 mm 的细丝焊接。一般按焊丝给送的方式不同，半自动焊枪可分为推丝式和拉丝式两种。

推拉丝式焊枪焊丝盘与焊枪分开，送丝时以推为主，拉为辅。此种方式送丝速度稳定，软管可延长致 15 m 左右，但结构复杂。

焊枪主要由喷嘴、导电嘴、分流器、导管电缆等组成。下面分别介绍这几部分的结构与工作原理。

1. 喷嘴

喷嘴是焊枪上的重要零件，其作用是向焊接区域输送保护气体，以防止焊丝端头、电弧和熔池与空气接触。喷嘴内孔的形状和直径大小将直接影响保护效果，要求从喷嘴中喷出的气体为截头圆锥体，均匀地覆盖在熔池表面，喷嘴形状多为圆柱形，也有圆锥形，喷嘴内孔直径与电流大小有关，通常为 12～24 mm。为节约保护气体，便于观察熔池，喷嘴直径不宜太大。电流较小时，喷嘴直径也小；电流较大时，喷嘴直径也大。

喷嘴采用紫铜或陶瓷材料制作。为降低其内外表面的粗糙度，还在紫铜喷嘴的表面镀铬，以提高其表面硬度和降低粗糙度。焊接前最好在喷嘴的内表面上喷上一层防飞溅剂，或刷一层硅油，便于清除粘附在喷嘴上的飞溅，并延长喷嘴使用寿命。

2. 导电嘴

导电嘴的材料要求导电性良好、耐磨性好和熔点高，一般选用紫铜、铬紫铜或钨青铜。为保证导电性能良好，减小送丝阻力和保证对中，导电嘴的内孔直径必须按照焊丝直径来选取，孔径太小，送丝阻力大；孔径太大，则送出的焊丝端部摆动太厉害，造成焊缝不直，保护不好，影响焊接质量。导电嘴的孔径比焊丝直径大 0.2 mm 左右较合适。

喷嘴和导电嘴都是易损件，需要经常更换，所以应便于装拆。并且应结构简单、制造方便和成本低廉。

3. 分流器

分流器用绝缘陶瓷制成，上面有均匀分布的小孔，保证从枪体中喷出的保护气经分流器后从喷嘴中以层流状均匀喷出，可以改善保护效果。

4. 导管电缆

导管电缆的外面有橡胶绝缘管，内有弹簧软管、紫铜导电电缆、保护气管和控制线，常用的标准长度是 3 m，有需要也可采用 6 m 长的导管电缆。

三、送丝系统

焊接过程中，送丝系统的作用是自动、均匀和连续地送进焊丝，送丝系统由送丝电动机、送丝滚轮、调速器、减速装置、送丝软管、焊丝盘等组成。半自动二氧化碳气体保护焊的焊丝送丝方式为等速送丝。

1．送丝电动机

为了保证送丝速度稳定和调速方便，送丝电动机通常采用直流微电机，可无级调速，要求其必须具有足够大的功率和较硬的工作特性。目前应用比较广泛的是 S369 伺服直流电机。

在固定工位和要求不高的情况下，为了简化线路，一般交流电动机可作为送丝电动机，通过调换齿轮的方法进行有级变速。对送丝电动机，要求有足够的功率，可较大范围内实现无级调速，保证送丝能稳定进行，要求气动、停止惯性越小越好。调速范围要求尽量大一些，这样能适应不同焊丝直径、不同焊接范围的要求，还要求启动灵敏、引弧可靠，保证收弧时焊丝留有一定长度，便于再次引弧焊接。

2．送丝滚轮

送丝滚轮的作用是将焊丝均匀稳定地通过软管及焊枪送至电弧区。

送丝滚轮的传动有单主动轮和双主动轮两种传动方式，双主动轮传动推力大，送丝均匀，应用比较普遍，如图 2-74 所示。常用的送丝滚轮是带槽送丝滚轮。

(a) 单主动轮　　　　　　　　(b) 双主动轮

图 2-74　滚轮送丝机构

3．调速器

调速器的作用是改变送丝速度，它多采用自耦变压器、闸流管、磁放大器以及可控硅来改变电动机的电枢电压，以达到调速目的。

4．减速装置

送丝电动机直接带动减速装置，减速器通常采用涡轮蜗杆、齿轮传动方式减速。在要求送丝速度调节较大的情况下，可采用一级涡轮蜗杆和一级可拆换齿轮的两级减速装置。这样可以充分发挥电动机的功率效能，同时也可以使送丝速度在一个比较大的范围内实现无级均匀调节，现在一般减速器常采用这种结构形式，通过电路系统调速范围毕竟是有限的，采用增加一级可拆换齿轮，则可大大增加减速范围，这样能更大地满足焊接工艺的要求。

5．送丝软管

送丝软管是将焊丝传给焊枪的主要通道，目前送丝软管主要有三种形式：尼龙软管、外包电缆的弹簧软管(即作送丝又作送电)、外包弹簧钢丝的弹簧软管。后两种用得较多，弹簧软管一般采用 $\phi 2mm$ 的弹簧钢丝绕制而成，弹簧软管的内孔应与焊丝很好地配合，以便提供均匀稳定的送丝条件。为了防止使用中拉长变形，常在其外部用一层多股钢丝，沿反螺旋方向绕制一层弹簧，这样既能增加软管长度，又能防止变形。也有的在弹簧软管的外部套有一层尼龙软管，可以起到相同的作用，但这种软管在使用一段时间以后，因内部容易生锈而有时会出现堵塞，因此，送丝软管要经常清理，这样可以增加送丝稳定性。对于推丝式送丝弹簧软管内孔，一般要求比焊丝直径大 0.5～1 mm。送丝软管的长度约为 3 m。

四、供气系统

供气系统的作用是使气瓶内的液态 CO_2 变成符合质量要求、具有一定流量的 CO_2 气体，并均匀地从焊枪喷嘴中喷出，有效地保护焊接区。目前国内 CO_2 气体的供应方式有：瓶装液态 CO_2 供气、管道供气和 CO_2 发生器供气 3 种，但大多是以钢瓶装液态 CO_2 供气。除了一般气体保护焊气路系统中必须有的气瓶、减压阀、流量计、软管及电磁气阀以外，CO_2 焊机的气路系统有时还需安装预热器及干燥器，如图 2-75 所示。

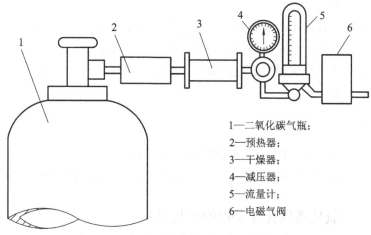

1—二氧化碳气瓶；
2—预热器；
3—干燥器；
4—减压器；
5—流量计；
6—电磁气阀

图 2-75　二氧化碳气体保护焊供气系统示意图

1. 预热器

预热器的作用是对 CO_2 气体进行加热。瓶装液态 CO_2 在转变成气态的过程中要吸收大量的热，使温度降低。钢瓶中的 CO_2 是高压的，经过减压阀减压后，也会使气体温度下降；气体流量越大，温度下降越明显。为了防止 CO_2 中的水结成冰而将减压阀冻坏和堵塞气路，在减压前必须对 CO_2 进行加热。通常采用电加热式加热器，其结构比较简单，只需将套有绝缘瓷管的加热电阻丝套在通 CO_2 气体的紫铜管上即可。

2. 干燥器

干燥器的作用是吸收 CO_2 气体中的水分和杂质。一般市售的 CO_2 气体中含有一定量的水分，因此需在气路中安装干燥器，以去除水分，减少焊缝中的含氢量。干燥器有两种：高压干燥器和低压干燥器。高压干燥器安装在减压阀前，低压干燥器安装在减压阀之后。一般情况下，只需安装高压干燥器。有的工厂将干燥器和预热器做成一个整体，称为预热干燥器。如果对焊缝质量的要求不高，也可不加干燥器。干燥器内装有干燥剂，如硅胶、脱水硫酸铜、无水氯化钙等。无水氯化钙吸水性较好，但它不能重复使用。而硅胶和脱水硫酸铜吸水后经过加热器烘干还可以重复使用，所以常被选用。

3. 减压阀

减压阀用于调节气体的压力，将高压 CO_2 气体变成低压气体(0.1～0.2 MPa)。

4. 流量计

气体流量计用来测定 CO_2 气体的流量。我国常用的流量计是转子流量计，是用空气作为介质来标定的。若浮子材料为铝，则 CO_2 气体的流量与空气标定的流量之间的关系为

$$q_{二氧化碳} = 0.809q_{空气}$$

5. 电磁气阀

电磁气阀是用来控制保护气体的装置。CO_2 气体的通断，可以直接采用机械的气阀开关来控制。电磁气阀能可靠及时地实现提前通气、滞后断气的要求。

五、控制系统

控制系统是保证连续生产和提高生产率的重要组成部分，控制系统的作用是对 CO_2 气体保护焊的供气、送丝、供电系统进行控制。其主要用途是控制焊丝的自动送进、提前送气、滞后停气、引弧、电流通断、电流衰减、冷却水流的通断等。对于自动焊机，还要控制小车或其他机构的行走。

六、水路系统

水路系统通以冷却水，用于冷却焊炬及电缆。通常水路中设有水压开关，当水压太低或断水时，水压开关将断开控制系统电源，使焊机停止工作，保护焊炬不被损坏。

★ 知识点 4　二氧化碳气体保护焊的焊接材料

二氧化碳气体保护焊的焊接材料包含 CO_2 气体和焊丝。

一、CO_2 气体

纯 CO_2 气体是无色，略带有酸味的气体。CO_2 气体受压后，会变成液态，其密度随相对温度而变，温度低于 -11℃时，比水重，当温度高于 -11℃时，比水轻。

二氧化碳气体保护焊使用的 CO_2 气体为瓶装液态 CO_2，国标瓶装 25 kg 的液化 CO_2 气体(由于存在气态的 CO_2，所以实际充装约为 22 kg)，若焊接流量为 20 L/min，可持续使用约 10 小时。瓶装液态 CO_2，可溶解约 0.05% 质量的水，其余的水则为自由状态沉于瓶底。这些水分在焊接过程中随 CO_2 一起挥发，以水蒸气混入 CO_2 气体中，影响 CO_2 气体纯度，水蒸气的蒸发量与瓶中压力有关，瓶压越低，水蒸气含量越高，故当瓶压低于 0.980 MPa 时，就不宜继续使用，需重新灌气。CO_2 气瓶外表漆银白色漆并用黑漆标明"二氧化碳"字样。

CO₂ 气体纯度对焊缝金属的致密性和塑性有很大影响。CO_2 气体中的主要杂质是 H_2O 和 N_2，其中 H_2O 的危害较大，易产生 H 气孔，甚至产生冷裂纹。焊接用 CO_2 气体纯度不应低于 99.5%(体积法)，其含水量、含氮量均不得超过 0.1%。

二、焊丝

焊丝在焊接过程中起传导电流、填充金属、过渡合金元素的作用，自保护药芯焊丝在焊接过程中还起保护或脱氧、去氮作用。因此，要求焊丝要具有要求的化学成分、力学性能，而且还应对其尺寸和表面质量提出明确的技术要求。

CO_2 气体保护焊用的焊丝对化学成分有特殊要求，主要是：

(1) 焊丝内必须含有足够数量的脱氧元素，以减少焊缝金属中的含氧量和防止产生气孔。

(2) 焊丝的含碳量要低。通常要求 $w(C)<0.11\%$，以减少气孔和飞溅。

(3) 要保证焊缝具有满意的力学性能和抗裂性能。此外，若要求得到更为致密的焊缝金属，则焊丝应含有固氮元素如 Al、Ti 等。

焊丝应保证有均匀外径，其公差为+0～–0.025 mm，还应具有一定的硬度和刚度，一方面以防止焊丝被送丝滚轮压扁或压出深痕；另一方面，焊丝从导电嘴送出后要有一定的挺直度。保存时，为了防锈，常采取焊丝表面镀铜、在焊前则把油污清除的措施。

1. 焊丝的分类

依据不同的分类标准可将焊丝分为不同种类：按结构形式分为药芯焊丝和实芯焊丝；按钢种分为低碳钢焊丝、低合金钢焊丝(高强度钢用焊丝、Cr-Mo 耐热钢焊丝、低温钢用焊丝)、不锈钢焊丝、硬质合金堆焊焊丝、铜及铜合金焊丝、铝及铝合金焊丝、铸铁焊丝等；按焊接方法分为埋弧焊焊丝、电渣焊焊丝、CO_2 气体保护焊焊丝、氩弧焊焊丝、TIG 焊用焊丝、MIG 焊用焊丝、MAG 焊用焊丝、自保护焊焊丝、堆焊焊丝、气焊焊丝。

药芯焊丝是用薄钢带卷成圆形管或异型管，其中填入一定成分的药粉经拉制而成的焊丝。通过调整药粉的成分和比例，可获得不同性能、不同用途的焊丝。采用药芯焊丝焊接，形成气渣联合保护，焊缝成形好，焊接飞溅小。药芯焊丝的截面形状对焊接工艺性能与冶金性能有很大影响，药芯焊丝的截面形状越复杂、越对称，电弧燃烧越稳定，药芯焊丝的冶金反应和保护作用越充分，熔敷金属的含碳量越少。目前，$\phi 2.0$ mm 以下的小直径药芯焊丝一般采用 O 形截面；$\phi 2.4$ mm 以上的大直径药芯焊丝多采用 E 形或双层复杂截面。

实芯焊丝直径的范围一般在$\phi 0.4 \sim \phi 5$mm 之间，半自动焊多采用$\phi 0.4 \sim \phi 1.6$ mm 的焊丝，而自动焊常采用较粗的焊丝。焊丝直径应根据工件厚度、焊接位置及生产效率的要求来选择。当焊接薄板或中厚板的立焊、横焊、仰焊时，多选用$\phi 1.6$ mm 以下的焊丝；在平焊位置焊接中厚板时，可以选用$\phi 1.2$ mm 以上的焊丝。

2. 实芯焊丝的型号或牌号

生产中可以用型号和牌号来反映焊丝的主要性能特征及类别。焊丝的型号是国家标准规定的，能反映焊丝的主要特征，不同类型焊丝的型号表示方法有所不同。牌号是对焊丝产品的具体命名，它可以由生产厂制定，也可由行业组织统一命名，制定全国焊接行业统一牌号，但必须按照国家标准要求，在产品样本或包装标签上注明该产品"符合国标"或不加标注(即与国标不符)，以便用户结合产品性能要求，对照标准去选用。每种焊丝只有一个牌号，但多种牌号的焊丝可以同时对应于一种型号。

1) 实芯焊丝型号

二氧化碳气体保护焊焊丝符合 GB/T8110—2008《气体保护焊用碳钢、低合金钢焊丝》。焊丝型号的表示方法为 ER××-×：字母"ER"表示焊丝，ER 后面的两位数字表示熔敷金属的抗拉强度最低值，短划"-"后面的字母或数字表示焊丝化学成分分类代号。如还附加其他化学元素时，直接用元素符号表示，并以短划"-"与前面数字分开。有时在型号后附加扩散氢代号 HX，其中 X 代表 15、10 或 5。

焊丝型号举例：ER50-2-Mn

其中，ER 表示焊丝；50 表示熔敷金属抗拉强度最小值为 500 MPa；2 表示焊丝化学成分分类代号；Mn 表示焊丝中含有 Mn 元素。

2) 实芯焊丝的牌号

焊丝牌号的首位字母"H"表示焊接用实芯焊丝，后面的一位或二位数字表示含碳量，其他合金元素含量的表示方法与钢材的表示方法大致相同。化学元素符号及其后的数字表示该元素近似含量，当主要合金元素的质量分数≤1%时，可省略数字只标记元素符号；牌号尾部标有"A"或"E"时，"A"表示硫、磷含量要求低的优质钢焊丝，"E"表示硫、磷含量要求特别低的特优质钢焊丝。

焊丝牌号举例：H08Mn2SiA

其中，H 表示焊丝；08 表示含碳量，质量分数约 0.08%；Mn2 表示含 Mn 量，质量分数约 2%；Si 表示含 Si 量，质量分数为≤1%；A 表示优质品，S、P 的质量分数约≤0.03%。

常用的 CO_2 气体保护焊实芯焊丝见表 2-34。

表 2-34　CO_2 气体保护焊常用实心焊丝牌号与用途

焊丝牌号	用途
H08MnSiA，H08MnSi，H10MnSi	焊接低碳钢低合金钢
H08Mn2SiA，H10MnSiMo，H10Mn2SiMoA	焊接低合金钢强度钢
H08Cr3Mn2MoA	焊接贝氏体钢
H0Cr18Ni9，H1Cr18Ni9，H1Cr18Ni9Ti	焊接抗微气孔焊缝
H0Cr18Ni9，H1Cr18Ni9，H1Cr18Ni9Ti，H1Cr18Ni9Nb	焊接不锈钢薄板

3. 药芯焊丝的型号与牌号

1) 药芯焊丝型号

(1) 碳钢药芯焊丝型号。

根据 GB 10045—2001《碳钢药芯焊丝》的标准规定，碳钢药芯焊丝根据其熔敷金属的力学性能、焊接位置及焊丝类别特点(保护类型、焊接电流种类以及渣系特点等)进行分类。药芯焊丝型号由焊丝类型代号和焊缝金属的力学性能两部分组成。

碳钢药芯焊丝型号举例：E 50 1 T-1 M L

其中，E 表示焊丝；50 表示熔敷金属抗拉强度不小于 480 MPa；1 表示焊接位置为全位置；T 表示药芯焊丝；-1 表示焊丝类别特点(外加保护气、直流焊丝接正极,用于单道和多道焊)；

M 表示保护气体为 Ar(75%～80%)加 CO_2(25%～20%)；L 表示熔敷金属 V 形缺口冲击功在 -40℃ 不小于 27J。

(2) 低合金钢药芯焊丝型号。

根据 GB/T17493—1998《低合金钢药芯焊丝》的标准规定，低合金钢药芯焊丝型号是根据其熔敷金属力学性质、焊接位置、焊丝类别特点(保护类型、电流类型、渣系特点等)及熔敷金属化学成分进行划分的。

低合金钢药芯焊丝型号举例：E 60 1 T1-B3

其中，E 表示焊丝；60 表示熔敷金属抗拉强度为 620～760 MPa，最小屈服强度为 540 MPa，最小延伸率为 17%；1 表示焊接位置为全位置；T1 表示药芯焊丝的渣系以金红石为主体，外加 CO_2 保护气，直流、焊丝接正极；B3 表示熔敷金属成分分类代号。

(3) 不锈钢药芯焊丝型号。

根据 GB/T17853—1999《不锈钢药芯焊丝》的标准规定，不锈钢药芯焊丝型号是根据其熔敷金属化学成分、焊接位置、保护气体及焊接电流种类来划分的。不锈钢药芯焊丝型号编制方法如下：第一位是字母"E"或字母"R"，"E"表示焊丝，"R"表示填充焊丝，如 R309LT1-5；后面用三位或四位数字表示熔敷金属化学成分分类代号，如有特殊要求的化学成分，将其元素符号附加在数字后面，或者用"L"表示碳含量较低、"H"表示碳含量较高、"K"表示焊丝应用于低温环境，如 316LKT0-3；再后面用"T"表示药芯焊丝，之后用一位数字表示焊接位置，"0"表示焊丝适用于平焊位置或横焊位置焊接，"1"表示焊丝适用于全位置焊接；后接"-"，"-"后面用数字表示保护气体及焊接电流类型(见表 2-35)。

不锈钢药芯焊丝型号举例：E 308 Mo T 1-3

其中，E 表示焊丝；308 为熔敷金属化学成分分类代号；Mo 表示对熔敷金属中钼含量有特殊要求；T 表示药芯焊丝；1 表示全位置；3 表示自保护、采用直流、焊丝接正极。

表 2-35　不锈钢药芯焊丝保护气体、电流种类及焊接方法

型　号	保护气体	电流种类	焊接方法
E×××T×-1	CO_2		
E×××T×-3	无(自保护)	直流反接	FCAW
E×××T×-4	75%～80%Ar+CO_2		
R×××T1-5	100%Ar	直流正接	GTAW
E×××T×-G	不规定	不规定	FCAW
R×××T×-5			GTAW

注：FCAW 为药芯焊丝电弧焊，GTAW 为钨极惰性气体保护焊。

2) 药芯焊丝牌号

牌号第一个字母"Y"表示药芯焊丝，第二字母及其后的 3 位数字与焊条的编制方法相同；"-"后面的数字表示焊接时的保护方法(见表 2-36)。药芯焊丝有特殊性能和用途时，在牌号后面加注起主要用途的元素或主要用途的字母(一般不超过两个)。

表 2-36　药芯焊丝牌号 "-" 后面数字的含意

牌　号	保护类型	牌　号	保护类型
YJ×××-1	气体保护	YJ×××-3	气体保护、自保护两用
YJ×××-2	自保护	YJ×××-4	其他保护形式

药芯焊丝牌号例如：Y J 50 1 Ni 1

Y 表示药芯焊丝；J 表示焊接结构钢用；50 表示抗拉强度不小于 490 MPa；1 表示金红石型渣系、交直流两用；Ni 表示添加元素为 Ni；最后的 1 表示气保护。

4．焊丝存储及发放规范

(1) 存放焊丝的仓库应具备干燥通风的环境，避免潮湿；拒绝水、酸、碱等这类极易挥发或腐蚀性的物质存在，更不宜与这些物质共存同一仓库。

(2) 焊丝应放在木托盘上，不能将其直接放在地板上或紧贴墙壁。

(3) 存取及搬运焊丝时小心不要弄破包装，特别是内包装 "热收缩膜"。

(4) 打开焊丝包装应尽快将其全部用完(要求在一周以内)，一旦焊丝直接暴露在空气中，其防锈时间将大大缩短(特别在潮湿、有腐蚀介质的环境中)。

(5) 按照 "先进先出" 的原则发放焊丝，尽量减少产品库存时间。

(6) 一般来说焊丝的出库量不得超过两天用量，已经出库的焊丝焊工必须妥善保管。

★ 知识点 5　二氧化碳气体保护焊焊接工艺参数

二氧化碳气体保护焊的焊接参数主要包括焊丝直径、焊接电流、电弧电压、焊接速度、焊丝伸出长度、电源极性、气体流量、焊枪倾角、喷嘴高度等。

1．焊丝直径

焊丝直径的选择主要取决于焊件厚度、焊缝位置和焊接层次等因素。在一般情况下，可根据表 2-37 来选择焊丝直径，并倾向于选择较大直径的焊丝。另外，在平焊时，直径可大一些；焊接薄板或中厚板的立焊、横焊和仰焊时，多采用直径 1.6 mm 以下的焊丝。

表 2-37　焊丝直径的选择

焊丝直径/mm	焊件厚度/mm	施焊位置	熔滴过渡形式
0.8	1～3	各种位置	短路过渡
1.0	1.5～6	各种位置	短路过渡
1.2	2～12	各种位置	短路过渡
	中厚	平焊、平角焊	细颗粒过渡
1.6	6～25	各种位置	短路过渡
	中厚	平焊、平角焊	细颗粒过渡
2.0	中厚	平焊、平角焊	细颗粒过渡

焊接电流相同时，熔深将随着焊丝直径的减小而增加。焊丝直径对焊丝熔化速度也有明显的影响。当电流相同时，焊丝越细熔敷速度越高。

目前比较普遍采用的焊丝直径是 0.8、1.0、1.2 和 1.6 mm 几种，直径 3～4.5 mm 的粗丝近来也被某些厂矿开始使用。

2. 焊接电流

焊接电流是重要的焊接参数之一。焊接电流过大或过小都会影响焊接质量，应根据母材厚度，材质、焊丝直径、施焊位置及要求的熔滴过渡形式来选择焊接电流。

每种直径的焊丝都有一个合适的电流使用范围，只有在这个范围内焊接过程才能稳定进行。通常焊丝直径 0.8～1.6 mm 的焊丝采用短路过渡时的焊接电流在 40～240 A，采用细滴过渡时焊接电流在 250～500 A 范围内。焊接电流的变化对熔深有决定性影响，随着焊接电流的增加，熔深显著增加，熔宽略有增加，增加焊接电流，熔敷速度和熔深都会增加，应注意焊接电流过大时，容易引起烧穿、焊漏和产生焊接裂纹等缺陷，且焊件变形大，焊接过程中飞溅很大；而当焊接电流过小时，容易产生未焊透、未熔合以及焊缝成形不良等缺陷。在保证焊透，成形良好的情况下，应尽可能采用较大的焊接电流以提高生产效率。

3. 电弧电压

电弧电压是重要的焊接参数之一。在保持送丝速度不变时调节电源外特性，焊接电流几乎不变但弧长将发生变化，电弧电压也会发生变化。如图 2-76 所示，随着电弧电压的增加熔宽明显增加，熔深和余高略有减小，焊缝成形较好但焊缝金属的氧化和飞溅增加，接头力学性能降低。

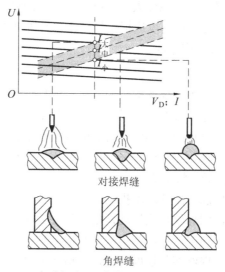

U—电弧电压；I—焊接电流；V_D—焊接速度

图 2-76　电弧电压对焊缝成形的影响

为保证焊接过程的稳定性和良好的焊缝成形，焊接电压必须与焊接电流形成良好的配合。通常焊接电流较小时电弧电压较低；焊接电流较大时电弧电压较高。焊接电压过高或过低都会造成飞溅，焊接电压应伴随焊接电流增大而提高，伴随焊接电流减小而降低，最佳的焊接电压一般在 1～2 V 之间，所以焊接电压应细心调试。

在焊接打底层焊缝和空间位置焊缝的时候常采用短路过渡方式，在立焊和仰焊时电弧电压应略低于平焊位置时的电弧电压，以保证短路过渡的焊接过程稳定。在短路过渡时熔滴在短路状态下一滴一滴地过渡，熔池金属较黏，短路频率为 5～100 Hz。电弧电压增加时短路频率降低。

应当注意电弧电压是在导电嘴和焊件间测得的电压。而焊接电压则是电焊机上电压表显示的电压，它是电弧电压与焊机、焊件间连接电缆上的电压降之和。显然焊接电压比电弧电压高，但对于同一台焊机来说，当电缆长度和截面不变时，它们之间的差值是很容易计算出来的，特别是当电缆较短截面较大时。由于电缆上的电压降很小，可用焊接电压来代替电弧电压，若电缆很长截面又小则电缆上的电压降不能忽略，此时如果用焊机电压表上读出的焊接电压替代电弧电压降则会产生很大的误差。严格说焊机电压表上读出的电压是焊接电压，不是电弧电压。

4．焊接速度

焊接速度是重要的焊接参数之一，对焊缝内部与外观的质量都有重要影响。焊接时电弧将熔化金属吹开，在电弧下形成一个凹坑，随后将熔化的焊丝金属填充进去，如果焊接速度太快，这个凹坑不能完全被填满，将产生咬边或下陷等缺陷。相反，焊接速度过慢时，熔敷金属堆积在电弧下方，使熔深减小，将产生焊道不匀、未熔合、未焊透等缺陷。在焊丝直径、焊接电流、电弧电压不变的条件下，焊接速度增加时，焊缝熔宽、熔深都减小。当焊接速度过快时，会使气体保护的作用受到破坏，易使焊缝产生气孔。同时焊缝的冷却速度也会相应提高，因而降低了焊缝金属的塑性和韧性，并会使焊缝中间出现一条棱造成成形不良。当焊接速度过慢时，熔池变大，焊缝变宽，易因过热造成焊缝金属组织粗大或烧穿，生产效率也降低。因此焊接速度应根据焊缝内部与外观的质量选择。一般 CO_2 半自动焊的焊接速度为 $5\sim60$ m/h 范围内。

5．焊丝伸出长度

焊丝伸出长度是指从导电嘴到焊丝端头的距离。保持焊丝伸出长度不变是保证焊接过程稳定的基本条件之一。这是因为 CO_2 气体保护焊采用的电流强度较高，焊丝伸出长度越大焊丝的预热作用越强。预热作用的强弱还将影响焊接参数和焊接质量。当送丝速度不变时，若焊丝伸出长度增加，因预热作用较强，焊丝熔化速度较快，电弧电压高，使焊接电流减小，熔滴与熔池温度降低，将造成热量不足，容易引起未焊透、未熔合等缺陷。相反，若焊丝伸出长度减小将使熔滴与熔池温度提高，在全位置焊接时可能会引起熔池液体的流失。焊丝伸出长度太大时，因焊丝端头摆动，电弧位置变化较大，保护效果变坏，将使焊缝成形不好，容易产生焊接缺陷。焊丝伸出长度与电流有关，电流越大，焊丝伸出长度太长时，焊丝的电阻热越大，焊丝熔化速度加快，易造成成段焊丝熔断，飞溅严重、焊接过程不稳定。焊丝伸出长度太短时会妨碍观察电弧，影响焊工操作，还容易因导电嘴过热而夹住焊丝，甚至烧毁导电嘴影响焊接过程正常进行，也容易使飞溅物堵住喷嘴，有时飞溅物熔化到熔池中，造成焊缝成形差。焊丝伸出长度不是独立的焊接参数，通常焊工根据焊接电流和保护气体流量确定喷嘴高度的同时焊丝伸出长度也就确定了。一般经验公式是，伸出长度为焊丝直径的十倍，且不超过 15 mm，即 $\phi1.2$ mm 焊丝选择伸出长度为 12 mm 左右。

6．电源极性

CO_2 气体保护焊通常都采用直流反接，因为直流反接时熔深大，飞溅小，焊缝成形好，电弧稳定，且焊缝金属含氢量最低。

直流正接时，焊件为阳极，焊丝接阴极，在焊接电流相同时，焊丝熔化快，熔深较浅，余高大，稀释率较小，但飞溅较大。根据这些特点，直流正接主要用于堆焊、铸铁补焊及大电流高速 CO_2 气体保护焊。

7．气体流量

CO_2 气体的流量应根据对焊接区的保护效果来选取。接头形式、焊接电流、电弧电压、焊接速度及作业条件对气体流量都有影响。气体流量太大或太小时，都会造成成形差，飞溅大，产生气孔。气体流量过小则电弧不稳，焊缝表面易被氧化成深褐色，并有密集气孔；气体流量过大，会产生涡流，焊缝表面呈浅褐色，也会出现气孔。

值得注意的是并不是气体流量越大保护效果越好。当保护气体流量超过临界值时，从喷嘴中喷出的保护气会由层流变成紊流，并将空气卷入焊接区，降低保护效果，使焊缝中出现气孔，增加合金元素的烧损。

通常细焊丝焊接时，控制流量在 5～15 L/min；粗焊丝焊接时，流量选择约为 15～25 L/min。当采用大电流快速焊接或室外焊接及仰焊时，应适当提高气体流量。

8．焊枪倾角

焊枪轴线和焊缝轴线之间的夹角称为焊枪的倾斜角度，简称为焊枪倾角。当焊枪倾角在 80°～110° 之间时，无论前倾还是后倾，对焊接过程及焊缝成形都没有明显的影响；但倾角过大，如前倾角大于 115° 时，将增加熔宽并减小熔深，还会增加飞溅。

当焊枪与焊件成后倾角时，即电弧始终指向已焊部分时，焊缝窄，余高大，熔深较大、焊缝成形不好；当焊枪与焊件成前倾角时，即电弧始终指向待焊部分时，焊缝宽，余高小，熔深较浅、焊缝成形好。

通常焊工都习惯用右手持枪，采用左焊法，焊枪采用前倾角不仅可以得到较好的焊缝成形，而且能够清楚地观察和控制熔池的成形，因此 CO_2 气体保护焊通常采用左焊法。

9．喷嘴高度

喷嘴下表面到熔池表面的距离称为喷嘴高度，它是影响气体保护效果、生产效率和操作的重要因素。喷嘴高度越大、焊工观察熔池越方便、需要保护的范围越大、焊丝伸出长度越大、焊接电流对焊丝的预热作用越大、焊丝熔化越快、焊丝端部摆动越大、保护气流的扰动越大，因此要求保护气的流量越大。喷嘴高度越小，需要的保护气体流量越小，焊丝伸出长度越短。通常根据焊接电流的大小按图 2-77 选择喷嘴高度。

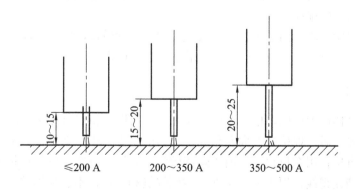

图 2-77　喷嘴与焊件间距离与焊接电流的关系

技能操作 📖

❖ 任务 1　二氧碳气体保护焊的基本操作技术

二氧化碳气体保护焊的基本操作技术有持焊枪的姿势和焊接姿势、引弧、焊枪移动、运丝、收弧、接头等。

一、持焊枪的姿势和焊接姿势

二氧化碳气体保护焊焊接时，焊枪上接有焊接电缆、控制电缆、气管、送丝软管等，焊枪的重量较大，焊工操作时容易疲劳，因而很难握紧焊枪，影响焊接质量。因此，操作时用身体的某个部位如肩部、腿部承担焊枪重量，通常手臂处于自然状态，手腕能灵活带动焊枪平移或转动，不感到太累。操作时，面对焊缝，脚成开步或半开步。右手握焊枪，肘部靠在身体右侧腰部，手腕能自由活动，左手持面罩。正确的持枪姿势如图 2-78 所示。

(a) 蹲位平焊　　(b) 坐位平焊　　(c) 立位平焊　　(d) 站位立焊　　(e) 站位仰焊

图 2-78　正确的持枪姿势与焊接姿势

二、引弧

二氧化碳气体保护焊通常采用短路接触法引弧，一般只需一次引弧即可。引弧前先点动焊枪开关送出一段焊丝(6～8 mm)，且端部不应有球滴，否则应剪去球滴，将焊枪保持10°～15°的倾角，焊丝端部与焊件的距离为 2～3 mm，喷嘴与焊件间相距 10～18 mm。启动焊枪开关，随后自动送气，送丝，直至焊丝与焊件相碰撞短路后自动引燃电弧。短路后焊枪有自动顶起的倾向，故要稍用力下压焊枪，然后缓慢引向待焊处，当焊缝金属熔合后，再以正常的焊接速度施焊。

在焊接的起始阶段，由于工件温度较低，焊缝熔深较浅，容易引起母材和焊缝金属熔合不良。为了避免出现焊接缺陷应采用倒退法或引弧板进行焊接。

三、焊枪移动

二氧化碳气体保护焊按焊枪的移动方向分为左向焊法和右向焊法两种，如图 2-79 所示。

采用左向焊法时，焊枪自右向左移动，电弧的吹力作用在熔池及其前沿，将熔池金属向前推延，不直接作用在母材上，所以熔深较浅，焊道平而宽，气体保护效果好。左向焊时，喷嘴不会挡住视线，焊工能清楚地观察到焊缝和坡口，不容易焊偏。左向焊法适用于薄板、角焊缝、V 型坡口打底焊，不宜采用大电流。

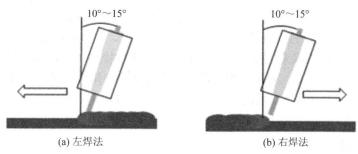

图 2-79　左焊法和右焊法

　　采用右向焊法时，焊枪自左向右移动，电弧直接作用在母材上，熔池能得到很好的保护，由于加热集中，热量可以充分利用，故熔深大，焊道窄而高，飞溅略小。但因焊丝直指熔池，电弧将熔池中的液态金属向后吹，容易造成余高和焊道波纹过大，影响焊缝成形质量。并且焊接时喷嘴挡住待焊的焊缝，不容易观察焊缝的间隙，容易焊偏。右向焊法适用于厚板、V 型坡口第二道以上焊缝、药芯焊丝的焊接。

四、运丝

　　二氧化碳气体保护焊运丝方法是通过焊枪的摆动来实现的，适当地摆动焊枪可以改善熔透性和焊缝成形。摆动不仅要有一定的速度、一定的停留点和停留时间，而且还要有一定的形状。摆动方式和焊条电弧焊的焊条摆动相似，如表 2-38 所示。为了减少热输入，减少热影响区，减少变形，通常不希望采用大的焊枪横向摆动来获得宽焊缝，提倡采用多层多道细焊缝来焊接厚板。当坡口小时，如焊接打底层焊缝时，采用小锯齿形横向摆动；当坡口大时，可采用大锯齿形横向摆动或大月牙形横向摆动。

表 2-38　焊枪摆动形式及应用范围

摆 动 形 式	应 用 范 围
←	薄板及中厚板打底层焊接
MMMMM	坡口小时及中厚板打底层的焊接
MMMM MMM	中厚板第二层以后的各层的焊接
eeeee	填角焊或多层焊时第一层的焊接
BBBBBB	厚板坡口大时的焊接

1. 直线移动运丝法

　　直线移动运丝法就是沿焊缝中心线(基准线)做直线运动不作摆动，焊出的焊道宽度稍窄。在一般情况下，起始端焊道要稍高些且熔深较浅，因为焊件开始处于较低的温度，这样会影响焊缝的强度。为了克服这一点，可在引弧之后，先将电弧稍微拉长一些，对焊道端部进行适当预热，然后再压低电弧进行起焊端的焊接，这样可以获得有一定熔深和成形比较整齐的焊道。

一条焊道焊完以后，应注意将收尾处的弧坑填满。如果收尾时立即断弧则会形成低于焊件表面的弧坑，过深的弧坑使焊道收尾处的强度降低，并容易造成应力集中而产生裂纹。细丝二氧化碳气体保护焊采用短路过渡，电弧短，弧坑较小，不需作专门的处理。只要按焊机的操作规程收弧即可。若采用粗焊丝大电流焊接并使用长弧时(直径大于 1.6 mm)，由于焊接电流及电弧吹力都大，如果收弧过快，会产生弧坑缺陷。所以，在收弧时，应在弧坑处稍停留片刻，然后缓慢地抬起焊枪，在熔池凝固之前必须继续送气。

2．横向摆动运丝法

二氧化碳气体保护焊焊接时，为了获得较宽的焊缝，往往采用横向摆动运丝法。这种运丝方法是沿焊接方向在焊缝中心线两侧作横向交叉摆动，运丝方式有锯齿形、月牙形、斜圆圈形等几种摆动方式。当坡口间隙为 0.2～1.4 mm 时，一般采用直线焊接或小幅度摆动；当坡口间隙为 1.2～2.0 mm 时，采用锯齿形的小幅度摆动，在焊道中心稍快些移动，而在坡口两侧停留 0.5～1 s；当坡口间隙更大时，焊枪在横向摆动的同时还要前后摆动，这时不应使电弧直接作用在间隙上，为了使单层单道焊得到较大的焊脚尺寸，焊接平角焊缝时，可以采用小电流，作前后摆动的方法，焊接船形焊缝时，可以采用月牙形摆动方法。横向摆动运丝角度和起始端的运丝要领和直线焊接时完全一样。

横向摆动运丝法有以下基本要求：

(1) 运丝时以手腕为辅助，以手臂操作为主来控制和掌握运丝角度。

(2) 左右摆动的幅度要一样，二氧化碳气体保护焊摆动的幅度要比焊条电弧焊小些。

(3) 锯齿形和月牙形摆动时，为了避免焊缝中心过热，摆到中心时，要加快速度，而摆到两侧时，则应稍微停留一下。

(4) 为了降低熔池温度，避免铁水漫流，有时焊丝可以作小幅度的前后摆动。进行这种摆动时，要注意摆动均匀，并控制向前移动焊丝的速度也要均匀。

五、收弧

中断焊接或一条焊道焊接结束前必须进行收弧，如果收弧过快容易产生弧坑裂纹和气孔，如果焊接电流和送丝同时停止，会造成粘丝。操作时可以采取以下措施：

(1) 若焊机没有弧坑控制电路，或因焊接电流小而没有使用弧坑控制电路时，在收弧处焊枪停止前进，并在熔池未凝固时，反复断弧、引弧几次，直至弧坑填满为止。操作时动作要快，若熔池已凝固才收弧，则可能产生未熔合及气孔等缺陷。

(2) 若二氧化碳气体保护焊有弧坑控制电路，当焊枪在收弧处停止前进时，同时接通此电路，焊接电流与电弧电压自动变小，待熔池填满时断电。

无论采用哪种方法收弧，操作中需特别注意收弧时焊枪停止前进后不能立刻抬高喷嘴，即使弧坑已填满、电弧已熄灭，也要让焊枪在弧坑处停留几秒后才能移开。因为熄弧后，控制线路仍保持延迟送气一段时间，以保证熔池凝固时能得到可靠的保护，防止产生焊接缺陷。

六、接头

焊缝接头的好坏直接影响焊接质量，为了保证焊接接头质量，在多层焊和多层多道焊时，接头应尽量错开。建议对不同的焊道采用不同的接头处理方法。

1．单面焊双面成形打底层焊道接头

将待焊接头处用角向打磨机打磨成斜面，在斜面顶部引弧，引燃电弧后，将电弧移至斜面底部，转一圈返回引弧处后再继续左向或右向焊接，在引燃电弧后向斜面底部移动时，要注意观察熔孔，若未形成熔孔则接头处背面焊不透；若熔孔太小，则接头处背面产生缩孔；若熔孔太大，则背面焊缝太宽或出现烧穿。

2．填充层焊道接头

无摆动焊接时，如图 2-80(a)所示，可在收弧前方 10～20 mm 处引弧，然后将电弧快速移到接头处，待熔化金属与原焊缝相连后，立即将电弧引向前方进行正常焊接。摆动焊接时，如图 2-80(b)所示，也在收弧前方 10～20 mm 处引弧，然后以直线方式快速将电弧引向接头处，待熔化金属与原焊缝相连后，再从接头中心开始摆动并向前移动，同时逐渐加大摆幅(保持形成的焊缝与原焊缝宽度相同)转入正常焊接。

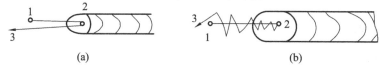

图 2-80 填充层焊道接头方法

3．相对接头

在环缝的焊接过程中，不可避免地要遇到封闭接头，该接头一般称为相对接头，其接头方法如下：

(1) 先将封闭接头处用磨光机打磨成斜面。

(2) 连续施焊至斜面底部时，根据斜面形状掌握好焊枪的摆动幅度和焊接速度，保证熔合。

❖ 任务 2　二氧化碳气体保护焊单面焊双面成形操作技术

二氧化碳气体保护焊单面焊双面成形时，打底焊焊缝的操作是关键。由于在焊接时焊工只能看到熔池的表面情况，而焊缝是否焊透，是否会引起烧穿等情况，只能依靠焊工的经验来判断。因此焊接时焊工应仔细观察焊接熔池的情况，并不断地根据实际情况改变焊枪的操作方式，操作时，往往能从熔池的上表面形态判断出焊道是否击穿。在焊道正常熔透情况下，熔融金属流动性较好，熔池成椭圆形。如果熔池前端比母材表面下沉少许并出现咬边的倾向时，这就是即将烧穿的征兆，这时就应加大焊枪的左右摆动来降低熔池温度。当熔池的熔融金属流动性差，表面张力大、焊缝正面成形变高时，这就意味着反面将出现未焊透的现象，应立即改变焊枪的操作方式，并重新调整焊接规范。

打底焊时，通常采用短锯齿形或月牙形摆动，如短锯齿形或月牙形的间距没有掌握好，焊丝在装配间隙中间可能穿出，一般情况下，可允许整条焊缝中有少量焊丝穿出，但如果穿出的焊丝很多，是不允许的。为了防止焊丝向外穿出，打底时，焊枪要握得稳，必要时可用双手同时把住焊枪，右手握住焊枪的后部分，食指按住启动开关，左手在右手前方扶住焊枪，这样可以减少穿丝或不穿丝，保证打底的顺利进行和焊缝的内部质量。

坡口间隙的大小对熔透效果和焊工操作影响很大，坡口间隙小时，焊丝近于垂直对准熔池头部。而坡口间隙大时，焊丝指向熔池中心，并进行摆动。当坡口间隙较小时，一般采用直线焊接或者小幅度摆动，当坡口间隙为 1～2 mm 时，采用月牙形的小幅度摆动，在焊道中心移动稍快些，而在坡口两侧停留 0.5～1 s。当坡口间隙更大时，摆动方式是在横向摆动的同时还要前后摆动，这时不应使电弧直接作用到间隙上。不同板厚推荐的根部间隙值见表 2-39。

表 2-39　不同板厚推荐的根部间隙值

板厚/mm	根部间隙/mm	板厚/mm	根部间隙/mm
0.8	<0.2	4.5	<1.6
1.6	<0.5	6.0	<1.8
2.3	<1.0	10.0	<2.0
3.2	<1.6	—	—

一、焊前准备

1. 试件材料及尺寸

本实践选用的试件材料为 Q235 钢板，尺寸为 300 mm×120 mm×12 mm 2 块。

2. 焊接材料

本实践选用的焊接材料为 ϕ1.2 mm 的 ER49-1 焊丝(牌号为 H08Mn2SiA)，气体纯度不低于 99.5%的瓶装 CO_2 气体。

3. 焊接设备及辅助工具

本实践选用 NBC-350 型焊机、角向打磨机、面罩、CO_2 预热器、减压器及流量计、扳手和钢丝刷等。

4. 装配与定位焊

试板装配如图 2-81 所示。

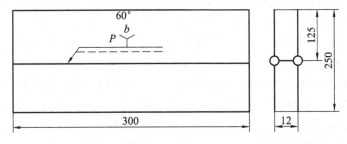

图 2-81　对接试板装配图

装配前用角向打磨机清除试件坡口和坡口正反面两侧 15～20 mm 范围内的铁锈与污物，修磨试件 V 形坡口钝边，钝边尺寸 0.5 mm，焊件根部装配为 2.5～3.2 mm 间隙。

试件装配时，定位焊所用焊材与正式施焊时相同，在试件两端 20 mm 的坡口内定位，定位焊缝长度≤15 mm。为防止焊接过程中间隙收缩量过大，需要在终端定位焊缝正面再加固，注意防止错边(错边量≤1 mm)。装配定位焊后应预制 2°～3°的反变形。

定位焊后，将定位焊缝两端修磨成缓坡形，正式施焊前先检查装配间隙及反变形是否合适。

二、V 形坡口板对接平焊

1. 焊接层数及工艺参数

平位焊接时，焊接层数为三层焊道，焊接工艺参数见表 2-40。

表 2-40　12 mm 钢板对接二氧化碳气体保护焊平位单面焊双面成形焊接工艺参数

焊接层次	焊丝直径/mm	焊丝伸出长度/mm	焊接电流/A	电弧电压/V	气体流量/(L·min^{-1})
打底层	1.2	10～15	90～100	19～19.5	12～18
填充层	1.2	12～20	180～200	23～24	12～18
盖面层	1.2	12～20	160～180	23～24	12～18

2. 操作步骤

1) 打底层焊接

打底层焊采用左焊法，焊枪与工件两侧垂直，与焊接方向呈 95°～105°夹角(与焊缝方向呈 75°～85°夹角)，如图 2-82 所示。

施焊前，试送丝，检查焊丝送出是否顺利、焊丝直径和导电嘴孔径是否匹配，并调整好焊接工艺参数。将工件间隙小的一端放在右边，在试件右端定位焊缝上进行引弧，并控制好焊丝端与板底边距离为 2～3 mm。起焊时电弧摆动慢些、宽些起预热作用，至间隙处时电弧

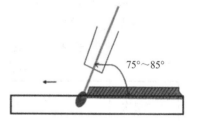

图 2-82　板对接平焊焊枪角度

沿熔池前部边缘作锯齿形运动，至两侧坡口时电弧稍作停留，动作不要过快和过宽，熔孔可见即可，不能过大，否则背面就会超高或产生焊瘤，此时应加大摆动幅度，减少两侧停留时间。

打底层施焊时应注意以下几点：

(1) 电弧横向摆动的幅度要合适，不能太大或太小，应使熔孔直径比间隙大 0.5～1 mm。且大小均匀一致，摆幅过大会造成未焊透或未熔合，过小会烧穿或背面超过，电弧摆幅合适才能获得宽窄和高低均匀的焊缝背面成形。电弧摆动到坡口两侧时要稍作停留，以保证坡口两侧熔合良好，焊道表面平整。

(2) 保持喷嘴高度稳定，焊丝伸出长度为 10～15 mm。伸出过长，电弧燃烧不稳定，飞溅大；伸出过短，不利于观察焊缝。

(3) 焊接打底层时应使 1/3 电弧透过坡口间隙，2/3 电弧处于熔池正面，焊丝端部离板底面距离为 2～3 mm，并要始终保持一致。电弧透过太多时可能造成穿丝或背面超高，电弧透过太少可能会造成未熔合或未焊透。焊枪不能太直或向后倾斜太多，向后倾斜过多会造成穿丝，太直背面会超高。

(4) 焊至最后与定位焊接头时，当还留有一个 3 mm 的小孔时电弧沿小孔内侧做圆圈运动，将小孔周围熔化，同时将小孔焊满。

2) 填充层焊接

填充层可采用左焊法和右焊法，左焊法时焊枪与焊接反方向夹角为 70°～80°。施焊填充层前应将打底层焊道清理干净，调整好焊接工艺参数。施焊时，电弧摆动幅度比焊打底焊时略大，电弧在坡口两侧稍作停留，保证焊道两侧熔合良好，焊道表面平整。填充层焊后比坡口边缘略低 1～1.5 mm，坡口边缘应保持原始状态，以利于盖面层的焊接。

焊接填充层可采用锯齿形运丝法或圆圈形运丝法。

3) 盖面层焊接

施焊盖面层前将填充层焊缝的表面清理干净，并将焊道局部凸起处打磨平整，调整好焊接工艺参数。焊枪角度与焊接打底焊时相同。盖面层施焊时应注意以下几点：

(1) 盖面层的焊接采用锯齿形运丝法，焊枪的横向摆动幅度比施焊填充层时增加，超过坡口边缘 0.5～1.5 mm，并尽量保持焊接速度均匀，使焊缝外形美观。

(2) 电弧在坡口两侧稍作停留，以保证焊缝两侧熔合良好，并防止咬边。

(3) 收弧时应注意填满弧坑，防止产生弧坑裂纹。

三、V 形坡口板对接立焊

1. 焊接层数及工艺参数

立位焊接时，焊道分为三层三道，焊接工艺参数见表 2-41。焊枪角度如图 2-83 所示。

表 2-41　12 mm 钢板对接二氧化碳气体保护焊立位单面
焊双面成形焊接工艺参数

焊接层次	焊丝直径 /mm	焊丝伸出长度 /mm	焊接电流 /A	电弧电压 /V	气体流量 /(L·min^{-1})
打底层	1.2	10～15	90～100	19～19.5	12～15
填充层	1.2	12～20	120～140	20～22	12～15
盖面层	1.2	12～20	110～120	20～22	12～15

2. 操作步骤

1) 打底层焊接

施焊之前，调试好焊接工艺参数。检查清理导电嘴和喷嘴，并在喷嘴上涂防飞溅剂。焊接时，先按动焊枪开关，检查送丝是否正常，然后调整好焊枪角度，在试板下端定位焊缝上引燃电弧，以小锯齿形向上摆动焊枪施焊，当电弧运动到定位焊缝与坡口根部连接处时，用电弧将坡口根部击穿，产生熔孔后，转入正常施焊。

正常施焊时，采用锯齿形摆动焊枪，摆动时中间稍快，两侧稍停。如熔孔太大时，可适当加快摆动，并加宽摆幅，以使散热面积加大。随着焊接的进行，焊枪向上移动，注意焊枪与试板的角度应保持不变。焊枪向上运动时，操作者的手臂也要随之上移，否则焊至上方时焊枪与下方夹角减小，焊丝会穿过间隙造成穿丝。

施焊打底层时注意以下问题：

(1) 注意保持大小合适、均匀一致的熔孔，一般坡口两侧各熔化 0.5～1 mm 为宜。

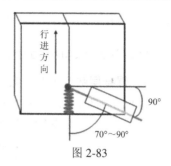

图 2-83

(2) 焊枪以操作者手腕为中心横向摆动，并注意使焊丝端部始终处在熔池的上边缘，其摆动方式可以是锯齿形或反月牙形，如图 2-83 所示，以防止铁液下淌。

焊枪或焊丝摆动时，摆动间距要小，且均匀一致，防止穿丝。

当焊丝用完或者由于送丝机、焊枪出现故障需要中断施焊时，焊枪不能马上离开熔池，应当稍作停顿，如可能应将电弧移向坡口两侧再停弧，以防止产生气孔和缩孔。

接头前用角向打磨机将弧坑焊道打磨成缓坡形，操作时焊丝的端部对准缓坡的最高点，然后引弧，以锯齿形摆动焊丝，将焊道缓坡处覆盖，当电弧到达缓坡最低处时即可转入正常施焊。CO_2 气体保护焊的接头方法与焊条电弧焊有所不同，电弧燃烧到原熔孔处时，不需压低电弧形成新的熔孔，而只用它的熔深就可以将接头接好。

2) 填充层焊接

施焊填充层前，应将打底层焊道和试件表面的飞溅物清理干净，焊道局部凸起处打磨平整。调整好焊接工艺参数，可采用锯齿形运丝法、圆圈形运丝法和反月牙运丝法，焊枪角度与打底层焊接时相同，电弧摆动不要太快，要稍慢而稳，摆幅比焊接打底层时稍宽，电弧在坡口两侧稍作停留，保证焊道两侧熔合良好，焊道表面平整。填充层焊道比坡口边缘要低 1.5～2 mm，并使坡口边缘保持原始状态，为施焊盖面层打好基础。

3) 盖面层焊接

施焊盖面层前，应清理前层焊道和飞溅物，清理喷嘴上的飞溅物，并在喷嘴上涂硅油。调整好焊接工艺参数，焊枪角度与施焊打底层时相同。施焊盖面层用锯齿形运丝法，焊丝横向摆动幅度比填充层要大，在坡口两侧应稍作停留，以填满坡口。停顿时间以焊缝与母材圆滑过渡、焊缝余高不超过标准为宜。焊丝横向摆动时，应注意控制摆动间距，使之均匀合适，间距不宜过大，否则易产生咬边，焊缝表面也不美观。收弧时应注意填满弧坑，防止产生裂纹。

3. 注意事项

(1) 板对接立焊时，要选择适合自己的空间固定位置。由于焊枪较重，所以焊枪的握持要选择一种较为省力的方式，以减少焊接过程中手的疲劳程度，有利于控制焊接质量。

(2) 板对接向上立焊时，焊枪的位置十分重要，要使焊丝对着前进方向，保持 90°±10° 的角度；电流比平焊时稍小，焊枪摆动的频率稍快，摆动的幅度要保持一致，采用锯齿间距较小的方式进行焊接，打底焊时，密切观察和控制熔孔的尺寸，要注意一致；不能采用下凹的月牙形摆动，否则焊道凸起严重，导致焊道下坠。焊接时，最好用双手握枪，以保证焊接的稳定。

(3) 板对接向下立焊时，焊枪的角度十分重要，需直线运枪，不做摆动。焊接速度要均匀，与焊丝的熔化速度相匹配。密切关注液态金属的状况，不能让它流到电弧前面；一旦出现该情况，立即调整焊枪的角度，利用电弧吹力拖住液态金属。

(4) 薄板焊接时，因为是单层单道焊，要同时保证正反面焊缝都成形，难度较大，焊接时要特别注意观察熔池，随时调整焊枪角度。

四、V 形坡口板对接横焊

1. 焊接层数及工艺参数

横位焊接时，焊接层次为三层六道，焊接工艺参数见表 2-42。

表 2-42　12 mm 钢板对接二氧化碳气体保护焊横位单面
焊双面成形焊接工艺参数

焊接层次	焊丝直径 /mm	焊丝伸出长度 /mm	焊接电流 /A	电弧电压 /V	气体流量 /(L·min⁻¹)
打底层	1.2	12~20	100~110	20~22	15~18
填充层	1.2	12~20	130~150	20~22	15~18
盖面层	1.2	12~20	130~150	20~24	15~18

2. 操作步骤

1) 打底层焊接

施焊之前，调试好焊接工艺参数，并调整好焊枪角度，在试板右端定位焊缝上引燃电弧，以小幅锯齿形摆动，自右向左焊接，当定位焊缝左侧形成熔孔后，转入正常焊接。

正常焊接时电弧沿熔池前部边缘作小锯齿形或小斜锯齿形运动，电弧摆动宽度稍大于间隙，电弧向上运动时稍快，向下运动时稍慢，上方熔孔可见，下方熔孔不可见(下方并非没有熔化钝边，只是其熔化后被铁水堵住)。电弧在上下坡口两侧稍作停留，在上坡口的停留稍明显，使打底焊道与上下坡口熔合良好，过渡圆滑。

施焊打底层时应注意以下几点：

(1) 注意保持大小合适，均匀一致的熔孔。施焊过程中应注意观察熔池和熔孔的状况，并适当调整焊接速度，焊枪摆动幅度和焊枪角度。

(2) 焊枪摆动幅度不可过大或过小，摆动过小时背面高，正面两侧有夹角，也可能造成穿丝；摆动过大时可能造成根部未熔合或背面低。摆动时，摆动间距要小，且均匀一致，以防止穿丝。

(3) 电弧的位置在熔池前部边缘，过于向前时背面会高或造成穿丝，过于向后时根部易熔合，正面成形差，两侧有夹角。

(4) 焊枪角度从起焊至焊完应尽量保持一致。

2) 填充层焊接

施焊填充层前，应将打底层焊道和试件表面的飞溅物清理干净，焊道局部凸起处打磨平整。施焊第 2 条焊道时，焊枪成 0°～10°的俯角。电弧中心应对准打底焊道的下缘，从右向左施焊，焊道与坡口边缘相差 1~1.5 mm 为宜。焊道 2 焊接时可选择直线运丝法、斜锯齿运丝法及斜圆圈运丝法等。

施焊第 3 条焊道时，焊枪成 0°～10°的仰角。焊道 3 焊接时可根据预留位置的宽窄及深浅选择直线运丝法、直线往复运丝法、斜锯齿运丝法及斜圆圈运丝法等。焊道 3 焊后焊道与坡口边缘相差 0.5~1 mm 为宜。

3）盖面层焊接

施焊盖面层前，应清理前层焊道和试件表面的飞溅物，清理喷嘴上的飞溅物，并在喷嘴上涂硅油。电弧运动方法以直线法为主，这样操作简单且焊道波纹相同，焊缝成形美观。施焊盖面层的焊枪倾角与焊枪夹角如图 2-84 所示。施焊焊道 4 时，应注意控制焊接速度，防止焊道过厚，焊道下缘与母材应熔合良好，平滑过渡。施焊第 5、6 条焊道时，应分别覆盖下层焊道 1/3~1/2，并注意平滑过渡，使焊缝平整。焊道 6 预留位置的宽窄对整个盖面层的影响很大。预留位置不可过窄，否则最上方焊道焊完后会凸出来，影响盖面层的美观；过宽时采用直线法不能完全焊满，但稍宽时较好焊接，可以采用小斜锯齿运丝法。第 6 条焊道与母材应熔合良好，并防止出现咬边。

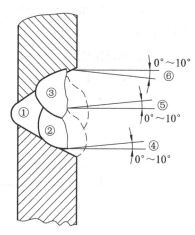

图 2-84　盖面层的焊枪倾角与焊枪夹角

3．注意事项

厚板对接横焊时，均需采用多层焊，焊枪的角度和焊道的排布情况与焊条电弧焊时相同。第一层焊道应尽量焊成等焊脚焊道，从下往上排列焊道。随着焊缝层数的增加，逐步减小焊道的熔敷金属量，并增加焊道数。后道焊缝应盖住前道焊缝的 1/2 以上，从而使每层焊完都尽量得到平坦的焊缝表面。

五、质量检测项目及标准

焊接完成后，对原始状态焊缝外观要求满足下列要求的试件，按 GB3323 标准进行 X 射线探伤合格：

焊缝余高 0~3 mm，余高差≤3 mm，宽度差≤2 mm；

焊缝表面不得有裂纹、未熔合、夹渣、气孔和焊瘤；

焊缝咬边深≤0.5 mm，两侧咬边总长≤30 mm；

未焊透深不大于板厚的 15%，且不大于 1.5 mm，总长≤26 mm；

背面凹坑深不大于板厚的 20%，且小于 2 mm，总长≤26 mm；

试板焊后角变形应小于 3°；

焊后试件的错边量不得大于试件板厚的 10%，即小于 1.2 mm。

❖ 任务3　二氧化碳气体保护焊角焊操作技术

一、焊前准备

1．试件材料及尺寸

本操作用试件材料为 Q235 钢板 300 mm × 150 mm × 12 mm 两块。

2．焊接材料

本操作用焊接材料为 ϕ1.2 mm 的 ER49-1 焊丝(牌号为 H08Mn2SiA)，气体纯度不低于 99.5%的瓶装 CO_2 气体。

3．焊接设备及辅助工具

本操作选用 NBC-350 型焊机、角向打磨机、面罩、CO_2 预热器、减压器及流量计、扳手和钢丝刷等。

4．装配与定位焊

试板装配如图 2-85 所示。

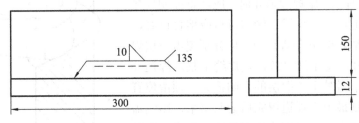

图 2-85　T 形接头装配图

试件装配时，检查钢板平直度，并修复平整。为保证焊接质量，需要将焊接处 20 mm 内除锈、油，打磨干净露出金属光泽，避免产生气孔、裂纹、难以引弧。非熔透 T 形接头，不需要开坡口，但要求角接板接头处的端面平整，以避免装配时产生间隙。

定位焊所用焊材与正式施焊时相同，在试件两端 20 mm 内定位，定位焊缝长度≤15 mm。

二、平角焊技术

1．焊接层数及工艺参数

平角焊时，厚板角焊缝采用两层三道焊接。焊接工艺参数见表 2-43。

表 2-43　12 mm 钢板 T 形接头二氧化碳气体保护焊平角焊接工艺参数

焊接层次	焊丝直径 /mm	焊接电流 /A	电弧电压 /V	气体流量 /(L·min⁻¹)	焊丝伸出长度 /mm
定位焊	1.2	180～200	23～24	12～15	12～18
打底层	1.2	160～180	21～23	12～15	12～18
盖面层	1.2	140～150	21～23	12～15	12～18

2．焊接操作

1）打底焊焊接

在定位焊缝的背面采用多层多道焊。将焊枪置于距起焊端 15～20 mm 处引弧，引燃电弧后抬高电弧拉向焊件端头稍作停顿，压低电弧并控制喷嘴高度，此时，焊丝对准平板距根部 1 mm，与立板和平板均成 45°角，与焊接方向成 70°～80°角，如图 2-86 所示；斜锯齿运枪，摆动幅度不宜太大。焊道余高不宜太大，焊接

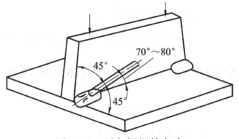

图 2-86　平角焊焊枪角度

到试件最左端，回焊收弧。由于 CO_2 焊熔敷效率高，要求运枪平稳，可双手持枪。打底层焊道焊角高度 6～7 mm。焊接运弧中，特别要注意运弧摆动的方向，运弧摆动的方向直接影响焊缝成形。

2) 盖面焊焊接

彻底清除底层焊渣，避免夹渣缺陷。为获得过渡圆滑的焊道，采用左向焊法上下两道盖面。焊接第一道时，焊丝对准底层焊道下焊趾，小斜圆圈运枪，焊枪与水平板成 50° 角，与焊接反方向成 70°～80° 角。焊接过程中注意控制摆动幅度一致，使熔池覆盖底层焊道 2/3，焊接速度适宜，斜圆圈摆动时斜度要稍大，与平板熔合良好，下焊趾与立板距离相等，平滑过渡，避免焊趾出现应力集中。

焊接第二道时，采用直线往复运丝方法，焊枪与平板成 40° 角，焊丝对准第一道上焊趾，熔池覆盖第一层焊道 1/2～2/3，注意控制焊接速度，往返运弧，返回时适当地停顿一下，以填满熔池，避免咬边缺陷，使焊道截面成等腰三角形，焊角高度 9～10 mm。

焊接过程中，应根据熔池温度和熔合状态，随时调整焊枪角度，摆动形式，摆动幅度，焊接速度等，使焊道宽度一致，焊趾圆滑过渡，焊道与焊道之间熔合良好。

项目五　钨极惰性气体保护焊

学习目标 ✍

　(1) 掌握钨极惰性气体保护焊的工作原理及工艺；
　(2) 了解钨极惰性气体保护焊的设备；
　(3) 掌握钨极惰性气体保护焊基本操作技术；
　(4) 掌握钨极惰性气体保护焊 V 形坡口板-板对接操作技术。

知识链接 📄

★ 知识点 1　钨极惰性气体保护焊的原理与特点

钨极惰性气体保护焊英文为 tungsten insert gas arc welding(简称 TIG)。

一、钨极惰性气体保护焊的原理

钨极惰性气体保护焊是在惰性气体的保护下,利用钨极与焊件间产生的电弧热熔化母材和填充焊丝(也可以不加填充焊丝),形成焊缝的焊接方法,如图 2-87 所示,焊接时保护气体从焊枪的喷嘴中连续喷出,在电弧周围形成保护层隔绝空气,保护电弧和焊接熔池以及临近热影响区,以形成优质的焊接接头。钨极惰性气体保护焊分为手工和自动两种。

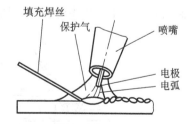

图 2-87　钨极惰性气体保护焊示意图

焊接时,用难熔金属钨或钨合金制成的电极基本上不熔化,故容易维持电弧长度的恒定。填充焊丝在电弧前添加,当焊接薄板焊接时,一般不需开坡口和填充焊丝；还可采用脉冲电流以防止烧穿焊件。焊接厚大焊件时,也可以将焊丝预热后,再添加到熔池中去,提高熔敷速度。

钨极惰性气体保护焊通常采用的保护气体为氩气，称为钨极氩弧焊。在焊接厚板、高导热率或高熔点金属等情况下，保护气体也可采用氩气和氦气混合气体，如不锈钢、镍基合金和镍铜合金等。

二、钨极惰性气体保护焊的特点

钨极惰性气体保护焊与其他焊接方法相比有如下特点：

1. 可焊金属多

惰性气体能有效隔绝焊接区域周围的空气，它本身不溶于金属，不和金属反应；焊接过程中电弧还有自动清除焊件表面氧化膜的作用，可成功地焊接其他焊接方法不易焊接的易氧化、易氮化、化学活泼性强的有色金属、不锈钢和各种合金。

2. 适用能力强

钨极电弧稳定，即使在很小的焊接电流下也能稳定燃烧，不会产生飞溅，焊缝成形美观；热源和焊丝可分别控制，因而热输入量容易调节，特别适合薄件、超薄件的焊接；可进行各种位置的焊接。

3. 焊接生产率低

钨极承载电流能力较差，过大的电流下会引起钨极熔化和蒸发，其颗粒可能进入熔池，造成夹钨，因此钨极氩弧焊使用的电流小，焊缝熔深浅，熔敷速度小，生产率低。

4. 生产成本较高

由于惰性气体较贵，与其他焊接方法相比生产成本较高，故主要用于要求较高产品的焊接。

★ 知识点2　钨极惰性气体保护焊设备

钨极惰性气体保护焊设备通常由焊接电源、引弧及稳弧装置、焊枪、供气系统、水冷系统和焊接程序控制装置部分组成，对于自动钨极惰性气体保护焊还应包括焊接小车行走机构和送丝装置。

一、手工钨极惰性气体保护焊设备

手工钨极惰性气体保护焊设备，一般包括焊接电源、供气和供水系统、焊枪等，如图2-88所示，其中焊接电源内已包括了引弧及稳弧装置、焊接程序控制装置等。

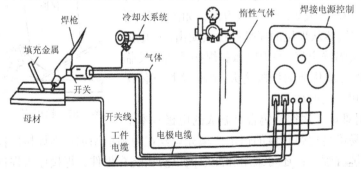

图2-88　手工钨极惰性气体保护焊的设备构成

1. 焊接电源

钨极惰性气体保护焊可以采用直流、交流或交直流两用电源及脉冲焊接电源，采用陡降特性或恒流特性，以保证在弧长变化时，减小焊接电流的波动。交流电源应有高频、高压引弧或高压脉冲引弧装置，还应有稳弧装置及消除直流分量装置。

交流电源常用动线圈漏磁式变压器，直流电源可用磁放大器式硅整流电源，交、直流两用焊机常采用饱和电抗器构成单相整流电源。目前，大多数焊机电源均采用 IGBT 逆变技术和微电脑控制技术，该电源可进行遥控，有多种氩弧操作方式，时间独立可调，能实现全位置焊接。

需要指出的是，在用交流弧焊电源时，必须解决以下两个问题：

(1) 引弧困难，电弧不稳定。钨极氩弧焊用弧焊逆变压器时，存在引弧困难和电弧不稳定的问题，这就需要采用振荡器和稳弧装置，来达到引弧和稳弧的目的。

(2) 直流分量的影响。交流氩弧焊的极性是不断变化的，当钨极为负时，强烈发射电子，电流较大，电弧电压较低；反之，钨极为正时，电流较小，电弧电压较高。因此，正负半波的电流值不对称。焊接电流可以看作是由两部分叠加组成，一部分是真正的交流电，另一部分是直流电。通常把直流电部分称为直流分量。直流分量的方向是从焊件流向钨极，相当于焊接回路中存在着正极性直流电流，使得电弧不稳定，焊缝易出现未焊透、成形差等缺陷。目前，消除直流分量多采用串联电容器法，它具有能使交流电顺利通过而阻止直流通过的特性。

2. 引弧及稳弧装置

钨极惰性气体保护焊开始时，由于电弧空间的气体、电极和工件都处于冷态，同时惰性的电离势很高，又有气流的冷却作用，所以开始引弧比较困难，但又不宜用高频电压的方法(提高空载电压对人身安全不利)，所以钨极惰性气体保护焊必须使用高频振荡器来引燃电弧。高频振荡器一般仅供焊接时初次引弧，不用于稳弧，引燃电弧后马上切断。对于交流电源，还需要使用脉冲稳弧器，以保证重复引燃电弧并稳弧。

3. 控制系统

控制系统包括引弧装置、稳弧装置、电磁气阀、电源开关、继电保护及指示仪表等，通过控制线路，对供电、供气、引弧与稳弧等各个阶段的动作程序实现控制，如图 2-89 所示。

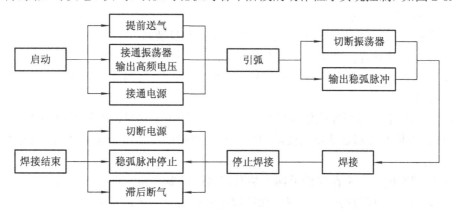

图 2-89　交流手工钨极氩弧焊控制程序框图

4. 供气和供水系统

供气系统的作用是使钢瓶内的惰性气体按一定的流量，从焊枪的喷嘴送入焊接区，供气系统主要包括气瓶、减压器、流量计及电磁气阀等，如 2-90 所示。氩气瓶构造和氧气瓶相似，外表涂为灰色，并标有"氩气"字样。氩气在钢瓶内为气体状态，氩气瓶容积一般为 40 L，最大压力为 14.7 MPa，钢瓶出口与减压器相连，减压器由进气压力表、减压过滤器、流量调节器等组成，起到降压、调压和稳压的作用，并可方便地调节流量。气体流量计(通常采用玻璃转子流量计，也可采用减压器和流量计一体的浮标式流量计)是检测通过气体流量大小的装置，其流量调节范围有 0～15 L/min 和 0～30 L/min 两种，可根据实际需要来选用。电磁气阀控制系统控制器启闭，以达到提前送气和滞后停气的要求。

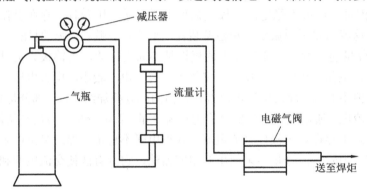

图 2-90　钨极惰性气体保护焊的供气系统组成

供水系统主要用水冷却焊枪和钨极。当焊接电流超过 200 A 时，为了提高电流密度和减轻焊枪的重量，必须对焊接电缆、钨极和焊枪进行水冷。对于手工水冷式焊枪，通常将焊接电缆装入通水软管中做成水冷电缆，这样可大大提高电流密度，减轻电缆重量，使焊枪更轻便。有时水路中还接入水压开关保护装置，保证冷却水接通并有一定压力后才能启动焊机。必要时可采用水泵，将水箱内的水循环使用。

水路系统要求畅通无阻，并用水压开关或手动开关来控制冷却水的流量。水压开关与电源连接，当水压不足时，焊机不能启动，只有水量充足，水压开关才起作用。

5. 焊枪

1) 焊枪的功能与要求

(1) 夹持电极。要求夹持电极的接触电阻小，并且装卸方便。

(2) 导电。传导焊接电流，使电流通过电极与工件之间产生焊接电弧。

(3) 输送保护气。焊接由焊接喷嘴连续地喷出保护气将四周空气排开，使焊接区域得到可靠的保护。

(4) 冷却焊枪。小型焊枪依靠保护气流带走焊枪中的热量，大型焊枪还要采取循环水冷却措施。焊枪的冷却是非常重要的问题，只有焊枪的冷却可靠而不过热，才能保证焊接的正常进行。

(5) 控制焊机。通常在焊枪手柄上装有焊机的控制按钮，以便焊接时进行"启动"和"停止"的操作。有的钨极惰性气体保护焊焊枪还装有气体流量的调节阀门，便于操作者随时调节保护气体的流量。

此外，还要求焊枪重量轻、体积小、绝缘性能好和具有一定的机械强度等。

2) 焊枪的分类和结构

钨极惰性气体保护焊的焊枪主要由焊枪体、喷嘴、电极夹头、电极帽、焊接电缆、气管、水管(小规范时可以不用)、按钮开关等组成。钨极惰性气体保护焊的焊枪种类很多，在定型产品中根据使用电流大小，有水冷式和气冷式之分，如图 2-91 所示。

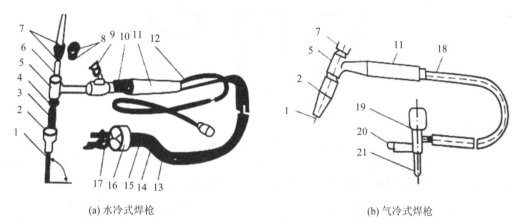

(a) 水冷式焊枪　　　　　　　　　　　　　　　　(b) 气冷式焊枪

1—钨极；2—喷嘴；3—导流件；4—密封圈；5—焊枪体；6—钨极夹头；7—盖帽；8—密封圈；9—船形开关；
10—扎线；11—焊枪把；12—插头；13—进气管；14—出水管；15—水冷缆线；16—活动接头；
17—水电接头；18—电缆；19—开关手轮；20—通气接头；21—通电接头

图 2-91　钨极惰性气体保护焊焊枪种类及构造

气冷式焊枪的结构简单，使用轻巧灵活，主要供小电流(小于 150 A)焊接时使用。水冷式焊枪带有水冷系统，结构较复杂，稍重，主要供大电流(大于 150 A)焊接时使用。

焊枪结构中，钨极夹头及喷嘴为易损件。对不同直径的电极，要选配不同规格的钨极夹头及喷嘴。电极夹头要有弹性，通常用青铜制成，喷嘴用耐热陶瓷制造，具有绝缘和耐高温的性能。

自动送丝手工钨极惰性气体保护焊的焊枪由固定夹子、焊丝出口、送丝软管等组成，如图 2-92 所示。

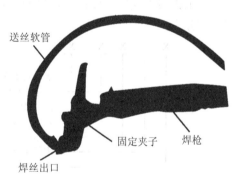

图 2-92　手工钨极惰性气体保护焊(自动送丝)的焊枪形式

3) 保护效果

气体保护的效果，对焊接质量及过程稳定性影响很大。希望从焊枪喷嘴中喷出的保护气体气流对整个焊接区(包括熔化金属及近缝区)都具有良好的保护作用。这就要求喷出的保护气流稳定，称层流流态，并能达到较远的距离。保护效果与气体的流量有关，也与焊枪的结构有很大关系。首先要使保护气体均压，常常在焊枪的上部设计一个气体的均压腔，或者采用多孔的隔板及铜丝网作为"气筛"，以达到阻尼均压的目的；其次应使均压后的气体从喷嘴平稳输出，要求从喷嘴喷出的气体不产生紊流，而是前后有序的气流，这种气流在流体力学中被称为"层流"。具有"层流"态的保护气体，就能有效地将空气排开，对焊接区进行可靠的保护。

由此可见，喷嘴的形状和尺寸对保护效果有很大的影响。常见的喷嘴形状如图 2-93 所示。其中圆柱形的喷嘴有利于产生"层流"，用得较多。圆锥形的喷嘴保护性能差一些，但便于操作，熔池可见性好，故常用于小型焊枪焊接薄件。

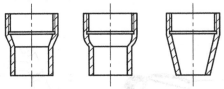

图 2-93　常用的喷嘴形状示意图

4) 焊枪型号

焊枪型号由形式及主要参数组成。TIG 焊焊枪按冷却方式不同，可分为气冷和水冷式两种形式，前者标志为 QQ，后者标志为 QS。QQ 型的焊枪适用焊接电流范围为 10～150 A；QS 型相应的范围为 150～500 A。在形式和横杠后面的数字标志焊枪参数，第一个参数是喷嘴中心线与手柄轴线之间的夹角，第二个参数是额定焊接电流。在角度和电流值之间用斜杠分开。如果后面还有横杠和字母，则表示是用某种材料制成的焊枪。譬如标志 QQ-85°/100A-C，则表示气冷焊枪，喷嘴中心线与手柄夹角为 85°、额定焊接电流为 100 A，焊枪的本体是由硅胶压膜成形的。

6. 焊机型号

手工钨极惰性气体保护焊焊机的型号如图 2-94 所示。手工钨极氩弧焊按电源种类的不同，可分为以下几种。

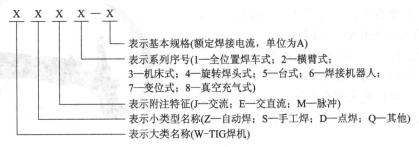

　　　　X　X　X　X－X
　　　　　　　　　　　└── 表示基本规格(额定焊接电流，单位为A)
　　　　　　　　　└────── 表示系列序号(1—全位置焊车式；2—横臂式；
　　　　　　　　　　　　　　3—机床式；4—旋转焊头式；5—台式；6—焊接机器人；
　　　　　　　　　　　　　　7—变位式；8—真空充气式)
　　　　　　　└────────── 表示附注特征(J—交流；E—交直流；M—脉冲)
　　　　　└──────────── 表示小类型名称(Z—自动焊；S—手工焊；D—点焊；Q—其他)
　　　└────────────── 表示大类名称(W-TIG焊机)

图 2-94　手工钨极氩弧焊焊机的型号表示方法

1) 交流手工钨极氩弧焊机

交流手工钨极氩弧焊机有较好的热效率，能提高钨极的载流能力，适用于焊接厚度较大的铝及铝合金、镁及镁合金。焊接时，可用高压脉冲发生器进行引弧和稳弧，利用电容器组清除直流分量。常用的交流手工钨极氩弧焊机的型号有 WSJ-150、WSJ-400、WSJ-500 等。

2) 直流手工钨极氩弧焊机

直流手工钨极氩弧焊机主要采用直流正接法(焊件接焊机的正极)，用于不锈钢、耐热钢、钛及钛合金、铜及铜合金等金属的焊接。常用的直流手工钨极氩弧焊机的型号有 WS-250、WS-300、WS-400 等。

3) 交流方波/直流两用手工钨极氩弧焊机

直流方波/直流两用手工钨极氩弧焊机主要由 ZXE5 交直流弧焊整流器、WE5 氩弧焊机空载相、JSW 系列水冷焊枪和遥控盒组成。

二、自动钨极惰性气体保护焊设备

自动钨极惰性气体保护焊设备的送丝和电弧的移动都是采用机械装置自动进行的，自动钨极惰性气体保护焊的焊枪与导丝结构示意图如图 2-95 所示。焊接过程稳定，生产效率高，适用于直缝、环缝、管道对接接头。自动钨极惰性气体保护焊设备主要有悬臂式、焊车式和机床式等。

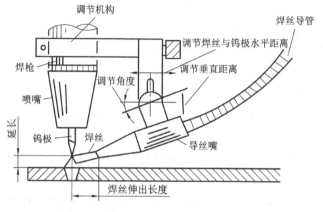

图 2-95 自动 TIG 焊的焊枪与导丝机构

1. 悬臂式自动钨极惰性气体保护焊设备

悬臂式自动钨极惰性气体保护焊焊接设备包括悬挂式焊接机头、送丝盘、立柱、横梁、控制箱、电源及气路和水路等，焊丝盘和机头均悬挂在横梁上，如图 2-96 所示。

2. 小车式自动钨极惰性气体保护焊设备

小车式自动钨极惰性气体保护焊设备包括焊接小车、控制盘、电源等，焊接机头、焊丝盘和控制箱等随小车一起行走，类似于埋弧焊接小车，如图 2-97 所示。

3. 机床式自动钨极惰性气体保护焊设备

机床式自动焊接设备包括机架、控制箱、电源等，焊接机头、行走机构和焊丝盘均安装在固定的机床上，如图 2-98 所示。

图 2-96 悬臂式自动 TIG 焊设备机构

图 2-97 小车式自动 TIG 焊设备机构

图 2-98 机床自动 TIG 焊设备

三、设备的安装

1. 焊机的安装

(1) 焊机应放在通风良好、干燥的地方，距墙壁 20 cm 以上，两台并放时应相隔 30 cm 以上。

(2) 焊机必须用独立的专用电源开关，其容量应符合要求，焊机超负荷时，应能自动切断电源。

(3) 焊机必须有安装可靠的接地线，接地电缆截面积应大于 14 mm^2，以保障人身和设备安全。

(4) 焊机输入、输出的接线必须牢固，绝缘防护必须完好。

(5) 焊机输入、输出电缆截面积应符合要求，且不要过长。

(6) 焊机安装好以后，将相应的功能旋钮、开关置于正确位置，接通电源开关，电源指示灯亮，冷却风扇转动，焊机进入准备焊接状态。

2. 焊枪与钨极的组装

(1) 首先将电极夹套与焊枪本体安装固定，保证导电良好。

(2) 将喷嘴安装到焊枪本体上。

(3) 将钨极和开口夹套插入已安装好的电极夹套内，注意钨极直径与开口夹套规格必须一致。

(4) 将电极帽与焊枪本体拧紧，通过电极夹套和开口夹套将钨极夹紧，保证导电良好，否则易造成焊枪的烧损。

3. 气体调节器的安装

(1) 安装气体调节器前应先将气阀打开，放出瓶内杂气并将瓶口污物吹净，防止污物堵塞气体调节器。

(2) 气体调节器与气瓶连接紧固时压力表和流量护罩不得受力，安装好的气体调节器要与地面垂直，保证所指示的流量准确。

(3) 流量计损坏或需要更换部件时切不可自行拆卸，应请专业人员进行修理。气体流量计使用时必须保持正常、良好的状态。

(4) 供气系统各连接处必须连接可靠，气体通路不得有泄漏现象，密封圈及气体喷嘴保持正常或清洁状态。

四、设备的维护和故障排除

1. 设备的保养

(1) 焊工在工作之前应认真阅读焊接设备使用说明书，掌握焊接设备的构造和正确使用方法。

(2) 焊机应按外部接线图正确安装，并应检查铭牌电压值与网络电压值是否相符，若不相符时禁止使用。

(3) 焊接设备在使用前，必须检查水、气管的连接是否良好，以保证正常的供水、供气。

(4) 应及时更换烧损的喷嘴，以保证良好的保护。

(5) 应经常注意焊枪冷却水系统的工作情况，以防烧损焊枪。

(6) 应经常注意供气系统的工作情况，发现问题时应及时解决。

(7) 应经常保持焊机清洁，定期用干燥压缩空气进行清洁。

(8) 应定期检查焊枪的钨极夹头夹紧情况和喷嘴的绝缘性能是否良好。

(9) 氩气瓶不能与焊接场地靠近，同时必须固定，以防倾倒。

(10) 工作完毕或临时离开工作场地时，必须切断焊机电源，关闭水源及气瓶阀门。

2．设备常见的故障和排除方法

钨极氩弧焊设备常见故障有水、气路堵塞或泄露；钨极不洁不能引燃电弧；焊枪钨极夹头未旋紧，引起电流不稳；焊枪开关接触不良，使焊接设备不能启动等。这些应由焊工排除。另一部分故障如焊接设备内部电子元件损坏或其他机械故障，焊工不能随便自行拆修，应由有关的维修人员进行检修。钨极氩弧焊机常见的故障和消除方法见表 2-44。

表 2-44　钨极氩弧焊设备常见故障及排除方法

故障特征	可能产生的原因	排　除　方　法
电源开关接通，指示灯不亮	开关损坏；熔断器烧断；控制变压器损坏；指示灯损坏	更换开关；更换熔断器；修复；换新的指示灯
控制线路有电，但焊机不能启动	枪的开关接触不良；继电器出现故障；控制变压器损坏	修复；检修；检修
焊机启动后，振荡器放电，但引不燃电弧	网络电压太低；接地线太长；焊件接触不良；无气，钨极及焊件表面不洁，钨极与工件的距离不合适，钨极太钝等；火花塞间隙不合适；火花头表面不洁	提高网络电压；缩短接地线；清理焊件；检查气，钨极等是否符合要求；调整火花塞的间隙；清洁火花头表面
焊机启动后，无氩气输送	按钮开关接触不良；电磁气阀出现故障；气路不通；控制线路故障；气体延时线路故障	清理触头；检修；检修；检修；检修
电弧引燃后，焊接过程中电弧不稳定	脉冲稳弧器不工作，指示灯不亮；消除直流分量的元件故障；焊接电源的故障	修复；检修或更换；检修
焊接过程中出现连续断弧现象	电抗器有匝间短路或绝缘不良；输出电流偏小；电弧挺度太小	检修电抗器；增大输出电流；增大推力电流

若冷却方式选择开关置于空气位置时，焊机能正常工作，而置于水冷位置时不能正常工作(且水流量又大于 1 L/min)，其处理的方法是打开控制箱底板，检查水流开关的微动是否正常，必要时可进行位置调整。

★ 知识点 3　钨极惰性气体保护焊焊接材料

一、保护气体

焊接时，保护气体不仅仅是焊接区域的保护介质，也是产生电弧的气体介质。因此保护气体的特性(如物理特性、化学特性等)不仅影响保护效果也影响到电弧的引燃、焊接过程的稳定以及焊缝的成形质量。

1. 氩气

氩气是惰性气体，具有高温下不分解又不与焊缝金属起化学反应的特征。氩气是单原子气体，无分子分解成原子的过程，电离时能量损失较少，所以氩弧引燃后，就能比较稳定地燃烧。氩气的热容量与热导率较小，故只要较小的热量就可把电弧空间加热到高温，且电弧的热量不易散失，有利于气体的热电离，致使电弧燃烧稳定。

氩气在空气中含量极少，按气体分数计算，仅占 0.97%，按质量分数计算，仅占 1.3%。它比空气重，沸点为 −185.7℃。氩气是在液态空气分馏制氧时获得的。由于氩气的沸点介于氧气和氮气的沸点之间(氧的沸点是 −183℃，氮的沸点是 −195.8℃)，沸点温度差值小，所以在制氩时，氩气中会含有一定数量的氧、氮、二氧化碳和水分。如果这些杂质含量过多，就会削弱氩气的保护作用，并直接影响焊缝的质量、造成钨极的烧损。

氩弧焊用的氩气，其纯度一般应大于 99.95%以上。对化学性能活泼的金属，如铝、镁、钛、锆及其合金，氩气纯度要求应更高些。焊接用纯氩装在钢瓶内，在 20℃时，满瓶压力为 15 MPa。

在焊接不同的金属材料时，对氩气纯度的要求也不同，见表 2-45。

表 2-45　TIG 焊焊接不同材料对氩气纯度的要求

被焊材料	氩气纯度/%	被焊材料	氩气纯度/%
铬镍不锈钢、铜、钛及其合金	≥99.7	高合金钢	≥99.95
铝、镁及其合金	≥99.9	钛、钼、铌、锆及其合金	≥99.98

2. 富氩混合气体

在氩气中加入一定量的另一种或两种气体后，可以分别在细化熔滴、减小飞溅、提高电弧稳定性、改善熔深及提高电弧的温度等方面获得满意的效果。富氩混合气体主要应用在熔化极氩弧焊上，常用的富氩混合气体有以下几种。

1) Ar+He

氦也是惰性气体，氦气和氩气相比较，由于其电离电位高、热导率大，在相同的焊接电流和电弧长度下，氦弧的电弧电压比氩弧高(即电弧的电场强度高)，使电弧有较大的功率。氦气的冷却效果好，使得电弧能量密度大，弧柱细而集中，焊缝有较大的熔透率。但焊接时引弧较困难。氦气相对原子质量轻、密度小，要有效地保护焊接区域，其流量要比氩气大得多。由于价格昂贵，只在某些特殊场合下应用。如核反应堆的冷却棒、大厚度的铝合金等。

在氩气中加入氦气后，电弧燃烧稳定，阴极清理作用好，具有高的电弧温度，工件热输入大，熔透深，焊接速度几乎为氩弧焊的两倍。这种混合气体常用来焊接大厚度的铝及其合金以及高导热材料。例如，焊接铝及其合金时，氦不宜超过 10%，否则会产生较多的飞溅；焊接铜及铜合金时，氦与氩气的体积比例一般为 50:50 或 70:30，这样可减小预热温度或不预热；焊接镍基合金时，氦为 15%～20%。

2) Ar+O₂

$Ar+O_2$ 混合气体分为两种类型。一种含氧量较低(含氧量为 1%～5%)，用于焊接碳钢、不锈钢、高合金钢及强度级别较高的高强度钢，可以克服用纯氩焊接时阴极产生的漂移现象(即电弧挺度不好)，并可克服由于液体金属表面张力较大，易产生气孔、咬边等现象。还可改善焊缝成形，有利于熔滴过渡。另一种是含氧量较高(含氧量为5%～20%)，主要用于焊接碳素钢和低合金结构钢。

3) $Ar+CO_2$

$Ar+CO_2$常用来焊接低碳钢和低合金结构钢。在氩气中通常加入CO_2的量为20%～30%。用$Ar+CO_2$焊接时，既具有氩弧焊电弧稳定、飞溅少、容易获得喷射过渡的特点，又因为这种混合气体带有氧化性，克服了用单一气体焊接时表面张力大、斑点易漂移及液态金属黏稠等问题，这种气体可用于喷射过渡、短路过渡和脉冲的熔滴过渡形式。

4) $Ar+H_2$

H_2具有还原性，在氩气中加入少量氢气可提高电弧电压，从而提高电弧热功率，增加熔透，并防止咬边、抑制CO气孔，常用来焊接不锈钢、镍基合金和镍铜合金。但H_2含量必须低于6%，否则会产生氢气孔。此外，氢气的密度很小，而导热系数很大，且为双原子分子，在高温下分解吸热，因此氩气中加入氢气可提高电弧温度，从而提高生产率。在钨极氩弧焊焊接不锈钢时，为提高焊接速度通常在氩气中加入4%～80%的氢气。

5) $Ar+N_2$

对于铜及铜合金，N_2相当于惰性气体。氮气为双原子分子气体，热导率比氩气高，因而弧柱的电场强度及温度均较高。这种混合气体的氩气、氮气比例通常为80∶20。与Ar+He气体相比，氮气价格便宜，但焊接时有飞溅，且焊缝表面较粗糙，焊缝外观不如Ar+He混合气体好。由于氮气的存在，焊接中还伴有一定量的烟雾。此外，在焊接奥氏体不锈钢时，在氩气中加入少量的氮气(1%～4%)，对提高电弧挺度以及改善焊缝成形有一定的效果。

二、电极材料

1. 对电极材料的要求

TIG焊用电极材料，对TIG焊电弧的稳定、连续工作时间及焊接质量影响很大。为此，对电极材料提出如下要求：

(1) 耐高温。要求电极在焊接过程中不熔化烧损。否则不仅使电极本身消耗很快，而且还会使电弧发生漂移，造成电弧不稳定。此外，电极一旦熔化，电极材料进入熔池会污染焊缝，产生焊接缺陷，影响焊缝质量。

(2) 发射电子能力强。这要求电极材料的逸出功小，特别是在高温时应具有较强的热电子发射能力。

(3) 载流能力大。要求电极具有良好的导电性能及导热性能，能承载较大电流而不会过热。

(4) 磨削加工性好。电极的表面需经过磨削，具有一定尺寸精度和端部角度，从而保障电极夹持精度及可靠导电，保持电弧的稳定，进而提高电弧热量的集中性。

(5) 放射性小。某些用于提高电极发射能力的物质具有放射性，因此应选用放射性小的电极材料。

2. 电极材料

钨极按化学成分分类主要有钨电极、铈钨电极、钍钨电极、镧钨电极、锆钨电极、钇钨电极及复合电极等。纯钨高温挥发性较小，是使用最早的电极材料。但是，纯钨棒发射电子的电压较高，要求焊机具有较高的空载电压外，纯钨极中加入 1%～2%的氧化钍，用它制成的钍钨极，具有较高的热电子发射能力和耐熔性。尤其采用交流电时，钍钨极允许电流值比同直径的纯钨极有所提高(见表 2-46)。但钍钨极的粉尘具有微量的放射性，在磨削电极时，要注意防护。为了消除钍钨极的放射性问题，目前采用含氧化铈 2%来代替铈钨。铈钨极比钍钨极具有更多的优点，除无放射性危害外，还具有弧束细长、电流密度高、热量集中、烧损率低、使用寿命长、易引弧且电弧稳定等优点。因此，铈钨是一种较为理想的电极材料。

常用电极的规格有 $\phi 0.5\,mm$、$\phi 1.0\,mm$、$\phi 1.6\,mm$、$\phi 2.0\,mm$、$\phi 2.5\,mm$、$\phi 3.2\,mm$、$\phi 4.5\,mm$、$\phi 6.3\,mm$、$\phi 8.0\,mm$ 几种。

表 2-46　不同电极材料的最大允许电流

电极直径/mm		1.0	1.6	2.4	3.2	4.0	5.0	6.4
最大允许的电流/A	纯钨极	30	80	130	180	240	300	400
	钍钨极	60	120	180	250	320	390	525

3. 形状与尺寸

TIG 焊用电极，其直径的选择与焊接电流的种类及电流大小有关。电极端部的形状对焊接质量影响很大。直流 TIG 焊一般采取正极性(钨极接负极)，电极端部应磨削成圆锥状。交流 TIG 焊，由于兼有正、负极性，为了增加电极端部的抗热能力，电极端部应磨削成半圆球形，这样可以有效地增加电弧的稳定性、提高电极的使用寿命。不同焊接电流的电极性端部形状，如图 2-99 所示。

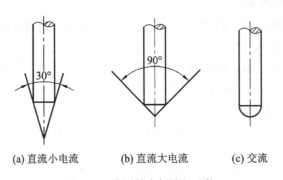

(a) 直流小电流　　　　(b) 直流大电流　　　　(c) 交流

图 2-99　常用的电极端部形状

TIG 焊时，电极端部的锥形夹角，是一个不容忽视的焊接参数，一般在小电流焊接时，为了提高电弧热量的集中性，常采取较小的电极锥角，如 30°锥角。但在较大的焊接电流时，如果电极锥角过小，则会增加电极上的电压降，增加电极的产热，对焊接过程的稳定性不利。钨极的夹角较小时，钨极上的电压降增大，产热也相应增加，将降低钨极的使用寿命，同时也降低了电弧对工件的熔透能力。

4．电极的磨制

电极端部的形状和尺寸对电弧的稳定性很有影响。如果端部凹凸不平，产生的电弧既不集中又不稳定，因此钨极端部必须磨制。手工磨制需要一定的技巧，并且打磨的粉尘对工人健康也是有害的。采用电极磨尖机可以减少这些弊端。例如，国产 TM—1 型钨极磨尖机(见图 2-100)，在金刚石砂轮前装有透明的防护罩。可防止钨极尘埃飞散，并可观察磨削情况。磨制的电极角度能根据需要任意调节，可磨制的电极直径范围ϕ1～4 mm。利用砂轮磨制钨极的正确操作方法如图 2-101 所示。

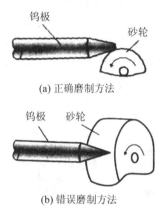

(a) 正确磨制方法

(b) 错误磨制方法

图 2-100　TM—1 型钨极磨尖机

图 2-101　磨制钨极的方法

三、焊丝

焊丝是焊接时作为填充金属或同时作为导电的金属丝。氩弧焊的焊丝通常按照焊件的化学成分和焊缝力学性能来选用，也有时可采用母材的切条作为手工钨极氩弧焊的填充焊丝。

1．实心焊丝

实心焊丝的牌号第一个字母用"H"表示焊接用实心焊丝，字母"H"后面的第一位或两位数字表示含碳量，化学元素及其后面的数字表示该元素大致的百分含量数值，当合金元素含量小于1%时，该元素化学符号后面的数字 1 省略。结构钢焊丝牌号尾部标有"A"或"E"时，"A"表示为优质品，说明该焊丝的硫、磷含量比普通焊丝低；"E"表示高级优质品，其硫、磷含量更低，牌号示例见图 2-102 所示。

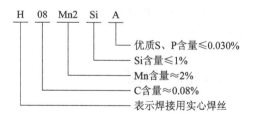

图 2-102　实心焊丝牌号示例

实心焊丝中有一种背面自保护焊丝，用于不锈钢的钨极氩弧焊。这是一种特殊的涂层焊丝，焊接时，不锈钢背面不用充氩气保护，保护层药皮会渗透到熔池的背面，形成一层致密的保护层，使背面不受氧化。冷却后这层渣壳会自动脱落。但焊丝较贵，焊接成本高，不适合大批量的打底焊工作，主要在用氩弧焊打底，背面充氩气保护工艺不能或不能很好实施的情况下采用以保证打底焊接质量。不锈钢钢管道背面自保护焊接技术具有：背面渣壳剥脱性好、可以进行全位置焊接、焊接质量优良及耐腐蚀性强等特点。但在焊接时，应注意该焊丝只适合单面焊双面成形底层焊专用，不适用第 2 层以上焊道(易产生夹渣缺陷)。

2. 药芯焊丝

药芯焊丝是由薄钢带卷成圆形钢管或异形钢管的同时，填满一定成分的药粉后经拉制而成的一种焊丝，其中药粉的成分与焊条的药皮类似。药芯焊丝的截面形状对焊接工艺性能与冶金性能有很大影响，药芯焊丝的截面形状越复杂、越对称，电弧燃烧越稳定，药芯焊丝的冶金反应和保护作用越充分，熔敷金属的含氮量越少。目前，$\phi 2.0\,mm$ 以下的小直径药芯焊丝一般采用 O 形截面，$\phi 2.4\,mm$ 以上的大直径药芯焊丝多采用 E 形、梅花形、中间填丝形、T 形等复杂截面，如图 2-103 所示。

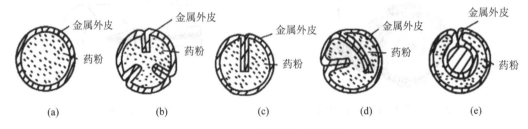

图 2-103　药芯焊丝的截面形状

药芯焊丝的优点是飞溅少，颗粒细，在钢板上黏结性小，易清除且焊缝成形美观；焊丝熔敷速度快，熔敷速度高于焊条和实心焊丝，可采用大电流进行全位置焊接，通过调整药粉的成分和比例，可焊接和堆焊不同成分的钢材，适应性强；焊接烟尘量低。但药芯焊丝制造过程复杂，焊丝表面易锈蚀、药粉易吸潮，故使用前应对焊丝进行清理和 250℃～300℃的烘烤。

3. 有色金属及铸铁焊丝

有色金属及铸铁焊丝牌号前用两个字母“HS”表示焊丝，牌号第一位数字表示焊丝的化学组成类型。“1”表示堆焊硬质合金类型，“2”表示铜及铜合金类型，“3”表示铝及铝合金类型，“4”表示铸铁。牌号的第二、第三位数字表示同一类型焊丝的不同牌号。牌号示例如图 2-104 所示。

图 2-104　有色金属及铸铁焊丝牌号示例

★ 知识点 4　钨极惰性气体保护焊工艺

一、接头形式及坡口

钨极惰性气体保护焊的接头形式有对接、搭接、角接、T 形接头和端接 5 种基本类型，如图 2-105 所示。端接接头仅在薄板焊接时采用。

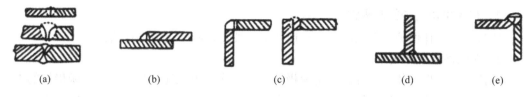

　　　(a)　　　　　　　(b)　　　　　　　(c)　　　　　　　(d)　　　　　　　(e)

图 2-105　钨极氩弧焊的基本接头形式示例

　　坡口的形状和尺寸取决于工件的材料、厚度和工作要求。常见的对接接头及坡口形式如图 2-106 所示。

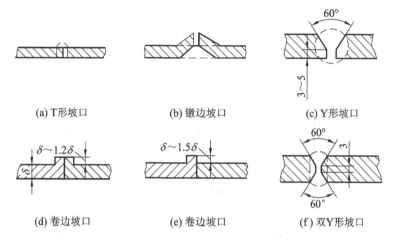

　　(a) T形坡口　　　　　　(b) 镦边坡口　　　　　　(c) Y形坡口

　　(d) 卷边坡口　　　　　　(e) 卷边坡口　　　　　　(f) 双Y形坡口

图 2-106　TIG 焊对接接头坡口形式示例

　　焊接薄件时应使用夹具来保证接头装配精度，焊件应放在垫板上，并在焊缝两边用压板夹紧，以防止焊接变形，并保证焊件传热的均匀性。焊接不锈钢时一般用铜垫板，焊接有色金属时用不锈钢钢垫板。垫板一般不与接头对缝处贴紧，稍留槽隙，如图 2-107 所示。如果在垫板的槽隙中通入保护气，则更有利于背面焊道的成形。但必须注意保护气体的压力，否则容易造成焊接缺陷。

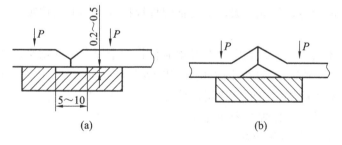

　　　　　　　(a)　　　　　　　　　　　　　　(b)

图 2-107　薄板焊接时垫板示意图

二、工艺参数

　　钨极惰性气体保护焊焊接工艺参数主要有焊接电流、电弧电压、焊接速度、钨极直径和形状、气体流量与喷嘴直径等参数。这些参数的选择主要根据焊件的材料、厚度、接头形式以及操作方法等因素来决定。

1．焊接电源的种类及极性

钨极惰性气体保护焊电源的种类和极性是按被焊金属的类型进行选择的。

1）直流钨极惰性气体保护焊

直流钨极惰性气体保护焊时，电流极性没有变化，电弧连续稳定。按电源极性的不同接法，又可将直流钨极惰性气体保护焊分为直流正极性法和直流反极性法两种方法。

（1）直流正极性法。

直流正极性法焊接时，焊件接电源的正极，钨极接电源负极。由于钨极熔点很高，热发射能力强，电弧中带电粒子绝大多数是从钨极上以热发射形成产生的电子。这些电子撞击焊件(负极)，释放全部动能和位能(逸出功)，产生大量热能加热焊件，从而形成深而窄的焊缝，如图 2-108(a)所示。

(a) 直流正极性　　　　　(b) 直流反极性　　　　　(c) 交流

图 2-108　钨极惰性气体保护焊电流种类与极性对焊缝形状影响

除铝、镁及其合金焊接以外，钨极惰性气体保护焊一般都采用直流正极性焊接。

（2）直流反极性法。

直流反极性时，焊件接电源负极，钨极接电源正极。这时焊件和钨极的导电和产热情况与直流正极性时相反。由于焊件一般熔点较低，电子发射比较困难，往往只能在焊件表面温度较高的阴极斑点处发射电子，而阴极斑点总是出现在电子逸出功较低的氧化膜处。当阴极斑点受到弧柱中来的正离子流的强烈撞击时，温度很高，氧化膜很快被汽化破碎，显露出纯洁的焊件金属表面，电子发射条件也由此变差。这时阴极斑点就会自动转移到附近有氧化膜存在的地方，如此下去，就会把焊件焊接区表面的氧化膜清除掉，这种现象称为阴极破碎现象。

阴极破碎现象对焊接工件表面存在难熔氧化物的金属有特殊意义，如铝是易氧化的金属，它的表面有一层致密的 Al_2O_3 附着层，它的熔点为 2050℃，比铝的熔点(657℃)高很多，用一般的方法很难去除铝的表面氧化层，使焊接过程难以顺利。若用直流反极性 TIG 焊则可获得弧到膜去的效果，使焊缝表面光亮美观，成形良好。

2）交流钨极惰性气体保护焊

交流钨极惰性气体保护焊时，电流极性每半个周期交换一次，因而兼备了直流正极性法和直流反极性法两者优点。在交流负极性半周里，焊件金属表面氧化膜会因"阴极破碎"作用而被清除；在交流正极性半周里，钨极又可以得到一定程度的冷却，可减轻钨极烧损，且此时发射电子容易，有利于电弧的稳定燃烧。

但是，由于交流电弧每秒钟要 100 次过零点，加上交流电弧在正、负半周里导电情况差别，又出现了交流电弧过零点后复燃困难、焊接回路中产生直流分量的问题。因此，必须采取适当的措施才能保证焊接过程的稳定进行。

2．焊接电流

焊接电流是钨极惰性气体保护焊的主要参数之一。在其他条件不变的情况下，电弧能量与焊接电流成正比，焊接电流越大，可焊接的材料厚度越大。随着焊接电流的增加(或减小)，熔深和熔宽将相应地增大(或减小)，而余高则相应地减小(或增大)。当焊接电流太大时，不仅容易产生烧穿、焊缝下陷和咬边等缺陷，而且会导致钨极烧损，引起电弧不稳定及夹钨等缺陷；反之，焊接电流太小时，由于电弧不稳定和偏吹，会产生未焊透、夹钨和气孔等缺陷。

焊接电流主要根据焊件的厚度、被焊金属材料和焊缝空间位置来选择，焊接电流过大或过小，都会使焊缝成形不良或产生缺陷。所以，必须在不同钨极直径允许使用的焊接电流范围内正确选用。不同钨极直径允许使用的焊接电流范围见表2-47。

表2-47　不同钨极直径允许使用的焊接电流范围

钨极直径 /mm	直流正接 /A	直流反接 /A	交流电源 /A	钨极直径 /mm	直流正接 /A	直流反接 /A	交流电源 /A
1.0	50～80	—	20～55	3.2	220～320	25～40	160～220
1.6	70～150	10～20	60～110	4.0	300～400	40～55	200～280
2.4	140～230	15～30	100～160	5.0	400～500	55～80	290～380

3．电弧电压(或电弧长度)

电弧电压变化是由电弧长度决定的，电弧长度变化，电弧电压也随之变化。电弧电压增加(或减小)，焊缝宽度将稍有增大(或减小)，而熔深稍有下降(或稍为增加)。当电弧电压太高时，由于气体保护不好，会使焊缝金属氧化和产生未焊透缺陷。所以钨极氩弧焊时，在保证不产生短路的情况下，应尽量采用短弧焊接(如图2-109所示)，这样气体保护效果好、热量集中、电弧稳定、焊透均匀、焊件变形小。不加填充焊丝焊接时，弧长控制在 1～3 mm 为宜，加填充焊丝焊接时，弧长控制在 3～6 mm 合适。

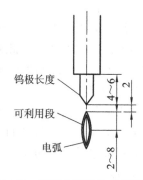

图 2-109　直流电弧及可利用段形状

从图 2-109 上可以看出，电弧长度可利用段不超过 8 mm。钨极尖端出来的电弧，其2～8 mm 可用来焊接不同层次的焊道。电弧长度不同其直径也不同，焊接电流、电弧电压也不同。如电弧的初段为 2～3 mm，适合打底焊和窄焊道的焊接，电弧电压较低、焊接电流较大，温度集中，熔深大、焊缝窄小；而 4～8 mm 段时适合填充层和盖面层的焊接，电弧直径大，电弧电压也较大，而焊接电流稍小，温度扩散，熔深浅，焊缝较宽。电弧长度超过 10 mm 时可用于加热。

4．焊接速度

当焊枪不动时，氩气保护效果见图 2-110(a)，随着焊接速度增加，氩气保护气流遇到空气的阻力，使保护气体偏到一边，正常焊接速度的氩气保护情况见图 2-110(b)，此时，氢气对焊接区域仍保持有效的保护。当焊接速度过快时，氩气流严重偏移一侧，使钨极端头、电弧柱及熔池的一部分暴露在空气中，此时，氩气保护情况见图 2-110(c)，这时氩气保护作用被破坏，焊接过程无法进行。因此，钨极氩弧焊采用较快的焊接速度时，必须采用相应的措施来改善氩气的保护效果，如加大氩气流量、加大喷嘴孔径或将焊枪后倾一定角度，以保持氩气良好的保护效果。通常，在室外焊接都需要采取必要的防风措施。

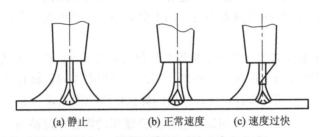

(a) 静止　　　　(b) 正常速度　　　　(c) 速度过快

图 2-110　焊接速度对氩气保护效果的影响

　　焊接速度增大(或减小)，熔深和焊缝宽度都相应地有所减小(或增大)。当焊接速度太快时，气体保护作用将受到破坏，焊缝金属和钨就容易被氧化，并产生咬边等缺陷。通常情况下，TIG 焊采用较低的焊接速度比较有利。焊接不锈钢、耐热合金钢和钛合金材料时，尤其要注意选用较低的焊接速度，以便得到较大范围的气保区域。

5. 钨极

1) 钨极直径

钨极直径的选择主要是根据焊件的厚度和焊接电流的大小来决定。当钨极直径选定后，如果采用不同电源极性时，钨极的许用电流也要做相应的改变。不同钨极直径允许使用的焊接电流范围见表 2-47。此外，钨极的许用电流还与钨极的伸出长度及冷却程度有关，如果伸出长度较大或冷却条件不良，则许用电流将下降。

2) 钨极形状

钨极端部形状对电弧稳定性和焊缝成形有很大影响。端部形状主要有锥台形、圆锥形、半球形和平面形，如图 2-111 所示。钨极尖端的形状，决定了电弧的形状。不同的金属材料，对焊接电弧形状的要求也是不同的，其各自适用范围见表 2-48，一般选用锥形平面的效果比较理想。

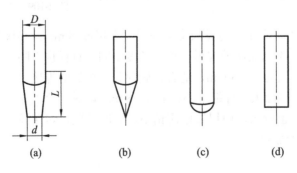

(a)　　　　(b)　　　　(c)　　　　(d)

图 2-111　钨极端部形状

表 2-48 钨极端部形状的适用范围

端部形状	适用范围	电弧稳定性	焊缝成形
锥台形	直流正接，大电流；脉冲 TIG 焊	好	良好
圆锥形	直流正接	好	焊道不均匀
半球形	交流	一般	焊缝不易平直
平面形		不好	一般

在焊接薄板或焊接电流较小时，为便于引弧和稳弧可用小直径钨极并磨成约 20° 的尖锥角。电流较大时，电极锥角小将导致弧柱的扩散，焊缝成形呈厚度小而宽度大的现象。电流越大，上述变化越明显。

焊接铝及铝合金、镁及镁合金时，使用交流钨极氩弧焊，钨极的尖端是半圆球形的，如图 2-110(c)所示。

焊接碳钢、低合金钢、不锈钢、耐热钢、纯铜和钛及钛合金等金属时，使用直流正接，对钨极尖端要求是圆锥形的，如图 2-110(b)所示。

3) 钨极的伸出长度

为防止电弧烧坏喷嘴，钨极端头一定要在喷嘴之外。钨极端头与喷嘴端面的距离，根据不同接头形式和环境而定，一般伸出长度为 6～8 mm，但要以保护效果好，观察熔池方便为原则。

6. 喷嘴直径与气体流量

喷嘴直径与气体流量在一定条件下有一个最佳配合范围，在这个配合范围下，有效保护区最大，气体保护效果最佳。如果喷嘴直径过大，不仅浪费气体，而且会影响焊工视线，妨碍操作，影响焊接质量；反之喷嘴过小，则保护不良，使焊缝质量下降，喷嘴本身也容易烧坏。一般喷嘴直径为 5～14 mm。喷嘴直径 D 与钨极直径 d 可按经验公式确定：

$$D = (2.5～3.5) d \quad 或 \quad D = 2d + E$$

式中：D—喷嘴直径(mm)；

d—钨极直径(mm)；

$E = 2～5$ mm。

气体流量 Q 可以按照经验公式来确定：

$$Q = KD$$

式中：Q—气体流量(L/min)；

D—喷嘴直径(mm)；

K—系数，$K = 0.8～1.2$ L·(min·mm)$^{-1}$，使用大喷嘴时，K 取上限，使用小喷嘴时，K 取下限。

氩气流量和喷嘴直径的选择是影响保护效果的重要因素。为获得良好的保护效果，必须使保护气体流量与喷嘴直径相匹配，如果喷嘴直径增大，气体流量也应随之增加才可得到良好的保护效果。

7. 喷嘴至工件距离

喷嘴距离工件越近，则保护效果越好；反之，保护效果越差。但过近会造成焊工操作不便，一般喷嘴至工件间距离为 10 mm 左右。

8. 送丝速度与焊丝直径

焊丝的填丝速度与焊丝直径、焊接电流、焊接速度、接头间隙等因素有关。一般焊丝直径大时送丝速度慢，焊接电流、焊接速度、接头间隙大时，送丝速度快。送丝速度选择不当，可能造成焊缝出现未焊透、烧穿、焊缝凹陷、焊缝堆高太高、成形不光滑等缺陷。

焊丝直径与焊接板厚及接头间隙有关。当板厚及接头间隙大时，焊丝直径可选大一些。焊丝直径选择不当可能造成焊缝成形不好、焊缝堆高过高、未焊透等缺陷。

技能操作 📖

❖ 任务 1　钨极氩弧焊的基本操作技术

钨极氩弧焊基本操作技术包括焊前准备、焊前清理、引弧、定位焊、填丝、收弧等。

一、焊前准备

1. 钨极的截取与修磨

钨极的价格较贵，由于生产厂家制成的钨极成品其规格长短尺寸不一(76～760 mm)，为了不浪费又便于修磨，在截取时不能用老虎钳夹断或折断，以免脆断撕裂，而应根据焊枪装夹钨极的最大尺寸均匀地在砂轮上磨断后，再修磨钨极两端头至所需尺寸。

2. 安装钨极

将磨好的钨极装入焊枪中，并保持一定的钨极伸出长度(一般为 6～8 mm)。

3. 连接气路、电路和水路

按要求连接气路、电路和水路。

4. 焊前检查

焊前检查包括气路检查、水路检查、电路检查和负载检查。

1) 气路检查

(1) 按规定安装好减压表，开启氩气瓶阀门，检查减压表及流量计工作是否正常，并按工艺要求调整流量计，达到所需流量。

(2) 检查气管有无破损，接头处是否漏气。

2) 水路检查

在检测水管无破损和管接头无滴漏的情况下，开启水阀，检查水路是否畅通，并根据焊枪型号确定好水流量的大小。

3) 电路检查

(1) 检查电源。检查控制箱及焊接电源接地(或接零)情况。

(2) 合闸送电。要注意站在空气开关一侧，戴绝缘手套，穿好绝缘鞋用单手合闸送电。

(3) 启动控制箱电源开关。空载检查各部分工作状态，如发现异常情况，应通知电工及时检修；如无异常情况，即可进行下一步工作。

4) 负载检查

在正式操作前，应对设备进行一次负载检查。主要是通过短时焊接进一步检查水路、气路、电路系统工作是否正常，进一步发现在空载时无法暴露的问题。

二、焊前清理

为了确保焊接质量，焊前对焊件及焊丝必须进行清理，不应残留油污、氧化皮、水分和灰尘等。如果采用工艺垫板，同样也要进行清理，否则它们就会从内部破坏氩气的保护作用，造成焊接缺陷(如气孔)。焊前清理的内容如下：

1．清除油污、灰尘

常用汽油、丙酮等有机溶剂清洗焊件与焊丝表面。也可按焊接生产说明书规定的其他方法进行。

2．清除氧化膜

常用的方法有机械清理和化学清理两种，或两者联合进行。

机械清理主要用于焊件接头两侧 30～50 mm 范围内氧化膜的清理，常采用机械加工、喷砂、磨削及抛光等方法。对于不锈钢或高温合金钢的焊件，常用砂带磨或抛光法；对于铝及其合金，由于材质较软，不宜用喷砂清理，可用细钢丝轮、钢丝刷或刮刀等。

化学法对于铝、镁、钛及其合金等有色金属的焊件与焊丝表面氧化膜的清理效果好，且生产率高。清理后的焊丝和焊件必须妥善放置与保管，一般应在 24 h 内使用。如果存放中弄脏或放置时间过长，其表面氧化膜仍会增厚并吸附水分，为保证焊缝质量，必须在焊前重新清理。

三、引弧

为了提高焊接质量，手工钨极氩弧焊多采用高频振荡器引弧。其优点是钨极与焊件不接触就能在施焊点直接引燃电弧，钨极端部损耗小，引弧处焊接质量高，不会产生夹钨等缺陷。

四、定位焊

为了防止焊接时焊件的变形，必须保证定位焊缝的距离，可按表 2-49 选择。

表 2-49　定位焊缝的距离

板厚/mm	0.5～0.8	1～2	>2
定位焊缝的间距/mm	≈20	50～100	≈200

定位焊缝必须按正式的焊接工艺要求且不允许有缺陷，保证单面焊双面成形且必须焊透。正式焊缝要求预热、缓冷，则定位焊前也要预热，焊后需缓冷。定位焊缝不能太高，遇到定位焊缝过高情况最好将定位焊缝磨低些，两端磨成斜坡，以便于正式焊接时好接头。如果定位焊有裂纹、气孔等缺陷，应将这段定位焊缝打磨掉重焊，不允许用重熔的方法进行修补。

五、焊接方向

焊接时可以采用左向焊和右向焊两种方法。在焊接过程中，焊丝与焊枪由右向左移动，焊接电弧指向未焊部分，焊丝位于电弧的前方为左向焊。如在焊接过程中，焊丝与焊枪由左向右移动，焊接电弧指向已焊部分，焊丝位于电弧的后方为右向焊，如图 2-112 所示。

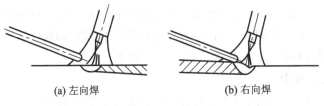

　　　　　　(a) 左向焊　　　　　　　　　　(b) 右向焊

图 2-112　　左向焊和右向焊

六、填丝

1．连续送丝

这种填丝操作技术对于保护层的扰动小，但比较难掌握。在连续填丝时要求焊丝平直，用左手拇指、食指、中指配合送丝，靠大拇指来回反复均匀的用力，推动焊丝向前送向熔池中；无名指和小指夹住焊丝控制方向，如图 2-113 所示。连续填丝时手臂动作不大，待焊丝快用完时才前移。采用连续填丝法，对于要求双面成形的工件，速度快且质量好，可以有效地避免内部凹陷。

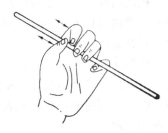

图 2-113　　连接送丝技术

2．断续送丝

以左手拇指、食指、中指捏紧焊丝，焊丝末端始终处于氩气保护区内。手指不动，只起夹持作用，靠手或小臂沿焊缝前后移动和手腕的上下反复动作，将焊丝加入熔池。此法适用于对接间隙较小、有垫板的薄板或角焊缝的焊接，在全位置焊接时多采用此法。但此方法使用电流小，焊接速度较慢，当坡口间隙过大或电流不合适时，熔池温度难以控制，易产生塌陷。

3．填丝注意事项

(1) 必须等坡口两侧熔化后再填丝，以免造成熔合不良。

(2) 在填丝时焊丝应与焊件表面夹角成 15°，快速地从熔池前沿点进随后撤回，如此反复动作。

(3) 填丝要均匀，快慢要适当。

(4) 送丝速度应与焊接速度相匹配。

(5) 在操作过程中如不慎将钨极和焊丝相碰应立即停止焊接，用砂轮打磨被污染处直至磨出金属光泽。钨极应在别处引弧，熔化掉污染端部或重新磨尖后再继续使用。

(6) 撤回焊丝时不要将焊丝端头撤出氩气保护区，以免造成氧化物夹渣或产生气孔。

七、收弧

收弧时逐渐减少输入，如改变焊枪角度、拉长电弧、加大焊速。对于环焊缝最后的收弧一般应稍拉长电弧，焊缝重叠 20～40 mm，在重叠部分不加或少加焊丝，停止后，氩气开关应延时 10 s 左右再关闭(设备上有提前送气、滞后停气装置)，以防金属继续氧化。

❖ 任务 2　钨极氩弧焊 V 形坡口板对接单面焊双面成形技术

一、设备及材料

1．试件材料与尺寸

本操作用试件材料与尺寸为 300 mm × 120 mm × 6 mm 的 Q235 或 Q345 钢板，60° V 形坡口，钝边尺寸 0.5 mm。

2．焊材

本操作用焊丝型号为 ER49-1(牌号为 H08Mn2SiA)，焊丝直径为 ϕ 2.5 mm 和 ϕ 3.2 mm。氩气纯度为 99.95%以上。钨极为 Wce-20 铈钨极，规格为 ϕ 2.5 mm。使用前钨极端部成 25°～30° 的圆锥角。

3．焊接设备及辅助工具

本操作可选用 WSE-315P 或其他型号直流氩弧焊机(直流正接)。辅助工具有氩气减压器、锉刀、角向磨光机、清渣锤、钢丝刷和面罩等。

二、试件的装配与定位

装配时应防止错边(错边量应小于 0.6 mm)，装配间隙始焊端 2.5 mm，终焊端 3.2 mm，预制 3° 的反变形角，如图 2-114 所示。定位焊缝位于试件两端，定位焊缝长度为 10～15 mm。定位焊是正式焊缝的一部分，所用焊接材料与正式焊缝相同。定位焊点应焊牢，防止开裂，焊前将定位点打磨成斜坡状，以利于接头。

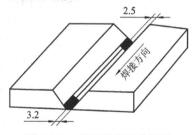

图 2-114　板对接平焊装配图

三、V 形坡口板对接平焊

1．焊接层数及工艺参数

焊接层次为三层三道，如图 2-115 所示，焊接工艺参数见表 2-50，用左焊法进行打底层、填充层和盖面层的焊接，焊枪及焊丝角度如图 2-116 所示。

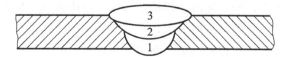

图 2-115　板对接平焊装配图焊层及焊道分布

表 2-50　焊接工艺参数

焊层	焊丝直径 /mm	焊接电流 /A	气体流量 /(L·min)	钨极直径 /mm	钨极伸出长度 /mm	喷嘴直径 /mm	喷嘴至焊件距离 /mm
打底层	2.5	90～95	6～10	2.5	4～6	8	≤10
填充层	3.2	100～110					
盖面层		110～120	6～8				

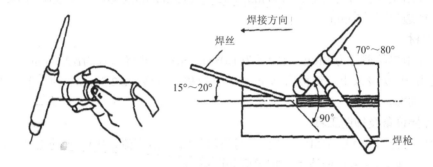

图 2-116　板对接平焊焊枪及焊丝角度

2．操作步骤

1）打底层焊接

将工件水平放置，装置间隙小的一端置于右侧，从右往左施焊。首先在试件右端定位焊缝上引弧，引弧后，焊枪停留预热，钨极端部离焊件 2～3 mm；当打磨过的定位焊缝斜坡端部形成熔池并出现熔孔后，开始送丝，焊枪稍做横向摆动向左施焊。施焊时，焊枪倾角为 70°～80°，使电弧热量集中在坡口根部，焊接速度和送丝速度要快，熔滴要小，避免焊缝下塌和烧穿。焊丝填入动作要熟练均匀，送丝要规律，焊枪移动要平稳，速度要一致。施焊过程中要密切注意熔池形状和大小的变化，随时调整焊枪角度和焊接速度。

在焊接过程中，焊丝端部处在氩气保护区内，防止高温氧化，同时，要避免钨极端部与焊丝或焊件接触，以防止产生夹钨。

当焊丝用完或因其他原因暂时中断焊接时，需要收弧和接头。收弧时，可松开焊枪上的按钮开关，停止送丝。如果电焊机上有电流衰减控制功能，则仍可保持喷嘴高度不变，待电弧熄灭、熔池冷却后再移开焊枪；若电焊机没有电流衰减控制功能，则松开焊枪上的按钮开关后，稍抬高焊枪，待电弧熄灭、熔池冷却到颜色变暗后移开焊枪。

接头前，先检查原弧坑状况，无氧化物等缺陷，则可直接焊接；如果有缺陷，应将其打磨清除，并将弧坑打磨成缓坡形。在弧坑右侧 15～20 mm 处引弧，重叠处少加或不加焊丝，焊至已打磨弧坑处形成熔池和熔孔后，再添加焊丝向前施焊。

施焊到试件左侧末端，应首先减小焊枪的倾角，使电弧热量集中在焊丝上，加大焊丝熔化量，以填满弧坑。然后切断控制开关，焊接电流衰减，熔池也不断缩小，焊丝抽离熔池，但不能脱离氩气保护区，待氩气延时 6～8 s 关闭后，移开焊丝和焊枪，以防止熔池金属和焊丝端部在高温下氧化。如焊机没有电流衰减控制功能，则在收弧处应慢慢抬起焊枪，并减小焊枪倾角，加大焊丝熔化量，待弧坑填满后再切断电源。

2) 填充层焊接

施焊填充层前先检查打底层焊道表面有无缺陷，如有缺陷需进行打磨处理后才能施焊。焊枪应以月牙形或锯齿向前摆动施焊，摆动幅度比施焊打底层时稍大，在坡口两侧稍作停留，以保证坡口两侧熔合良好，焊道均匀。从工件右端开始焊接，注意坡口两侧的熔合情况，保证填充层焊道表面平整且稍下凹，填充层焊完后应比试件表面低 1 mm 左右，且不能熔化坡口两侧的棱边，如图 2-117 所示。

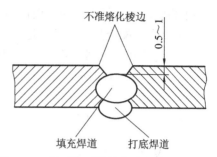

图 2-117 板对接平焊填充层焊道尺寸及要求

3) 盖面层焊接

盖面层施焊时，应进一步加大焊枪摆动幅度，并在焊道边缘稍作停留，使熔池两侧熔化，超过坡口边缘 0.5～1.0 mm，送丝速度要适当，以确保焊缝宽度和余高符合要求。

3. 检测项目及标准

试件完成后，焊缝表面应保持原始状态(可用钢丝刷清理焊缝表面)，不得加工、补焊。否则试件作废。不再进行其他检验。焊缝外观检验可用肉眼或 5 倍以下的放大镜观察。焊缝外观要求有以下几点：

焊缝余高 0～3 mm，余高差≤3 mm，宽度差≤2 mm。

焊缝表面不得有裂纹、未熔合、气孔和焊瘤。

焊缝咬边深≤0.5 mm，两侧咬边总长≤26 mm。

未焊透深不大于板厚的 15%，且不大于 1.5 mm，总长≤26 mm。

背面凹坑深不大于板厚的 20%，且小于 2 mm，总长≤26 mm。

试板焊后角变形应小于 3°。

焊后试件的错边量不得大于试件板厚的 10%，即小于 0.6 mm。

外观检查的所有项目都符合要求时，该项目试件的外观检查才合格，否则为不合格。外观检查合格后的工件才允许 X 射线探伤，射线探伤执行 GB3323 标准。

4. 注意事项

(1) 氩弧焊焊工在打磨钨极时，应把工作服穿戴好，并应戴防护眼镜和口罩；砂轮机应有安全罩和吸尘设置。平时接触钨极时应戴手套。吃饭前必须认真洗手。

(2) 氩弧焊焊工由于工作特殊性，应设法改善劳动条件，如一台焊机应配备两名焊工轮换操作，以减小劳动强度。

(3) 氩弧焊焊工应定期进行健康检查，并根据需要服用多种维生素等。

(4) 氩弧焊焊工应正确穿戴劳动用品；劳保用品必须完好无损；注意清理工作场地，不得有易燃、易爆物品，保证现场良好的通风；检查焊机和所使用的工具；操作时必须先戴面罩然后才开始操作，避免电弧光直射眼睛；焊接电缆、焊枪应完好，焊把线应接地良好。

(5) 为保证焊接质量，手工钨极氩弧焊操作时，需特别注意以下问题：

① 清洁。即试板应彻底清理干净，尤其是焊缝两侧和坡口面。

② 稳定(找一个支点)。要保证焊枪匀速、均匀地运动，最好是能有一个可靠的支点(如右手小指竖起并接触工件的垫板)，减少手的抖动。

③ 配合。配合是指左手的送丝和右手焊枪的摆动应配合好，协调一致(推荐实施打孔焊接，弧到丝到)。另外，由于氩弧焊的热量集中，熔深较大且是多层焊，焊件热量会越来越高，所以，打底焊时应尽量少焊，且速度尽可能快(焊缝背面成形高度不要太高，否则当其他焊道焊完后，受焊缝收缩作用，背面焊缝凸起会增加，导致成形超标)。焊枪摆动与送丝要协调，摆动轨迹为"之"字形。

四、V 形坡口板对接立焊

立焊的操作难度较大，主要是焊枪角度和电弧长度在焊接过程中的稳定性较差，背面焊缝成形不易控制，因此操作过程要尽可能采用短焊，熟练掌握打底层焊道的送丝技巧。

1. 焊接层数及工艺参数

焊接层次为三层三道，如图 2-118 所示。焊接工艺参数见表 2-51。焊枪、焊丝的角度如图 2-119 所示。钨极氩弧焊立焊难度比平焊大，主要是熔池金属易下坠，焊缝成形不好，易出现焊瘤和咬边。操作过程中应随时调整焊枪，避免铁水下流，通过焊枪移动与送丝的协调配合，以获得良好的焊缝成形。钨极氩弧焊立焊操作时，焊工要以大臂带动小臂并以肘关节为支点，腕关节做小幅度左右摆动，钨极端部距离熔池高度 2～3 mm 为宜。

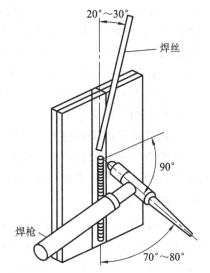

图 2-118　板对接立焊焊层及焊道分布示意图　　图 2-119　板对接立焊时焊枪与焊丝的相对位置

表 2-51　焊接工艺参数

焊层	焊丝直径 /mm	焊接电流 /A	气体流量 /(L·min)	钨极直径 /mm	钨极伸出长度/mm	喷嘴直径 /mm	喷嘴至焊件距离/mm
打底层		85～90	6～10				
填充层	2.5	95～105		2.5	4～6	8	≤10
盖面层		95～105	6～8				

2. 操作步骤

1) 打底层焊接

首先在试件下端定位焊缝上引燃电弧并移至预先打磨出的斜坡处，等熔池基本形成后，再向后压 1～2 个波纹，接头起点不加或少加焊丝，当出现熔孔后，即可转入正常焊接。

根据根部间隙大小，焊枪可直线向上或做小幅度左右摆动向上施焊。焊接过程中随时观察熔孔大小，若在运枪过程中，发现熔孔不明显，应暂停送丝，待出现熔孔后再送丝，以避免产生未焊透；若熔孔过大、熔池有下坠现象，应利用电流衰减功能来控制熔池温度以减小熔孔，避免背面焊缝过高。

打底焊施焊采用断续送丝，背面焊缝质量与送丝的准确程度有很大关系。为了保证背面焊缝成形饱满，焊丝贴着坡口沿焊缝的上部均匀、有节奏地送进。送丝过程中，当焊丝送入熔池时，电弧已把焊丝端部熔化，应将焊丝端头轻轻挑向坡口根部，使得背面焊缝成形饱满，接着开始第二个送丝动作，直至焊完。打底焊焊缝、焊丝向坡口根部挑多大的距离，视背面焊缝的余高而定，若向坡口根部挑的过多，会使背面焊缝余高过高，一般背面焊缝的余高为 0.5～1.5 mm。焊丝与焊枪的动作配合协调，同步移动，注意控制熔池的形状，保持熔池外沿接近椭圆形，防止熔池金属下坠，使焊缝外观平整一致。

当焊丝用完或因其他原因暂时停止施焊时，需要收弧和接头，收弧和接头方法与对接平焊相同。为防止收弧时产生弧坑裂纹和缩孔，则应利用电流衰减控制功能逐渐降低熔池温度，然后将熔池由慢变快引至一侧的坡口面上，以逐渐减小熔深并在最后熄弧时，保持焊枪不动，延长氩气对弧坑的保护。如果焊机上没有电流衰减控制功能，则在收弧处慢慢抬起焊枪，并减小焊枪倾角，加大焊丝熔化量，待弧坑填满后再切断电源。

2) 填充层焊接

焊接填充层的电流比焊接打底层电流稍大。焊接时焊接方向仍是自下而上，焊丝、焊枪与试件的夹角与焊接打底层相同。施焊时用焊丝端头轻擦打底层焊缝表面，均匀地向熔池送进。由于填充层坡口变宽，焊枪应做锯齿形或月牙形向上摆动，摆动幅度比施焊打底层时要大，在坡口两侧稍作停留，使打底层可能存在的非金属夹杂物浮出填充层表面，但不能破坏坡口棱边，否则盖面层焊接将失去基准，同时也应避免焊缝出现凸形。

填充层焊道接头应与打底层焊道接头错开 30～50 mm，接头时应在弧坑前 10 mm 左右引弧，并慢慢移动焊枪到弧坑处时，加入少量焊丝，焊枪稍作停留，形成熔池后，转入正常的焊接。

填充层焊道应均匀平整，比试件表面低 1～1.5 mm，保证坡口边缘为原始状态，为施焊盖面层做好准备。

3) 盖面层焊接

施焊盖面层时，焊枪摆动方法与填充层相同，摆幅应进一步加大，并在焊道边缘稍作停留，熔池两侧熔化坡口边缘 0.5～1.5 mm。添加焊丝要均匀，焊枪的摆动与送丝要有规律，保持熔池大小一致。施焊过程中，注意压低电弧，调整焊接速度、送丝速度及焊枪角度，防止熔池金属下坠，确保焊缝质量。

3. 注意事项

板对接立焊时，手工钨极氩弧焊不同于焊条电弧焊，后者焊接时有金属熔滴持续过渡进行填充焊接，而前者要靠手工连续添加焊丝进行填充焊接。立焊时，受熔滴金属的重力作用和焊接电弧热量的直接作用，易产生钝边豁口过大的现象，从而影响背面成形或形成咬边。操作时应注意以下几点：

(1) 尽量减小焊枪与平板之间沿焊缝垂直方向的下倾角度(60°～70°)。

(2) 运枪时，电弧的位置应在熔池前端 1/3 处。

(3) 填丝时，电弧可稍作停顿，待熔池饱满后，再进行下一焊坡的带孔焊接(焊接中两边坡口钝边因电弧加热而形成豁口)。焊接操作时，要始终保持电弧对熔池的作用效果，避免出现烧穿等现象。

五、V 形坡口板对接焊

1. 焊接层数及工艺参数

焊接层次为三层四道，如图 2-120 所示。焊接工艺参数见表 2-52。焊枪、焊丝的角度如图 2-121 所示。

图 2-120　板对接横焊的焊层及焊道分布示意图

表 2-52　焊接工艺参数

焊层	焊丝直径 /mm	焊接电流 /A	气体流量 /(L·min⁻¹)	钨极直径 /mm	钨极伸出 长度/mm	喷嘴直径 /mm	喷嘴至工件的 距离/mm
打底层	2.5	85～90	6～10	2.5	4～6	8	≤10
填充层		95～100					
盖面层		100～105					

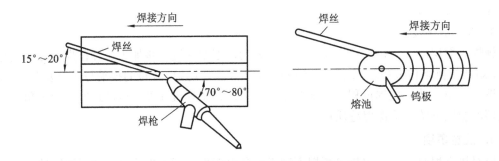

图 2-121　板对接横焊焊枪与焊丝的相对位置

2．操作步骤

1）打底层焊接

先在试件右端的定位焊缝上引弧，焊枪稍停预热，当定位焊缝外侧形成熔池和熔孔后开始送丝。焊丝应沿坡口的上边缘送进熔池，以降低上坡口部位熔池的温度，防止上坡口母材熔化过多，引起上坡口部位咬边，下坡口部位产生焊瘤。当焊丝送进熔池后，稍作停留，再轻轻地加力把焊丝推向熔池里面，然后将焊丝后撤，这样能更好地控制熔池的高度、成形和熔池温度。焊枪做斜锯齿形摆动，压低电弧向左施焊，施焊过程中，注意控制熔池温度和熔孔大小，不断调整焊枪的角度、焊接速度和送丝速度，以防止金属下坠。填入焊丝时，位置要正确，动作要熟练，送丝要均匀且有规律，焊枪摆动要平稳、速度要一致，以保证打底层焊缝质量。

当施焊到焊缝左端末端时，应减小焊枪的倾角，使电弧热量集中在焊丝上，加大焊丝的熔化量以填满弧坑。弧坑填满后，切断控制开关，焊接电流衰减，熔池也不断缩小，此时将焊丝抽离熔池但又不能脱离氩气保护区，待氩气延时 6～8 s 关闭后，再移开焊丝和焊枪。

板对接横焊打底层时主要是保证根部焊透，坡口两侧熔合良好。打底层焊道熔敷厚度应不超过 3 mm。焊后，应对焊道表面进行清理，然后接填充层。

2）填充层焊接

施焊时，焊枪作锯齿形摆动，由右向左施焊；并在坡口两侧稍作停留，注意熔合良好，防止咬边。填充层焊道应平整、均匀，并比试件表面低 1 mm 左右，以保持坡口边缘的原始状态，为盖面层施焊做好准备。

3）盖面层焊接

为防止坡口边缘的上坡口产生咬边、下边缘下坠凸出，焊接时应注意降低上部坡口的熔池温度，减少上部坡口的母材熔化量，因此盖面层采用一层两道焊法，由坡口下部开始向上施焊，焊枪倾角如图 2-122 所示。施焊焊道3 时，将钨极对准填充层焊道 2 的下缘，并以此为中心让焊枪直线运行，使熔池上边缘覆盖填充层焊道 1/2～2/3，熔池的下边缘超过坡口棱边 0.5～1.5 mm。施焊焊道 4 时，电弧以填充层焊道的上沿为中心摆动，使熔池的上沿超过坡口上棱边 0.5～1.5 mm。熔池的下沿与下盖面层焊道均匀过渡。为了保证焊缝美观，后一道焊缝要覆盖前一道焊

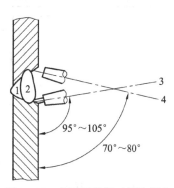

图 2-122　盖面层施焊时焊枪倾角

缝的 1/2 以上。盖面层后道焊缝的焊接速度要快，增加送丝频率，但应适当减少每次送丝量。施焊过程中，焊枪移动和送丝要配合协调，避免上坡口焊后出现咬边。盖面层焊道接头应彼此错开，错开距离不小于 50 mm。

3．注意事项

手工钨极氩弧焊板对接横焊操作时，应注意电弧的运用。对于流动性较差的金属材料，可加大焊枪与平板之间沿焊缝垂直方向的下倾角度，但不宜超过 90°；电流的大小应适中；在电弧热的作用下，进行由下而上的焊丝跟进，连续拖带即可。对于流动性较好的金属材料，则要尽量减小焊枪与平板之间沿焊缝垂直方向的下倾角度；焊接时的速度要快，在电弧热的作用下，焊丝由下而上连续跟进、拖带，在打孔焊接的同时，熔池要始终处于饱满

状态，防止背面产生咬边或凹陷等缺陷。

为了保证背面焊缝成形良好，打底焊时，电弧中心应对准上坡口，同时送丝位置要准确，焊接速度要快，尽量缩短熔池存在的时间。填充、盖面的焊接采用直线运枪，以保证焊缝的平整，焊道与焊道之间均匀、光滑过渡。操作时，后一焊道必须压住前一焊道的1/2(熔池存在于前层焊缝与前道焊缝夹角的中心线上，熔池下沿与前一道焊缝均匀过渡，俗称"烧角"，如图2-123所示)。盖面焊接最后一道焊缝时，焊接速度要快，并增加送丝频率，适当减少送丝量，以保证焊缝美观。

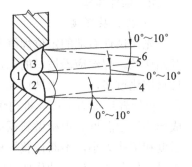

图2-123　"烧角"示意图

六、V形坡口板对接仰焊

1. 工艺参数

焊件工艺参数见表2-53。持枪方法与焊枪角度如图2-124所示。

表 2-53　焊接工艺参数

焊层	焊丝直径 /mm	焊接电流 /A	气体流量 /(L·min)	钨极直径 /mm	钨极伸出 长度/mm	喷嘴直径 /mm	喷嘴至焊件 距离/mm
打底层		80～90	7～12				
填充层	2.5	85～95	6～10	2.5	4～6	8	≤10
盖面层		80～90	7～12				

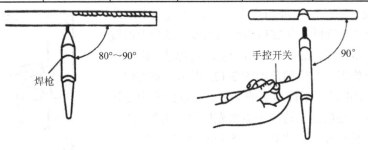

图2-124　板对接仰焊持枪方法和焊枪的角度示意图

2. 操作步骤

1) 打底层焊接

采用左焊法，焊接时，钨极端部距离熔池的高度为2 mm。气焊时，在始焊端定位焊缝上引燃电弧并移至预先打磨出的斜坡处，不加或稍加焊丝。采用短弧焊接，焊枪做月牙形摆动，并随时调整焊枪的角度；采用断续送丝，焊缝背面余高一般为0～2 mm。

接头处在焊前应打磨成斜坡状，引弧位置在斜坡后5～10 mm，当电弧移至斜坡内时，稍加焊丝，焊至斜坡端部出现熔孔后即转入正常焊接。

最后熄弧时，应保持焊枪不动，并延长氩气对熔池的保护，熔池冷却后再移开焊枪。打底层焊道的熔敷厚度不超过3 mm。焊完打底层后应清理焊缝表面。

2) 填充层焊接

填充层的焊接与打底层基本相同，只是焊接电流和焊枪摆动幅度稍大。焊接时，焊枪在坡口两侧稍作停留，以保证坡口两侧熔合良好，同时还要避免焊缝凸起；填充焊道的接头应与打底焊道的接头错开，错开距离不小于 25 mm。填充层焊完后，焊缝表面应低于试板表面约 1 mm，且坡口两侧的棱边不能被熔化；填充层焊完后需清理焊缝表面，随即转入盖面层焊接。

3）盖面层焊接

盖面焊接与填充层焊接基本相同，需注意采用短弧(钨极端头距离熔池 2～3 mm)，防止因金属液下坠而形成焊瘤；焊枪摆动幅度稍大，并超过坡口棱边 0.5～1.5 mm(不能太宽，否则焊缝边缘会出现咬边)；盖面焊道的接头与填充焊道的接头应错开 50 mm 以上。

3. 注意事项

板对接仰焊时，为保证背面成形良好，不形成下凹，防止熔池下塌，可采用的关键方法是："小电流、大气流、短电弧、快焊速、浅熔池、常灭弧"，以便加快冷却和凝固，起到"推顶"的作用。送丝时，左手将焊丝贴坡口(保证焊丝的准确性)均匀有节奏地送进，当焊丝端部进入熔池时，应将焊丝端头轻轻挑向坡口根部，同时，电弧在坡口两端稍作停留。可采用灭弧法进行焊接，但熔池不能太大，需增加熔池的冷却速度，从而防止熔融金属下坠。具体如下：

(1) 焊枪的角度：焊接操作时，要始终保持焊枪与仰焊焊件的各个方向垂直。

(2) 电流的选择：电流的大小应适中，以能获得优良的焊缝成形为准。

(3) 焊接速度：为克服焊缝背面的凹陷，宜选用较快的焊接速度。

(4) 电弧运条：尽量压低电弧；填加焊丝时，电弧可稍作停顿，待熔池饱满后，利用电弧顶住液态金属进行运条；运条时，电弧不应超过熔池的1/3。

(5) 填丝方向和位置：填加焊丝的角度，以与仰板沿焊缝运行方向成 15° 为宜；要在熔池的前端加入，送丝速度要快，送丝量要稍大，以在最短时间内形成饱满熔池为宜。

(6) 操作姿势：为了提高电弧稳定性(压低电弧更需如此)和送丝的准确度，可选用站姿和蹲姿、单手或双手依托与焊件进行操作，以确保获得优良的焊缝成形。

项目六　埋　弧　焊

学习目标

(1) 掌握埋弧焊的工作原理及工艺；

(2) 了解埋弧焊的设备；

(3) 掌握埋弧焊基本操作技术。

知识链接

★ 知识点 1　埋弧焊的原理及特点

一、埋弧焊原理

埋弧焊是一种利用位于焊剂层下电极与焊件之间燃烧的电弧产生的热量熔化电极、焊剂和母材金属的焊接方法，焊丝作为填充金属，而焊剂则对焊接区起保护和合金化的作用。由于焊接时电弧掩埋在焊剂层下燃烧，电弧光不外露，因此被称为埋弧焊，其焊接原理如图 2-125 所示。

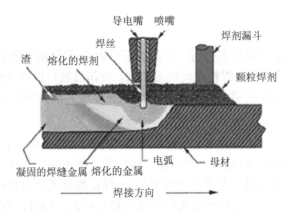

图 2-125　埋弧自动焊原理图

二、埋弧焊焊接过程

焊接前先将焊丝剪成尖状，由送丝机构送进，经导电嘴与焊件轻微接触，焊剂由漏斗口流出，均匀地堆敷在待焊处，堆敷高度一般为 40～60 mm。在设置好焊接工艺参数后，按下启动开关按钮，焊接过程便可自动进行。电弧在焊剂下燃烧，电弧将焊丝和焊件熔化形成熔池，同时将电弧区周围的焊剂熔化并有部分蒸发，形成一个封闭的电弧燃烧空间，密度较小的熔渣浮在熔池表面上，将液态金属与空气隔绝开来，有利于冶金反应的进行。随着电弧向前移动，液态金属随之冷却凝固而形成焊缝，浮在表面上的液态熔渣也随之冷却而形成渣壳。如图 2-126 所示。

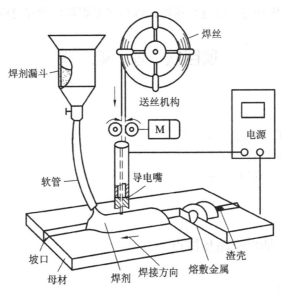

图 2-126　埋弧焊的焊接过程示意图

三、埋弧焊特点及应用

1. 埋弧焊的特点

1) 优点

(1) 焊接质量好。一方面埋弧焊的电弧被掩埋在颗粒状焊剂及熔渣之下，不仅防止空气中的氮、氧侵入熔池，而且熔池凝固较慢，使液态金属与熔化的焊剂间有较多时间进行冶金反应，减少了焊缝中产生气孔、裂纹等缺陷的可能性，从而提高了焊缝金属的强度和韧性，另一方面大大降低了焊接过程中对焊工操作技能的依赖程度，消除因更换焊条而容易引起的一些缺陷，因而保证了焊缝表面光洁、成形美观。

(2) 生产效率高。埋弧焊时，焊丝从导电嘴伸出的长度较短，并可在焊接过程中基本保持不变，因而可采用较大的焊接电流，加上焊剂和熔渣的隔热保护，金属飞溅损失也受到了有效控制，电弧加热集中效率高熔深大。对于 20 mm 以下的钢板可以不开破口。而且焊接速度比手工电弧焊快，从而提高了焊接生产率。

(3) 节省焊接材料及电能。由于埋弧焊使用的电流较大，可获得较大的熔深，故工作可不开或少开坡口，因此减少了焊缝中焊丝的填充量，也节省了因加工坡口而消耗的金属。同时，由于焊剂的保护，焊接时金属飞溅极少，又完全消除了焊条电弧焊中焊条头的损失，所以节约了焊接材料。另外，埋弧焊的热量集中，而且利用率高，故在单位长度焊缝所消耗的电能也大为降低。

(4) 焊接变形小。埋弧焊由于热量集中，焊接速度快，所以焊缝的热影响区小。另外，熔池凝固慢，有较多时间的冶金反应，故焊件变形也就减小。

(5) 焊接条件好。焊接过程的机械化、自动化，操作较简单，而且电弧在焊剂层下燃烧没有弧光辐射，烟尘又小，从而劳动条件得到了改变。

(6) 焊接范围广。不仅能焊接碳钢、低合金钢、不锈钢，还可以焊接耐热钢、铜合金及镍合金等有色金属。此外，还可以进行磨损、耐磨蚀材料的堆焊。但不适用与铝、镁等氧化性强的金属及其合金焊接。

2) 缺点

(1) 难以在空间位置施焊。由于埋弧焊是依靠颗粒状焊剂堆积形成保护条件的，而且熔池体积大，液态金属和熔渣的量多，因此，主要适用于水平或倾斜度不大的位置焊接；另外，国外也有采用特殊机械装置，保证焊剂堆敷在焊接处而不落下来，从而实现了埋弧横焊、立焊和仰焊。还有人研究使用磁性焊剂的埋弧横焊与仰焊，但应用均不普遍。

(2) 难以焊接易氧化的金属材料。由于埋弧焊使用的焊剂主要成分为 MnO、SiO_2 等金属及非金属氧化物，具有一定氧化性，故难以焊接铝、镁等氧化敏感性强的金属及其合金。

(3) 不适于焊接薄板及短焊缝。焊剂的化学成分决定了埋弧焊电弧弧柱的电位梯度较大，电流小于 100 A 时电弧稳定性交叉，故不宜焊接厚度在 1 mm 以下的薄板。仅适用于直的长焊缝和环形焊缝的焊接，不规则焊缝则无法焊接，这是由于埋弧自动焊比较复杂，灵活性差，焊接短焊缝的生产率还不及手工电弧焊。

(4) 焊接时易焊偏。焊接时不能直接观察电弧与坡口的相对位置，容易焊偏及未焊透，不能及时调整工艺参数。故需要采用焊缝自动跟踪装置来保证焊炬对准焊缝而不焊偏。

2．埋弧焊的应用

埋弧焊作为一种高效、优质的焊接方法，由于其焊接熔深大、生产效率高、机械化程度高，因而适用于中厚板长焊缝的焊接。在造船、锅炉与压力容器、化工、桥梁、起重机械、铁路车辆、工程机械等制造业中应用广泛。

★ 知识点2　埋弧焊设备

埋弧焊焊机按送丝方式分为等速送丝式埋弧焊机和变速送丝式埋弧焊机两种，前者适用于细焊丝高电流密度条件的焊接，后者则适用于粗焊丝低电流密度条件的焊接。

一、等速送丝式埋弧自动焊机

等速送丝式埋弧自动焊机的特点是选定的焊丝送给速度在焊接过程中恒定不变，当电弧长度变化时，依靠电弧的自身调节作用相应地改变焊丝熔化速度，以保持电弧长度不变，如 MZ1-1000 型。

MZ1-1000 型埋弧自动焊机由焊接小车、控制箱和焊接电源三部分组成。这种焊机的电气控制线路比较简单，外形尺寸不大，焊接小车结构也较简单，使用方便，可选用交流和直流焊接电源，主要用于焊接水平位置及倾角小于 15° 的对接焊缝和角接焊缝，也可以焊接直径较大的环形焊缝。

二、变速送丝式埋弧自动焊机

变速送丝式埋弧自动焊机是通过改变焊丝送给速度来消除对弧长的干扰，焊接过程中电弧长度变化时，依靠电弧电压自动调节作用来相应改变焊丝送给速度，以保持电弧长度不变。如 MZ-1000 型埋弧自动焊机。其结构如图 2-127 所示。

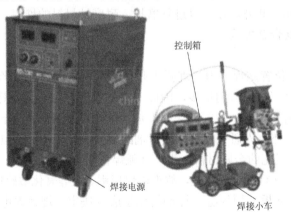

图 2-127　MZ-1000 型焊机结构

MZ-1000 型埋弧自动焊机由焊接小车、控制箱和焊接电源三部分组成。这种焊机的焊接过程中自动调节灵敏度较高，而且对焊丝送给速度的调节方便，但电气控制线路较为复杂。可使用交流和直流焊接电源，主要用于平焊位置的对接焊，也可用于船型位置的角焊。

1．焊接小车

MZ-1000 型埋弧自动焊机焊接小车横臂上悬挂机头、焊剂漏斗、焊丝盘和控制盘。机头的功能是送给焊丝，它由一台直流电动机、减速机构和送给系统组成，焊丝从滚丝轮中送出，经过导电嘴进入焊接区，焊丝送给速度可在 0.5～2 m/min 范围内调节，控制盘和焊丝盘安装在横臂的另一端，控制盘上有电流表、电压表、用来调节小车行走速度和焊丝送给速度的电位器、控制焊丝上下运动的按钮、电流增大和减小按钮等。焊接小车由台车上的直流电动机通过减速器及离合器来带动，焊接速度可在 15～70 m/h 范围内调节。为适应不同形式的焊缝，在结构上焊接小车可在一定的方位上转动。

2．控制箱

控制箱内装有电动机-发电机组，还有接触器、中间继电器、降压变压器、电流互感器等电器元件。

3．焊接电源

一般选用 BX2-1000 型弧焊变压器，或选用具有陡降外特性的弧焊发电机和弧焊整流器。

★ 知识点 3　埋弧焊焊接材料

埋弧焊焊接材料包含焊丝和焊剂。

一、焊丝

埋弧焊所用焊丝有实心焊丝和药芯焊丝两类。生产中普遍使用的是实芯焊丝，药芯焊丝只用于某些特殊场合，如耐磨堆焊。埋弧焊常用焊丝规格有 $\phi 2$ mm、$\phi 3$ mm、$\phi 4$ mm、$\phi 5$ mm、$\phi 6$ mm 等几种。焊接碳素结构钢和某些低合金结构钢时，推荐用低碳钢焊丝 H08、H08A 和含锰焊丝 H08Mn、H08MnA 及 H10Mn2 等。

二、焊剂

埋弧焊使用的焊剂是颗粒状可融化的物质，其作用相当于焊条的涂料，在焊接时能够熔化形成熔渣，对熔化金属起保护、冶金和改善焊接工艺性能的作用。对焊剂的要求要具有良好的冶金性能和具有良好的工艺性能。埋弧焊焊剂除按其用途分为钢用焊剂和有色金属用焊剂外，通常按制造方法、化学成分、颗粒结构等进行分类。我国埋弧焊和电渣焊用焊剂主要分为熔炼焊剂和烧结焊剂两大类，如 HJ431X 和 SJ501 等。

★ 知识点 4　埋弧焊工艺

一、焊缝形状和尺寸

埋弧自动焊时，焊丝与焊件金属在电弧热量的作用下形成了一个熔池，随着电弧热源向前移动，熔池中的液态金属逐渐冷却凝固而形成焊缝。焊缝形状不仅关系到焊缝表面的成形，还会直接影响焊缝金属的质量。

埋弧自动焊的焊缝形状由焊接参数和工艺因素决定，因此，正确地选择焊接参数，是保证焊缝质量的重要措施。熔焊时，在单道焊缝截面上，焊缝宽度与焊缝计算厚度的比值称为焊缝成形系数。焊缝成形系数过小，焊缝形状深而窄，容易产生气孔、夹渣、结晶裂纹等缺陷；成形系数过大，焊缝浅而宽，容易产生未焊透、未熔合缺陷，同时浪费材料。影响成形系数的主要参数是焊接电压和焊接电流。

二、焊接参数对焊缝质量的影响

埋弧自动焊的焊接参数包括焊接电流、电弧电压、焊接速度、焊丝直径和工艺因素等。

1. 焊接电流

焊接过程中，当其他因素不变，焊接电流增加则电弧吹力增强，使熔深增大，但电弧的摆动小，所以熔宽变化不大。另外，由于焊接电流增大，焊丝的熔化速度也相应增快，因此焊缝余高稍有增加。

2. 电弧电压

在其他因素不变的条件下，如增加电弧长度，则电弧电压增加。随着电弧电压增加，熔宽显著增大，而熔深、余高略有减小。这是因为电弧电压越高，电弧就越长，则电弧的摆动作用加剧，使焊件被电弧加热而面积增大，以致熔宽增大。此外，由于焊丝熔化速度不变，而熔滴金属被分配在较大的面积上，故使余高相应减小。同时，电弧吹力对焊件金属的作用变弱，因而熔深有所减小。

3. 焊接速度

焊接速度对焊缝形状的影响具体为：当其他条件不变时，焊接速度增大，开始时熔深略有增加，而熔宽相应减小，当速度增加到一定值以后，熔深和熔宽都随速度增大而减小。焊接速度过大，则焊件与填充金属容易产生未熔合的缺陷。焊接实践证明，焊速在 40 m/h 以内时，熔深通常随焊速增大而略有增加，焊速超过 40 m/h 以后，熔深与熔宽都随焊速增大而减小。

4. 焊丝直径

当焊接电流不变时，随着焊丝直径的增大，电流密度减小，电弧吹力减弱，电弧的摆动作用增强，使焊缝的熔宽增加而熔深稍减小；焊丝直径减小时，电流密度增大，电弧吹力增强，使焊缝熔深增加。故用同样大小的电流焊接时，小直径焊丝可获得较大的熔深。

5. 工艺因素

1) 焊丝倾斜的影响

埋弧自动焊的焊丝位置通常垂直于焊件，但有时也采用焊丝倾斜方式。焊丝向焊接方向倾斜称为后倾，向焊接反方向倾斜则为前倾。焊丝后倾时，电弧吹力对熔池液态金属的作用加强，有利于电弧的深入，故熔深和余高增大，而熔宽明显减小。焊丝前倾时，电弧对熔池前面的焊件预热作用加强，使熔宽增大，而熔深减小。

2) 焊件倾斜的影响

焊件有时因处于倾斜位置，而有上坡焊和下坡焊之分。上坡焊与焊丝后倾相似，焊缝熔深和余高增加，熔宽减小，形成窄而高的焊缝，甚至于出现咬边的缺陷。下坡焊与焊丝前倾相似，焊缝熔深和余高都减小，而熔宽增大，且熔池内液态金属容易下淌，严重时会造成未焊透的缺陷。所以，无论是上坡焊或下坡焊，焊件的倾斜角 α 都不得超过 8°，否则会破坏焊缝成形及引起焊接缺陷。

3) 焊丝伸出长度的影响

当焊丝伸出长度增加时，则电阻热作用增大，使焊丝熔化速度增快，以致熔深稍有减小，余高略有增加。一般要求焊丝伸出长度的变化不超过 10 mm。

4) 装配间隙与坡口大小

当其他焊接工艺条件不变时，焊件装配间隙与坡口角度的增大，使焊缝的熔深增加，而余高减小，但熔深加上余高的焊缝总高度大致保持不变。为了保证焊缝的质量，埋弧自动焊对焊件装配间隙与坡口加工的工艺要求较严格。

技能操作 📖

❖ 任务　埋弧焊操作技能

一、埋弧焊安全操作规程

埋弧焊安全操作规程与焊条电弧焊相似，上述焊条电弧焊的相关规定和要求也都适用于埋弧焊。另外，根据埋弧焊的特点，还须注意以下事项：

(1) 在未切断电源情况下调整送丝机构、行走机构和其他机械设备时，不能以手触及任何传动元件。

(2) 埋弧焊接过程中清扫焊剂时会产生有害烟尘，应注意防护，如使用防尘口罩等。

(3) 焊接过程中更换导电嘴或导电块时应先停机，再更换。

(4) 焊接过程中应随时注意防止架空电缆和拖地电缆是否被其他物体阻挡，以致影响机头或焊接小车的正常运行。

(5) 焊接过程中应随时补充焊剂漏斗中的焊剂，以防焊剂不足造成露弧和保护不良。

(6) 不要急于去除红热渣壳，以免影响保护效果和烫伤焊工，应待渣壳稍冷后再去除。

二、I 形坡口对接平焊

1. 焊前准备

1) 试件材料

试件材料为 Q235 或 20 钢。

2) 试件尺寸

试件尺寸为 400 mm × 200 mm × 10 mm，I 形坡口。

3) 焊接要求

焊接要求双面焊接。

4) 焊接材料

焊接材料为 H08A 型或 H08MnA 型焊丝，直径为 4mm，焊前除锈。焊剂 HJ431 型，焊前烘干 150～200℃，恒温 2 h，随用随取。定位焊用 E4303 型焊条，直径为 4.0 mm。

5) 焊机

焊机为 MZ-1000 型埋弧焊机。

2. 焊件装配

1) 清理焊件

清理焊件坡口面及坡口正反两侧各 30 mm 范围内的油污、锈蚀、水分及其他污物，直至露出金属光泽。

2) 装配间隙

装配间隙为始端 2.5 mm，终端 3.2 mm(可分别采用 ϕ 2.5 mm 和 ϕ 3.2 mm 的焊条夹在试件两端进行装配)。放大终端的间隙是考虑到焊接过程中的横向收缩量，以保证熔透所需要的间隙。错边量不大于 1.2 mm。

3) 定位焊

在试板两端分别焊接引弧板与引出板，并进行定位焊。引弧板与引出板的尺寸为 100 mm × 100 mm × 10 mm，焊后将其用气割割掉，而不能用锤子敲掉。试件变形量为 3°。

3. 焊接参数

I 形坡口平对接埋弧焊焊接参数选择见表 2-54。

表 2-54　I 形坡口对接焊接工艺参数

焊缝层次	焊丝直径/mm	焊接电流/A	焊接电压/V	焊接速度/(m/h)
反面	4.0	500~550	35~37	30~32
正面	4.0	550~600	35~37	30~32

4. 焊接操作过程

先焊背面的焊道，后焊正面的焊道。

1) 背面焊道操作

(1) 垫焊剂垫。焊前将试件放在水平的焊剂垫上。焊剂垫内的焊剂牌号必须与工艺要求的焊剂相同。焊接时，要保证试板正面完全与焊剂贴紧。在焊接过程中，更要注意防止因试板受热变形与焊剂脱开，产生焊漏、烧穿等缺陷。特别是要防止焊缝末端收尾处出现焊漏和烧穿。

(2) 焊丝对中。调整焊丝位置，使焊丝头对准试板间隙，但不与试样接触。拉动焊接小车往返几次，以使焊丝能在整个试板上对准间隙。

(3) 准备引弧。将焊接小车拉到引弧板处，调整好小车行走方向开关位置，锁紧小车行走离合器。然后，按下送丝与退丝按钮，使焊丝端部与引弧板可靠接触，焊剂堆积高度为 40~50 mm。最后将焊剂斗下面的门打开，让焊剂覆盖焊丝头。

(4) 引弧。按下启动按钮，引燃电弧。焊接小车沿试板间隙走动，开始焊接。此时要注意观察控制盘上的电流表与电压表，检查焊接电流与焊接电压和工艺规定的参数是否相符。如果不相符则迅速调整相应的旋钮至达到规定参数为止。

(5) 收弧。当熔池全部在引出板中部以后，准备收弧。收弧时要特别注意分两步按停止按钮。先按一半，焊接小车停止前进，但电弧仍在燃烧，熔化的焊丝用来填满弧坑。估计弧坑一填满后，立即将停止按钮按到底。

(6) 清渣。待焊缝金属及熔渣完全凝固并冷却后，敲掉焊渣，并检查背面焊道外观质量。要求背面焊道熔深达到试板厚度的 40%~50%。如果熔深不够，需加大间隙、增加焊接电流或减小焊接速度。

2) 正面焊道操作

经外观检验背面焊道合格后，将试件正面朝上放好，调节焊接工艺参数，开始焊正面焊道，焊接步骤与焊背面完全相同。但是，需注意以下两点：

(1) 为了防止未焊透和夹渣，要求正面焊缝的熔深达到板厚的 60%～70%。为此可以用加大电流或减小焊接速度来实现。

(2) 焊正面焊道时，因为有背面焊道托住熔池，故不必用焊剂垫，可直接悬空焊接。

5．经验

焊接时可以通过观察熔池背面焊接过程中的颜色变化来估计熔深。若熔池背面为红色或黄色，表示熔深符合要求，且试板越薄，颜色越浅。若试板背面接近白亮时，说明将要烧穿，应立即减小焊接电流或增加焊接速度；若熔池从背面看不见颜色或为暗红色，则表明熔深不够，需增加电流或减小焊接速度。

6．任务考核

完成 I 形坡口平对接埋弧焊操作后，结合表 2-55 进行测评。

表 2-55　I 形坡口平位对接埋弧焊操作评分表

项　目	分值	评分标准	得分	备注
错边量	15	≤10%板厚		
变形量	15	≤3°，超差不得分		
直线度/mm	15	2，每超差一处扣 5 分		
余高	15	$h=0～3$，每超差一处扣 5 分		
余高差 h'/mm	10	$h'≤2$，每超差一处扣 5 分		
外观成形良好	30	根据情况酌情扣分		
合计	100	总得分		

项目七　碳弧气刨

学习目标 ✍

(1) 掌握碳弧气刨的工作原理及工艺；

(2) 了解碳弧气刨的设备；

(3) 掌握碳弧气刨基本操作技术。

知识链接 📖

★ 知识点 1　碳弧气刨的原理

碳弧气刨是使用石墨棒与刨件间产生电弧将金属熔化，并用压缩空气将其吹掉，实现金属表面上加工沟槽的方法。如图 2-128 所示。

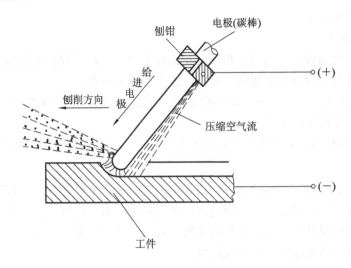

图 2-128　碳弧气刨示意图

碳弧气刨的优点如下：

(1) 碳弧气刨比采用风铲可以提高 10 倍的生产率，在仰位或竖位时更具优越性。

(2) 与风铲比较，碳弧气刨噪音较小，并减轻了劳动强度，易实现机械化。

(3) 在对封底焊进行碳弧气刨挑焊根时，易发现细小缺陷，并可以克服风铲由于位置狭窄而无法使用的缺点。

碳弧气刨还有一些缺点，如产生烟雾，噪声较大，粉尘污染，弧光辐射等。

碳弧气刨广泛应用于清理焊根，清除焊缝缺陷，开焊接坡口，清理铸件的毛边、浇冒口及缺陷，还可用于无法用氧-乙炔切割的各种金属材料切割。

★ 知识点 2　碳弧气刨的设备

碳弧气刨设备由电源、气刨枪、碳棒、电缆气管和空压机组成，如图 2-129 所示。

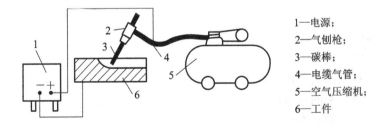

1—电源；
2—气刨枪；
3—碳棒；
4—电缆气管；
5—空气压缩机；
6—工件

图 2-129　碳弧气刨设备示意图

碳弧气刨一般采用具有陡降外特性的直流电源，由于使用电流较大，且连续工作时间较长，因此，应选用功率较大的弧焊整流器或弧焊发电机，如 ZXG-500、AX-500 等。

碳弧气刨的割炬有碳弧气刨枪，它有侧面送风式和圆周送风式两种。碳弧气刨的电极材料一般都是采用镀铜实芯碳棒，其端面形状有圆形和扁形，根据刨削要求选用。其中圆形碳棒应用最广。

★ 知识点 3　碳弧气刨工艺

碳弧气刨工艺参数主要有电源极性、电流与碳棒直径、刨削速度、压缩空气压力、碳棒的外伸长、碳棒与工件间的夹角等。

一、电源极性

碳弧气刨一般采用直流反接(工件接负极)。这样电弧稳定，熔化金属的流动性较好，凝固温度较低，因此反接时刨削过程稳定，电弧发出连续的刷刷声，刨槽宽窄一致，光滑明亮。若极性接错，电弧不稳且发出断续的嘟嘟声。

二、电流与碳棒直径

电流与碳棒直径成正比关系，一般可参照下面的经验公式选择电流：

$$I = (30\sim50)D$$

式中：I——电流(A)；

　　　D——碳棒直径(mm)。

对于一定直径的碳棒，如果电流较小，则电弧不稳，且易产生夹碳缺陷；适当增大电流，可提高刨削速度、刨槽表面光滑、宽度增大。在实际应用中，一般选用较大的电流，但电流过大时，碳棒烧损很快，甚至碳棒熔化，造成严重渗碳。小碳棒直径的选择主要根据所刨削钢板厚度决定，碳棒直径应比所要求的刨槽宽度小 $2\sim4$ mm。

三、刨削速度

刨削速度对刨槽尺寸、表面质量和刨削过程的稳定性有一定的影响。刨削速度须与电流大小和刨槽深度(或碳棒与工件间的夹角)相匹配。刨削速度太快，易造成碳棒与金属短路、电弧熄灭，形成夹碳缺陷。一般刨削速度为 $0.5\sim1.2$ m/min 左右为宜。

四、压缩空气压力

压缩空气的压力会直接影响刨削速度和刨槽表面质量：压力高，可提高刨削速度和刨槽表面的光滑程度；压力低，则造成刨槽表面粘渣。一般要求压缩空气的压力为 $0.4\sim0.6$ MPa。压缩空气所含水分和油分可通过在压缩空气的管路中加过滤装置予以限制。

五、碳棒的外伸长

碳棒从导电嘴到碳棒端点的长度为外伸长。手工碳弧气刨时，外伸长大，压缩空气的喷嘴离电弧就远，造成风力不足，不能将熔渣顺利吹掉，而且碳棒也容易折断。一般外伸长为 $80\sim100$ mm 为宜。随着碳棒烧损，碳棒的外伸长不断减少，当外伸长减少至 $20\sim30$ mm 时，应将外伸长重新调至 $80\sim100$ mm。

六、碳棒与工件间的夹角

碳棒与工件间的夹角大小，主要会影响刨槽深度和刨削速度。夹角增大，则刨削深度增加，刨削速度减小。一般手工碳弧气刨采用夹角 45° 左右为宜。

技能操作 📖

❖ 任务　碳弧气刨操作技能

一、气刨前准备

1. 试件材料

本操作试件材料为 Q235。

2. 试件尺寸

本操作试件尺寸为 300 mm × 200 mm × 10 mm，在钢板上沿长度方向画一中心线，作为气刨轨迹。

3. 设备

碳弧气刨设备为弧焊整流器、空气压缩机、气刨枪。

4. 辅助器具

本操作辅助器具为护目镜、绝缘手套。

二、气刨参数

低碳钢板碳弧气刨工艺参数见表 2-56。

表 2-56　低碳钢板碳弧气刨工艺参数

钢板厚度/mm	碳棒直径/mm	电流强度/A	空气压力/MPa
6~8	5~6	150~260	0.4~0.6

三、操作过程

(1) 根据碳棒直径选择并调节好电流，使气刨枪夹紧碳棒并调节碳棒外伸长为 80~100 mm 左右；打开气阀并调节好压缩空气流量，使气刨枪气口和碳棒对准待刨部位。

(2) 通过碳棒与工件轻轻接触引燃电弧。开始时，碳棒与工件的夹角要小，逐渐将夹角增大到所需的角度。在刨削过程中，弧长、刨削速度和夹角大小三者适当配合时，电弧稳定、刨槽表面光滑明亮；否则电弧不稳、刨槽表面可能出现夹碳和粘渣等缺陷。

(3) 在垂直位置时，应由上向下操作，这样重力的作用有利于除去熔化金属；在平位置时，既可从左向右，也可从右向左操作；在仰位置时，熔化金属由于重力的作用很容易落下，这时应注意防止熔化金属烫伤操作人员。

(4) 碳棒与工件之间的夹角由槽深而定，刨削要求深，夹角就应大一些。然而，一次刨削的深度越大，对操作人员的技术要求越高，且容易产生缺陷。因此，刨槽较深时，往往要求刨削 2~3 次。

(5) 要保持均匀的刨削速度。均匀清脆的嘶嘶声表示电弧稳定，能得到光滑均匀的刨槽。速度太快易短路，太慢又易断弧。每段刨槽衔接时，应在弧坑上引弧，以防止弄伤刨槽或产生严重凹痕。

四、碳弧气刨的安全操作规程

碳弧气刨的危害是弧光辐射、烟尘、有害气体、金属飞溅和噪声。碳刨使用电流大于焊条电弧焊，易使焊机过载和温升超标。为此，除遵守焊条电弧焊安全操作规程外，还应严格遵守以下几点：

(1) 必须按规定要求穿戴好个人防护用品。

(2) 作业前检查焊机容量是否足够，极性是否正确，以及焊机接地和连接部位绝缘、压缩空气管路完好性和接头的可靠性。检查作业场地，14 m 范围内应无易燃、易爆品。

(3) 对所刨削工件进行安全性确认：封闭管道、容器、船舱等狭小场所禁刨；容器内或刨削点邻近有不明物时，应经专业人员检查，确认无危险后方可操作。

(4) 作业时刨削方向不能对人，露天作业应顺风向操作，雨雪天禁止露天作业。

(5) 工作点必须加强通风，容器或金属结构内作业时除通风外，还必须有排烟除尘措施，并设专人监护，以防中毒或窒息。

(6) 工作完毕，切断电源，关闭气源(空压机电源开关或管道压缩空气阀门)，整理好设备和场地，确认无火种后方可离开。

项目八　钎　　焊

学习目标 ✑

(1) 掌握钎焊的工作原理及工艺；
(2) 了解各种钎焊方法及应用。

知识链接 📖

★ 知识点 1　钎焊的原理及分类

一、钎焊原理

钎焊是利用熔点比焊件金属低的钎料和焊件一起加热，让熔化的钎料润湿并填充处于固态的焊件间隙，从而形成牢固的焊接接头的异种焊接方法。

钎焊的特点是焊件在焊接过程中不熔化，只需填充金属熔化。加热温度比一般熔化焊低，变形很小，金相组织和力学性能相对变化小。钎焊既可以焊接同种金属，也可以焊接异种金属，如铜管与不锈钢板的钎焊。只要选择合适的钎料和溶剂，提高湿润性和流动性，还可钎焊复杂的接头。如空调换热器的弯头，焊接接头多又复杂，用硬钎焊效果很好。从力学性能来讲，钎焊焊缝比电弧焊焊缝差。

二、钎焊的分类

钎焊方法与种类很多，尤其是近年来发展了许多新方法，已经难以采用一个严格的定义来划分，但仍可以根据采用的热源不同来划分；也可以根据钎焊保护环境的不同来划分；还可以采用钎焊温度的不同来划分；也有的可以根据钎焊特征来划分。

1. 根据钎焊热源的不同划分

钎焊方法主要是提供必要的热源，因此可以说，有多少种加热方式(热源)，就可以有多少种钎焊方法，所以钎焊方法的第一类分类方法就是根据采用的热源不同来分类，这种分类的钎焊方法非常多。能够提供热源的方法有：电弧热、化学热(如氧乙炔焰、汽油火焰、液化气焰等)、电阻热、高能束流(如激光、电子束等)、感应热、机械能(如摩擦、振动等)。钎焊通常采用的热源主要有：电弧、火焰、激光、电子束、超声波、红外线、感应电流、电阻热以及加热的液体(如盐浴、液态钎料浴等)，因此钎焊方法可分类为电弧钎焊、火焰钎焊、电阻钎焊、激光钎焊、电子束钎焊、超声波钎焊、红外线钎焊、感应钎焊和浸沾钎焊等。

2. 根据钎焊保护环境的不同划分

钎焊是一个加热过程，对于金属来讲，在加热过程中容易氧化，因此一般要经历去除氧化膜、保护金属表面等过程。在实际钎焊中，经常采用的保护措施有：保护气体(如 H_2、N_2、Ar 等)和真空等，因此钎焊方法还有保护气体钎焊和真空钎焊。这些保护措施由可结合使用的加热设备来定义钎焊方法，如采用真空保护时可以结合炉中电阻加热，称为真空炉中钎焊，经常简称为真空钎焊，是钎焊铝合金、钛合金、真空电子器件等的必要方法；还可结合高频感应加热方式，称为真空高频感应钎焊。

3. 根据钎焊温度的不同划分

钎焊方法还可以根据加热的温度来分类，加热温度低于 450℃ 的是软钎焊，超过 450℃ 的是硬钎焊。此外，还将加热温度超过 900℃ 的钎焊称为高温钎焊。

4. 根据钎焊特征的不同划分

除了上述各种分类方法以外，还有少数钎焊方法是以其特征命名的。例如，以采用的去膜过程命名，如刮擦钎焊和超声波钎焊；以钎缝形成的基本过程命名，如接触反应钎焊和扩散钎焊方法等。

钎焊方法种类多，命名复杂，但目的都是为了更方便地描述钎焊方法，随着科学技术的发展，还会有新的钎焊方法出现。

★ 知识点 2　常用的钎焊方法

一、烙铁钎焊

烙铁是一种软钎焊工具。烙铁钎焊就是利用烙铁工作部(烙铁头)积聚的热量来熔化钎料，并加热钎焊处的母材而完成钎焊接头的。烙铁种类甚多，结构也各不相同。使用范围最广的烙铁是电烙铁，加热元件有：绕在云母或其他绝缘材料上的镍铬丝、陶瓷加热器(把特殊金属化合物印刷在耐热陶瓷上，经烧制而成)两类，分别称作外热式和内热式。内热式电烙铁加热器寿命长，热效率和绝缘电阻高，静电容量小，因此，在相同功率下内热式电烙铁外形比外热式小巧，特别适合于钎焊电子器件。

用烙铁进行钎焊时，应使烙铁头与焊件间保持最大的接触面积，并首先在此接触处添加少量钎料，使烙铁与母材间形成紧密的接触，以加速加热过程。一般母材加热到钎焊温度时，钎料常以丝材或棒材形式手工进给到接头上，直至钎料完全填满间隙并沿钎缝另一边形成圆滑的钎角为止。烙铁钎焊时，一般采用钎剂去膜。钎剂可以单独使用，但在电子工业中多以松香芯钎料丝的形式使用。对于某些金属，烙铁钎焊时可采用刮擦和超声波的去膜方法。超声波烙铁的烙铁头应由蒙乃尔合金或镍铬钢制造。

二、火焰钎焊

火焰钎焊是用可燃气体或液体燃料的汽化产物与氧或空气混合燃烧所形成的火焰来进行钎焊加热的。它的通用性大，设备和工艺过程简单，又能保证必要的钎焊质量。其燃气来源广，不依赖电力供应，因此应用范围很广。火焰钎焊主要用于以铜基钎料、银基钎料钎焊碳钢、低合金钢、不锈钢、铜及铜合金的薄壁和小型焊件，也可用于铝基钎料钎焊铝及铝合金。最常用的是氧乙炔焰，也可采用其他一些燃气，其基本特征见表 2-57 中。

表 2-57　可供火焰钎焊使用的各种可燃气体和蒸气的特征

燃气	密度 $\rho/(kg \cdot m^{-3})$ 蒸气 $\rho/(kg \cdot L^{-3})$	最低发热值 $Q/(J \cdot m^{-3})$ 蒸气 $Q/(J \cdot L^{-3})$	火焰温度 $t/℃$	$1\ m^3$ 燃气的需氧量/m^3	爆炸性混合气体中燃气的体积分数 $\Psi \times 100$	
					与空气	与 O_2
乙炔	1.179	47 916	3150	2.5	2.2～81	2.8～93
甲烷	0.715	35 542	2000	2.0	4.8～16.7	5.4～59.3
丙烷	2.0	85 875	2050	5.0	2.2～9.5	—
丁烷	2.7	112 500	2050	6.5	1.5～8.4	—
氢	0.0898	10 708	2100	0.5	3.3～81.5	2.6～93.9
天然气	0.7	—	2100	2.0	3.8～24.8	10～73
石油气	0.776～1.357	43 750～45 833	2400	3.5	—	—
汽油蒸气	0.69～0.76	44 300	2550	2.6	2.6～6.7	—
煤油蒸气	0.8～0.84	42 700	2400	2.55	1.4～5.5	—

火焰钎焊的主要工具是钎炬，钎炬一般均具有多孔喷嘴。火焰钎焊还可以使用喷灯，喷灯直接使用液体燃料(煤油、汽油或酒精)，靠自身的汽化装置使燃料汽化，再与吸入的空气混合后燃烧。火焰钎焊时，通常是用手进给棒状或丝状的钎料，采用膏状钎剂或钎剂溶液去膜。钎焊时，开始应将钎炬沿钎缝来回运动，使之均匀地加热到接近钎焊的温度，然后再从一端用火焰连续向前熔化钎料，直至填满钎缝间隙。

火焰钎焊的缺点是手工操作时对于加热温度难以掌握，因此要求工人有较高的技术，另外，火焰钎焊是一个局部加热过程，可能在母材中引起应力或变形。

三、电阻钎焊

电阻钎焊是利用电流通过焊件或与焊件接触的加热块所产生的电阻热加热焊件和熔化钎料的钎焊方法。钎焊时应对钎焊处施加一定的压力。

一般的电阻钎焊方法与电阻焊相似，是用电极压紧两个零件的钎焊处，使电流流经钎焊面形成回路。主要靠钎焊面及毗邻的部分母材中产生的电阻热来加热，如图 2-130 所示。表 2-58 给出了直接加热电阻钎焊用的电极材料性能。其特点是被加热的只是零件的钎焊处，加热速度很快，要求零件钎焊面彼此保持紧密贴合，否则将因接触不良造成母材局部过热或接头严重未焊透等缺陷。电阻钎焊可采用钎剂和气体介质去膜。但因

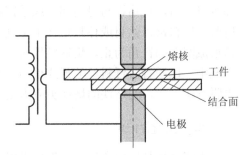

图 2-130　电阻钎焊原理图

其不导电，对于这种加热方式不能使用固态钎剂。电阻钎焊最适于采用箔状钎料，可以直接放在零件的钎焊面之间，也可以在钎焊面预先镀覆钎料层。采用钎料丝时，应将钎焊面加热到钎焊温度后，将钎料丝末端靠紧钎缝间隙，直至钎料熔化并填满间隙，使全部边缘呈现平缓的钎角为止。

表 2-58　直接加热电阻钎焊用电极材料性能

材　料	电阻率 $(\Omega \cdot cm^2/m)$	硬　度	软化温度 /℃	热导率 /(W/m · K × 418.68)
铜	0.0176	95	150	0.94
铬铜	0.0215	150	400	0.77
钼	0.057	250	900	0.35
钨	0.051	380～480	1000～1200	0.48
石墨	0.20	70	—	—
铜钨烧结合金	0.052	165～210	—	0.42

电阻钎焊适宜于使用低电压大电流。根据所要求的电导率，电极可采用碳、石墨、铜合金、耐热钢、高温合金或难熔金属制造。一般电阻钎焊用的电极应有较高的电导率，用作加热块的电极则需采用高电阻材料，而且电极材料不能被钎料润湿。电阻钎焊的优点是加热迅速、生产率高、加热集中，对周围的热影响小、工艺较简单、劳动条件好、容易实现自动化；缺点是适于钎焊的接头尺寸不能太大，形状也不能很复杂。目前主要用于钎焊刀具、带锯、电机的定子线圈、导线端头、各种电触点，以及印刷电路板上集成电路块和晶体管等元器件的连接。

四、感应钎焊

感应钎焊是零件的待钎焊部分被置于交变磁场中，加热使通过它在交变磁场中产生的感应电流的电阻热来实现的。感应电流强度与交流电的频率成正比。频率越高，感应电流增大，焊件的加热速度变快，但是频率越高，电流渗透深度越小。虽然使表面层迅速加热，

但加热的厚度却越薄，零件内部只能靠表面层向内部的导热来加热，因此电流频率不能过高。

感应钎焊设备主要由感应加热设备和感应圈及辅助夹具组成，感应加热设备按频率可分为工频、中频和高频三种：工频电源很少直接用于钎焊；中频电源适用于钎焊大厚件；高频电源频率较高，加热迅速，特别适合于钎焊薄件，但也具有通用性，因此得到了广泛采用。

感应圈是感应钎焊设备的重要器件，图 2-131 为感应圈基本结构形式，其结构对于保证钎焊质量和提高生产率有重大影响。通常感应圈均用紫铜管制作，通水冷却，管壁厚度一般为 1～1.5 mm，感应圈的形状应与所钎焊的接头相似，并与焊件保持不大于 3 mm 的均匀间隙。感应圈的匝间距离一般取为管径的 0.5～1 倍，应尽量采用外热式感应圈。

辅助夹具主要用来夹持和定位焊件，以保证其装配准确性及与感应圈的位置。设计夹具时应注意，与感应圈临近的夹具零件不应使用金属，以免被感应加热。

感应钎焊可分为手工、半自动和自动三种方式：手工感应钎焊只适用于简单焊件的小批量生产，生产效率低，对工人的技术水平要求高，但具有较大的灵活性；半自动感应钎焊的钎焊过程的断电结束是借助于时间继电器或光电控制自动控制；自动感应钎焊(图2-132)使用的感应圈是盘式或隧道式。焊件所需的加热是靠调整传送机构的运动速度、控制焊件在感应圈中的时间来保证。这种方式生产率高，主要用于小件的大批量生产。

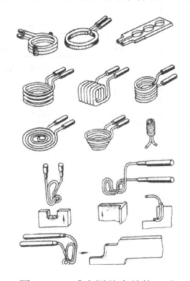

图 2-131 感应圈基本结构形式

图 2-132 转盘式自动感应钎焊

感应钎焊时，预先把钎料和钎剂放好，可使用箔状、丝状、粉末状和膏状的钎料，由于加热速度的原因，应注意选用毛细流动性能好的钎料。感应钎焊可采用液态和膏状的钎剂和气体介质去膜。感应圈的安放方式有两种：一种是置于容器外，靠感应加热容器来加热焊件；另一种方式是感应圈置于容器内，焊件靠感应圈直接加热。

感应钎焊广泛用于钎焊钢、铜及铜合金、不锈钢、高温合金等的具有对称形状的焊件，特别适用于管件套接、管和法兰、轴和轴套之类的接头。对于铝合金的硬钎焊，由于温度不易控制，不宜使用这种方法。

五、浸沾钎焊(液体介质中钎焊)

浸沾钎焊是把焊件局部或整体地浸入盐混合溶液或钎料溶液中，依靠这些液体介质的热量来实现钎焊过程。由于液体介质的热容量大、导热快、能迅速而均匀地加热焊件，钎焊过程的持续时间一般不超过 2 min，因此生产率高，焊件的变形、晶粒长大和脱碳等现象都不显著。钎焊过程中，液体介质又能隔绝空气，保护焊件不受氧化。溶液温度能精确控制，钎焊过程容易实现机械化，在工业中被广泛用来钎焊各种合金。浸沾钎焊按使用的液体介质不同，可分为两类：盐浴钎焊和熔化钎料中浸沾钎焊。

1. 盐浴钎焊

盐混合物的成分选择的基本要求是：要有合适的熔点，对焊件能起到保护作用而无不良影响，使用中能保持成分和性能稳定。一般多使用氯盐的混合物。表 2-59 列举了一些使用较广泛的盐混合物成分，适用于以铜基和银基钎焊钢、合金钢、铜及铜合金和高温合金。在这些盐溶液中浸沾钎焊时，需要使用钎剂去除氧化膜。当浸沾钎焊铝及铝合金时，可直接使用钎剂作为盐混合物。

表 2-59　钎焊用盐浴

成分 ω / %				t_m/℃	t_B/℃
NaCl	CaCl$_2$	BaCl$_2$	KCl		
30	—	65	5	510	570～900
22	48	30	—	435	485～900
22	—	48	30	550	605～900
—	50	50		595	655～900
22.5	77.5	—		635	665～1300
—		100		962	1000～1300

盐浴钎焊的基本设备是盐浴槽，大多是电热式，加热方式有两种：一种是外热式，即由槽外电阻丝加热，其加热速度慢，且槽必须用导热良好的金属制作。另一种是得到广泛应用的内热式盐浴槽，它靠电流通过盐溶液时产生的电阻热来加热自身并进行钎焊。

内热式盐浴槽的典型结构见图 2-133 所示，其内壁采用可耐盐溶液腐蚀的材料制成，一般用高铝砖或不锈钢。加热电流通过插入盐浴槽中的电极导入，电极材料一般可用碳钢、紫铜或石墨。为了保证焊接安全，常使用低电压、大电流的交流电工作。盐浴钎焊时，由于盐溶液的黏滞作用和电磁循环，焊件浸入时零件和钎料可能发生错位，必须进行可靠的定位。

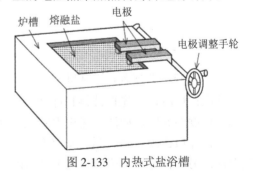

图 2-133　内热式盐浴槽

在盐浴钎焊中，由于盐溶液的保护作用，对去膜的要求有所降低。但仅在用铜基钎料钎焊结构钢时可以不用钎剂去膜，其他仍需使用钎剂。加钎剂的方法是把焊件浸入熔化的钎剂或钎剂水溶液中，取出后加热到 120～150℃以除去水分。为了减小焊件浸入时盐溶液温度的下降以缩短钎焊时间,最好采用两段加热钎焊的方式:即先将焊件置于电炉内,预热到低于钎焊温度200~300℃,再将焊件进行盐浴钎焊。

盐浴钎焊有如下缺点:需要使用大量的盐类,特别是钎焊铝时要大量使用含氯化锂的钎剂,成本很高;盐溶液大量散热和放出腐蚀性蒸气,遇水有爆炸危险,劳动条件较差;不适于钎焊有深孔、盲孔和封闭型的焊件,原因是此时盐溶液很难流入和排出。

2. 熔化钎料中浸沾钎焊(金属浴钎焊)

这种钎焊方法的过程是将经过表面清理并装配好的焊件进行钎剂处理,然后浸入熔化的钎料中。熔化的钎料把零件钎焊处加热到钎焊温度,同时渗入钎缝间隙中,并在焊件提起时保持在间隙内,凝固形成接头。其具有工艺简单、生产率高的优点。其主要缺点是在焊件浸入部分的全部表面上都需涂覆一层钎料,这不但大大增加了钎料的消耗,而且钎焊后往往还需花费大量劳动去清除这些钎料,且容易污染槽中液态钎料。这种钎焊方法主要用于以软钎料焊钢、铜及铜合金,特别是对那些钎缝多而密集的产品,如蜂窝式换热器、电机电枢、汽车水箱等。

六、炉中钎焊

炉中钎焊利用电阻炉来加热焊件。按钎焊过程中钎焊区的气氛组分,可分为四类,即空气炉中钎焊、中性气氛炉中钎焊、活性气氛炉中钎焊和真空炉中钎焊。

1. 空气炉中钎焊

空气炉中钎焊就是把装配好的加有钎料和钎剂的焊件放入普通的工业电炉中加热至钎焊温度,依靠钎剂去除钎焊表面的氧化膜。待钎料熔化后流入钎缝间隙,凝固后形成接头。空气炉中钎焊加热均匀,焊件变形小,需用的设备简单通用,成本较低。其缺点是加热时间长,且对焊件整体加热,焊件氧化严重。目前较多地用于钎焊铝及铝合金。

2. 保护气氛炉中钎焊

保护气氛炉中钎焊亦称控制气氛炉中钎焊。其特点是加有钎料的焊件是在活性或者中性气氛保护下的电炉中加热钎焊的。按使用的气氛不同,可分别称为活性气氛炉中钎焊和中性气氛炉中钎焊。保护气氛炉中钎焊的设备由供气系统、钎焊炉和温度控制装置组成。供气系统包括气源、净气装置及管道、阀门等。

保护气氛钎焊炉一般有预热室、钎焊室和冷却室,炉内通保护气体,其压力高于大气压力,以防止外界空气渗入。图2-134所示为此类钎焊炉。工作时,装配好的预置钎料的焊件经炉门送入预热室,焊件在预热室内缓慢加热,既防止了变形,也缩短了焊件在钎焊室内的加热过程。随后,焊件送入钎焊室加热到钎焊温度并保温,完成钎焊过程。接着,焊件被送入围有水套的冷却室,在保护气氛中冷却到100~150℃,最后经炉门取出。焊件的送入和取出可以是人工的,也可以是自动的。后一种情况使用的是底部安装有网状运输带或轨道运输带的钎焊炉。

图2-134　保护气氛炉中钎焊

上述炉子主要用于钎焊碳钢,这时因为炉门经常开启和炉内砖衬大量吸收空气和水汽,导致钎焊室中很难保持纯净的气氛。钎焊合金钢、不锈钢件时,应使用具有金属内壁的炉子。对于尺寸小的合金钢、不锈钢件,可放在通有保护气体的密封钎焊容器中,再把容器放入炉中加热钎焊。此时,可使用普通的电炉。

七、真空钎焊

真空钎焊是在真空保护环境下进行钎焊的一种方法,主要指的是真空炉中钎焊,如图 2-135 所示,用于钎焊那些难钎焊的金属和合金,如铝合金、钛合金、高温合金、难熔金属以及真空电子器件中的材料等,且不需使用钎剂,所钎焊的接头光亮致密,具有良好的机械性能和抗腐蚀性能,因此得到了越来越广泛的应用。真空炉中钎焊的设备主要由真空钎焊炉和真空系统两部分组成。真空钎焊炉有热壁和冷壁两种类型。

图 2-135　真空炉中钎焊

热壁真空钎焊炉实质上是一个真空钎焊容器,焊件放在容器内,容器抽真空后送入炉中加热钎焊,加热炉可采用通用的工业电炉。热壁真空钎焊炉结构简单,容易制作,而且加热过程中释放的气体少,有利于保持真空。工作时,抽真空与加热升温同时进行;钎焊后,容器可退出炉外空冷,从而缩短了生产周期,防止了母材晶粒长大。该设备投资少,生产率高,但容器在高温、真空条件下受到外围大气压的作用,易变形,故适于小件、小量生产。大型热壁炉则常采用双容器结构,即加热炉的外壳也设计成低真空容器,但结构的复杂化使其应用受到限制。

冷壁炉结构是加热炉与钎焊室为一体,炉壁为双层水冷结构,内置有多层表面光洁的薄金属板组成的热反射屏,材料选用钼片或不锈钢片。在反射屏内侧分布着加热元件,中温炉一般使用镍-铬和铁-铬-铝合金;高温炉主要使用钼、钨、石墨等。冷壁炉工作时,炉壳由于水冷和受反射屏屏蔽,温度不高,能很好地承受外界的大气压力,故适于大型焊件的高温钎焊。它的加热效率较高,使用安全方便。其缺点是结构较复杂,制造费用高,使用时需先抽真空后再进行加热,钎焊后焊件只能随炉冷却,生产率低。真空系统主要包括真空机组,真空管道、真空阀门等。真空机组通常由旋片式机械泵和油扩散泵组成,单用机械泵只能得到低于 133 MPa 的真空度,要获得高真空,必须同时使用油扩散泵,此时能达到 1.33×10^{-1} 级的真空度,近年来还发展了罗茨泵、分子泵,可以达到更高的真空度。

真空钎焊过程如下:加有钎料的焊件放入炉中后,加热前先抽真空,待达到要求的真空度后开始通电加热。加热保温结束后,焊件应继续在真空或保护气氛中冷却至 150℃ 以下,以防氧化。真空炉中钎焊的主要优点是钎焊质量高,可以方便地钎焊那些用其他方法难以钎焊的金属和合金。真空炉中钎焊不宜使用含蒸气压高的元素,如含锌、锰、镁和磷等较多的钎料,也不适于钎焊含这些元素多的合金。此外,真空炉中的钎焊设备比较复杂,它要求给予较多的投资,对工作环境和工人技术水平要求也较高。

★ 知识点3　特种钎焊方法与设备

一、蒸气浴钎焊

蒸气浴钎焊是一种适合于成批生产的软钎焊方法，是利用液体的饱和蒸气凝结时所释放出来的蒸发潜热来加热焊件并熔化钎料，从而实现钎焊的。其装置的主体为一容器，其底部装有加热器，并注入了专用的工作液体。液体沸点温度足以使钎料熔化并与母材形成良好的结合，却不致使元件受到热损伤；液体热稳定性和化学稳定性高，能经受长时间的沸腾和与各种材料接触，对焊件是惰性的，不溶解和腐蚀焊件，蒸气密度大于空气，毒性小，不可燃。目前用作工作液体的主要有氟化五聚氧丙烯和高氟三戊胺。钎焊过程是：加热器将工作液体加热至沸点温度，容器内液体上方的空间随即充满工作液体的饱和蒸气(蒸气温度与液体的沸点一致)。通过升降机构将焊件送入此蒸气区时，由于焊件温度低，蒸气就会在焊件的表面凝结成液滴而释放出蒸发潜热，从而将焊件迅速而均匀地加热至与蒸气相同的温度，钎料得以熔化填缝。然后将焊件提起，退出蒸气区冷却，间隙中的液态钎料凝固后会形成接头。

蒸气浴钎焊方法的主要优点是：能保证加热均匀，能自然地精确控制加热温度，不会出现过热；加热迅速，效率高，对于一般的印刷电路板而言，其钎焊时间为 10~15 s；饱和蒸气排除了空气，焊件氧化不明显，不需使用活性强的钎剂，甚至可不用钎剂。因此，钎焊质量高、可靠性高、生产率高，已普遍应用于电子器件的钎焊。其缺点是只适于锡铅钎料的软钎焊，且所用加热液体价格昂贵，也不适于流水生产。

二、光束钎焊

光束钎焊是利用疝弧灯的光辐射能进行钎焊加热的方法，在椭圆反射器的第一焦点位置上放置疝弧灯作光源，它发出的强热光线经椭圆反射镜聚光，在其第二焦点处形成高能量密度的光束。将待焊零件放置在第二焦点处，使焊件加热钎焊。此时接头单位面积上接收的热量同光束的能量密度和照射时间成正比。光束的强度与照射时间的乘积就是供给焊件的能量。调节此能量即可控制加热温度。另外，调整零件与第二焦点的相对位置可以改变零件表面的加热斑点面积和光束能量密度，以适应不同的钎焊需要，既可用于低温钎焊，也可用于高温钎焊。

光束钎焊具有下列优点：能量可无接触地传递给焊件，具有较大的灵活性；可以有效地加热钎焊各种材料而不受它们的热物理性能和电磁性能的限制；在空气、保护气氛和真空中均可进行钎焊。但是由于受能量的限制，这种钎焊方法所能连接的焊件大小受到限制。

三、电子束钎焊和激光钎焊

电子束钎焊的加热原理与电子束焊相同，是在高真空度下利用被聚焦棱镜聚焦的电子流在强电场中高速地由阴极向阳极运动，将电子与零件的钎焊面(阳极)碰撞的动能转变为热能来实现钎焊加热的。与电子束焊不同的是，由于钎焊要求的加热温度要低得多，因此通常采用扫描的或散焦的电子束。电子束钎焊要求使用高真空和高精度的操纵装置，其设备复杂、钎焊过程生产率低、成本高。

激光钎焊时使用激光束作为钎焊加热的热源。激光束是用激光器发射的具有高相干性的、几乎是单色的、高强度的细电磁辐射波束。使用激光可以实现对微小面积的高速加热，并保证对毗邻母材的性能不产生明显影响。它的这种加热特性适宜于钎焊连接对加热敏感的微电子器件。虽然激光辐射与电子束具有近似的特性，但激光钎焊较电子束钎焊具有明显的技术优点，即激光辐射可以用简单的光学系统来实现聚焦，而且它不要求真空环境，可在任何气氛中使用。因此，其设备较简单，成本较低，生产率高。

项目九　机器人焊接

学习目标

(1) 了解焊接机器人的基本动作及应用；
(2) 了解机器人焊接关键技术。

知识链接

★ 知识点 1　焊接机器人概论

随着先进制造技术的发展，实现焊接产品的自动化、柔性化与智能化已成为必然趋势。目前，采用机器人焊接已经成为焊接自动化、技术现代化的标志。由于焊接机器人具有通用性强、工作可靠的优点，因此受到人们越来越多的重视。在焊接生产中，采用机器人技术可以提高生产率、改善劳动条件、稳定和保证焊接质量、实现小批量产品的焊接自动化。机器人焊接现场如图 2-136 所示。

"机器人"一词出现于 20 世纪 20 年代。捷克作家卡雷尔·查培克引用这个词来称呼那种用于完成任何人所胜任工作的人造合成矮人。但其后短短的 40

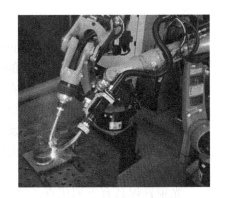

图 2-136　机器人焊接现场

年内，通过科学实验，机器人很快进入了生产领域。焊接机器人就是应用于焊接生产中的机器人。

一、对焊接机器人的要求

焊接机器人远不是简单地给一台通用的机器人安装上一个焊枪，因为焊接机器人实质是在施焊过程中完全排除人的主观因素，将熟练焊工的技艺再现地用在自动生产之中。因此，在实际焊接中，焊接机器人一方面要高精度地移动焊枪，沿着焊缝运动并保持焊枪姿态；另一方面，在运动中要不断协调焊接参数，如焊接电流、电弧电压、速度、气体流量、电机高度和送丝速度等。焊接机器人是一个能实现焊接最佳工艺运动和参数控制的综合系统，它比一般通用机器人要复杂得多。焊接工艺对焊接机器人的基本要求可归纳如下：

(1) 具有高度灵活的运动系统，能保证焊枪实现各种空间轨迹的运动，并能在运动中不断调整焊枪的空间位置和姿态。因此，运动系统至少应有 5～6 个自由度。

(2) 具有高度发达的控制系统，以保证机器人执行机构能同时沿若干坐标做规定动作：其定位精度对点焊机器人应达到 ±1 mm，对弧焊机器人至少要达到 ± 0.5 mm。其参数控制精度为 1%。

(3) 机器人机械结构的刚性好。

(4) 机器人配备了简单而精确的示教系统，以尽量减小调整示教所产生的误差：其示教容量至少应保持机器人能连续工作 1 h，对点焊机器人应至少能存储 200～1 000 个点位置，对弧焊机器人应至少存储 5 000～10 000 个点位置。

(5) 当焊接装置出现大的干扰时，控制装置具有抗干扰能力，能在生产环境中正常工作，其故障率小于 1 次/1 000 h。

(6) 自动适应毛坯相对给定的空间位置与方向偏差。

(7) 可设置和再现与运动相联系的焊接参数，并能和焊接辅助设备(如夹具、转台等)交换到位信息。

(8) 所到位的工作空间应达到 4～6 mm。

(9) 具有可靠的自我保护和自检系统。例如，当焊丝或电极与工件顶住时，系统能立即断电。再如，焊接电源未接通或焊接电弧未建立时，机器人自动向前运动并自动再引弧。

二、焊接机器人的分类

焊接机器人是一个机电一体化的设备，可以按用途、结构、受控运动方式、驱动方法等进行分类。

1. 按用途来分

1) 弧焊机器人(图 2-137)

由于弧焊工艺早已在诸多行业中得到普及，弧焊机器人也在通用机械、金属结构等行业中得到了广泛使用。弧焊机器人是包括各种电弧焊附属装置在内的柔性焊接系统，而不是一台以规划的速度和姿态携带焊枪移动的单机，因而对其性能有特殊的要求。在弧焊作业中，焊枪应跟踪工件的焊道运动，并不断填充金属形成焊缝。因此，运动过程中速度的稳定性和轨迹精度是两项重要指标。一般情况下，焊接速度取 5～50 mm/s，轨迹精度为±(0.2～0.5)mm。由于焊枪的姿态对焊缝质量也有一定影响，因此希望在跟踪焊道的间隙时，焊枪姿态的可调范围能够尽量大一些。

2) 点焊机器人(图 2-138)

汽车工业是点焊机器人系统的一个典型应用领域。在装配汽车车体时，大约 60% 的焊点是由机器人完成。

图 2-137 弧焊机器人

图 2-138 点焊机器人

2．按结构坐标系来分

1) 直角坐标型

这类机器人的结构和控制方案与机床类似，其到达空间位置的三个轴(X、Y、Z)的运动是由直线运动构成(图 2-139)。这种形式的机器人的优点是运动学模型简单，各轴线位移分辨率在操作容积内任一点上均为恒定，控制精度容易提高；缺点是机构庞大，工作空间小，操作灵活性较差。简易和专用焊接机器人常采用这种形式。

2) 圆柱坐标型

这类机器人在基座水平转台上装有立柱，水平壁可沿立柱做上下运动，并可在水平方向伸缩(图 2-140)。这种结构方案的优点是末端操作可获得较高速度，缺点是末端操作器外伸离开立柱轴心愈远，其线位移分辨精度愈低。

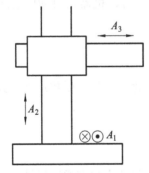

图 2-139 直角坐标型机器人

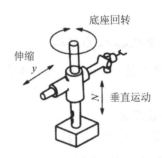

图 2-140 圆柱标型机器人

3) 球坐标型

与圆柱坐标结构相比较，这种结构形式更为灵活。但采用同一分辨率的码盘检测角位移时，伸缩关节的线位移分辨率恒定，但转动关节反映在末端操作器上的线位移分辨率则是个变量，增加了控制系统的复杂性(图 2-141)。

4) 全关节型

全关节型机器人的结构类似人的腰部和手部，其位置和姿态全部由旋转运动实现(图 2-142)，其优点是机构紧凑。全关节型机器人灵活性好，占地面积小，工作空间大，末端操作器可获得较高的线速度；其缺点是运动学模型复杂，高精度控制难度大，空间线位移分辨率取决于机器人手臂的位姿。

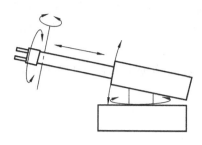

图 2-141　球坐标型机器人

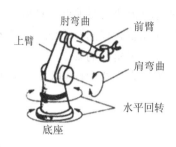

图 2-142　全关节型机器人

3．按受控运动方式来分

1）点位控制(PTP)型

机器人受控运动方式为自一个点位目标移向另一个点位目标，只在目标点上完成操作。这要求机器人在目标点上有足够的定位精度。相邻目标点间的运动方式之一是各关节驱动机以最快的速度趋近终点，各关节视其转角大小不同而到达终点，有先有后；另一种运动方式是各关节同时趋近终点，由于各关节运动时间相同，所以角位移大的运动速度较高。点位控制机器人主要用于点焊作业。

2）连续轨迹控制(CP)型

机器人各关节同时做受控运动，使机器人终端按预期的轨迹和速度运动，为此，各关节控制系统需要实时获取驱动机的角位移和角速度信号。连续控制主要用于弧焊机器人。

4．按驱动方式来分

1）气压驱动

气压驱动的使用压力通常在 $0.4 \sim 0.6$ MPa，最高可到 1 MPa。气压驱动的主要优点是气源方便，驱动系统具有缓冲作用，其结构简单，成本低，易于保养；主要缺点是功率质量比小，装置体积小，定位精度不高。气压驱动机器人适用于易燃、易爆和灰尘大的场合。

2）液压驱动

液压驱动系统的功率质量比大，驱动平稳，且系统的运动效率高，同时液压驱动调速比较简单，能在很大范围内实现无级调速；其主要缺点是易漏油，这不仅影响工作稳定性与定位精度，而且污染环境。液压系统需配备压力源及复杂的管路系统，因而成本也较高。液压驱动多用于要求输出力较大，运动速度较低的场合。

3）电气驱动

电气驱动是利用各种电动机产生的力和转矩，直接或经过减速机构去驱动负载，以获得机器人要求的运动。由于具有易控制、运动精度高、使用方便、成本低廉、驱动效率高、不污染环境等诸多优点，电气驱动是最普遍、应用最多的驱动方式。电气驱动又可细分为步进电机驱动、直流电机驱动、无刷直流电机驱动和交流伺服电机驱动等多种形式。后两种有较大的转矩质量比，由于没有电刷，其可靠性极高，几乎不需任何维护。20 世纪 90年代后生产的机器人大多采用这种驱动方式。

三、焊接机器人的基本构造

焊接机器人分为点焊机器人和弧焊机器人两大类。点焊机器人只对工件施行点焊操作，因此，对它的运动只要求点位精度。弧焊机器人是 1980 年前后研制的产品，主要用于 CO_2 气体保护焊和氩弧焊两种方法，这类机器人可以焊接空间位置的连续焊缝，因此，对它的运动有轨迹再现精度的要求。

焊接机器人主要由控制部分、焊接部分和机械部分组成，如图 2-143 所示。

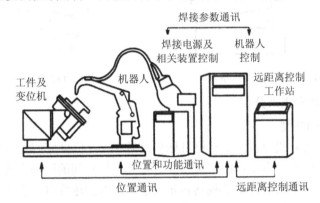

图 2-143　焊接机器人系统构成示意图

(1) 控制部分：主要任务是控制机器人的自动动作，保证机器人的动作与焊接装置给出的规范参数相协调；在示教时完成程序编制。

(2) 焊接部分：它包括焊接电源、送丝机构、焊枪和控制系统。焊接部分是一个单独的系统，只和机器人控制系统保持联系。即机器人开始工作时，它接收到一个启动信号，同时也开始按预置的焊接参数工作。机器人运动到需要改变焊接参数的位置并发出信号后，它将按设定方式调整规范参数。

(3) 机械部分：它的作用是保证工作机构带着焊枪或焊钳运动。实际上，它是一个紧固在底座上的具有几个自由度的操作机。它的外形、结构尺寸取决于它的工作要求。操作机由独立位移或转动的机构组成。每个机构都装有各自的驱动、动力、信息传送装置。

四、机器人焊接的优点

近 30 年以来，焊接过程在机械化、自动化方面已有很大发展，多种形式的自动焊机已应用于生产，但是自动化焊接目前只能在相当有限的生产领域内使用。手工劳动的焊接生产仍然占据了较多的生产领域，其原因在于：表面上看来十分简单的焊接操作，实质上是由复杂位移、相应的焊枪姿势和优选的工艺参数等协调合成。它既取决于被焊工件的焊缝形状和轨迹，又取决于焊接工艺本身的特点。采用传统的自动化设备，其设计一般都比较复杂，造价昂贵，而且从研制到投入生产需要较长的时间，因此只有在中、大批量焊接生产中才能有经济效益。手工操作的焊接，可以适应小批量或单件生产所要求的灵活性，但它效率低、产品质量很难稳定。

焊接机器人突破了传统的人和机器之间职能分配的概念。更为重要的是，它创出了一条新的自动化路子——柔性自动化(编程自动化)。示教再现的焊接机器人在人对它示教后，可以高精度地模仿和再现示教的每一个动作。如果需要它完成一个新的操作，只需对它做一次新的示教，而无需对它做什么硬件上的改装。因此，这种焊接机器人能完成一个熟练焊工的工作，而其动作更准确、生产效率高、不知疲倦，不会产生主观错误，并可以在恶劣条件下工作。

焊接机器人有如下优点：

(1) 焊接机器人能代替人在危险、污染或特殊环境下进行各种焊接工作，例如高温、高压、粉尘、易爆、有毒、放射性、水下等条件下焊接。

(2) 焊接机器人能代替人从事简单而单调、重复的焊接工作，从而提高生产效率，节省劳动力。

(3) 焊接机器人具有较高的重复动作精度，不会出现人所常有的错误动作，在条件变化时仍能保持操作不变，从而保证焊接质量。

(4) 焊接机器人具有相当高的运动精度和规范参数控制精度，可实现超小型焊件的精密焊接。

(5) 焊接机器人具有示教再现功能，是中、小批量焊件自动化的理想手段，为今后的焊接生产全盘自动化——焊接柔性生产线的实现提供了可能。

★ 知识点2　焊接机器人的基本功能

一、空间焊缝轨迹与其相适应的焊枪姿态运动

它是由机器人的机械执行机构和运动控制装置实现的。焊接机器人的机械机构是一个实现焊接接头各种运动的操作机。目前，焊接机器人的操作机有两种形式：机床式和手臂式(关节式)。机床式焊接机器人轨迹定位精度高，但有效工作空间小于机器人本身占有空间。它主要用于小型精密焊件，可采用直角坐标系，因而其位置运动方程比较简单。手臂式焊接机器人实现高精度轨迹比较困难，但有效工作空间大，灵活性和通用性高。因此，它的应用面广，由于它采用球面坐标系，其运动计算方程较复杂。

焊接机器人的操作机要保证焊接机头的轨迹、运动速度和姿态，因此至少要有 5 个方向的自由度：即 X、Y、Z 方向的直线运动，以保证实现任意空间曲线的运动轨迹；两个方向的旋转运动，以保证焊枪或焊钳的姿态。如果采用非熔化极填丝焊，则需要三个方向的旋转，即六个方向的自由度，才能保证填丝方向的角度。机床式焊接机器人采用三个独立的直线运动坐标轴，以移动焊枪到达空间任何预定点上，从而实现跟踪焊缝的任何空间轨迹。2～3 个旋转坐标轴可使转动焊枪处于焊接工艺所要求的空间姿态。这两类运动是相关联的：一方面焊枪姿态是随焊缝轨迹的不同点而变化；另一方面，当转动焊枪姿态时，焊枪头部所对应的轨迹点必将产生位移，需在保证焊枪姿态条件下将焊枪头部调回原轨迹点。这个任务是由控制装置自动完成的。

手臂式焊接机器人是一个带传动链的和具有复杂作用的多连杆件空间机构。通常用 3 个旋转(或 2 个旋转，1 个直线)运动(腰旋转、臂旋转、肘旋转)来完成手臂运动，以实现跟踪空间焊缝轨迹。另外 3 个旋转运动可完成焊枪的空间姿态变化，如图 2-144 所示。它的特点是在操作机底座面积较小的情况下，有较大的工作空间。对于它的轨迹运动和姿态运动，也需要建立相互联系。

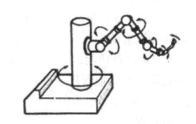

图 2-144　机器人的自由度

实现上述两类运动的指挥机构就是机器人的控制系统，现代焊接机器人的控制装置，是由微计算机、接口和条件化电路构成。微计算机按照示教时建立的程序，顺序地再现每一条命令，其控制方式一般采用轨迹控制和点位控制复合系统。轨迹控制方式是控制三个主坐标运动，每条指令都给出柱坐标分矢量运动方向和位移量，同时对位移量做细分插补(分为直线、圆弧、二次曲线插补)，从而实现所要求的焊缝轨迹运动，点位控制方式是控制焊枪的姿态变化，在每条指令中向三个姿态坐标发出旋转方向和旋转角度要求，由于焊枪姿态的精度要求比轨迹要求低，因此在点与点之间可以不进行插补处理。

二、焊接速度控制

焊接机器人应具有良好的运动动态品质，其操作机是一种多连杆立体结构，而工作机构的任意运动都是各个坐标轴运动分量的合成。运动时，沿每个坐标作用的动态力不仅取决于方向给定的位移，还与各个连杆的相互位置有关，即各连杆相互位置的变化，导致操作机驱动装置上负荷的变化和操作机固有振荡频率改变，像这样的机械结构是低阻、低频率系统。当驱动装置停止时，过渡过程会出现低频衰减振荡，它会引起定位误差的动态分量，在快速运动中将成为严重的干扰。因此，焊接机器人的允许焊接速度不仅和焊接工艺要求有关，还与机器人的机构形式有关。为了提高焊接机器人的运动动态品质，需要从多方面抑制上述振动。采取的措施是，操作机的工作机构增加反馈校正；增加操作机的刚性；在每次从一点到另一点运动的时间间隔中，确定最合理的速度变化规律(焊接机器人从一点到另一点运动过程中，其速度是变化的，有启动段和制动段，但平均速度应符合给定焊接速度)。

三、示教与再现

焊接机器人的程序编制大多采用示教法。示教就是操作者用从控制箱引出的手控匣，以手控制安装在焊接操作机的焊枪沿焊缝运动，完成第一次冷态焊接循环(即不引弧)，同时逐点地把焊缝位置、焊枪姿态和焊接条件(焊接电流、速度、送丝速度)计入微机内存，从而生成一个焊接该产品的焊接程序。示教完成后，按下运行按钮，焊接机器人将再现示教的全过程。因此，这种方法是简单方便的，不需要任何附加装置，普通工人就能学会并适应操作。

焊接机器人的示教控制匣(图 2-145)，分机器人运动控制和焊接条件设定两部分。在示教匣上，焊接参数如电流、电压、焊接速度等，可直接用数字键输入并以数码显示，以供校核。由于焊接参数是预先试验设定的，而实际焊接情况和实际条件总有所不同，因此，示教匣允许对已设定的参数进行修正和调整。示教时，修正和调整的方法有以下几种：

(1) 检查功能：在示教过程中，可以随时显示已存入内存的各点位置和其他信息，以便检查。

(2) 修改已示教的数据，可以用示教一个新的点来替代原有的点数据。

图 2-145　机器人示教盒

(3) 对已示教段可任意增置新的示教点，修改原示教轨迹。

(4) 对示教段可任意取消示教点，取消后，程序将自动重新排列序号。

(5) 在手控匣上设有向前一步和后退一步按钮，方便示教者进行检查和修改。

(6) 可以实现两个示教段程序的连接，以减少重复操作。

(7) 出错提示：示教有错误时，提示出错信息。

四、焊接条件设定

焊接机器人在逐点示教焊缝轨迹的同时，应设定焊接条件，并在焊接过程中将这些条件逐次读出和实施。

五、外部设备控制

焊接机器人的生产效率发挥需要完善的配套设备，如夹紧工具、转动工装胎具、翻动转台、连续输送带等。这些外部设备的运动位置都是和机器人相配合，并应具有很高的精度。因此，现代机器人都有数个外部控制端口，它可以向外部设备提供必要的信号。

六、焊接异常检出

焊接机器人进行焊接作业时，由于无需经常监视它的工作情况，所以一旦焊接过程出现不正常状况，机器人必须能自动检出和报警，否则会损坏工件和机器人。

断弧是一种容易发生的异常现象，它可由送丝卡住、钨极烧损、工件变形等许多原因造成。但是断弧的电特征是明显的，即电流为零、电压跃升为空载电压。焊接机器人一旦检出上述特征，会立刻停止运动并发出警报，等待操作者处理。

焊丝和工件黏住是更危险的异常现象，如不及时处理，将会把工件拉走，造成事故。机器人检出焊接电流急增，焊接电压突变为零时，应能立即切断电源和停止运动，发出警报，进而等待处理。

★ 知识点 3 焊接机器人的关键技术

一、焊接机器人传感技术

在机器人焊接过程中，要保证焊接过程的稳定以及焊接质量，必须对其进行过程控制，机器人焊接过程控制涉及几何量、物理量等多方面的参数。为了测量这些参数所需要的传感器不仅数量大，而且种类多。从使用目的来说，可以将传感器分为两类：用于测量机器人自身状态的内传感器和为进行某种操作(如焊缝自动跟踪)而安装在机器人上的外传感器。

在机器人焊接过程中，可能出现许多无法预知的随机干扰因素，使焊接过程与焊接质量受到影响。这些干扰因素主要有以下两类：

(1) 实际焊接工件产生的干扰因素，该类干扰包括：工件形状精度、工件组装精度以及对缝或坡口加工精度等引起的干扰。

(2) 焊接过程出现的干扰因素，该类干扰包括：焊接电弧形状、电弧斑点运动等无规律变化；网络电压波动、导电嘴接触状况等原因使焊接电流变化而引起热输入变化；因工件结构或夹具固定而引起的工件局部导热状态的变化；送丝系统可能出现的焊丝矫直情况变化而引起的送丝偏离，或送丝机构、导管阻力变化引起的送丝速度变化；焊接变形引起的对缝间隙变化、对缝错边变化、电极与工件距离的变化等。

在上述诸多可能产生随机干扰因素的条件下，如果在焊接过程不采取任何实时质量检测与控制措施来抵消或补救干扰因素带来的对焊接质量的影响，要得到满意的焊接质量是不可能的。为了得到稳定的高质量焊接产品，必须在机器人焊接过程中采用实时的检测与控制，在此过程中，传感器起着信息监测的重要作用，如表 2-60 所示。机器人焊接传感器除应具备一般传感器的性能以外，还需要满足一些特殊要求：对于特殊的焊接过程应保持一定的精度；不受弧光、热、烟、飞溅及电磁场等焊接干扰的影响。此外，还要求传感器尺寸小、重量轻、经久耐用、价格低、易维修以及应用范围广。传感器的分类见表 2-61。

表 2-60　在电弧焊中传感器的主要作用

检测内容	实　例
工件	检测焊件位置、坡口形状及缺陷的接触式和非接触式传感器
焊接特性	检测弧光、干伸长度、电弧形状、熔池尺寸、焊道外部情况、熔透状况、弧声等现象的传感器
焊接设备以外内容	检测保护气流量(压力)、冷却水压力、过流、送丝机转矩的传感器
自动焊设备	通过编码器、分压气控制位置的传感器以及通过转速计和加速计控制速度的传感器
焊接质量控制	通过 X 射线和超声波检测焊接质量、记录焊接参数的传感器

表 2-61　传感器的分类

传感器的类型	传 感 元 件
接　触　式	
接触探头	机械式、机械电子式(开关式、差动变压器式、光电式)
触杆接触	检测接触电极的电压和电流，适用于 W 形电极或焊丝
温度	热电偶、电热调节器
非　接　触　式	
温度	Photothermometers 红外测温仪
电弧	焊接电流和电弧电压、送丝速度、短路次数、异常峰值电流次数
电磁	电磁感应式
弧光	点阵传感器(光学二极管和光学晶体管)、线阵传感器(CCD、MOS 及 PSD)、面式传感器(CCD、MOS、PSD 及 ITV)
弧声	可变声压传感器及超声波声压传感器

常见的传感器有以下几种：

1) 触杆接触式传感器

这种传感器触杆下端伸进坡口，通过一个支点调整触杆在坡口中的位置。

2) 电极接触式传感器

这种传感器主要针对弧焊机器人研制。它可有效地检测机器人路径的示教点和焊接接头与该点实际位置之间的偏差量，从而在机器人程序中设计第二条路径。

3) 电磁传感器

这种传感器利用两个传感器之间的距离保持不变且不影响工件，焊枪以正确角度放置在交点(焊道)上，通过检测输出变化量进行焊缝跟踪。

4) 光学传感器

光学传感器主要有线阵传感器和面阵传感器两种。这种传感器具有尺寸小、重量轻、抗电磁噪音能力强的特点。

5) 视觉传感器

光学传感机器人焊接焊缝跟踪控制系统是采用光学器件组成焊缝图像信息传感系统。该系统将获取的焊缝图像信息进行识别处理，获得电弧与焊缝是否偏离、偏离方向和偏离量大小等信息。然后根据这些信息去控制机器人，即调节焊枪与对缝的相对位置，消除电弧与焊缝的偏离，达到电弧准确跟踪焊缝的目的。由于光学传感器模拟了焊工的眼睛，因此会把它称为视觉传感器。

视觉传感焊接接头跟踪控制精度可以达到 0.1～0.3 mm，可用于 V 形坡口、角焊缝、搭接焊缝的跟踪控制。对于平板 I 形接头，如果其间隙>0.15 mm，也可以采用该视觉传感器进行焊缝跟踪控制。

6) 电弧传感器

电弧传感焊缝跟踪控制是利用焊接电弧本身(电弧电压、电弧电流、弧光辐射、电弧声等)提供有关电弧轴线是否偏离焊接接头的信息，来实时控制焊接电弧始终对准焊接接头的中心线。为了能从与电弧有关的参数变化中得到电弧轴线与焊接接头相对位置的信息，必须使电弧相对焊接接头中心线产生一定频率的横向摆动使电弧的有关参数产生足够大的变化，从而可以判断电弧轴线与焊接接头相对位置的偏差，得到电弧轴线与焊接接头中心线偏离的信息，然后控制执行机构来调节电弧和焊接接头的相对位置，使偏离减少，直至消失。根据电弧的特性，电弧传感器主要用于熔化极气体保护电弧焊中。如图 2-146 所示，在焊缝跟踪过程中根据电弧相对焊缝运动的方式，焊缝跟踪电弧传感与控制的方法主要分为两类：一类是电弧相对焊缝中心线横向摆动的方法(左右补偿)；另一类是电弧沿焊缝中心线进行送进运动的方法(上下补偿)。

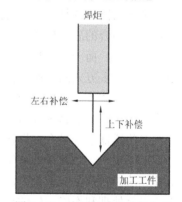

图 2-146　电弧传感器补偿方式

7) 用于质量检测的传感器

焊接质量的主要控制量有：① 焊道形状(高度和宽度)；② 背面焊道形状；③ 熔透深度；④ 熔敷量；⑤ 干伸长度。

控制参数包括焊接电流、电弧电压、焊接速度和电弧位置。质量控制可分为直接和间接系统，直接系统是指用传感器直接检测被控件，间接系统是指用间接控制系统检测被控件的表面温度以控制背面焊道形状。

常见的用于质量检测的传感器有以下几种:

① 焊接检测的红外测温仪;

② 用于坡口和熔池尺寸检测的光学传感器;

③ 用于检测坡口宽度的电接触式传感器;

④ 用于熔池深度检测的超声波传感器;

⑤ 用于控制熔敷量的电弧传感器。

8) 机器人焊接过程多传感器信息融合技术

多传感器信息融合技术是近二十几年发展起来的一门技术。它是集微电子技术、信号处理、统计、人工智能、模式识别、认知科学、计算机科学及信息论等技术于一体的一门学科。

传感器信息融合技术能将众多的传感器信息自动地进行综合处理,以获得所需要的信息。多传感器信息融合一词最早出现在美国。1989 年,HIIABE 在美国第一个将多传感器信息应用于可移动机器人。卡内基·梅隆大学的机器人研究所在 20 世纪 90 年代中期研究出一种可移动机器人。其后,美国德莱克西尔大学研究出具有多个传感器模块的移动机器人。近几年,我国对多传感器信息融合方面的研究日益重视,越来越多的科技工作者正在从事该领域的研究。

多传感器信息是信息融合的前提,多传感器信息融合主要包括多传感器信息表示、系统构成模型、结构模型和数学模型。

系统构成模型是从数据融合的过程出发,描述数据融合包括哪些主要功能、数据库,以及进行数据融合时系统各组成部分之间的相互作用过程;结构模型是从数据融合的组成出发,描述融合系统的硬、软件组成,相关数据流、系统与外部环境的人机界面。数学模型就是数据融合的算法和组成逻辑。

多传感器系统是信息融合的物质基础,传感信息是信息融合的加工对象,协调优化处理是信息融合的思想核心。多传感器信息融合通常在一个称为信息融合中心综合处理器的系统中完成,而一个信息融合中心可能包含另一个信息融合中心。多个信息融合中心可以是多层次、多方式的,所以需要研究信息融合的结构模块,主要分为集中式、分布式、混合式、反馈式等。信息融合的方法由不同的应用要求形成,各种方法都是融合方法的一个子集,应从解决信息融合问题的指导思想和哲学观点加以划分。

多传感器信息融合在焊接上的应用是一个较新的课题和研究方向,多传感器的信息融合不可能置于一个简单的逻辑框架中,也不可能以一种简单的研究方式来获得普通实用的最佳算法。目前,在理论方法和实现技术上还有待做进一步的研究和开拓工作,信息融合中的误差处理和不确定性的模型结构是寻求通用的设计方法和开发实际应用系统时需要进一步解决的中心问题。

二、弧焊机器人离线编程机器人技术

弧焊机器人是一个可编程的机械装置,其功能的灵活性和智能性在很大程度上决定于机器人的编程能力。随着弧焊机器人所完成任务的复杂程度不断增加,其工作任务的编制已成为一个重要问题。在弧焊机器人应用系统中,机器人编程是一个关键环节,为适应市场发展的要求,制造业正向多品种、小批量的柔性化方向发展,但是在中小批量生产中,弧焊机器人的示教编程耗费的时间和人力相对较大。因此，随着制造业企业对柔性要求的进一步提高，需要更高效和更简单的编程方法。

通常，机器人编程方式可分为示教再现编程和离线编程。国内外的弧焊机器人多属于示教再现型，它无法满足焊接生产行业日益复杂的需要，示教再现型机器人在实际生产应用中存在的主要技术问题有：机器人的在线示教编程过程繁琐、效率低；示教的精度完全靠示教者的经验进行目测决定，对于复杂焊接路径难以取得令人满意的示教效果；对于一些需要根据外部信息进行实时决策的应用无能为力。而离线编程系统可以简化机器人编程进程和提高编程效率，是实现系统集成的软件支撑系统，两者的对比如表 2-62 所示。

表 2-62 示教再现编程方式和离线编程方式的比较

示教再现编程	离线编程
需要实际机器人系统和工作环境	需要机器人系统和工作环境的图形模型
编程时机器人停止工作	编程不影响机器人工作
在实际系统上试验程序	通过仿真试验程序
编程的质量取决于编程者的经验	用规划技术可进行最佳路径规划
很难实现复杂的机器人轨迹路径	可实现复杂运动轨迹编程

机器人离线编程系统是利用计算机图形学的成果建立起机器人及其工作环境的几何模型，再利用一些规划算法，通过对图形的控制和操作，在离线的情况下进行轨迹规划，其实际应用如图 2-147 所示。通过对编程结果进行三维图形动画仿真以检验编程的正确性(图 2-148)，最后将生成的代码传到机器人控制柜，以控制机器人运动，完成给定任务。弧焊机器人离线编程系统已被证明是一个有力的工具，可以增加安全性，减少机器人的工作时间和降低成本。焊接机器人离线编程仿真技术除了进行焊接机器人的路径规划、姿态规划、焊接参数规划和碰撞检测外，还需要进行图形仿真操作以评价规划方案是否可行。

 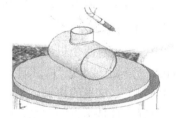

图 2-147 离线编程技术在焊接中的应用结果　　　图 2-148 离线编程动画仿真

仿真的主要步骤如下：

(1) 建立工件模型，结合焊接工艺对待焊工件进行路径姿态规划及焊接参数规划。

(2) 将路径规划的结果带入机器人运动学计算模块，进行机器人逆运动学计算，得到机器人各关节转动或移动量，继而进行碰撞检测、干涉验证。

(3) 最后将路径规划和焊接参数规划结果输入焊接机器人控制系统，实施机器人焊接。

在机器人研究的早期，单个机器人的结构、运动学、控制和信息处理是研究的重点。随着机器人技术的发展，单个机器人的能力、可靠性、效率等都有很大的提升。但面对一些复杂的、需要高效率的、并行完成的任务时，单个机器人则难以胜任。为了解决这类问题，对机器人学科的研究一方面着眼于进一步开发智能更高、能力更强、柔性更好的机器人；另一方面在现有机器人的基础上，通过多个机器人之间的协调工作来完成复杂的任务。

机器人系统不是物理意义上的单个机器人的简单代数相加，其作用效果也不是单个机器人作用的线性求和，它应该还包括一个"线性和"之外的基于个体之间相互作用的增量。这种个体之间的相互作用包含两个因素："协调"与"合作"，如图 2-149 和 2-150 所示。

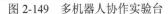

图 2-149　多机器人协作实验台　　　　图 2-150　生产中的多机器人协作

因此，多机器人系统是指若干个机器人通过合作与协调而完成某一任务的系统，它包含两方面的内容：即多机器人合作与多机器人协调。当给定多机器人系统以某项任务时，首先面临的问题是如何组织多个机器人去完成任务，如何将总体任务分配给各个成员机器人，即机器人之间怎样有效地进行合作，当以某种机制确定了各自任务与关系后，问题变为如何保持机器人间的运动协调一致，即多机器人协调。

多机器人合作和协调是多机器人系统研究中的两个不同而又有联系的概念。前者研究的重点是高层的组织与运行机制问题，侧重实现系统快速组织与重构的柔性控制机制；后者是研究机器人之间合作关系确定后的具体运动控制问题。

为了将多个机器人有机地组织起来以完成给定的任务，有必要对机器人建立仿真系统来进行计算机仿真验证，这对于多机器人系统的理论研究以及实用化具有非常重要的作用。下面以双机器人系统协调为例，讲述其中的仿真技术。

1. 任务分配与协调

在运动中，首先对两个机器人进行任务分配，指定其中一个机器人装卡工具，也就是指定 tooldata，另一个装卡工件，即指定 workobject。这个步骤是机器人系统的基础，然后就是协调的问题了。这里的协调，是指工具与工件之间到底是一个什么样的姿态。焊枪与工件的焊接位置一直是垂直的关系，随着装卡工件的机器人的动作，装卡工具的机器人随着移动，不仅是位置的改变还有姿态的改变，如何使两个机器人达到我们所要求的动作要求是一个关键问题。

2. 碰撞检测

碰撞检测这一项中，将对象放入需要检测的块中，在模拟过程中，符合碰撞条件的地方将会出现不同的颜色并将碰撞信息存入文档，这对指导我们的实际操作有很大的作用。如果是人眼都能看见的碰撞，在实际运动中是绝对不允许的，在精度范围要求内，可能还有看不到的碰撞，所以碰撞检测也是仿真中很重要的一部分。

3. 调试程序

做好仿真以后可生成程序，如果不能实现某些要求，可以在程序中修改，使其符合要求。编辑调试好后的程序可以传入机器人控制柜中，进行实际操作。

★ 知识点4　焊接机器人的应用

国际上，20世纪80年代是焊接机器人在生产中应用发展最快的十年，我国工业从20世纪90年代开始，应用焊接机器人的步伐也显著加快。应该明确，焊接机器人必须配备相应的外围设备从而组成一个焊接机器人系统才有意义。下面介绍国内外应用较多的几种形式的焊接机器人系统。

一、焊接机器人工作站(单元)

如果工件在整个焊接过程中无需变位，就可以用夹具把工件定位在工作台面上，这种系统是最简单的。但在实际生产中，更多的工件在焊接时是需要变位的，使焊缝处在较好的位置(姿态)下焊接，对于这种情况，变位机与机器人可以分别运动，即变位机变位后机器人再焊接；也可以同时运动，即变位机一边变位，机器人一边焊接，也就是常说的变位机与机器人协调运动，这时变位机的运动与机器人的运动复合起来，使焊枪相对于工件的运动既能满足焊缝轨迹，又能满足焊接速度及焊枪姿态的要求。实际上，变位机的轴这时已成为机器人的组成部分，这种焊接机器人系统可以多达7～20个轴，甚至更多。最新的机器人控制柜可以是两台机器人的组合，做12个轴的协调运动，其中一台是焊接机器人，另一台是搬运机器人做变位机用。机器人工作站的具体实例如图2-151所示。

图 2-151　汽车座椅焊接机器人工作站

目前，焊接机器人已经广泛地应用于工业生产的各个方面，如煤矿机械、工程机械、汽车、造船等，大大提高了生产效率和自动化程度。

二、焊接机器人生产线

机器人生产线的实例如图2-152所示。

焊接机器人生产线是把多台工作站(单元)用工件输送线连接起来，组成一条生产线。这种生产线仍然保持单站的特点，即每个站只能用选定的工件夹具及焊接机器人的程序来焊接预定的工件，在更改夹具及程序之前的一段时间内，这条生产线是不能焊其他工件的。

工厂选用哪种自动化焊接生产形式，必须根据工厂的实际情况及需要而定。焊接专机适合批量大、改型慢的产品，而且工件的焊缝数量较少、较

图 2-152　汽车生产机器人生产线

长，形状规矩(直线、圆形)的情况；焊接机器人系统一般适合中、小批量生产，被焊工件的焊缝可以短而多，形状较复杂。柔性焊接线特别适合产品品种多、每批数量又很少的情

况。目前，国外企业正在大力推广无(少)库存，按订单生产的管理方式，在这种情况下，采用柔性焊接线是比较合适的。

★ 知识点5 机器人焊接实例

机器人的发展大致可分为三代：第一代即目前广泛使用的示教再现型，这类机器人对环境的变化没有应变或适应能力。第二代即在示教再现型机器人的基础上增加感觉系统，使其具有对环境变化的适应能力，目前已有部分传感机器人投入使用。第三代即智能机器人，它能以一定方式理解人的命令，感知周围环境，识别操作对象，并自行规划操作顺序以完成被赋予的任务，目前，智能机器人尚处于实验室研究阶段。

对于示教再现型工业机器人，示教过程是由使用者导引机器人一步步预先按实际任务操作，机器人在被导引过程中自动记忆被示教的每个动作的位置、姿态、运动参数、工艺规范等，并自动生成一个连续执行全部操作的程序。完成示教后，只需给机器人一条启动命令，机器人将准确地将示教动作再现于实际生产中。

工业机器人所涉及的基本技术内容包括：机器人系统结构，机器人手臂运动学，机器人轨迹规划，机器人机械手控制，机器人编程语言等。

一、MOTOMAN NX100/HP6 工业弧焊机器人的系统组成

MOTOMAN NX100/HP6 工业弧焊机器人的系统组成包括：① 具有关节轴的机器人手臂。② 机器人控制箱。③ 示教编程和操作单元。④ 控制电缆。⑤ FRONIUS TPS 4000 弧焊电源。⑥ VR4000 送丝系统及焊枪。⑦ 气瓶、气管等。⑧ 焊接电缆。

二、MOTOMAN NX100/HP6 工业弧焊机器人结构及运动参数

(1) 类型：关节轴型，6 自由度。
(2) 示教模型：直接示教—再现。
(3) 焊接方式：非熔化极/熔化极气体保护焊，等离子弧焊接。
(4) 速度控制：焊枪端部恒速控制。
(5) 坐标系：关节坐标系，直角坐标系，圆柱坐标系，工具坐标系，用户坐标系。
(6) 运动范围及速度(表 2-63)。

表 2-63 工业机器人的运动范围及速度

轴　别	运动范围	最大运动速度/($°$/s)
S 轴	$±170°$	150
L 轴	$±155°/−90°$	160
U 轴	$±250°/−175°$	170
R 轴	$±180°$	340
B 轴	$±225°/−45°$	340
T 轴	$±360°$	520
最大水平运动半径/mm	1378	
最大高度运动范围/mm	2403	

(7) FRONIUS TPS 4000 焊接参数设置(表 2-64)。

表 2-64　FRONIUS TPS 4000 焊接参数设置

序　号	内　容	调节范围	步　长
1	焊接电压/V	随焊接材料而定	1
2	送丝速度/(m/min)	随焊接材料而定	0.1
3	提前送气/s	0~9.9	0.1
4	滞后停气/s	0~9.9	0.1
5	收弧时间/s	0.1~9.9	0.1
6	摆动方式	单摆，三角摆，L 摆	

三、MOTOMAN NX100/HP6 工业弧焊机器人运动及功能函数

(1) MOVJ 关节插补：在机器人未规定采取何种轨迹运动时，使用关节插补，以最高速度的百分比来表示再现速度。

(2) MOVL 直线插补：机器人以直线轨迹运动，默认单位为 cm/min。

(3) MOVC 圆弧插补：机器人沿着用圆弧插补示教的三个程序点执行圆弧轨迹运动，对再现速度的设定与直线插补相同。

(4) MOVS 自由曲线插补：对于有不规则形状的曲线应使用自由曲线插补，再现速度的设定与直线插补相同。

(5) ARCON 对焊机发出引弧信号：焊接开始的命令，并可设置引弧条件。

(6) ARCOF 对焊机发出熄弧信号：焊接结束的命令，并可设置熄弧条件。

(7) WVON 开始摆焊动作的命令，设置摆焊参数。

(8) WVOF 结束摆焊动作的命令。

(9) TIMER 定时器：选择定时点及定时时间。

(10) END 结束函数：每个程序和任务结束时，必须以此命令结尾。

1) 本应用实例的仪器及设备

(1) MOTOMAN NX100/HP6 工业弧焊机器人系统。

(2) MOTOMAN NX100 示教编程器。

(3) FRONIUS TPS 4000 弧焊电源、送丝装置、焊炬。

(4) 循环水冷却系统。

(5) 焊接专用卡具。

(6) 焊接材料、导电嘴、工件、保护气体。

2) 要求的操作内容

(1) 了解六轴工业机器人(MOTOMAN NX100/HP6)的组成结构及性能参数。

(2) 了解机器人示教编程语句及功能函数。

(3) 面向三维空间焊缝的机器人运动编程和实际操作。

(4) 机器人"示教—再现"弧焊工艺参数选择和调整，包括：① CO_2 气体保护焊短路过渡焊接参数调整。② 氩弧焊喷射过渡焊接参数调整。

3) 操作步骤

(1) 仔细阅读"MOTOMAN NX100/HP6 机器人系统操作规程"和"TransPuls Synergic 4000 操作规程"。

(2) 了解示教编程以及操作单元使用方法。

(3) 制定程序步骤、运动形式及功能函数。

(4) 进行示教编程和自动运行缩编程序。

4) 注意事项

(1) 在操作过程中如发生问题,应立即按急停键。

(2) 由于事故导致急停后,需先确认已排除造成急停的事故原因,之后方可接通伺服电源。

(3) 在操作机器人期间,绝不允许非工作人员触动 NX100。

(4) 确认使用中的坐标系与当前安装的工具及工装卡具相吻合,否则需重新校准相应的坐标系。

(5) 在执行下列操作前,应确认机器人动作范围内无任何人:接通 NX100 的电源时;用示教编程器移动机器人时;试运行时;再现操作时。

(6) 示教编程器使用完毕后,务必挂回到 NX100 控制柜的挂钩上。

第三单元　焊接专业特种技术

项目一　等离子弧焊接、切割与喷涂

学习目标 ✍

(1) 了解等离子弧的特点；

(2) 了解等离子弧焊接、切割与喷涂应用；

(3) 了解等离子弧焊接、切割与喷涂工艺；

(4) 了解等离子弧焊接、切割与喷涂设备。

知识链接 📖

★ 知识点 1　等离子弧

对自由电弧的弧柱进行强迫"压缩"，从而使能量更加集中，弧柱中气体充分电离，这样的电弧称为等离子弧。等离子弧又称为压缩电弧。它不同于一般的电弧，一般电弧焊所产生的电弧，因不受外界的约束，故也称为自由电弧。

一、等离子弧的产生

等离子电弧是由等离子弧发生装置产生的，如图 3-1 所示。

等离子弧是通过以下三种压缩作用获得的：

(1) 机械压缩。它利用水冷喷嘴孔道限制弧柱直径，来提高弧柱的能量密度和温度。

(2) 热收缩。由于水冷喷嘴温度较低，从而在喷嘴内壁建立起一层冷气膜，迫使弧柱导电断面进一步减小，电流密度进一步提高，弧柱这种收缩称为"热收缩"，也可叫做"热压缩"。

(3) 磁收缩。弧柱电流本身产生的磁场对弧柱有压缩作用(即磁收缩效应)。电流密度愈大，磁收缩作用愈强。

图 3-1　等离子弧发生装置

二、等离子弧的类型

按电源连接方式，等离子弧有非转移型、转移型和联合型三种形式(见图 3-2)，具体如下：

非转移型离子弧：钨极接电源负极，喷嘴接电源正极，等离子弧体产生在钨极与喷嘴之间，在离子气流压送下，弧焰从喷嘴中喷出，形成等离子焰。

转移型等离子弧：钨极接电源负极，工件接电源正极，等离子弧体产生于钨极与工件之间。转移弧难以直接形成，必须先引燃非转移弧，然后才能过渡到转移弧，金属焊接、切割几乎都是采用转移型弧，因为转移弧能把更多的热量传递给工件。

联合型等离子弧：工作时非转移弧和转移弧同时并存，则称之为联合型等离子弧。它主要用于微束等离子弧焊和粉末堆焊等方面。

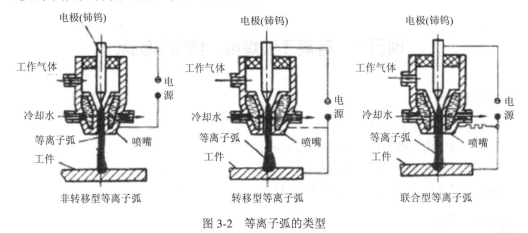

图 3-2　等离子弧的类型

三、等离子弧的应用

(1) 等离子弧焊接。它是借助于水冷喷嘴对电弧的拘束作用，从而获得较高能量密度的等离子弧进行焊接的方法。

(2) 等离子弧切割。等离子弧切割是用等离子弧作为热源、借助高速热离子气体熔化和吹除熔化金属而形成切口的热切割。

(3) 等离子弧喷涂。等离子弧喷涂是用等离子弧对工件表面喷涂耐高温、耐磨损、耐腐蚀的高熔点金属或非金属涂层，等离子弧还可以作为金属表面热处理的热源。

★ 知识点 2　等离子弧焊

一、等离子弧焊原理

等离子弧焊是用等离子弧作为热源进行焊接的方法。焊接时离子气(形成离子弧)和保护气(保护熔池和焊缝不受空气的有害作用)均为氩气。

等离子弧焊所用电极一般为钨极(与钨极氩弧焊相同，国内主要采用钍钨极和铈钨极，国外还采用锆钨极和锆极)，有时还需填充金属(焊丝)。一般均采用直流正接法(钨棒接负极)。故等离子弧焊实质上是一种具有压缩效应的钨极气体保护焊。

二、等离子弧焊特点

等离子弧焊具有如下特点：

(1) 微束等离子弧焊可以焊接箔材和薄板。

(2) 等离子弧焊具有小孔效应，能较好实现单面焊双面自由成形。

(3) 等离子弧能量密度大，弧柱温度高，穿透能力强，10～12 mm 厚度钢材可不开坡口，能一次焊透双面成形，焊接速度快，生产率高，应力变形小。

(4) 等离子弧焊的设备比较复杂，气体耗量大，只宜于室内焊接。

三、典型等离子弧焊方法

按焊缝成形原理，等离子弧焊有下列三种基本方法。

1. 小孔型等离子弧焊

小孔型等离子弧焊是等离子弧焊的主要方法，又称为穿孔型、锁孔型或穿透型等离子弧焊，即大电流焊接法。该方法利用等离子弧直径小、温度高、能量密度大、穿透能力强的特点，焊接时等离子弧将焊件完全熔透，并产生一个贯穿工件的小孔(在小孔背面露出等离子弧)，熔化的金属被排挤在小孔周围，在电弧力、液体金属重力与表面张力的相互作用下保持平衡。小孔随等离子弧沿着焊接方向移动，熔化金属向熔池后方流动，并在电弧后方锁闭，形成完全熔透、正反面都有波纹的焊缝。焊接时不加填充金属，焊接电流为100～300 A 的较大电流，等离子弧焊大都采用这种方法。

在小孔型等离子弧焊时，小孔降低了电弧对熔池的压力，减少了焊缝的下凹和背面焊穿。小孔型焊接不仅可使焊缝正面成形良好，而且在背面成形均匀细窄，其断面形状呈"酒杯状"(图3-3)。因而，焊件厚度在一定范围时，可在不开坡口、不留间隙、不需焊丝、背面不用衬垫的情况下实现单面焊双面成形。该方法也可用于多层焊时的第一层焊道。

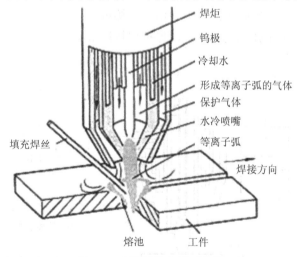

图 3-3　小孔型等离子弧焊接

小孔型等离子弧焊随板厚增加，所需能量密度也增加，所以穿透型等离子弧焊接只能在一定板厚范围内施焊。小孔型等离子弧焊可焊的板厚范围是碳素结构钢 4～7 mm，低合金结构钢 2～7 mm，不锈钢 3～10 mm，钛合金 2～12 mm。厚度大于上述范围时，需要开 V 形坡口进行多层焊。

小孔型焊接的使用范围如表 3-1 所示。

表 3-1 小孔型焊接使用的板材厚度

材　质	不锈钢	钛及钛合金	镍及镍合金	低合金钢	低碳钢
稳定焊接板厚/mm	3～8	2～10	3～6	2～7	4～7
极限焊接板厚/mm	13～18	13～18	18	18	10～18

2. 熔透型等离子弧焊

熔透型等离子弧焊也称为熔入型或熔融型等离子弧焊,它采用较小的焊接电流(15～100 A)和较小的等离子气流量,等离子弧的穿透能力降低,在焊接过程中只熔化工件而不产生小孔效应,主要靠热传导实现熔透。由于电弧的穿透力相对较小,因此在焊接过程中不形成小孔,焊件背面无尾焰,液态金属熔池在电弧的下面,靠熔池金属的热传导作用熔透母材,实现焊接。焊缝的断面呈碗状。与穿孔型等离子弧焊接比较,熔透型等离子弧焊具有焊接参数较软(焊接电流和离子气流量较小、电弧穿透能力较弱)、焊接参数波动对焊缝成形的影响较小、焊接过程的稳定性较高、焊缝形状系数较大(主要是由于熔宽增加)、热影响区较宽、焊接变形较大等特点。熔透型等离子弧焊焊缝成形原理与钨极氩弧焊类似,焊接时可不加填充金属,主要用于薄板焊接,多用于板厚 3 mm 以下的焊接,也可用于厚板多层焊。其特点是弧柱压缩程度较弱,等离子气流喷出速度较小。

3. 微束等离子弧焊

焊接电流在 30 A 以下的熔透型等离子弧焊通常称为微束等离子弧焊。微束等离子弧焊一般为小电流,为形成稳定的等离子弧,一般采用联合型弧。焊接时,除燃烧于钨极和焊件间的转移弧外,在钨极和喷嘴间还存在着维弧(非转移弧),工作原理如图 3-4 所示。主弧和维弧分别由转移电源和维弧电源供电。由于焊接过程中维弧电流始终存在,即使焊接电流很小,仍能维持等离子弧的稳定燃烧,保持焊接质量稳定。微束等离子弧焊主要用于金属箔片等超薄件的焊接。

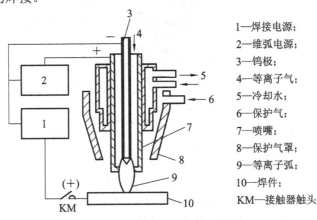

1—焊接电源;
2—维弧电源;
3—钨极;
4—等离子气;
5—冷却水;
6—保护气;
7—喷嘴;
8—保护气罩;
9—等离子弧;
10—焊件;
KM—接触器触头

图 3-4　微束等离子弧焊接工作原理

四、其他等离子弧焊方法

1. 等离子弧堆焊

等离子弧堆焊(Plasma Arc Surfacing)是利用转移型等离子弧为主要热源(有时用非转移

型弧作为辅助热源)，在惰性气体保护下，将丝状或粉末状合金材料熔化，熔敷到金属表面形成堆焊层的一种焊接方法。

等离子弧堆焊有三个重要指标，即熔敷效率、熔敷速度和稀释率。熔敷效率是指在堆焊过程中，熔敷金属与使用的堆焊材料的质量百分比，并直接关系到等离子弧堆焊的生产成本。等离子弧堆焊的熔敷效率一般为 80%～95%(质量分数)，某些条件下甚至可以达到95%以上。熔敷速度是指单位时间内有效熔敷的堆焊合金的质量，例如，等离子粉末堆焊的熔敷速度可达到 12.5 kg/h。稀释率是指母材成分在堆焊层中所占的比例，它的大小直接影响到堆焊层的成分和组织，并最终决定堆焊层的性能。稀释率低就意味着母材金属对堆焊层合金成分的影响小，可以用较少的合金材料获得高性能的堆焊层。等离子弧堆焊的稀释率一般为 5%～30%。若使用反极性等离子弧堆焊方法，可获得更低的稀释率。目前，等离子弧堆焊正向着高熔敷速度、低稀释率的方向发展。

等离子弧堆焊有冷丝、热丝和粉末三种方法。冷丝法与填充焊丝的熔透型等离子弧焊接相同，但因效率不高已很少采用。

1) 粉末等离子弧堆焊

粉末等离子弧堆焊(Plasma Arc Powder Surfacing)生产效率高，堆焊层稀释率低、质量高，便于自动化，易于根据堆焊层的使用性能要求来选配各种合金成分的粉末，是目前广泛使用的等离子弧堆焊方法。特别适合于在轴承、轴颈、阀门板、阀门座、工具、推土机零件、涡轮叶片等制造或修复工作中堆焊硬质耐磨合金(这些合金难以形成丝状，但容易制成粉料)。

粉末等离子弧堆焊一般采用转移型或混合型弧。焊接电源均采用具有下降或垂降电源外特性的直流电源，电流极性通常采用正极性接法，空载电压≥70 V。其工作原理如图 3-5 所示。

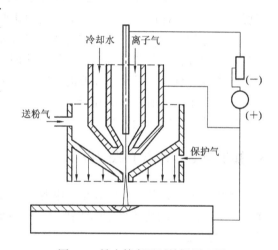

图 3-5　粉末等离子弧堆焊原理图

粉末等离子弧堆焊层不需要很大的熔深，喷嘴压缩孔道比一般均小于 1。为了送进粉末，喷嘴中需另外送进一股送粉气流，通常也用氩气。送粉口一般放在喷嘴孔道底部，可有一个或两个以上。需要注意的是：喷嘴孔道难免会吸附粉末，受热的粉末形成珠滴常常是引起双弧的直接诱因。为此，应十分注意喷嘴结构和送粉孔位置。

送粉量大小及其均匀性是影响粉末堆焊质量的两个重要因素，为此必须采用合理的送粉装置。常见的有雾化式、射吸式、刮板式三种。其中以刮板式最为常见。

粉末粒度对堆焊质量也有一定影响，常用的为 40～120 目。

2) 热丝等离子弧堆焊

热丝等离子弧堆焊(Hot Wire Plasma Arc Surfacing)是一种以等离子弧为热源，以一定成分的合金焊丝作为填充金属的表面强化技术。其特点是除了依靠等离子弧加热熔化母材和填充焊丝并形成熔池外，填充焊丝中还通以电流以提高熔敷速度和降低稀释率。

2．等离子-MIG 焊接

等离子-MIG 焊接(Plasma MIG Welding)是由荷兰菲利浦公司发明的，它是利用等离子弧和熔化极惰性气体保护电弧互相联合作为热源的一种熔焊方法。它使用两个直流电源(分别为等离子弧和 MIG 电弧)提供能量，且都用直流反接法。等离子弧使用转移型电弧，电极采用环状水冷式，环形电极与喷嘴是相互绝缘的，以防等离子弧下移。焊接时在同一个喷嘴内使等离子弧和 MIG 电弧同轴并作用在一个熔池上，因而采用直流反接法。这种焊接方法具有更强的阴极清理作用，因此可以用于铝及铝合金的焊接。由于等离子电弧和 MIG 电弧共存，总的电弧功率较高，可达 20 kW 以上，从而使这种方法具有很高的焊接效率，一般为 TIG 焊的 5～6 倍。由于等离子弧的作用，导致了焊接熔深的明显增加，达到 MIG 焊的 2～3 倍。强烈的电弧清理和双电弧搅拌熔池作用使焊缝金属中的气体和夹杂物被有效地去除，减少了焊缝中出现气孔和夹杂物的可能性。除了在铝合金焊接方面的应用外，这种方法也被用于其他有色金属(如铜及铜合金、镍基合金等)以及各种钢材的焊接。

3．变极性等离子弧焊接

变极性等离子弧焊接(Variable Polarity Plasma Arc Welding)是一种不对称方波交流等离子弧焊。它是一种针对铝及铝合金开发的新型高效焊接工艺方法，综合了变极性 TIG 焊和等离子弧焊的优点：一方面，它的特征参数如电流频率、电流幅值及正负半波导通时间比例均可根据焊接工艺要求做灵活、独立的调节，从而合理分配电弧热量，在满足焊件熔化和自动去除焊件表面氧化膜需要的同时，最大限度地降低钨电极的烧损；另一方面，它有效利用等离子束流所具有的高能量密度、高射流速度、强电弧力的特性，可在焊接过程中形成穿孔熔池，实现较大厚度铝、镁及其合金板在不加垫板条件下单面焊双面成形。

★ 知识点 3 　等离子弧焊设备

等离子弧焊设备一般由焊枪、电源、引弧装置、气路及水路系统、控制系统等组成(如图 3-6 所示)。自动化等离子弧焊接设备还由小车行走机构、填充焊丝、送进拖动电路及程控电路等组成。

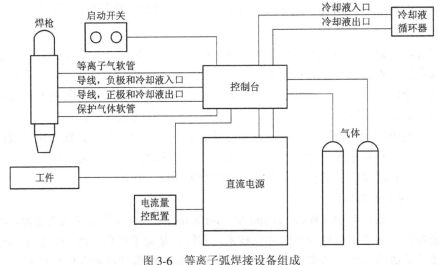

图 3-6　等离子弧焊接设备组成

一、等离子弧焊接电源

等离子弧焊一般采用具有陡降或垂直下降外特性的电源。

除铝镁合金外，一般采用直流正接。焊接铝镁合金时可采用交流电源。

用纯氩或氢、氩混合气(氢含量小于7%)作为离子气时，电源空载电压只需65～80 V；用氢、氩混合气(氢含量大于7%)或采用纯氦作为离子气时，空载电压需提高。

大电流等离子弧焊接用高频引燃非转移弧，然后形成转移弧。30 A以下的小电流微束等离子弧焊接采用联合型等离子弧。引燃等离子弧的方法主要有高频引弧或间接回抽引弧。由于非转移(又称维弧)在正常焊接过程中不切除，为了避免两个电弧的相互影响，一般采用两个独立的电源。维弧电源的空载电压为100～150 V，电流为1～5 A；转移弧(又称主弧)电源的空载电压为80 V左右，电流为5～30 A，是焊接的主要能源。高频引弧需在焊接回路中叠加一个高频引弧。接触短路回抽引弧主要在微束等离子弧引燃时使用。为了使等离子弧焊接能顺利开始和圆满收弧填弧坑，通常还应配置焊接电流递增—衰减装置。

二、等离子弧焊接控制系统

各种等离子弧焊机有不同的控制系统，通常要控制的对象为电流、气流及送丝，要保证焊接过程按预定的程序进行。手工等离子弧焊接的控制系统比较简单，只要能保证先通离子气和保护气，然后引弧即可。自动等离子弧焊接的控制系统，应能满足提前送气、高频引弧和转弧、离子气递增和衰减、延迟行走(预热)和送丝、电流衰减熄弧、延迟停气等控制要求。

三、焊枪

1. 结构

等离子弧焊枪的结构如图 3-7 所示，实物图如图 3-8 所示，主要由上枪体、下枪体、压缩喷嘴组成。上枪体的作用是固定电极并对其进行冷却，导电，调节钨极内缩长度等。

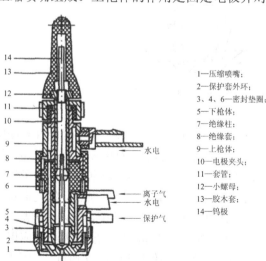

1—压缩喷嘴；
2—保护套外环；
3、4、6—密封垫圈；
5—下枪体；
7—绝缘柱；
8—绝缘套；
9—上枪体；
10—电极夹头；
11—套管；
12—小螺母；
13—胶木套；
14—钨极

图 3-7 等离子弧焊枪

图 3-8 等离子弧焊枪实物图

下枪体作用是固定喷嘴和保护罩，输送离子气与保护气及使喷嘴导电等。上、下枪体都接电源，但极性不同，所以要求绝缘可靠，同时气密性应好，并有较高的同心度。冷却水一般由下枪体水套进入，由上枪体水套流出，以保证水冷效果。离子气和保护气分别输入下枪体。等离子焊枪是用来产生等离子弧的装置。

等离子弧焊枪要求喷嘴与钨棒的相对位置固定，并可进行轴向调节，对中性要好；喷嘴与钨棒间要绝缘，以便在钨极和喷嘴间产生非转移弧；能对喷嘴和钨棒进行有效冷却，导入的离子气流和保护气流的分布和流动状态良好，喷出的保护气流对焊接区具有良好的保护作用；便于加工和装配，易更换喷嘴；使用时便于观察熔池和焊缝成形的情况。

2. 压缩喷嘴

压缩喷嘴是等离子焊枪的重要组成部分，其结构和尺寸对等离子弧的压缩与稳定性有很大影响。

如图 3-9 所示，压缩喷嘴主要参数有喷嘴孔径 d_0，孔道长度 l 和锥角 α 等。喷嘴压缩孔的结构有单孔型和多孔型，孔道形状多为圆柱状。单孔型喷嘴多用于中、小电流等离子弧焊，多孔型喷嘴多用在大电流等离子弧焊中。多孔型喷嘴一般在中心压缩孔道的两侧有两个辅助小孔，可从两侧进一步压缩等离子弧，压缩孔道除了圆柱状外，也可为收敛扩散型，这种喷嘴对等离子弧的压缩作用减弱，但能减少或避免产生双弧。

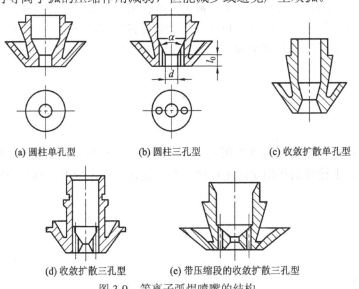

(a) 圆柱单孔型　　　　　(b) 圆柱三孔型　　　　　(c) 收敛扩散单孔型

(d) 收敛扩散三孔型　　　(e) 带压缩段的收敛扩散三孔型

图 3-9　等离子弧焊喷嘴的结构

压缩喷嘴小孔直径 d 直接影响到等离子弧机械压缩的程度、等离子弧的稳定性和喷嘴的使用寿命。在电流和等离子气流量不变的情况下，孔径 d 越小，对电弧的机械压缩作用越强，等离子弧的温度和能量密度也越高，因而喷嘴直径 d 的大小应根据电流和离子气流量来确定。当喷嘴孔径给定时，孔道长度 l 越长，对电弧的压缩作用越强烈。但孔道长度太长会造成电弧不稳，易产生双弧，使喷嘴烧坏。因此 d 和 l 要合理匹配，常以 l/d 表示喷嘴孔道压缩特征，称为孔道比。喷嘴孔径决定等离子弧的直径和能量密度的大小，应根据额定焊接电流和离子气的种类和流量来设计。d 越大，则压缩作用越小，d 超过一定值后，就不起压缩作用了；d 过小，则容易引起双弧，破坏了等离子弧的稳定性，喷嘴寿命降低。

喷嘴孔径 d 与电流的关系见表 3-2，喷嘴的主要参数见表 3-3。

表 3-2　喷嘴孔径与常用电流

喷嘴直径/mm	许用电流/A		喷嘴直径/mm	许用电流/A	
	焊接	切割		焊接	切割
0.6	≤5	—	2.8	~180	~240
0.8	1~25	~14	3.0	~210	~280
1.2	20~60	~80	3.5	~300	~380
1.4	30~70	~100	4.0	—	>400
2.0	40~100	~140	4.5~5.0	—	>450
2.5	~140	~180			

表 3-3　喷嘴的主要参数

喷嘴用途	孔径/mm	孔道比(l/d)	锥角 α	备　注
焊接	1.6~3.5	1.0~1.2	60°~90°	转移型弧
	0.6~1.2	2.0~6.0	25°~45°	联合型弧
切割	2.5~5.0	1.5~1.8		转移型弧
	0.8~2.0	2.0~2.5		转移型弧
堆焊	6~10	0.6~0.98	60°~75°	转移型弧
喷涂	4~8	5~6	30°~60°	非转移型弧

锥角 α 又称压缩角，对电弧的压缩作用也有一定影响。随 α 角的减小，对电弧的压缩作用增强，但影响程度较小，故 α 角可在较大范围内选取。当离子气流量较小时，α 角在 30°~160° 均可用。但 α 角过小时，钨极直径及上下调节受到限制，一般选取 α 角为 60°~90°，尤以 60° 应用较多。

3. 电极

焊枪中另外一个关键部件为电极，一般以铈钨作为电极材料。电极冷却方式有间接和直接水冷两种。当电极直径大于 5 mm 时，尽可能采用镶嵌式水冷电极。为便于引弧和提高等离子弧的稳定性，电极端部应磨成一定角度。常用的电极端部形状如图 3-10 所示，电极端部一般磨成 30°~60° 的锥角，电流较小时，锥角可小一些；电流大、电极直径大时，电极可磨成圆台形、圆台尖锥形、锥球形、球形等形状，以减少烧损。

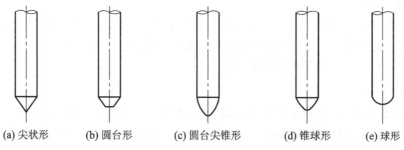

(a) 尖状形　　(b) 圆台形　　(c) 圆台尖锥形　　(d) 锥球形　　(e) 球形

图 3-10　等离子弧焊钨极端部形状

电极内缩长度对等离子弧压缩与稳定性有很大影响。增大时压缩程度提高，但过大易产生双弧。

4．供气系统和水路系统

等离子弧焊接设备的气路系统主要由等离子气路、正、反面保护气路组成。等离子气从喷嘴流出，为保证引弧和熄弧处的焊接质量，离子气可分两路供给，其中一路可经气阀放空，以实现离子气流衰减控制；保护气从保护气罩流出，为增加保护效果，有时还需要保护拖罩和背面垫板。离子气送入焊枪室的方式一般有两种：切向送气和径向送气，切向送气是通过一个或多个切向孔送入，使气流在气室做旋转运动，有利于弧柱稳定在孔道中心；径向送气时，气流沿弧柱轴向流动。切向送气对等离子弧的压缩效果比径向送气好，主要用于氩等离子弧，而径向送气用于氮等离子弧。

由于压缩的等离子弧温度很高，如果不加以冷却，会造成喷嘴烧坏、电弧压缩效应减弱等，所以必须对电极和喷嘴进行有效水冷。冷却水流量一般不小于 3 L/min，水压不小于 0.15～0.2 MPa。水路中应设有水压开关，在水压不够时能切断焊接电源，保护喷嘴和电极。

★ 知识点 4　等离子弧焊工艺

一、离离子弧焊的工艺特点

和钨极氩弧焊相比，等离子弧焊具有以下工艺特点：
(1) 焊接生产效率高，焊件变形小；
(2) 焊缝成形好，质量高；
(3) 适用范围广，可用于焊接几乎所有的金属和合金。

二、等离子弧的焊接工艺

1．工件的焊前清理

对工件表面的焊前清理，应给予特别的重视。焊前应去除工件表面的油污、氧化膜及其他杂质。工件越小、越薄，清理越要仔细。

2．装配要求

焊接薄件或超薄件时，为保证焊接质量，应采用精密的装焊夹具来保证装配质量和防止焊接变形。对于板厚小于 0.8 mm 的对接接头，其装配要求如图 3-11 所示。当焊缝反面要求保护时，可在夹具的垫板槽中通入氩气。

3．接头形式

微束等离子弧焊接的典型接头形式如图 3-12 所示。板厚小于 0.3 mm 时，推荐卷边接头或端面接头，卷边尺寸如表 3-4 所示。板厚大于 0.3～0.8 mm 时，可采用对接接头，也可采用卷边或端面接头。

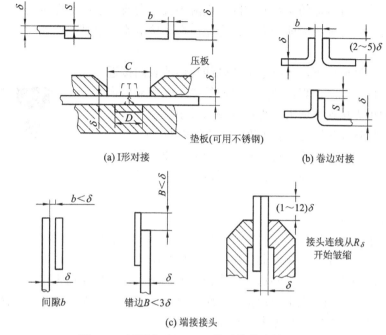

图 3-11　板厚小于 0.8 mm 的对接接头装配要求

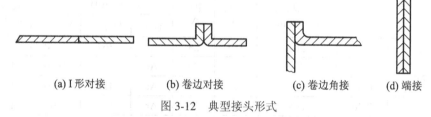

(a) I 形对接　　　(b) 卷边对接　　　(c) 卷边角接　　　(d) 端接

图 3-12　典型接头形式

表 3-4　卷 边 尺 寸

板厚 δ/mm	卷边高度 h/mm
0.05	0.25～0.05
0.15	0.5～0.07
0.3	0.8～1.0

4. 焊接工艺参数

1) 焊接电流

焊接电流是决定等离子弧功率的主要参数，在其他给定条件下，当焊接电流增大时，等离子弧的热功率和电弧力增大，熔透能力强。焊接电流根据板厚或熔透要求来选定。电流过小，难于形成小孔效应；电流过大，会造成熔池金属因小孔直径过大而坠落，难以形成合格焊缝，甚至引起双弧，损伤喷嘴并破坏焊接过程稳定性。因此在喷嘴结构确定后，为了获得稳定的小孔焊接过程，焊接电流只能在某一个合适范围内选择，而且这个范围与离子气流量有关。

2) 焊接速度

等离子弧焊接时，焊接速度对焊接质量有较大影响。焊接速度应根据等离子气流量及焊接电流来选择。在离子气流量一定时，若想提高焊接速度，则需增大焊接电流；离子气流量的每一个值都有合适的参数匹配区，电流不宜过大或太小；在焊接速度一定时，要想增加离子气流量则必须相应地增大焊接电流；在焊接电流一定时，增加离子气流量就要降低焊接速度。

在适宜的焊接速度下，等离子弧的轴线与熔池表面接近垂直。其他条件一定时，焊接速度过高则等离子弧明显后拖(图 3-13)。如果焊接速度增大，焊接热输入减小，小孔直径则随之减小，直至消失并失去小孔效应。这不仅产生未焊透，而且会引起焊缝两侧咬边和出现气孔，甚至会形成贯穿小孔的长条形气孔。如果焊接速度太低，母材过热，小孔扩大，熔池金属容易坠落。

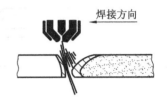

图 3-13 等离子弧后拖现象

3) 喷嘴离工件的距离

由于等离子弧呈圆柱形，与钨极氩弧焊相比，弧长变化对焊件上的加热面积影响较小，所以对喷嘴至焊件间距的变化限制并不严格。但喷嘴离工件的距离过大会使电弧不稳定，熔透能力降低；距离过小，则易造成喷嘴被飞溅物堵塞，破坏喷嘴正常工作。喷嘴离工件的距离一般取 3~8 mm。大电流焊接时，距离可大些；小电流焊接时，应选择小一些。

各种焊接材料的焊接参数见表 3-5 所示。

表 3-5 等离子弧焊接工艺参数

| 焊接材料\工艺参数 | 板厚/mm | 焊接速度/(mm·min⁻¹) | 电流/A | 电压/V | 气体流量/(L·h⁻¹) | | | 坡口形式 | 工艺特点 |
					种类	离子气	保护气		
低碳钢	3.175	304	185	28	Ar	364	1680	I	小孔
低合金钢	4.168	254	200	29	Ar	336	1680	I	小孔
	6.35	354	275	33	Ar	420	1680	I	
不锈钢	2.46	608	115	30	Ar	168	980	I	小孔
	3.175	712	145	32	Ar	280	980	I	
	4.218	358	165	36	Ar	364	1260	I	
	6.35	354	240	38	Ar	504	1400	I	
	12.7	270	320	26	Ar				
钛合金	3.175	608	185	21	Ar	224	1680	I	小孔
	4.218	329	175	25	Ar	504	1680	I	
	10.0	254	225	38	Ar	896	1680	I	
	12.7	254	270	36	Ar	756	1680	I	
	14.2	178	250	39	Ar	840	1680	I	
铜	2.46	254	180	28	Ar	280	1680	I	小孔
	3.175	254	300	33	Ar	224	1680	I	熔透
	6.35	508	670	46	Ar	140	1680	I	熔透
黄铜	2.0	508	140	25	Ar	224	1680	I	小孔
	3.175	358	200	27	Ar	280	1680	I	
镍	3.175		200	30	Ar	280	1200	I	小孔
	6.35		250	30	Ar	280	1200	I	

4) 等离子弧焊所用气体及流量选择

等离子弧焊接大多数采用氩气作为离子气。离子气送入焊枪气室的方式一般有两种：切向送气和径向送气。切向送气时，气体通过一个或多个切向孔道送入，使气流在气室做旋转运动，由于气流形成的漩涡中心为低压区，当流经喷嘴孔道时，有利于弧柱稳定在孔道中心。径向送气时，气流将沿弧柱轴向流动。研究结果表明，切向送气对等离子弧的压缩效果比径向送气好。切向送气主要用于氩等离子弧，而径向送气往往用于氮气等离子弧。

等离子弧焊接除向焊枪输入离子气外，还要输入保护气，以充分保护熔池不受大气污染。目前应用最广泛的等离子气是氩气，它适用于所有金属。为提高焊接生产效率和改善接头质量，针对不同金属，可在氩气中相应加入其他气体。

等离子气及保护气通常根据被焊金属及电流大小来选择。大电流等离子弧焊接时，等离子气及保护气通常采用相同气体，否则电弧的稳定性会变差。小电流等离子弧焊接通常采用氩气作等离子气，因为氩气的电离电压较低，其电弧引燃容易。

离子气流量决定了等离子流动和熔透能力。等离子气的流量越大，熔透能力越大。但等离子气流量过大会使小孔直径过大，不能保证焊缝成形。因此，应根据喷嘴直径、离子气的种类、焊接电流及焊接速度选择适当的离子气流量。为获得稳定的等离子弧和良好的保护效果，在离子气的保护气流量之间应有恰当的比例。在一定的离子气流量下，保护气体流量太大会导致气流紊乱，影响电弧稳定性和保护效果；保护气体流量太小，保护效果也不好。小孔型焊接保护气体流量一般在 15～30 L/min 范围内。

5. 引弧及收弧

板厚小于 3 mm 时，可直接在工件上引弧和收弧。采用小孔型等离子弧焊时，弧柱会在熔池前缘始终穿透成一个小孔。若起焊时就采用正常的焊接电流和等离子气流量，则在形成小孔前会产生气孔和焊缝不规则等缺陷。焊接结束时，必须消除小孔并填满弧坑。因此，利用小孔法焊接厚板时，引弧及熄弧处容易产生气孔、下凹等缺陷。对于直缝，可采用引弧板及熄弧板来解决这个问题。大厚度的环缝，应采取焊接电流和离子气递增和递减的办法在工件上起弧，进而完成引弧，建立小孔，并利用电流和离子气流量衰减法来收弧并闭合小孔。

★ 知识点 5 等离子弧切割的原理

一、等离子弧切割的原理

等离子弧切割是利用高速、高温和高能的等离子弧和等离子气流，来加热和熔化被切割材料，并借助内部或者外部的高速气流或水流将熔化材料排开，直至等离子气流束穿透背面而形成割口。

二、等离子弧切割特点

(1) 切割速度快。气割厚度不大的金属时，切割速度快，生产率高。

(2) 切割质量好。等离子弧温度高，挺直度好(扩散角约为 5°)，焰流有很大的冲刷力。因此，切口光洁无挂渣，而且割件变形小。

(3) 可以切割绝大多数金属和非金属材料。可以切割不锈钢、耐热钢、铝、铜、钛、铸铁等难熔金属材料，还可以切割花岗石、碳化硅等非金属材料。

(4) 切割起始点无需预热。引弧后可即刻进入切割状态，不需要像气体火焰切割那样的预热过程。

(5) 工作卫生条件差。切割过程中产生弧光辐射、烟尘及噪声等，工作条件较差，应注意防护。

(6) 设备成本高，耗电量大。与氧乙炔切割相比，等离子弧切割设备价格高，切割用电源空载电压高，不仅耗电量大，而且在割炬绝缘不好的情况下易对操作人员造成电击。

三、等离子弧切割种类

等离子弧切割按电弧压缩情况分为一般等离子弧切割和水压缩等离子弧切割两类；按所使用的工作气体分为氩等离子弧切割、氮等离子弧切割、氧等离子弧切割和空气等离子弧切割。这里只介绍一般等离子弧切割、水压缩等离子弧切割和空气等离子弧切割。

1．一般等离子弧切割

一般等离子弧切割原理是采用转移弧或非转移弧，不用保护气体，工作气体和切割气体从同一喷嘴内喷出，切割时同时喷出大气流气体以排除熔化金属。

2．水压缩等离子弧切割

水压缩等离子弧切割是利用水代替冷气流来压缩等离子弧的。

由割炬喷出的除工作气体外，还伴随有高速流动的水束，共同迅速地将熔化金属排开。高压高速水流在割炬中，一方面对喷嘴起冷却作用，使割后工件热变形减小；另一方面对电弧起到压缩作用。喷出的水束一部分被电弧蒸发，分解成氧与氢，它们与工作气体共同组成切割气体，使等离子弧具有更高的能量；另一部分未被电弧蒸发、分解，但对电弧有着强烈的冷却作用，使等离子弧的能量更集中，因而可增加切割速度。这种方法应用于水中切割工件，可大大降低切割噪声、减少烟尘烟气。

3．空气等离子弧切割

空气等离子弧切割是用压缩空气取代氩气、氮气等气体作等离子气的一种等离子弧切割方法，由于空气获得方便，所以空气等离子弧切割的成本低。

它利用空气压缩机提供的压缩空气直接通入喷嘴，压缩空气在电弧中加热后分解和电离，生成的氧气与切割金属发生化学放热反应，加快了切割速度。未分解的空气以高速冲刷割口处熔化金属，随着割炬的移动形成割缝。

★ 知识点6　等离子弧切割设备

等离子弧切割设备主要包括切割电源、控制系统、割炬等。

一、切割电源

等离子弧切割与等离子弧焊接一样，一般都采用陡降外特性的直流电源，但是切割电源输出的空载电压一般大于150 V，水压缩等离子弧切割电源空载电压可高达600 V。根据采用不同电流等级和工作气体而选定空载电压。电流等级选得大，选用的切割电源空载电压要高一些，才能使引弧可靠和切割电弧稳定。

二、控制系统

等离子弧切割的过程由控制系统完成。它包括接通电源输入回路—使水压开关动作—接通小气流—接通高频振荡器—引小电流弧—接通切割电流回路，同时断开小电流回路和高频电流回路—接通切割气流—进入正常切割过程。当停止切割时，全部控制线路复原。

三、割炬

等离子弧切割割炬一般由电极、电极夹头、喷嘴、冷却水套、中间绝缘体、气室、水路、气路、馈电体等组成。割炬的喷嘴孔直径要小，有利于压缩等离子弧。割炬中工作气体的通入可以是轴向吹入、切线旋转吹入或者是轴向和切线旋转组合吹入。切线旋转吹入式送气对等离子弧的压缩效果更好，是最常用的一种。割炬中的电极可采用纯钨棒、钍钨棒、铈钨棒，电极材料优先使用铈钨。端面形状和焊接用的电极相同，也可采用镶嵌式电极，空气等离子弧切割时采用镶嵌式电极。

★ 知识点 7　等离子弧切割工艺及切割参数

一、切割工艺

等离子弧切割最常用的气体为氩气、氮气、氮加氩混合气体、氩加氢混合气体等，依据被切割材料及各种工艺条件而选用。等离子弧的种类决定切割时的弧压，弧压越高，切割功率越大，切割速度及切割厚度都相应提高。但弧压越高，要求切割电源的空载电压也越高，否则将难以引弧。

二、切割参数

等离子弧切割的切割参数主要包括切割电流、空载电压、切割速度、气体流量、喷嘴距工件的距离等。

1. 切割电流

一般依据板厚及切割速度选择切割电流。切割电流过大，易烧损电极和喷嘴，因此对于一定的电极和喷嘴有一合适的电流。

2. 空载电压

空载电压高，易于引弧。切割大厚度板材和采用双原子气体时，空载电压相应要较高。空载电压还与割炬结构、喷嘴至工件的距离、气体流量等有关。

3. 切割速度

在功率不变的情况下，提高切割速度将使切口变窄，热影响区减小。因此在保证割件被切透的前提下应尽可能选择大的切割速度。

4. 气体流量

气体流量要与喷嘴孔径相适应。气体流量大，利于压缩电弧，使等离子弧的能量更集中，提高了工作电压，有利于提高切割速度和及时吹除熔化金属。但气体流量过大，会从电弧中带走过多的热量，降低了气割能力，不利于电弧稳定。

5. 喷嘴距工件的距离

在电极内缩量一定时(通常为 2～4 mm)，喷嘴距工件距离一般为 6～8 mm。空气等离子弧切割和水压缩等离子弧切割的喷嘴距工件的距离可略小。

★ 知识点 8　等离子弧喷涂的原理及特点

等离子弧喷涂是以等离子弧为热源的热喷涂。

图 3-14 是等离子弧喷涂原理示意图。将高频电源接通，使钨极端部与前枪体之间发生火花放电，于是电弧便被引燃。电弧引燃后切断高频电路。引燃后的电弧在孔道中受到三种压缩效应，其温度开始升高，喷射速度加快。此时往前枪体的送粉管中输送粉状材料，粉末在等离子焰流中被加热到熔融状态，并高速喷敷在零件表面上。当撞击零件表面时，熔融状态的球状粉末发生塑性变形，粘附于零件表面，各粉粒之间也依靠塑性而相互结合起来。随着喷涂的进行，零件表面就获得了一定尺寸的喷涂层。

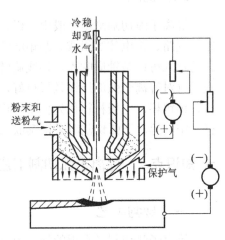

图 3-14　等离子弧喷涂原理

等离子喷涂的主要优点如下：

(1) 零件无变形，不改变基体金属的热处理性质。

(2) 由于等离子焰流的温度高，可将各种喷涂材料加热到熔融状态，因而涂层种类多。

(3) 工艺稳定，涂层质量高。涂层与基体的结合强度较高，达 40～80 MPa。

等离子喷涂的缺点是投资较多，需要一定纯度的氮气或氩气等，还需加强安全防护措施并注意操作者保健。

★ 知识点 9　等离子弧喷涂设备

图 3-15 是等离子弧喷涂设备示意图。它主要由电源、供气系统、热交换器、控制柜、送粉器、喷枪、高频引弧装置、冷却装置等组成。

一、等离子弧喷涂电源

空载电压≥70 V，具有下降或垂降外特性的直流电源均可作为等离子喷涂电源。喷涂时采用正极性非转移型等离子弧。

二、控制柜

控制柜是等离子弧喷涂设备的控制中心，主要功能包括各种水、电、气、粉路以及运动参数的设置与程序控制，系统运行过程监控，故障报警等。控制系统可以采用继电器控制、PLC 控制、集成元件构成的程序控制等电路。

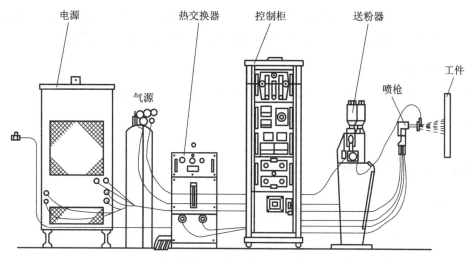

图 3-15 等离子喷涂设备

三、等离子弧喷枪

等离子弧喷枪是集"电路—气路—粉路—水路"于一体的核心装置,它在一定程度上反映了等离子弧喷涂技术的水平。等离子弧喷涂枪有多种类型,按功率大小可分为以下几种:

(1) 轻型或内孔型枪体,其功率多在 40 kW 以下。

(2) 标准型枪体,其功率为 40~80 kW。

(3) 高能型枪体,其功率为 80~200 kW。

(4) 超级、水稳型枪体,功率在 200 kW 以上。

四、送粉器

送粉器是为喷涂枪提供粉末的输送装置。送粉器的主要指标有:装粉容量、送粉速率、送粉精度、可送粉末的粒度范围等。其装粉容量影响着可连续喷涂的作业时间,送粉速率应能无级调节,调节范围的大小关系到喷涂质量和生产率。高水平的送粉装置通常采用 PLC 或单片机控制,其送粉的精度应该在 ±5% 以内。为了能稳定输送各类粉末,送粉器应是专门设计制作的。最常用的送粉器是单筒式的,双筒式的送粉器则可同时输送两种粉末,可用于喷涂复合涂层或制造功能梯度材料。

五、热交换器

热交换器是为喷涂枪提供充足的冷却介质,以保证喷涂枪稳定工作的换热器。可用配有循环泵的水箱作为冷却装置,最好能选用配有制冷装置的专用冷却系统。冷却装置的制冷能力要根据等离子弧喷涂枪在最大载荷下工作时的有效功率来设计,从系统稳定和安全的角度来说,还应留有一定余量。

六、供气系统

供气系统主要由气源(如标准气瓶)、减压表、气体流量计和可控气阀等组成。等离子工作气体一般要有两路，分别是主工作气体(如氩气)和辅助工作气体(如氢气)。喷涂粉末要用专门的送粉气路输送。精确地控制各气体流量，可以获得高质量的涂层。

七、引弧系统

引弧系统用于引燃等离子电弧的装置，常用的是高频引弧方式。

技能操作 📖

❖ 任务　等离子弧切割

一、等离子弧切割安全操作规程

(1) 切割前应检查并确认电源、气源、水源无漏电、漏气、漏水，接地或接零安全可靠。

(2) 小车、工件应放在适当位置，并应使工件和切割电路正极接通，切割工作面下应设有熔渣坑。

(3) 应根据工件材质、种类和厚度选定喷嘴孔径，调整切割电流、气体流量和电极的内缩量。

(4) 自动切割小车应经空车运转，并选定切割速度。

(5) 操作人员必须戴好防护面罩、电焊手套、帽子、滤膜防尘口罩和隔音耳罩。不戴防护镜的人员严禁直接观察等离子弧，裸露的皮肤严禁接近等离子弧。

(6) 切割时，操作人员应站在上风处操作，可从工作台下部抽风，并宜缩小操作台上敞开的面积。

(7) 切割时，当空载电压过高时，应检查电器接地、接零和割炬手把绝缘情况，应将工作台与地面绝缘，或在电器控制系统安装空载短路继电器。

(8) 高频发射器应设有屏蔽护罩，用高频引弧后，应立即切断高频电路。

(9) 作业后，应切断电源，关闭气源和水源。

二、不锈钢板等离子弧切割

1. 切割前准备

1) 试件材料

本操作用试件材料为 0Cr18Ni9。

2) 试件尺寸

本操作试件尺寸为 500 mm × 200 mm × 20 mm，在不锈钢板上沿长度方向画一中心线，作为切割轨迹。

3) 设备

不锈钢板等离子弧切割设备为等离子电源、空气压缩机。

4) 辅助器具

不锈钢板等离子弧切割的辅助器具有护目镜、绝缘手套、靠尺。

2. 切割参数

不锈钢板等离子弧切割的切割参数见表 3-6。

表3-6 不锈钢板等离子弧切割的切割参数

切割电流/A		400	负载持续率		60
引弧电源/A		30～50	冷却水耗量/(L/min)		>3
工作电压/V		400～450	氮气纯度/%		>99.9
电极直径/mm		5.5	气体耗量	切割	50
切割速度/(m/min)		5～250	/(L/min)	引弧	6.6
切割范围	厚度 /mm	碳钢 80	电源	空载电压/V	300
		不锈钢 80		电流范围/A	100～500
		铝 80		输入电压/V	三相380
		纯铜 50			
	圆形直径/mm	>120		控制电压/V	220

3．操作过程

(1) 启动高频引弧。

(2) 按下切割按钮。

(3) 从割件边缘处起割。

(4) 对切割速度、气体流量和切割电流可进行适当调整。

(5) 整个过程中，焊炬应与割缝两侧平面保持垂直，以保证割口平直光洁。

(6) 切割完毕，切断电源电路，关闭水路和气路。

4．任务考核

完成不锈钢板等离子弧切割操作后，结合表3-7进行评测。

表3-7 不锈钢板等离子弧切割操作评分表

项 目	分值	评分标准	得分	备注
各种设备、工具的安装和使用	7	使用方法不正确扣1～7分		
切割参数的选择	10	参数不正确不得分		
割缝直线度/mm	6	直线度误差≤2，每超差1扣3分		
割件的直线尺寸精度/mm	15	±2，每超差1扣3分		
割缝断面垂直度/mm	12	垂直度误差≤1，每超差1扣3分		
焊缝断面垂直度/mm	6	平面度误差≤2，每超差1扣3分		
缺口	6	每出现一处，扣3分		
上缘熔化	8	根据熔化程度，扣1～8分		
上缘出现珠链状钢粒	6	出现不得分		
下缘粘渣	6	根据粘渣程度，扣1～6分		
试件变形量	6	≤2°，超差不得分		
有关安全操作规程规定	6	违反有关规定的扣1～6分		
有关文明生产规定				
实践定额 30 min	6	超过实践定额的5%～20%，扣1～6分		
合 计	100	总得分		

项目二　电子束焊

(1) 了解电子束焊的原理;
(2) 了解电子束焊的应用;
(3) 了解电子束焊工艺;
(4) 了解电子束焊设备。

知识链接 📖

★ 知识点 1　电子束焊的原理及分类

　　近 20 年来，电子束焊发展很快，焊接的产品已由原子能、火箭、航空等部门向民用产品，如电站锅炉、汽轮机、发电机、化工容器等方向发展；焊接的材料也从活泼金属、难熔金属到高合金钢及普通合金钢；焊件尺寸也由小到大。目前，日本、英国、法国、德国、美国等国的大功率电子束焊机已用于 100～150 mm 厚板产品的焊接。日本成功地焊接了敦贸 2 号原子能锅炉，并制定了厚板电子束焊接的标准。日本 NKK 公司已将电子束焊用于锅炉集箱的焊接。我国目前拥有电子束焊机百余台，最大功率为 30 kW，电子束最大加速电压为 150 kV。已用于汽车齿轮、双金属锯条、加速器漂移管仪表股盒以及航空重要承力构件等产品，但应用还不广泛，在厚壁容器及大型厚板结构件上尚未得到应用。电子束焊接现场如图 3-16 所示。

图 3-16　电子束焊接现场

　　电子束焊(Electronic Beam Welding)是利用加速和聚焦的电子束轰击置于真空或非真空中的焊件所产生的热能来进行焊接的一种焊接方法。虽然电子束只有 50 多年的历史，但由于其具有很多优于传统焊接工艺方法的特点，使得电子束焊在工业中得到了广泛应用。从起先用于原子能及宇航工业，继而扩大到航空、汽车、电子、电器、机械、医疗、石油化工、造船、能源等几乎所有的工业部门。

一、电子束的产生

　　电子束是高压加速装置产生的高能束流。高压加速装置中，阴极、阳极、聚束极、聚焦透镜、偏转系统及合轴系统等组成电子束的产生装置，如图 3-17 所示。其各部分的作用如下：

　　(1) 阴极：常用钨、钽以及六硼化镧等材料制成，在加热电源直接加热或间接加热下，其表面温度上升，发射电子。

(2) 阳极：为了使阴极发射的自由电子定向运动，在阴极上加上负高压，使电子在加速电压作用下产生定向加速运动，形成束流。

(3) 聚束极(控制极、栅极)：由阴极和阳极即可组成简单的二极电子枪。但为了能控制两极间的电子，进而控制电子束流，有时需要在电子枪上加一个聚束极，也叫做控制极或栅极，称为三极枪。

(4) 聚焦透镜：由电子枪发射出来的电子束向焊件方向运动，其束流功率并不十分集中，并且在所经过的路径上产生发散。为了得到可用于焊接金属的电子束流，需要通过电磁线圈对其进行聚焦，聚焦线圈可以是一级，也可以是两级。

(5) 偏转系统：在焊接和加工过程中，往往需要电子束具有扫描功能，因此通过偏转系统来控制电子束进行偏摆。

(6) 合轴系统：电子束经过静电透镜、电磁透镜所组成的电子光学系统以及偏转系统后，由于电磁透镜对中心和边缘区域的电子束会聚能力不同，会产生不能聚焦一点的漫射圆斑，从而造成球差。透镜的磁场轴向不对称、电子的能量不同也会使电子束分散，在通过电磁透镜时产生像差，使电子束形成的束流斑点不符合要求。因此有时需要加上一套合轴系统，来控制束流斑点的品质及保证对中、合轴线圈既可放在静电透镜上部，也可放在其下部。

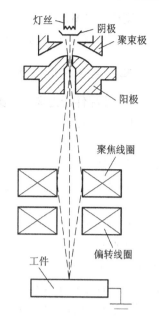

图 3-17 电子束产生的原理

二、电子束焊接原理

电子束是由高压加速装置产生的高能束流，经过加速和会聚的高能电子束流具有极高的能量密度。在电子束焊中，利用高压加速装置形成高功率电子束流，定向高速运动的电子束撞击置于真空或非真空中的工件表面后，在很小的焦点范围内会将部分电子的动能迅速转化成热能(见图 3-18)，焦点处的最高温度达 5930℃ 左右，使金属迅速熔化和蒸发。在高压金属蒸气的作用下，熔化的金属被排开，电子束就能继续撞击深处的固态金属，从而实现焊接过程。

电子束撞击到工件表面时，电子动能转化为热能，使金属迅速熔化和蒸发，产生小孔效应，形成深熔型焊接。

形成深熔焊的主要原因是金属蒸气的反作用力。电子束功率密度低于 $10^5\ W/cm^2$ 时，金属表面不产生大量蒸发现象，电子束的穿透能力很小。在大功率焊接中，电子束的功

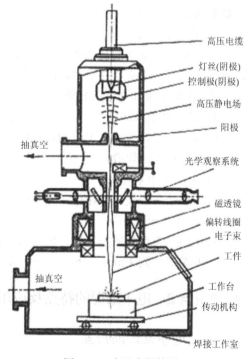

图 3-18 电子束焊接原理

率密度达 10^6 W/cm^2 以上，足以获得很强的穿透效应和很大的深宽比。在大厚度件的焊接中，焊缝的深宽比可高达 60：1，焊缝两边缘基本平行，温度横向传递很小。

三、电子束焊分类

1. 按焊件所处环境分类

1) 高真空电子束焊

高真空电子束焊接是在高真空($10^{-4} \sim 10^{-1}$ Pa)工作室中进行。工作室和电子枪可用一套真空机组抽真空，也可用两套真空机组分别抽真空。为了防止扩散泵污染工作室，工作室和电子枪设有隔离阀。良好的高真空环境可以保证对熔池的"保护"，防止金属元素的氧化和烧损，适用于活泼性金属、难熔性金属和质量要求高的焊接。

2) 低真空电子束焊

低真空电子束焊接是在低真空($10^{-1} \sim 10$ Pa)工作室内进行，电子枪仍在高真空条件下工作。电子束焊通过隔离阀和气阻通道进入工作室，电子枪和工作室各用一套独立的真空机组，低真空电子束焊也具有束流密度和功率密度高的特点。由于真空度要求不高，明显缩短了抽真空的时间，提高了生产效率，适用于批量大的零件的焊接和在生产线上使用。

3) 非真空电子束焊

非真空电子束焊焊机没有真空工作室，电子束仍是在高真空条件下产生，然后通过一组光阑、气阻通道和若干级真空小室，引入到处于大气压力下的环境中对工件进行焊接。在大气压下，电子束散射强烈，即使将电子束的工作距离限制在 20～50 mm，最大焊缝深宽比也只能达到 5：1。非真空电子束各真空室采用独立的抽真空系统，以便在电子和大气间形成压力依次增大的真空梯度。这种方法的优点是不需要真空室，工件尺寸不受限制，可以焊接尺寸大的工件，生产效率高。

4) 局部真空型

近年来，新发展的移动式真空室或局部真空电子束焊接方法既保留了真空电子束焊高功率的优点，又不需要真空室，因而在大型工件的焊接上有应用前景。

2. 按电子束加速电压分类

1) 高压电子束焊接

高压电子束焊接的电子枪的加速电压在 120 kV 以上，易于获得直径小、功率密度大的束斑和深宽比大的焊缝。

2) 中压电子束焊接

中压电子束焊接的加速电压在 40～100 kV 之间，电子枪可以做成固定式和移动式。

3) 低压电子束焊接

低压电子束焊接的加速电压低于 40 kV。在相同功率的条件下，束流会聚困难，束斑直径一般难以达到 1 mm 以下，功率密度小，适于薄板焊接。

★ 知识点 2　电子束焊的特点及应用

一、电子束焊的特点

电子束焊的优点具体如下：

(1) 功率密度大，热量集中。焊接用电子束电流为几十到几百毫安，最大可达 1000 mA 以上，加速电压为几十到几百 kV，电子束功率从几十到 100 kW 以上，电子束焦点处的功率密度可达 $10^4 \sim 10^9 \text{W/cm}^2$，比普通电弧功率密度高 $100 \sim 1000$ 倍。

(2) 电子束穿透能力强，焊缝深宽比(H/B)大。电弧焊的深宽比很难超过 2，电子束焊的深宽比很容易达到 5 以上。对于大深宽比的焊接，深宽比可达 60:1，因此可节约大量填充金属和电能，能够焊透 $0.1 \sim 300$ mm 厚的不锈钢板。电子束焊对不同材料的熔透情况如图 3-19 所示，与普通焊接方法的对比如图 3-20 所示。

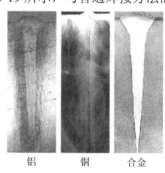

铝　　铜　　合金

图 3-19　电子束对不同材料的熔透情况

图 3-20　电子束焊与普通焊接方法的对比

(3) 焊接速度快，焊缝热物理性能好。焊接速度快、能量集中、熔化和凝固过程快、热影响区窄、焊接变形小。对精加工的工件电子束焊可作为最后的连接工序，焊后工件仍能保持足够精度。同时，电子束焊能避免晶粒长大，使焊接接头性能改善，高温作用时间短，合金元素烧损少。

(4) 焊缝纯度高。真空电子束焊不仅可以防止熔化金属受到氧、氮等有害金属的污染，而且有利于焊缝金属的除气和净化，可制成高纯度的焊缝。可以通过电子束扫描熔池来消除缺陷，提高接头质量。真空电子束焊的真空度一般为 5×10^{-4} Pa，这种焊接方式尤其适合焊接钛及钛合金等活性材料。

(5) 焊接工艺参数调节范围广，适应性强。电子束焊接的工艺参数可在很宽的范围内调节，控制灵活，适应性强，再现性好，易于实现自动化控制，提高产品质量。

(6) 可焊材料多。电子束焊可实现异种金属材料接头的焊接。尤其适合焊接钛及钛合金等活性材料，也常用于焊接真空密封元件，焊后元件内部保持在真空状态。

电子束焊的缺点具体如下：

(1) 电子束焊一般必须在真空条件中进行，设备复杂，价格高，使用维护要求高。

(2) 焊接装备要求高，焊接件尺寸受真空室大小的限制。

(3) 焊接前对接头加工、装配要求严格，以保证接头位置准确、间隙小。

(4) 需对电子束焊接时所产生的 X 射线严加防护，以保证操作人员健康和安全。

(5) 电子束易受到杂散电磁场的干扰，影响焊接质量。

二、电子束焊的应用

自从 1948 年德国人 Steigerwald 发现电子束具有焊接能力后，电子束以其独特的优点在焊接领域大显身手，并且得到了迅速发展和广泛应用。电子束焊接产品已从原子能、火箭、航空航天等国防尖端部门扩大到机械工业等民用部门。目前，世界拥有的电子束焊机有 8000 多台，焊机功率为 2～300 kW，实用的最大电子束焊机功率在 100 kW 左右。

我国对世界电子束焊接技术的跟踪始于 20 世纪 60 年代初，从那时起，我国就开始研究其设备及工艺。我国开展电子束焊工艺研究及应用的主要领域是航空航天、汽车、电力及电子等工业部门。我国科技人员先后对多种材料，如铝合金、钛合金、不锈钢、超高强钢、高温合金等进行了较系统的研究。在飞机、航空发动机、导弹的试制中，都用到了电子束焊技术。

电子束焊接可用于下述材料和场合：

(1) 除含锌高的材料(如黄铜)、低级铸铁和未脱氧处理的普通低碳钢外，绝大多数金属及合金都可用电子束焊接，按焊接性由易到难的顺序排列为钽、铌、钛、铂族、镍基合金、钛基合金、铜、钼、钨、铍、铝及镁。

(2) 可以焊接熔点、热导率、溶解度相差很大的异种金属。

(3) 对不开坡口焊的厚大型工件，焊接变形很小，能焊接可达性差的焊缝。

(4) 可用于焊接质量要求高、在真空中使用的器件，或用于焊接内部要求真空的密封器件；焊接精密仪器、仪表或电子工业中微型器件，如图 3-21 所示。

(5) 散焦电子束可用于焊前预热或焊后冷却，还可用作钎焊热源。

(6) 在外太空等极端条件下的焊接可能是其潜在的应用领域，如图 3-22 所示。

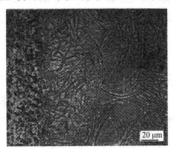

图 3-21　电子束焊用于微型器件连接

图 3-22　航空器零部件电子束焊缝

电子束焊接的应用见表 3-8。

表 3-8　电子束焊的部分焊接实例

工业部门	应 用 实 例
航空	发动机喷管、定子。叶片、双金属发动机、导向翼、双螺旋线齿轮、齿轮组、主轴活门等
汽车	双金属齿轮、齿轮组、轴承环、汽车大梁、微动减振器、扭矩转换器、旋转轴等
宇航	火箭部件、导弹外壳、宇航站安装等
原子能	燃料元件、反应堆压力容器及管道
电子器件	集成电路、密封包装、电子计算机磁芯存储器、微型继电器、卫星组件、薄膜电阻、电子管
电力	发动机整流子片、双金属式整流子、汽轮机定子、电站锅炉联箱与管道的焊接
化工	压力容器、球形储罐、热交换器、环形传动带、管道与法兰的焊接
重型机械	厚板焊接、超厚板压力容器的焊接
修理	修补或修复有缺陷的容器、设计修改后要求的返修件、裂纹补焊、补强焊、堆焊等
其他	双金属锯条、钼坩埚、波纹管、焊接管道精密加工、切割等

电子束焊的研究和推广应用非常迅速。电子束加速电压由 20～40 kV 发展为 60 kV、150 kV，甚至 300～500 kV，焊机功率也由几百瓦发展为几千瓦、十几千瓦至数百千瓦，一次焊接的深度可达到数百毫米。

★ 知识点3　电子束焊设备

一、电子束焊设备的组成

在实际应用中，真空电子束焊机通常由电子枪、高压电源、控制及监测系统、真空系统、工作台以及辅助装置等几大部分组成(见图 3-23)。

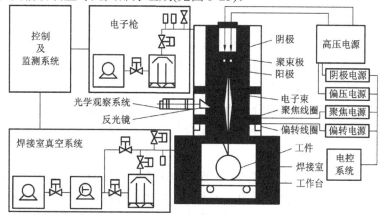

图 3-23　电子束焊设备组成示意图

1. 电子枪

电子枪是电子束焊机的核心部件，是产生电子、使之加速、会聚成电子束的装置。电子枪的稳定性、重复性直接影响焊接质量。影响电子束稳定性的主要因素是高压放电。高压放电往往在电子枪中使电子束偏转，应避免金属蒸气对束源段产生直接的影响。在大功率焊接时，将电子枪中心轴线的通道关闭，而被偏转的电子束从旁边通道通过。另外，还可以用电子枪倾斜或焊件倾斜的方法避免焊接时产生的金属蒸气对束源段的污染。

电子枪一般安装在真空室外部：垂直焊接时，放在真空室顶部；水平焊接时，放在真空室侧面。图 3-24 为电子枪结构示意图。

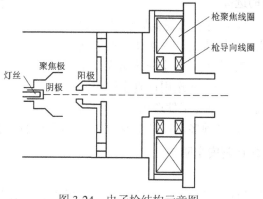

图 3-24　电子枪结构示意图

2. 高压电源

高压电源为电子枪提供加速电压、控制电压及灯丝加热电流。高压电源应密封在邮箱内，以防止对人体的伤害及对设备其他部分的干扰。近年来，半导体高频大功率开关电源已应用到电子束焊机中，工作频率大幅度提高，用很小的滤波电容器即可获得很小的波纹系数，放电时所释放出来的电能也很少，减少了其危害性。

3. 控制及监测系统

早期电子束焊机的控制系统仅限于控制束流的递减，电子束的扫描及真空泵阀的开关。目前，可编程控制器及计算机系统在电子束焊机上已成功得到应用，使控制范围得以拓展，精度大大提高。

4. 真空系统

真空电子束焊机的工作室尺寸由焊件大小或应用范围确定。真空室的设计一方面应满足气密性要求，另一方面应满足刚度要求；此外还要满足 X 射线防护的需求。真空室上通常有一个或几个窗口用以观察内部焊件及焊接情况。

电子束焊机的真空系统一般分为两部分：电子枪抽真空系统和工作室抽真空系统。电子枪的高真空系统可通过机械泵与扩散泵配合获得。

5. 工作台和辅助装置

工作台、夹具、转台对于焊接过程中保持电子束与焊缝的位置准确、焊接速度稳定、焊缝位置的重复精度都是非常重要的。大多数的电子束焊机采用固定电子枪，让工件做直线移动或旋转运动来实现焊接。对大型真空室，也可采用使工件不动而驱使电子枪进行焊接的方法。

二、电子束焊设备的选择与应用

国外生产的电子束焊设备的品种较多，真空电子束设备已商品化，我国真空电子束焊机的研制自 20 世纪 80 年代以来也取得较大进展。目前，中等功率的真空电子束焊机已形成了系列，一些焊接设备采用了微机控制等先进技术，图 3-25 为微机控制电子束焊机外观照片。

1. 电子束焊设备的选择

选用电子束焊设备时，应综合考虑被焊材料、板厚、形状、产品批量等因素，一般来说，焊接化学性能活泼的金属(如 W、Mo、Nb、Ti 等)及其合金应选用高真空焊机，焊接易蒸发的金属及其合金应选用低真空焊机；厚大工件选用高压型焊机，中等厚度工件选用中压型焊机；

图 3-25　微机控制电子束焊机外观

成批生产的选用专用焊机，品种多，批量小或单件生产则选用通用型焊机。

2. 电子束设备的操作与安全防护

1) 启动

在真空室的工件安装就绪后，关闭真空室门，然后接通冷却水，闭合总电源开关。按真空系统的操作顺序启动机械泵和扩散泵，待真空室内的真空度达到预定值时，便可进入实施阶段。

真空系统的操作及注意事项：真空系统必须在接通冷却水后才能启动。机械泵启动时，必须先打开机械泵抽气口的阀门，迅速与大气切断而转向需要抽气的部件。扩散泵必须在机械泵预抽真空达到一定的真空度时才能加热。停止加热后，必须待扩散泵完全冷却下来才能关闭机械泵，否则扩散泵的油易被氧化。停止机械泵前，必须先关闭机械泵抽气口的阀门，使其与真空系统断开再与大气接通，以免机械泵油进入真空系统。

2) 焊接

将电子枪的供电电源接通，逐渐升高加速电压，使之达到所需的数值。然后相应地调节灯丝电流和轰击电压，使有适当小的电子束流射出，在工件上看到电子束焦点，再调节聚焦电流，使电子束的焦点达到最佳状态。假如焦点偏离接缝，可调节偏转线圈电流或将电子枪横向移动，使其对中。此时调节轰击电源，使电子束流达到预定数值，按下启动按钮，工件按预定速度移动，进入正常焊接过程。

3) 停止

焊接结束时，必须先逐渐减小偏转电压使电子束焦点离开焊缝，然后把加速电压降低到零点，并把灯丝电源及传动装置的电源降低到零值，此后再切断高压电源、聚焦偏转电源盒传动装置电源，这样就完成了一次焊接。

4) 安全防护

安全防护主要指高压防护和射线防护两个方面。

(1) 高压电子束焊机的加速电压可达 150 kV，防止高压电击的防护措施主要是针对人身安全和设备安全。必须采用尽可能完善的绝缘和防护措施，保证高压电源和电子枪有足够的绝缘；设备外壳应接地良好，接地电阻应小于 3 Ω；更换阴极组件或维修时，要切断高压电源，并用接地良好的放电棒接触准备更换的零件或需要维修的地方，放点完才可以操作，焊工操作时应穿戴耐高压的绝缘手套、穿绝缘鞋。

(2) 电子束焊接时，约 1% 的射线能量转换为 X 射线辐射，因此必须加强对 X 射线的防护措施。加速电压低于 60 kV 的焊机，一般靠焊机外壳的钢板厚度来防护；加速电压高于 60 kV 的焊机，外壳应附加足够厚度的加铅板来加强防护；电子束焊机在高电压下运行，观察窗选用铅玻璃，铅玻璃的厚度可按相应的铅当量选择；对于高压大功率电子束设备，可将高压电源设备和抽气装置与工作人员的操作室分开；焊接过程中不准用肉眼观察熔池，必要时应佩戴铅玻璃防护眼镜。

★ 知识点 4　电子束焊工艺

一、电子束焊工艺参数的选择

电子束焊的主要焊接参数有：加速电压、电子束流、聚焦电流、焊接速度和工作距离。电子束焊的焊接工艺参数主要按板厚和材料来选择，板厚越大，所要求的热输入越高。

1．加速电压

在相同功率、不同的加速电压下，所得焊缝深度和形状是不同的。提高加速电压可增加焊缝的熔深，在保持其他参数不变的条件下，焊缝横断面深宽比与加速电压成正比。当焊接大厚件并要求得到窄而平的焊缝或电子枪与焊件的距离较大时，应提高加速电压。

2．电子束流(简称束流)

电子束流与加速电压一起决定着电子束的功率，增加电子束电流，熔深和熔宽都会增加。在电子束焊中，由于加速电压基本不变，所以为满足不同的焊接工艺的需要，常常要调整电子束电流值。这些调整包括以下几个方面：

(1) 在焊接环缝时，要控制电子束电流的递增、递减，以便在起始、收尾连接处获得良好的质量。

(2) 在焊接各种不同厚度的材料时，要改变束流，以得到不同的熔深。

(3) 在焊接大厚件时，由于焊接速度较低，随着焊接件温度的增加，焊接电流需逐渐减小。

3．焊接速度

焊接速度和电子束功率一起决定着焊缝的熔深、焊缝宽度以及被焊材料熔池行为(冷却、凝固及焊缝熔合线形状)。增加焊接速度会使焊缝变窄，熔深减小。

4．聚焦电流

电子束焊时，相对于焊件表面而言，电子束的聚焦位置有上焦点、下焦点和表面焦点三种，焦点位置对焊缝形状影响很大。根据被焊材料的焊接速度、焊缝接头间隙等决定焦距位置，进而确定电子束斑点大小。当焊件被焊厚度大于 10 mm 时，通常采用下焦点焊(即焦点处于焊件表面的下层)，且焦点在焊缝熔深的 30%处。焊接厚度大于 50 mm 时，焦点在焊缝熔深的 50%～75%之间更合适。

5．工作距离

焊件表面与电子枪的工作距离会影响到电子束的聚焦程度，工作距离变小时，电子束的压缩比增大，使电子束斑点直径变小，增加了电子束功率密度。但工作距离太小会使过多的金属蒸气进入枪体造成放电，因而在不影响电子枪稳定工作的前提下，可以采用尽可能短的工作距离。

二、深熔焊的工艺方法

电子束焊的最大优点是具有深穿透效应，如图 3-26 所示，为了保证获得深穿透效应，除了合理选择电子束焊工艺参数外，还可以采取如下的一些工艺措施：

1．电子束水平入射焊

当焊接熔深超过 100 mm 时，采用电子束水平入射、侧向焊接方法进行焊接。因为水平入射侧向焊接时，液态金属在重力作用下会流向偏离电子束轰击路径的方向，其对小孔通道的封堵作用降低，此时的焊接方向可以是自下而上或是横向水平施焊。

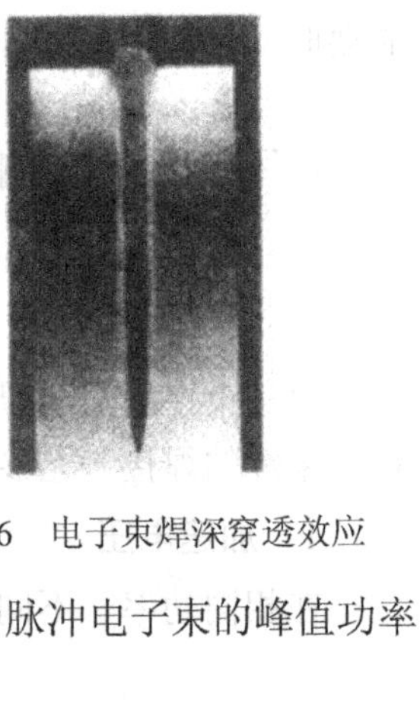

图 3-26　电子束焊深穿透效应

2．脉冲电子束焊

在同样功率下，采用脉冲电子束焊，可有效地增加熔深。因为脉冲电子束的峰值功率比直流电子束高很多，可使焊缝获得高得多的峰值温度，金属蒸发速率会高出一个数量级。另外，脉冲焊可产生更多的金属蒸气，使反作用力增加，小孔效应增加。

3．变焦电子束焊

极高的功率密度是获得深熔焊的基本条件。电子束功率密度最高的区域在其焦点上，在焊接大厚度焊件时，可使焦点位置随着焊件的熔化速度变化而改变，始终以最大功率密度的电子束来轰击待焊金属。由于变焦的频率、波形、幅位等参数是与电子束功率密度、焊件厚度、母材金属和焊接速度有关的，手工操作起来比较复杂，宜采用计算机自动控制。

4．焊前预热或预置坡口

焊件在焊前被预热，可减少焊接时热量沿焊缝横向的热传导损失，有利于增加熔深。对有些高强度钢进行焊前预热，还可以减少焊后裂纹倾向。深熔焊时，会有一定量的金属堆积在焊缝表面，如果预开坡口，则这些金属会填充坡口，相当于增加了熔深。另外，如果结构允许，尽量采用穿透焊，因为液态金属的一部分可以在焊件的下表面流出，减少熔化金属在接头表面的堆积，减少液态金属的封闭效应，增加熔深，减少焊根缺陷。

项目三　激　光　焊

学习目标

(1) 了解激光焊的原理；
(2) 了解激光焊的应用；
(3) 了解激光焊工艺；
(4) 了解激光焊设备。

知识链接

★ 知识点 1　激光焊的原理及分类

激光技术是 20 世纪 60 年代末发展起来的一项新兴的技术。激光焊接的基本原理是利用激光器产生激光光束，激光光束经聚焦后可达 10^5 W/cm^2 以上的能量密度，当作用于焊件接缝处时，焊件将吸收的光能转换为热能，温度可达 5000 K 至数万 K，使金属快速熔化以进行焊接。激光焊接现场如图 3-27 所示。

激光焊接具有能量密度高、可聚焦、深穿透、高效率、高精度等优点。激光焊可焊接的焊件厚度能从几微米到 70 mm,其熔深与熔宽之比可达 10：1，激光焊接时不需要真空室。激光可用来焊接各种难熔金属、异种金属、绝缘体等；可以进行精密焊接(可焊直径为百分之几毫米的焊点)；还可以穿

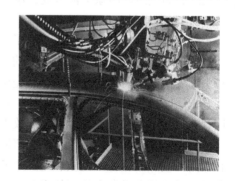

图 3-27　激光焊接现场

过透明材料进行焊接(如真空管中电极的焊接)，对于一些特殊材料及结构的焊接具有非常重要的意义。随着激光转换能量效率的提高，这种焊接方法在航空航天、电子、汽车制造、核动力等领域中应用更加广泛，并且日益受到重视。但由于激光焊设备复杂，能量转换率低，因而在推广使用上受到限制。

一、激光的产生原理

要学习激光产生原理需要先了解以下这些概念。

1. 能级

物质是由原子组成的，而原子又是由原子核及电子构成的。电子围绕着原子核运动。而电子在原子中的能量不是任意的。描述微观世界的量子力学告诉我们，这些电子会处于一些固定的"能级"上，不同的能级对应于不同的电子能量，离原子核越远的轨道能量越高。此外，不同轨道可最多容纳的电子数目也不同，例如最低的轨道(也是最近原子核的轨道)最多只可容纳 2 个电子，较高的轨道上则可容纳 8 个电子等等。

2. 跃迁

电子可以通过吸收或释放能量从一个能级跃迁到另一个能级。例如当电子吸收了一个光子时，它便可能从一个较低的能级跃迁至一个较高的能级。同样地，一个位于高能级的电子也会通过发射一个光子而跃迁至较低的能级。在这些过程中，电子释放或吸收的光子能量总是与这两能级的能量差相等。由于光子能量决定了光的波长，因此，吸收或释放的光具有固定的颜色。

3. 自发辐射

自发辐射指高能级的电子在没有外界作用下自发地迁移至低能级，并在跃迁时产生光(电磁波)辐射，辐射光子能量为 $h\nu = E_2 - E_1$，即两个能级之间的能量差。这种辐射的特点是每一个电子的跃迁是自发的、独立进行的，其过程全无外界的影响，彼此之间也没有关系。因此它们发出的光子的状态是各不相同的。这样的光相干性差，方向散乱。

4. 受激吸收

受激吸收就是处于低能态的原子吸收外界辐射而跃迁到高能态。电子可通过吸收光子从低能级跃迁到高能级。普通常见光源的发光(如电灯、火焰、太阳等的发光)都是由于物质在受到外来能量(如光能、电能、热能等)作用时，原子中的电子吸收外来能量而从低能级跃迁到高能级，即原子被激发。激发的过程是一个"受激吸收"过程。

5. 受激辐射

受激辐射是指处于高能级的电子在光子的"刺激"或者"感应"下，跃迁到低能级，并辐射出一个和入射光子同样频率的光子。受激辐射的最大特点是由受激辐射产生的光子与引起受激辐射的原来的光子具有完全相同的状态。它们具有相同的频率，相同的方向，完全无法区分出两者的差异。这样，通过一次受激辐射，一个光子变为两个相同的光子。这意味着光被加强了，或者说光被放大了。这正是产生激光的基本过程。

光子射入物质诱发电子从高能级跃迁到低能级，并释放光子。入射光子与释放的光子有相同的波长和相位，此波长对应于两个能级的能量差。一个光子诱发一个原子发射一个光子，最后就变成两个相同的光子。

6. 粒子数反转

一个诱发光子不仅能引起受激辐射，而且它也能引起受激吸收，所以只有当处在高能级的原子数目比处在低能级的还多时，受激辐射才能超过受激吸收，而占优势。由此可见，为使光源发射激光，而不是发出普通光的关键是发光原子处在高能级的数目比低能级上的多，这种情况，称为粒子数反转。但在热平衡条件下，原子几乎都处于最低能级(基态)。

因此，如何从技术上实现粒子数反转则是产生激光的必要条件。那么如何才能达到粒子数反转状态呢？这需要利用激活媒质。所谓激活媒质(也称为放大媒质或放大介质)，就是可以使某两个能级间呈现粒子数反转的物质。它可以是气体，也可以是固体或液体。用二能级的系统来做激活媒质实现粒子数反转是不可能的。要想获得粒子数反转，必须使用多能级系统。

激光工作物质受到外部能量的激励，从平衡状态转变为非平衡状态，在两能级的粒子系统中，处于较低能级上的粒子通过种种途径被抽运到较高能级上，形成粒子数反转，处于高能级上的粒子有自发向低能级跃迁的趋势。当粒子开始向低能级跃迁时，发出一个光子，这些自发辐射的光子作为外来光激发其他粒子(其频率满足普朗克公式)，引起其他粒子受激辐射和受激吸收。因粒子数反转，产生的新光子与激励光子完全一样，这两个光子又作为激励光子，从而又产生两个与前面激励光子完全一样的新光子……这种过程不断发生，就出现光的雪崩式放大。

二、激光焊原理

激光焊本质上是将激光的光能转化为焊接所需的热能。激光照射到被焊材料的表面，与其发生作用，部分被反射，部分进入材料内部被吸收，光子轰击金属表面形成蒸气，蒸发的金属可防止剩余能量被金属反射掉。激光在金属表面被吸收转变为热能，导致金属表面温度升高，再传向内部，如图3-28所示。激光加工时，材料吸收的光能向热能的转换是在极短的时间内完成的。在这个时间内，热能仅仅局限于材料的激光辐射区。而后通过热传导，由高温区传向低温区。

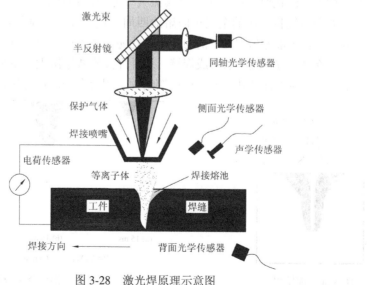

图 3-28　激光焊原理示意图

三、激光焊分类

1. 按激光器输出能量方式分类

1) 脉冲激光焊

脉冲激光焊激光以脉冲方式输出，能量是断续的，焊接后形成一个个圆形焊点。

2) 连续激光焊

连续激光焊(包括高频脉冲连续激光焊)的激光以连续方式输出，能量是连续的，在焊接过程中形成一条连续焊缝。

2. 按激光聚焦后光斑上功率密度的不同分类

1) 传热熔化焊

如图 3-29 所示，传热焊所用激光功率密度较低 $(10^5 \sim 10^6 \text{ W/cm}^2)$，焊接吸收激光后，金属材料表面将所吸收的光能转变为热能，激光将金属表面加热到熔点与沸点之间，仅达到表面熔化，然后依靠热传导向工件内部传递热量，使熔化区逐渐扩大，形成熔池，其熔池轮廓近似为半球体。这种焊接模式熔深浅，熔宽比较小，类似于 TIG 焊过程。

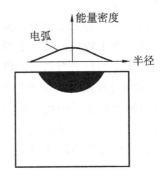

图 3-29　传热熔化焊

传热焊的主要特点是激光的功率密度小，很大一部分被金属表面所反射，光的吸收率低，焊接速度慢，适合薄板和小工件的焊接加工。

2) 深熔焊(锁孔焊)

如图 3-30 所示，这种方式要求激光能量密度高 $(10^6 \sim 10^7 \text{W/cm}^2)$，金属在激光的照射下被迅速加热，其表面温度在极短的时间内升高到沸点。工件吸收激光后迅速熔化乃至汽化，金属蒸气以一定速度离开熔池。金属蒸气逸出对熔化的液态金属产生反向压力，使熔池金属表面形成凹陷。熔化的金属在蒸气压力作用下形成小孔，激光束可直照孔底，当光束在小孔底部继续加热汽化时，所产生的金属蒸气一方面压迫孔底的液态金属，使小孔进一步加深；另一方面蒸气将熔化的金属挤向熔池四周，使小孔不断延伸，直至小孔内的蒸气压力与液体金属的表面张力和重力平衡为止。小孔随着激光束沿焊接方向移动时，前方熔化的金属绕过小孔流向后方，凝固后形成焊缝。这种焊接模式熔深大，熔宽比也大。在机械制造领域，除了那些微薄零件之外，一般选用深熔焊。铝合金的深熔焊接效果如图 3-31 所示。

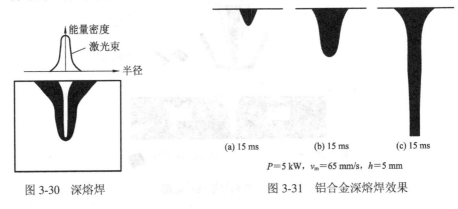

(a) 15 ms　　　(b) 15 ms　　　(c) 15 ms

$P=5 \text{ kW}, v_m=65 \text{ mm/s}, h=5 \text{ mm}$

图 3-30　深熔焊　　　　　　　图 3-31　铝合金深熔焊效果

当小孔跟着光束在物质中向前运动的时候，在小孔前方将形成一个倾斜的烧蚀前沿。在这个区域，随着材料的熔化、汽化，其温度高、压力大。这样在小孔周围会存在着压力梯度和温度梯度，在此压力梯度的作用下，熔融材料周边由前沿向后沿流动。另外，温度梯度的存在使得气液分界面的表面张力随温度升高而减小，从而沿小孔周边建立了一个表面张力梯度，前沿处表面张力小，后沿处表面张力大，这就进一步驱使熔融材料绕小孔周边由前沿向后沿流动，最后在小孔后方凝固起来形成焊缝。

按照激光发生器的不同，激光有固体、半固体、液体、气体激光之分。固体激光器和气体激光器如图 3-32 所示。

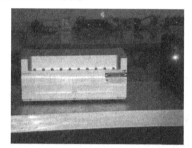

　　　　(a) 固体激光器　　　　　　　　　(b) 气体激光器

图 3-32　固体激光器和气体激光器

★ 知识点 2　激光焊的特点及应用

一、激光焊的特点

激光焊是以高能量密度的激光束作为热源，对金属进行熔化以形成接头的熔焊方法。采用激光焊后，不仅焊接质量会得到显著提高，而且生产率亦高于传统的焊接方法。与一般焊接方法相比，激光焊具有以下特点：

(1) 聚焦后的激光具有很高的功率密度($10^5 \sim 10^7 \, W/cm^2$ 或更高)，加热速度快，可以实现深熔焊和高速焊。另外，由于激光加热范围小(<1 mm)，焊接热影响区窄，残余应力和变形小。

(2) 一台激光器可供多个工作台进行不同的工作，既可用于焊接，又可用于切割、合金化和热处理，一机多用。

(3) 可焊接用常规焊接方法难以焊接的材料，如高熔点金属等，甚至可用于非金属材料的焊接，如陶瓷、有机玻璃等。焊后无需热处理，适合焊接热敏感材料。

(4) 激光能在空间传播相当远的距离而衰减很小，可进行远距离或一些难以接近部位的焊接，YAG 激光和半导体激光可以通过光导纤维、棱镜等光学方法弯曲传输、偏转、聚焦，特别适合于微型零件、难以接近部位的焊接。

(5) 与电子束焊相比，激光焊最大的优点是不需要真空室，不产生 X 射线，同时光束不受电磁场影响。对于一些产生有毒气体和物质的材料，由于激光可穿过透明物质，可以将其置于玻璃制成的密封容器中进行激光焊。

基于激光焊具有上述优点，因此它的发展很快。随着生产和科学技术的进步，人们对焊接方法的要求也越来越高，激光焊用于解决一般熔焊方法难以完成的问题是必不可少的。它正逐步从实验室中走出去，在生产中发挥出不可替代的重要作用。

它的缺点在于以下几点：

(1) 激光器价格昂贵，设备(特别是高功率连续激光器)一次性投资比其他方法大。

(2) 激光器的电光转换及整体运行效率较低，CO_2 激光器的光电转换效率仅为 10%～20%，YAG 激光器的光电转换效率仅为 2%～3%。

(3) 对焊件加工、组装、定位的要求均很高。

(4) 焊接一些高反射率的金属还比较困难。

二、激光焊的应用

激光焊作为一种独特的焊接方法，已经日益受到人们的重视。脉冲激光焊主要用于微型件、精密元件和微电子元件的焊接。低功率脉冲激光器常用于直径 0.5 mm 以下金属丝与丝或薄膜之间的点焊连接。连续激光焊主要用于厚板深熔焊。激光焊还有其他形式的应用，如激光钎焊、激光-电弧焊、激光-压焊等。激光钎焊主要用于微电子或印刷电路板的焊接，激光-压焊主要用于薄板或薄钢带的焊接。激光焊的部分应用实例如表 3-9 所示。近年来，激光焊在汽车、能源、钢铁、船舶、电子、航空航天等行业得到了日益广泛的应用。

表 3-9　激光焊应用实例

应用部门	应 用 实 例
航空	发动机壳体、机翼隔架、膜盒等
电子仪表	集成电路内引线、显像管电子枪、调速管、仪表游丝等
机械	精密弹簧、针式打印机零件、金属薄壁波纹管、热电偶、电液伺服阀
钢铁冶金	焊接厚度 0.2～8 mm 的硅钢片，高、中、低碳钢和不锈钢
汽车	汽车底架、传动装置、齿轮、点火器中轴与拨板组合件
医疗	心脏起搏器以及心脏起搏器所用的锂电池等
食品	食品罐
其他	燃气轮器、换热器、干电池锌筒外壳、核反应堆零件

★ 知识点 3　激光焊的设备

焊接领域目前主要采用两种激光器：YAG 固体激光器和 CO_2 激光器。

一、YAG 固体激光器

YAG 固体激光器(实物如图 3-33 所示,示意图如图 3-34 所示)工作介质为掺钕的钇铝石榴石晶体，平均输出功率为 0.3～3 kW，目前国外 YAG 激光器的最大功率可达 4 kW。YAG 激光器输出激光的波长为 1.06 μm，是 CO_2 激光器波长的 1/10。波长较短，有利于激光的聚焦和光纤传输，也有利于金属表面的吸收，这是 YAG 激光器的优势，但 YAG 激光器能量转换环节多，器件总效率为 2%～3%，比 CO_2 激光器低。另外，YAG 激光器一般输出多模光束，模式不规则，发散角大。

图 3-33　HL2006D 型 Nd: YAG 激光器

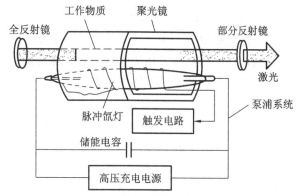

图 3-34　固体激光器的基本结构

二、CO₂ 激光器

CO_2 激光器工作介质为 CO_2 气体，CO_2 激光器是目前工业应用中数量最大、应用最广泛的一种激光器。

这两种激光器的特点对比见表 3-10。

表 3-10　YAG 固体激光器与 CO₂ 激光器特点对比

类　型	波长/μm	发射模式	输出功率等级/kW	最小加热面积/cm²
YAG 固体激光器	1.06	通常是脉冲式的	0.1～5	10^{-8}
CO_2 激光器	10.6	通常是连续式的	0.5～45	10^{-8}

CO_2 激光器根据气体流动的特点，可分为密封式、轴流式、横流式和板条式(slab)四种。目前工业上广泛应用的主要是轴流式和横流式。

激光器最重要的性能是输出功率和光束质量。从这两方面考虑，CO_2 激光器比 YAG 激光器具有更大的优势。目前，深熔焊接主要采用 CO_2 激光器，生产上的应用大多数还处在 1.5～6 kW 范围，现在世界上最大的 CO_2 激光器已达 50 kW。YAG 激光器在过去相当长一段时间内对于提高功率有困难，一般功率小于 1 kW，用于薄小零件的微连接。但近年来，国外在研制和生产大功率 YAG 激光器方面已取得了突破性的进展，最大功率可达 5 kW，并已投入市场。由于其波长短，仅为 CO_2 激光器的 1/10，因而有利于金属表面吸收，还可以用光纤传输，使导光系统大为简化。

其他新型激光器，如 CO 激光器，其输出波长为 5 μm 左右的多条谱线，这种激光器能量转换效率比 CO_2 激光器高，目前 CO 激光器输出功率可达数千瓦至 10 kW，光束质量也高，并有可能实现光纤传输，但只能运行于低温状态，其制造和运行成本均较高，尚处在实用化研究阶段。极有发展前途的是高功率半导体二极管激光器，随着其可靠性和使用寿命的提高及价格的降低，在某些焊接领域将替代 Nd：YAG、CO_2 激光器。

★ 知识点 4　激光焊工艺

一、脉冲激光焊工艺参数

脉冲激光焊有四个主要的焊接参数：脉冲能量、脉冲宽度、功率密度和离焦量。

1．脉冲能量和脉冲宽度

脉冲能量决定了加热能量的大小，主要影响金属的熔化量。脉冲宽度决定焊接时的加热时间，它影响熔深及热影响区宽度。脉冲能量是一定的，对于不同材料，各自存在一个最佳脉冲宽度，此时焊接熔深最大。

2．功率密度

激光焊的功率密度决定焊接过程和焊接机理。功率密度较小时，焊接以传热焊的方式进行，焊点的直径和熔深由热传导决定。当激光斑点的功率密度达到一定值后，形成深熔焊点，这时金属有少量蒸发，并不影响焊点形成。但功率密度过大后，金属蒸发剧烈，导致汽化金属过多，难以形成牢固焊点。

3．离焦量

离焦量是指焊接时焊件表面离聚焦激光束最小斑点的距离，它不仅影响焊件表面激光束光斑大小，而且影响光束的入射方向。改变离焦量，可以改变加热斑点的大小和入射状况。

二、连续激光焊工艺参数

这里主要讨论 CO_2 激光焊深熔焊时，各工艺参数对熔深的影响。

1．激光功率

通常激光功率是指激光器的输出功率，没有考虑导光和聚焦系统所引起的损失。激光焊熔深与激光输出功率密度密切相关，是功率和光斑直径的函数。对一定的光斑直径，其他条件不变时，焊接熔深随激光功率的增加而增加。

2．焊接速度

在一定的激光功率下，提高焊接速度，会使热输入下降，焊接熔深减小。

适当降低焊接速度可加大熔深，但若焊接速度过低，熔深却不会再增加，反而使熔宽增大。其主要原因是激光深熔焊时，维持小孔存在的主要动力是金属蒸气的反冲压力，当焊接速度低到一定程度后，随着热输入增加，熔化金属越来越多，当金属汽化所产生的反冲压力不足以维持小孔的存在时，小孔不仅不再加深，甚至会崩溃，焊接过程蜕变为传热焊，熔深不会再加大。另一个原因是随着金属汽化量的增加，等离子体的浓度会相应增加，对激光的吸收也会增加。这些原因使得低速焊时，激光焊熔深有一个最大值，也就是说，对于给定的激光功率存在一个维持深熔焊接的最小焊接速度。

3．光斑直径

光斑直径是指照射到焊件表面的光斑尺寸大小。在激光器结构一定的情况下，照射到焊件表面的光斑大小取决于透镜的焦距和离焦量。焊接时为获得深熔焊缝，要求激光光斑上的功率密度要高。提高功率密度的方式有两个：一是提高激光功率；二是减小光斑直径。减小光斑直径比增加功率有效的多，减小光斑直径可通过使用短焦距透镜和降低激光束横模阶数来实现。低阶模聚焦可以获得更小的光斑，光斑的直径与发射角和聚焦性有关。

4．离焦量

离焦量是指焊接时焊件表面离聚焦激光束最小斑点的距离，当此光斑在工件表面上方时，离焦量为正；反之，为负。离焦量不仅影响焊接表面的激光光斑大小，而且影响光束的入射方向。改变离焦量，可以改变加热斑点的大小和入射状况，因而对焊接熔深、熔宽和焊缝横截面形状有较大影响。离焦量很大时，熔深很小，属传热焊。离焦量减小到某一值后，熔深突然增加，标志着小孔产生，此时焊接过程是不稳定的，熔深随着离焦量的微小变化改变很大。激光深熔焊时，熔深最大时的焦点位于焊件表面下方某处，此时焊缝成形也最好。

5. 保护气体

激光焊采用保护气体有两个作用，其一是保护焊缝金属不受有害气体的侵袭，防止氧化污染，提高接头的性能；其二是抑制焊接过程中的等离子体，这直接与光能的吸收和焊接机理有关。CO_2 激光熔焊过程中形成的光致等离子体，会对激光束产生吸收、折射和散射等作用，从而降低焊接过程的效率，其影响程度与等离子体形态有关。等离子体形态又直接与焊接参数，特别是激光功率密度、焊接速度和环境气体有关。功率密度越大，焊接速度越低，金属蒸气和电子密度越大，等离子体越稠密，对焊接过程的影响也就越大。在激光焊过程中采用保护气体可以抑制等离子体，其作用机理是：

(1) 通过增加电子与离子、中性原子三体碰撞来增加电子的复合速率，降低等离子体中的电子密度。中性原子越轻，碰撞频率越高，复合速率越高。另外，所吹气体本身的电离能较高，才不致因气体本身电离而增加电子密度。

(2) 利用流动的保护气体，将金属蒸气和等离子体从加热区吹除。气体流量对等离子体的吹除有一定的影响，气体流量太小，不足以驱除熔池上方的等离子体云；随着气体流量的增加，驱除效果增强，焊接熔深也随之加大。但也不能过分增加气体流量，否则会引起不良后果和浪费，特别是在对薄板进行焊接时，过大的气体流量会使熔池下塌形成穿孔。另外，吹气喷嘴与焊件的距离不同，熔深也不同。

不同的保护气体，其作用效果不同。一般 He 气保护效果最好，因为 He 气最轻而且电离能最高，因而使用 He 气作为保护气体对等离子体的抑制作用最强，焊接时熔深最大。相对而言，Ar 气的效果较差，但这种差别只是在激光功率密度较高，焊接速度较低，等离子体密度大时才较明显。在较低功率、较高焊接速度下，等离子体较弱时，不同保护气体的效果差别很小。

★ 知识点 5　激光焊新技术

一、激光复合焊技术

传统电弧焊的能量密度比较低，加热面积较大，焊接速度相对较低。而激光焊的热影响区非常窄，焊缝的熔深宽比很高，具有较高的焊接速度，但由于焦点直径很小，所以对焊缝的桥接能力很差。激光-MIG 复合焊的原理示意图如图 3-35 所示，相应的设备如图 3-36 所示。激光-MIG 复合焊技术因其能将这两种焊接技术有机地结合起来，从而获得优良的综合性能，近年来得到了越来越多的研究和应用。激光复合焊在改善焊接质量的生产工艺性的同时，提高了效率/成本比，焊接速度可达 9 m/min。

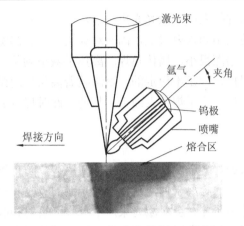

图 3-35　激光-MIG 复合焊原理示意图　　　　图 3-36　激光-MIG 复合焊焊接设备

　　激光电弧复合焊是一种全新的焊接方法。严格地说，激光电弧复合焊结合了两种传统焊接方法各自的优点，获得了最佳的焊接效果。首先，激光电弧复合焊具有最佳的熔深与熔宽组合，焊缝搭桥能力较强。而熔化极气体保护焊的焊缝较宽但熔深较小，激光焊接的焊缝熔深大但熔宽较小，焊缝形貌如图 3-37 所示。同时，激光电弧复合焊接具有高的焊接速度与焊接热效率。在激光电弧复合焊过程中，激光束与电弧同时作用在焊缝区域并相互作用，由此而获得了以下焊接效果：最大的焊接速度与最佳的焊缝成形；焊接过程稳定且在高速焊时无飞溅；更好的焊缝搭桥能力，更小的变形，以及更少的焊后处理；更少的装配时间。

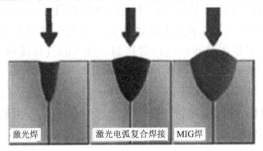

图 3-37　激光焊、激光电弧复合焊、MIG 焊焊缝形貌

二、填充焊丝激光焊

　　激光焊接一般不填充焊丝，但对焊件装配间隙要求很高，实际生产中有时很难保证，因而限制了其应用范围。采用填丝激光焊，可大大降低对装配间隙的要求。例如板厚 2 mm 的铝合金板，如不采用填充焊丝，板材间隙必须为零才能获得良好的成形，如采用 ϕ1.6 mm 的焊丝作为填充金属，即使间隙增至 1.0 mm，也可保证焊缝的良好成形。

　　此外，填充焊丝还可以调整化学成分或进行厚板多层焊。

三、光束旋转激光焊

　　使用激光束旋转进行焊接的方法，可大大降低焊接装配以及光束对中的要求。例如在 2 mm 厚的高强合金钢板对接时，允许对接装配间隙从 0.14 mm 增大到 0.25 mm；而对 4 mm 厚的板，则从 0.23 mm 增大到 0.30 mm。光束中心与焊缝中心的对准允许误差从 0.25 mm

增加至 0.5 mm。

四、激光焊与搅拌摩擦焊的复合

激光辅助搅拌摩擦焊(LAFSW)是最新推出的焊接技术。由于在搅拌摩擦焊中需要较大的压力和夹紧力，导致了搅拌摩擦焊设备笨重、昂贵、搅拌头磨损率高。为了解决上述问题，采用激光作为辅助能源加热工件，在降低焊接成本的同时实现了设备的轻型化。其原理是预先在搅拌头前方对焊缝部位利用激光束进行加热软化，减少对后期搅拌摩擦焊摩擦热量的输入要求，从而降低对夹紧力和摩擦力的要求。

★ 知识点6　激光的其他应用

激光除了在焊接中使用之外，由于激光束具有高能密度、方向性强的优点，在其他加工领域，如切割、表面处理、钻孔、切削、标记等方面也得到了广泛应用。

一、激光切割

激光切割是以高能量密度的激光作为"切割刀具"的异种材料加工方法。激光切割在工业、国防等领域获得了极为成功的应用，可实现各种金属和非金属板材及众多复杂零件的加工(图 3-38)，是应用最广泛的一种激光加工技术，激光切割多数使用 CO_2 激光器。

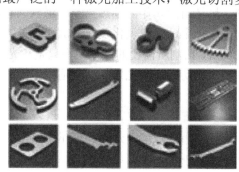

图 3-38　激光切割的零件

1. 激光切割的特点及应用

(1) 切割质量好。激光切割切口窄，切割一般低碳钢的切口宽度小，切割精度高，切面表面粗糙度只有十几微米，可大大节省加工材料，激光切割可作为最后一道工序，无需再经机械加工，零件即可直接使用。材料经激光切割后由于其热影响区宽度窄，材料的性能几乎不受影响。

(2) 可切割多种材料。激光可用于金属材料、非金属材料、复合材料切割等。在航空航天领域，激光切割技术主要应用于特种航空材料的切割，如钛合金、铝合金、镍合金、不锈钢、氧化铍、复合材料、塑料、陶瓷及石英等。非金属材料的切割成形也是激光切割的重要应用领域。激光不仅可以切割硬脆材料，如氮化硅、陶瓷及石英，还能切割柔软材料，如塑料板、橡胶等。

(3) 加工柔性好，切割效率高。一台激光器可同时为几个工作台服务。激光切割过程可全部实现数控，能够切割任意形状的零件，既可进行二维切割，又可实现三维切割。激光切割速度快，切割时材料不需装夹固定，可节省工装夹具和上、下料的辅助时间。与机械切割方法相比，激光切割没有工具的磨损。加工不同材料和零件时，不用更换"刀具"只需改变激光器的输出参数。另外，激光切割的噪声相对较低，污染小。

2. 激光切割方法分类

根据激光在切割过程中的作用，将激光切割分为汽化切割、熔化切割、气体反应切割(氧气切割)、划片和控制断裂四种。

1) 激光汽化切割

激光汽化切割的原理是：在高能量密度激光束的作用下，材料的温度迅速升高，在很短的时间内就会达到材料的沸点，使材料开始汽化，蒸气喷出的速度很高，在材料蒸气喷出的同时会形成切口。汽化切割需要很大的功率和功率密度。激光切割非金属材料如木材、塑料等时，在加热时几乎不会熔化就直接汽化，因此大都是汽化切割。

2) 激光熔化切割

激光熔化切割与激光深熔焊类似，用激光加热使金属材料熔化，然后通过与光束同轴的喷嘴喷吹惰性气体，依靠气体压力使液态金属排出，形成切口。熔化切割时，不需要使金属完全汽化，所需能量只有汽化切割的 1/10，主要用于一些不易氧化的材料或非活性金属的切割。

3) 激光氧气切割

类似于氧乙炔焰切割，只是用激光作为预热热源，用氧气等活性气体作为切割气体。喷吹的气体一方面与切割金属作用，发生氧化反应并放出大量的氧化热；一方面将熔融的氧化物和熔化物从反应区吹出，切割所需要的激光功率只是激光融化切割的 1/2，而切割速度远远高于激光熔化切割和汽化切割。激光氧气切割适用于能氧化的材料，如铁基合金、钛及铝合金。

4) 划片和控制断裂

激光划片的原理类似于金刚石划玻璃，是用高能量密度的激光在脆性材料表面扫描，使材料蒸发出一条小槽或者一系列小孔，在施加一定压力后，脆性材料沿槽口裂开，激光划片用的激光器一般为 Q 开关激光和 CO_2 激光。控制断裂的原理与划片类似，不同的是划片需要外加应力使材料断开，而控制断裂不需要，它是依靠激光加热所产生的局部热应力使材料沿着小缺口脆断。

3. 激光切割的工艺参数

典型的激光切割枪如图 3-39 所示。影响激光切割的主要参数有：激光功率、气体流量及压力、光学系统的焦距及焦深、光斑直径、气体喷嘴形状、切割速度等。

1) 激光功率和切割速度

切割所需要的激光功率，随着材料性质和切割方式不同而改变。切割导热性好和熔点高的材料时，需要较大功率；汽化切割所需功率最大，熔化切割次之，氧气切割最小。随板厚的增加，所需的激光功率增加。切口宽度随激光功率的增加而增加，但变化不大，随着切割速度的变化，

图 3-39　激光切割枪

切口宽度有明显的改变,切割速度越高,切口越窄。若切割速度过低,则材料过烧;切割速度过高,则切口清渣不完全。切割速度对切口表面粗糙度也有较大的影响,对于一定工艺条件,有一最佳切割速度与之对应。这个速度约为最大切割速度的 80%,在此速度下进行切割,切口表面粗糙度最小。

2) 气体流量及压力

在熔化切割时,依靠喷吹气体的压力把液态金属吹走形成切口;在氧气切割中,气体与切割金属反应放热,提供一部分切割能量,同时又靠气体吹除反应物。气体流量与喷嘴形式有关系,不同的喷嘴,使用的气体流量也不同。在功率和切割材料板厚一定时,有一最佳切割气体流量,这时切割速度最快。如果气体流量偏小,它与金属的氧化和去除熔融金属的作用都不强;过大时,又会带走大量的热量,使切割速度下降。随着激光功率的增加,切割气体的最佳流量是增大的。若其他条件不变,随板厚的增加,切割气体流量的最佳值减小。

3) 光束质量、透镜焦距和离焦量

激光切割要求激光器输出光束的模式为基模,这样通过聚焦后才可能获得很小的光斑和较高的功率密度。研究表明,切口宽度与激光光斑直径几乎相等。光斑大小与聚焦透镜的焦距成正比。短焦距的透镜虽然可以得到较小光斑,但焦深很小,焦深越小,工件表面到透镜的距离要求越严格。在切割厚板时,应选用焦距较大的聚焦透镜。离焦量对切割速度及切割深度影响较大。当焦点位于材料表面下方 1/3 板厚处时,切割深度最大。

4) 喷嘴

喷嘴是影响激光切割质量和效率的重要参数,不同切割机采用不同几何形状的喷嘴。激光切割一般采用同轴喷嘴,若气流与光束不同轴,则在切割时易产生大量的飞溅。另外,喷嘴到工件表面的距离对切割质量也有影响,为了保证切割过程稳定,这个距离必须保持不变。

二、激光快速成型

快速成型技术(简称 RP 技术)是 20 世纪 80 年代中后期发展起来的一项高新技术,它通过材料添加的方式快速将 CAD 模型直接转换为实体模型,不需要传统模具。快速成型技术能够将复杂的三维加工分解成简单的二维加工组合,彻底改变了成型制造技术的设计思想。其过程包括三维模型的构造、三维模型的近似处理、三维模型的切片处理、截面轮廓的制造和截面轮廓的叠合、制件后处理等。RP 技术集成了机械工程、CAD/CAM、数控技术、光化学、激光技术及材料科学等领域的最新成果,能自动而迅速地将设计思想转化为具有一定结构功能的原型或直接制造成零件(如图 3-40)。

图 3-40 激光快速成型生产的零件

目前快速成型技术的工艺方法有多种,比较常用的有:立体平板印刷(也称激光立体光刻或液态光敏树脂选择性固化)、分层实体制造(也称薄型材料选择性切割)、选择性激光烧结、熔化沉积制造(也称丝状材料选择性熔敷)、光掩模、直接型壳制造、薄层制造、三维曝光和直接 CAD 制造技术等。

三、激光表面处理技术

激光表面处理技术是利用激光加工的特点发展起来的一种新工艺。它包括：激光相变硬化、激光熔覆、激光合金化、激光非晶化等加工手段。

图 3-41 齿轮激光表面淬火

激光相变硬化是激光淬火的结果，是应用最早、最成熟的激光表面处理技术(图 3-41)。激光相变硬化的技术特点有：空冷淬硬，淬硬层质量好，激光淬硬层厚度均匀，硬度比常规淬火高 15% 以上；工件变形小；工艺简单，适用面广。目前，激光相变硬化的预处理技术应用最多的方法有磷化法和涂料法。

激光熔覆是利用激光的能量在金属材料上熔凝耐磨、耐腐蚀的高级、超高级金属层或金属陶瓷层。激光熔覆层与基体金属表面为冶金结合，但是对基体金属的熔化应尽可能少。与传统的表面熔覆法相比，激光熔覆有许多突出的优点，如能量密度大、加热速度快、工件变形小等。

激光合金化是利用激光的能量将特定的合金元素熔入到基体的表面金属中，最后在基体金属上形成新的合金层。激光合金化与激光熔覆的不同之处在于，它是以基体金属为溶剂、以加入的合金元素为溶质，在表面张力、温度梯度以及浓度梯度等共同作用下，形成化学成分均匀的新合金层。而在激光熔覆中，要求对基体金属的熔化尽可能少。

四、激光标记

激光标记技术是利用激光器产生的激光束的迅速移动，在被加工表面形成刻痕的技术，在许多电子元器件和其他部件的标识中得到了广泛的应用(图 3-42)，它具有清晰、分辨率高、保持时间长的优点。

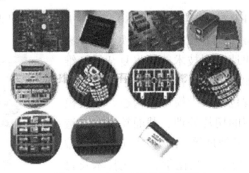

图 3-42 电子元器件激光标记

项目四 超 声 波 焊

学习目标

(1) 了解超声波焊的原理；

(2) 了解超声波焊的应用；

(3) 了解超声波焊工艺；

(4) 了解超声波焊设备。

知识链接 📄

★ 知识点1　超声波焊原理及分类

超声波焊接时利用超声波(频率超过 16 kHz)的机械振动能量来连接同种或异种金属、半导体、塑料及金属陶瓷等的特殊焊接方法。

金属超声波焊接时，既不向工件输送电流，也不向工件引入高温热源，只是在静压力下将弹性振动能量转化为工件间的摩擦功、形变能及随后的有限温升。接头间的冶金结合是在母材不发生熔化的情况下实现的，因而是一种固态焊接。

一、超声波焊接的基本原理

超声波焊接是利用超声波的高频振荡能对焊件接头进行加热和表面清理，同时施加压力以实现焊接的一种压焊方法。

1. 基本原理

超声波焊接的基本原理如图 3-43 所示，焊接所需的能量—超声波的弹性振动，是通过一系列能量转换及传递环节而获得的。焊接时，焊接被夹持在上声极 7 和下声极 9 之间，通过上声极向焊件输入超声波的弹性振动能量，同时向焊件施加压力，通过下声极支持焊件。

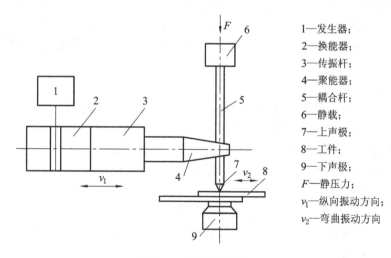

1—发生器；
2—换能器；
3—传振杆；
4—聚能器；
5—耦合杆；
6—静载；
7—上声极；
8—工件；
9—下声极；
F—静压力；
v_1—纵向振动方向；
v_2—弯曲振动方向

图 3-43　超声波焊原理

超声波焊接时，超声发生器 1 产生每秒几万次的高频振动，通过换能器 2、聚能器 4 向焊件输入超声波的弹性振动能量。此时上下声极之间的两焊件的接触界面在静压力和弹性振动能量的共同作用下产生升温和变形，使氧化膜或其他表面附着物被破坏和分散，并使纯净金属之间无限接近，实现可靠连接。超声波焊接是一种物理冶金的过程，整个焊接过程没有电流流经焊件，也没有火焰或电弧等热源的作用，被焊材料不发生熔化，无需填充金属和保护，是一种特殊的固态焊方法。

焊接的接头区呈现复杂多样的组织，对超声波焊接机理从四个方面进行分析：

(1) 材料在两焊接件接触处塑性流动层内的相互机械嵌合。这种犬牙交错的机械嵌合作用在大多数接头中出现，对连接强度能够起到有力的作用，但并不能认为是连接的关键，而在金属与非金属之间的连接中，这种机械嵌合作用却起着主导的地位。

(2) 金属原子间的键合过程。超声波焊接接头的常见显微组织是在界面消失、在被连接部位大量存在的被扭曲的晶粒，有些是跨越界面的"公共晶粒"，根据这一事实，可以认为超声波接头的形成是通过原子的键合而获得的。

(3) 焊接过程中金属间的物理冶金反应。金属材料的超声波焊接接头存在由于摩擦生热所引起的冶金反应。

上述观点的共同点是：认为超声波焊接属于固相焊接，连接处没有达到材料的熔化温度，没有出现作为电阻点焊特征的熔核区。

(4) 超声波焊接过程中界面微区的熔化现象是超声波焊接的一种可能的连接机理。20世纪60年代初就有人断言：超声波焊接时结合处的温度超过被焊材料的熔化温度，因此，一些研究人员把界面上亚微观级的熔化现象看成是超声波焊接的一种可能的连接机理。

2. 接头形成过程

超声波焊接是对被焊处加以超声频率的机械振动，使之达到连接的过程。和电阻焊类似，整个焊接过程可分为"预压—焊接—维持"三个阶段，从而组成一个焊接循环。焊接所需的超声频率的弹性机械振动是通过一系列电能、磁能和机械能的转变过程得到的。

1) 振动摩擦阶段

超声波初期，由于上声极的超声振动使其与上焊件表面之间产生摩擦而造成暂时的连接，然后直接将超声振动能传递到焊件间的接触表面上，在此产生剧烈的相对摩擦，由初期个别凸点之间的摩擦扩大到面摩擦，同时破坏、排挤和分散表面的氧化膜及其他附着物。

2) 温度升高阶段

在随后的超声波往复摩擦过程中，接触表面温度升高，金属的变形抗力下降，在静压力和弹性机械振动引起的应力的共同作用下，焊件间接触表面的塑性流动不断进行，使已被破碎的氧化膜继续分散甚至深入被焊材料内部，促使纯净面的原子无限接近到原子能发生引力作用的范围内，出现原子扩散及相互结合，形成共同的晶粒或出现再结晶现象。

3) 固相结合阶段

随着摩擦过程的进行，微观接触面积越来越大，接触部分的塑性变形也不断增加，出现焊件表面间的机械咬合。随后，焊件间将产生不断的咬合和不断的破坏，直至咬合点数增加，咬合面积扩大。

二、超声波焊接的分类

按照超声波弹性振动传入焊件的方向不同，超声波焊接的基本类型可分成两类：一类是振动能由切向传递到焊件表面而使焊接界面之间产生相对摩擦，适于金属材料的焊接；

另一类是振动能由垂直于焊件表面的方向传入焊件，主要用于塑料焊接，如图3-44所示。

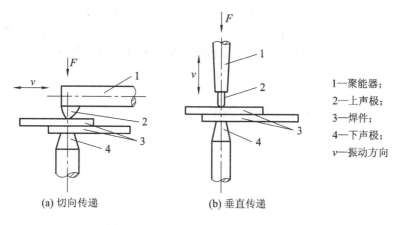

1—聚能器；
2—上声极；
3—焊件；
4—下声极；
v—振动方向

(a) 切向传递　　(b) 垂直传递

图3-44　超声波焊接的两种基本形式

超声波焊接的接头必须是搭接接头，按接头焊缝的形式，可分为点焊、缝焊、环焊和线焊四种。

1. 点焊

点焊是使用最多的异种形式，焊接时焊件在圆柱状的上、下声极压紧下实施焊接，每次完成一个焊点。根据振动能传递方式，可分为单侧式和双侧式。当超声振动能量只通过上声极导入时为单侧式点焊；分别从上下声极导入振动能量时为双侧式点焊。另外还有便携式超声波点焊，可在原理超声波发生器的地方施焊，便于特殊焊接位置等场合。

2. 缝焊

缝焊是指将焊件夹持在圆盘状的上、下声极之间，连续焊接获得局部相互重叠的焊点，从而形成一条连续的焊缝。

3. 环焊

环焊是指在一个焊接循环内形成一个封闭焊缝。上声极的表面按所需要的焊缝形状制成。环焊主要适用于微电子器件的封装工艺，如图3-45所示。

图3-45　IC封装

4. 线焊

线焊是利用线状上声极或将多个点焊声极叠合在一起，在一个焊接循环内形成一条狭窄的直线状焊缝，可以看成是点焊的一种延伸。线焊主要用来封口。

除了上述四种常见的金属超声波焊接方法以外，近年来还发展了塑料超声波焊接方法。其工作原理与金属超声波焊接方法不同，声极的振动方向垂直于焊件表面，与静压力方向一致，这时热量并不是通过焊件表面传导，而是在焊接接触表面将机械振动直接转化为热能，使界面结合，它属于一种熔焊方法。因此，它仅适用于热塑性塑料的焊接，而不能应用于热固性塑料的焊接。

★ 知识点 2　超声波焊的特点及应用

一、超声波焊的特点

超声波焊的特点具体如下：

(1) 可焊接材料范围广，可用于金属与金属间的焊接、金属与非金属以及塑料等异种材料间的焊接。

(2) 特别适用于金属箔片、细丝以及微型期间的焊接。

(3) 焊件不熔化，焊接温度相对较低。焊件变形小，焊缝金属的物理性能和力学性能不发生宏观变化，焊接接头的静载强度和疲劳强度都比电阻焊接头强度高，且稳定性好。

(4) 被焊金属表面氧化膜或涂层对焊接质量影响较小，因此对焊件表面清洁度要求不高，甚至可以焊接有油漆或塑料薄膜的金属。

(5) 与电阻点焊相比，耗电功率低。

(6) 操作简便、焊接速度快、生产效率高。

(7) 超声波焊接的主要缺点是受现有超声波焊接设备功率的限制，因而与上声极接触的工件厚度只能是相当薄的尺寸范围，目前仅限于焊接丝、箔、片等细薄件。此外，它只限于搭接接头，对于对接接头还无法应用。另外，由于缺乏精确的检测方法和设备，在实际生产中还难以实现大批量机械化生产。

二、超声波焊的应用

目前，应用超声波焊接的多半是铝、金、铜等较软的材料，但也逐渐扩大到铁、钨、钛等金属的焊接(图3-46)，以及应用其他方法难以解决的某些材料的连接。特别是近几年来出现了高功率、大输出的超声波发生器，使其应用范围进一步得以扩大。

塑料的连接也是超声波焊接技术能发挥作用的广阔领域，超声波可对硬聚氯乙烯塑料、聚乙烯及聚氯乙炔尼龙和有机玻璃等进行焊接。

图 3-46　铜接头超声波焊接

★ 知识点 3　超声波焊设备

根据被焊件的接头形式，超声波焊接分为点焊机、缝焊机、环焊机和线焊机四种类型。超声波焊机通常是由超声波发生器、声学系统、加压机构和程序控制装置等组成。典型的超声波点焊机如图 3-47 所示。

图 3-47 超声波点焊机

一、超声波发生器

高频电流发生器其主要作用是将输入的低频电流转换为输出的高频电流。超声波发生器是用来将工频(50 Hz)电流变换成 15～60 kHz 的振荡电流，并通过输出变压器与换能器匹配。超声波发生器必须与声学系统相匹配才能使系统处于最佳状态，从而获得高效率的输出功率。

二、声学系统

声学系统由换能器、聚能器、耦合杆和声极组成。其主要作用是传输弹性振动能量给焊件，以实现焊接。

1. 换能器

换能器用来将超声波发生器的电磁振荡转换成相同频率的机械振动，它是超声波焊接的机械振动源。常用的换能器有两种：磁致伸缩换能器和压电换能器。

磁致伸缩换能器是依靠磁致伸缩效应工作的。当镍及铁铝合金等铁磁材料置于超声波频率的交变电磁场中时，其长度将发生同步伸缩，从而使电磁能转变为机械振动能。这种换能器工作稳定可靠，但换能效率只有20%～40%，目前仅用于大功率超声波焊机。

基于逆压电效应工作的压电换能器效率可达 80%～90%。石英、铅钴酸铝等压电晶体在压电轴方向进入超声频率的交变电场时即可产生同步伸缩现象，缺点是易脆裂。压电换能器目前主要用于小功率焊机。

2. 聚能器

聚能器(图 3-48)的作用是将换能器所转换成的高频弹性振动能量传递给焊件，用它来协调换能器和负载的参数。此外，还有放大换能器的输出振幅和集中能量的作用。聚能器的设计要点是使其谐振频率等于换能器的振动频率。

图 3-48 超声波聚能器

3. 耦合杆

耦合杆用来改变振动形式，以利于把机械振动能传输并耦合到焊件界面。通常是将聚能器输出的纵向振动改变为弯曲振动。当声学系统含有耦合杆时，振动能量的传输及耦合均由耦合杆来承担。耦合杆的自振频率也应根据谐振条件来设计。

耦合杆的结构非常简单，通常都是细长的圆柱杆，但其工作状态较为复杂。耦合杆一般选用与聚能器相同的材料，并用钎焊将两者连接起来，它用于振动能量的传输及耦合，能够将聚能器输出的纵向振动改变为弯曲振动。

4. 声极

声极是直接与工件接触的机械振动传输部分，分为上声极和下声极。声极的结构与焊机类型有关，上声极是一个谐振传输元件，而下声极应设计为反谐振状态，以使振动在下声极表面反射而减少能量损失。

上声极的材料应尽可能有较大的摩擦系数，以保证上声极的工件之间有足够大的摩擦力。目前多数选用工具钢、轴承钢等作为焊接铝、铜、银等较软金属的上声极材料，而用沉淀硬化型镍基超合金等作为上声极焊接低碳钢、不锈钢等较硬金属。

电焊机的上声极通常采用球面形，其曲率半径由工件的厚度和硬度确定，一般为工件厚度的 50～100 倍。

三、加压机构

加压机构向焊接部位施加静压力，加压方式主要有液压、气压、电磁加压和自重加压等。其中大功率超声波焊机多采用液压方式，冲击力小；小功率超声波焊机多用电磁加压或自重加压方式，这种方式可以匹配较快的控制程序。

四、程序控制装置

超声波焊机的程序控制装置主要是实现超声波焊接过程的控制，如加压及压力大小控制、焊接时间控制、维持压力时间控制等。目前的焊接控制装置多采用计算机进行程序控制。

五、焊接系统

焊接系统的主要作用是将超声能传递给焊件。通常为由铝、钴等金属制成的圆锥体，包括波导管和振动头。圆锥体有利于将超声能量集中于焊件上，振动头上镶有碳化钨头，振动头直径通常在 12～120 mm 范围内。

六、支撑系统

支撑系统的主要作用是承载焊件，以便焊接时能够抵御超声波的冲击。它的位置随整机的结构及焊件要求而变化。

★ 知识点 4　超声波焊工艺

超声波焊接接头的质量主要取决于焊接工艺的合理性。

一、超声波焊接的一般要求

一个高质量的焊点要求有高的强度和合格的表面质量，除了表面不能有明显的挤压坑和焊点边缘的凸肩以外，还应注意观察和上声极接触处的焊点表面状态。例如硬铝合金焊点表面为灰色时，说明焊点质量较好，而光亮表面说明焊点强度不高，只是上焊件产生局部塑性变形而已。此外，焊点不允许有裂纹或界面不熔合，尺寸应满足要求等。

　　超声波焊接时，对焊件表面不需要进行严格的清理，因为超声波本身对焊件表面层有破碎清理作用，同时，在焊接区材料的塑性流动过程中会促使它们在一定范围内呈弥散状分布，对焊接质量的影响较小。焊接接头设计和焊点位置均与电阻焊有所不同，在应用超声波焊接时对上述尺寸的影响很小。

二、超声波焊接的参数

1. 接头设计

　　超声波焊接时，要求焊点强度必须达到一定的要求，需要设计出一种合理的焊点结构，同时还要保持外形尽可能美观。由于焊接过程中母材不发生熔化，焊点未受到过大的压力，也没有电流分流问题，因此可以较为自由地设计焊点的点距、边距和行距等参数。对焊点与板材边缘的距离没有限制，可以沿边缘布置焊点。

　　在超声波焊的接头设计中，应注意控制焊件的谐振问题。当上声极向焊件引入超声振动时，如果焊件沿振动方向的自振频率与引入的超低振动频率相等或相近，就有可能引起焊件的谐振，其结果往往造成已焊焊点的脱落。解决方法就是改变焊件与声学系统振动方向的相对位置，或者改变焊接的自振频率。

2. 焊件表面准备

　　超声波焊接时，对焊件表面不需要严格清理，因为超声波本身对焊件表面层有破碎清理作用。但如果焊件表面被严重氧化或已有腐蚀层，通常采用机械磨削或化学腐蚀方法清除。

3. 上声极的选用

　　上声极所选用的材料、断面形状和表面状况等会影响到焊点的强度和稳定性。实际生产中，要求上声极的材料具有尽可能大的摩擦因数以及足够的硬度和耐磨性，同时，上声极与焊件的垂直度对焊点质量会造成较大的影响，随着上声极垂直偏离，接头强度将急剧下降。

4. 焊接参数的选择

1) 超声振动频率

　　所谓振动频率，在工艺上有两方面的含义，包括谐振频率的数值和精度。谐振频率的选择以焊件的厚度及物理性能为依据，一般控制在 $15\sim75$ kHz 之间。在焊接薄件时，通常选用比较高的频率，提高振动频率可以相应降低振幅，可减少薄件因交变应力而引起的焊点的疲劳破坏可能性。通常，功率愈小，频率愈高。而在焊接厚件或焊接硬度及屈服强度都比较低的材料时，宜选用较低的振动。

　　随着频率的提高，高频振荡能的损耗将增大，因此大功率超声波点焊机宜选用较低的谐振频率，一般在 $15\sim20$ kHz。

2) 振幅

　　振幅决定着摩擦功的大小，关系着焊接区表面氧化膜的去除程度、结合面摩擦生热的情况、塑性变形范围的大小以及材料塑性流动的状况等，因此根据被焊材料的性质及其厚度来正确选择振幅值是获得良好的接头质量的前提。在超声波焊接中，振幅一般在 $5\sim25$ μm之间。较低的振幅适合于硬度较低或较薄的焊件，所以小功率超声波点焊机其频率较高而振幅较低。随着材料硬度及厚度的加大，所选用的振幅相应也要提高。

当振幅值过大，焊点强度反而下降。因为振幅过大，由上声极传递到焊件的振动剪力超过了它们之间的摩擦力。在这种情况下，声极将与工件之间发生相对的滑动摩擦现象，并产生大量的热塑性变形。上声极埋入焊件使焊件截面减小，降低了接头强度。

声极和工件间的摩擦也同样会产生"咬合"点，这不仅会使焊件表面受到严重损伤，而且会引起焊点四周的疲劳破坏。

3) 静压力

它将通过声极使超声振动有效地传递给焊件。

当静压力过低时，由于超声波几乎没有被传递到焊件，不足以在焊件之间产生一定的摩擦功，超声波能量几乎全部损耗在上声极与焊件之间的表面滑动，因此不可能形成连接；当静压力过大时，振动能量不能得到合理运用，过大的静压力会使摩擦力过大，造成焊件之间的相对摩擦运动减弱，甚至会使振幅有所降低，焊件间的连接面积不再增加，从而降低接头强度。对某一特定产品，静压力可以与超声波焊功率相联系加以确定。当静压力达到一定值以后再增加，强度不再提高反而下降，这时由于静压力过大使摩擦力过大，造成焊件间的相对摩擦运动减弱，甚至使振幅降低，导致焊件间的连接面积不再增加或有所减小，最终降低了接头强度。

4) 焊接功率

焊接功率取决于焊件的厚度 δ 和材料的硬度 H，一般来说，所需的超声波焊接功率随焊件厚度和硬度的增加而增加。

5) 焊接时间

焊接时间是指超声波能量输入焊件的时间。焊点的形成有一个最小焊接时间，小于该时间则不足以破坏金属表面氧化膜，进而无法焊接。通常随焊接时间的延长，接头强度增加，然后逐渐趋于稳定值。但当焊接时间过长时反而使得焊点强度下降，因为焊件受热加剧，塑性区扩大，引起焊点表面和内部的疲劳裂纹，从而降低接头强度。

焊接时间的选择随材料性质、厚度而定，高功率和短时间的焊接效果通常优于低功率和长时间的焊接效果。当静压力、振幅增加及材料厚度减小时，超声波焊接时间可取较低数值，对于金属细丝或箔片，焊接时间为 0.01～0.1 s，对于金属、厚板，焊接时间一般小于 1.5 s。

除了上述的主要工艺参数外，还有一些影响焊接过程的其他工艺因素，例如焊机的精度以及焊接气氛等。一般情况下，超声波焊无需对焊件进行气体保护，只有在特殊应用场合下，如铝的焊接、锂与钢的焊接等采用氩气保护。在有些包装应用场合中，可能还需要在干燥箱或无菌室内进行焊接。

项目五　电　渣　焊

学习目标

(1) 了解电渣焊的原理；
(2) 了解电渣焊的应用；

(3) 了解电渣焊工艺；

(4) 了解电渣焊设备。

★ 知识点 1　电渣焊的原理

电渣焊又称为熔渣焊，是一种在一次行程中焊接厚断面的电焊方法。这种方法可焊接的金属厚度和质量在理论上是无限制的。即使在因设备条件受到限制而做不了大型铸锻件的焊接的情况下，都可以把大件分为若干小型件，再用电渣焊方法焊接成为一个整体。这种方法给重型机器的设计和制造开辟了一条新的道路。

电渣焊是利用电流通过液态熔渣所产生的电阻热作为热源，将填充金属和母材熔化，待其凝固后形成金属原子间牢固连接的一种焊接方法。电渣焊主要有丝极电渣焊、板极电渣焊、熔嘴电渣焊等，其中丝极电渣焊的应用最普遍。下面以丝极电渣焊为例，介绍其工作原理，如图 3-49 所示。焊前先把焊件垂直放置，两焊件间预留一定的间隙(一般为 20～40 mm)，并在焊件上、下两端分别装好引弧槽 10 和引出板 7，在焊件两侧表面装好强迫成形装置 6。焊接开始时，通常先使焊丝与引弧板短路起弧，然后不断加入适量焊剂，利用电弧的热量使焊接熔化以形成液态熔渣，熔渣温度通常在 1600～2000℃ 范围内。待熔池深度达到一定时，增加焊丝送进速度并降低焊接电压，使焊丝插入渣池，电弧熄灭，再转入电渣焊过程。高温的液态熔渣具有一定的导电性，焊接电流流经渣池时在渣池内产生大量的电阻热，将焊丝和焊件边缘熔化。电渣焊时，保持合适的渣池深度是保证获得良好焊缝的重要条件之一，所以电渣焊要在处于垂直或接近垂直的位置上进行焊接。为使熔池液体金属和渣池中的液态熔渣不流失，通常在焊接接头两侧用水冷铜滑块挡住，而且水冷铜滑块安装在焊机上，并随同焊接一起做垂直上升移动。当冷却滑块向上移动时，熔池金属随之冷却并凝固成焊缝。冷却滑块的移动速度即为焊接速度，而焊缝的冷凝速度与冷却滑块的上升速度相同。

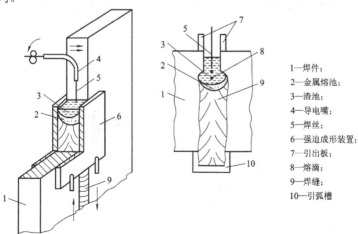

1—焊件；
2—金属熔池；
3—渣池；
4—导电嘴；
5—焊丝；
6—强迫成形装置；
7—引出板；
8—熔滴；
9—焊缝；
10—引弧槽

图 3-49　电渣焊原理示意图

熔化的金属沉积到渣池下面，形成金属熔池 2。随着焊丝的不断送进，熔池不断上升并冷却凝固，形成焊缝。由于熔渣始终浮于金属熔池的上部，这就对金属熔池起到了良好的保护作用，并能保证电渣焊过程顺利进行。随着熔池的不断上升，焊丝送进装置和强迫成形装置亦随之不断提升，焊接过程因而得以顺利进行。

★ 知识点 2　电渣焊的特点

电渣焊与一般电弧焊相比较，有以下主要特点：

(1) 焊接热源不是电弧，而是电流通过液体熔渣所产生的电阻热。

熔渣的导电率是由焊剂的成分决定的。虽然熔渣温度比电弧温度低得多，但它足以能熔化母材边缘和焊丝，从而可顺利达到连接金属的目的。

(2) 焊接接头易过热，组织粗大。与埋弧焊相比，电功率相近，但由于电渣焊时焊接速度很慢，所以比埋弧焊的线能量大得多，而且焊接过程中的加热和冷却也慢，导致焊接熔池和焊接热影响区的高温停留时间长，因此电渣焊焊缝具有粗大的树枝状晶，热影响区不仅很宽，而且也严重过热，形成粗大组织。在焊接低碳钢时，焊缝和热影响区均因过热而形成了粗大的魏氏组织。为保证接头质量，电渣焊后一般均需通过热处理来改善过热组织。

(3) 焊接易淬硬钢无需预热。由于电渣焊时焊接速度小，冷却速度也小，故焊接易淬硬钢不预热也不易产生淬硬组织。此外，熔池中的杂质和气体也有充分时间浮出熔池表面，所以电渣焊不易形成夹渣和气孔等缺陷。

(4) 可以一次焊接很厚的工件。所焊工件厚度仅受设备能力和电源容量的限制。焊接厚板时无需开坡口，可以一次成形，消耗能量比埋弧焊低。在焊接大厚板时，电渣焊显示出较高的生产率和显著的经济效益。

★ 知识点 3　电渣焊设备

电渣焊设备主要由电源、机头、滑块或挡块、控制系统等组成，如图3-50所示。这里主要介绍丝极电渣焊的设备。丝极电渣焊设备由焊接电源、机械机构和控制系统三部分组成。其中，机械机构为焊接执行机构，包括机头、水冷成形滑块、行走机构、焊丝盘等。

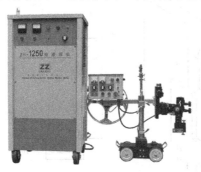

图3-50　电渣焊设备

一、焊接电源

电渣焊可用交流或直流电源，一般多用交流电源。为了保证电渣焊过程稳定和减小受网路电压波动的影响，以及避免出现电弧放电或"弧-渣"混合过程，电渣焊用的电源必须是空载电压低、感抗小的平特性(即恒压)电源。电渣焊变压器应该是三相供电，其次级电压应具有较大的调节范围。由于焊接时间长，中途不停顿，故其负载持续率一般为100%，每根焊丝的额定电流不应小于750 A，以1000 A居多。

二、机械机构

1. 机头

丝极电渣焊机头包括送丝机构、导电嘴、摆动机构及升降机构。

1) 送丝和摆动机构

送丝机构的作用是将焊丝从焊丝盘以恒定的速度经导电嘴送向熔渣池。送丝机最好由单独的驱动电机和给送轮给送单根焊丝。一般是利用多轴减速箱，由一台电机带动若干对给送轮去给送多根焊丝。送丝速度可均匀地做无级调节。当每根焊丝所占焊件厚度超过70 mm时，焊丝应做横向摆动，以扩大单根焊丝所焊的焊件厚度。焊丝的摆动是由做水平往复摆动的机构，通过整个导电嘴的摆动完成的。摆动的幅度、摆动的速度以及摆至两端的停留时间应能调节，一般采用电子线路来控制摆动动作。

2) 导电嘴

丝极电渣焊机上的导电嘴是将焊接电流传递给焊丝的关键器件，而且对焊丝导向并把它送入熔渣池。要求导电嘴的结构紧凑、导电可靠，送丝位置准确而不偏移，使用寿命长等。丝极电渣焊机上的导电嘴通常是由钢质焊丝导管和铜质导电嘴组成，前者导向，后者导电。铜质导电嘴的引出端位置靠近熔渣，最好用铍青铜制作(它在高温下仍能保持较高强度)。整个导电嘴都需缠上绝缘带，以防止它与焊件短路。

2. 水冷成形滑块

滑块是强制焊缝成形的冷却装置。焊接时，它随机头一起向上移动，其作用是保护熔渣，使金属熔池在焊接区内不致流失，并强迫熔池金属冷却而形成焊缝，通常用热导性良好的纯铜制造并通冷却水。共分前、后冷却滑块，前冷却滑块悬挂在机头的滑块支架上，滑块支架的另一根支杆通过对接焊缝的间隙与后滑块相连，此支杆的长度取决于焊件的厚度。滑块由弹簧紧压在焊缝上，对不同形状的焊接接头使用不同形状的滑块。调整滑块的高低可改变焊丝的伸出长度。

3. 行走机构

电渣焊机的行走机构用来带动整个机头和滑块沿接缝做垂直移动，分有轨式和无轨式两种，有轨式行走机构是使整个机头沿与焊缝平行的轨道移动。齿条式行走机构是由直流电机、减速箱、爬行齿轮和齿条组成，齿条用螺钉固定在专用的立柱上而成为导轨。行走速度应能做无级调节和精确控制，因为焊接时整个机头要随熔池的升高而自动地沿焊缝向上移动。

三、控制系统

电渣焊过程中的焊丝送进速度、导电嘴横向摆动距离及停留时间、行走机构的垂直移动速度等参数均采用电子开关线路控制和调节。其中，比较复杂又较困难的是行走机构上升速度的自动控制和熔渣池深度的自动控制，目前都是采用传感器检测渣池位置来加以控制。

1. 机头上升速度自动控制系统

丝极电渣焊机头上升速度应能自动控制，其目的在于保持金属熔池液面相对于成形滑块的位置不变，即保持机头上的成形滑块的移动速度与金属熔池上升速度相一致，从而防止熔渣从滑块上方溢出或金属溶液从滑块下方流失，并保持焊丝伸出长度不变，从而维持焊接过程稳定。

目前生产中常用的机头上升速度自动控制方法为探针法，即在滑块靠近熔池液面的上方装置探针，当金属液面和探针的相对距离发生改变时，利用探针和金属液面间的电压变化值作为控制信号上升电机的转速，从而使探针和金属液面的距离恢复到原有位置。

在实际生产中，机头上升速度自动控制装置也可以不加，焊接速度(机头上升速度)可以通过送丝速度、装配间隙计算得到，只需将焊接速度调节合适即可。

2. 渣池深度自动控制系统

探针装置装在滑块内侧上方或水平地装在滑块上，当渣池深度下降时，探针与熔渣脱离接触，探针与滑块之间的电路断开，送料器启动，焊剂以一定的速度送给；当渣池深度增大，熔渣液面上升至探针时，探针与滑块之间的电路断开，送料器启动，焊剂以一定的速度送给；当渣池深度增大，熔渣液面上升至探针时，探针与滑块之间的电路闭合，从而使焊剂料斗中的送料器停止送给焊剂，渣池深度亦停止增加。

★ 知识点 4　电渣焊分类及工艺

一、丝极电渣焊

丝极电渣焊采用焊丝作为电极，焊丝通过导电嘴送入渣池，导电嘴和焊接机头随金属熔池的上升同步向上提升，如图 3-51 所示。丝极电渣焊适合于环焊缝焊接和高碳钢、合金钢对接接头及 T 形接头的焊接，常用于焊接厚度为 40～50 mm 和焊缝较长的焊件。

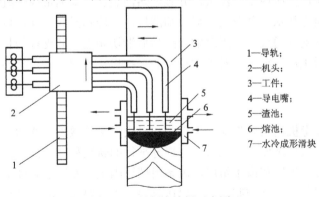

1—导轨；
2—机头；
3—工件；
4—导电嘴；
5—渣池；
6—熔池；
7—水冷成形滑块

图 3-51　丝极电渣焊示意图

1. 丝极电渣焊参数选择

1) 焊丝根数

采用丝极电渣焊进行焊接时，工件厚度不变。如果增多焊丝根数，则电流成正比地增大，渣池内析出的功率也相应增大，此时焊接速度也会增大。电渣焊过程中，焊丝的根数取决于被焊工件的厚度，见表 3-11。选取不当时会影响焊缝界面形状，而且可能产生未熔合、夹渣等缺陷。但由于导入铜滑块和工件的热量相对减小，因此当焊丝数 n 增大时，金属熔池的深度和宽度都会增大。

表 3-11 焊丝根数与焊接板厚关系

焊丝根数	焊接工件厚度/mm	
	焊丝不摆动	焊丝摆动
1	<60	60~150
2	60~100	100~300
3	100~150	150~450

2) 焊丝摆动参数

当焊丝摆动时，单极焊丝置于板厚度的中心处，因此焊缝横断面呈腰鼓形，中间宽、两端窄。这是因为工件两侧有冷却成形装置，两侧受热少而散热快所致。若焊丝横向摆动并有适当停留时间，在工件整个厚度方向的工件边缘熔透深度比较均匀。用平外特性电源，如果送丝速度不变而焊丝摆动速度从零增至 130 m/h，电流平均增加约 5%。渣池热功率相应增大，金属熔池深度不变而宽度减小。焊丝摆动速度通常取为 40~80 m/h，焊丝停留时间取为 3~6 s。

3) 焊丝直径和焊丝伸出长度

丝极电渣焊钢时，焊丝直径通常为 3 mm，焊丝伸出长度是指从导电嘴末端到渣池表面之间的焊丝长度，通常为 50~70 mm。保持送丝速度不变，如果增大焊丝伸出长度，则焊接电流稍有下降，因此金属熔池宽度和深度减小，而形状系数略有增大，但当焊丝伸出长度过大时，会难以保持焊丝在间隙中的准确位置。当伸出长度增至 165 mm 时，要有导向措施。伸出长度过短时，导电嘴易受渣池辐射热影响致过热。

4) 焊接电流及送丝速度

焊接电流 I 与送丝速度 v_f 成线性关系：

$$I = a_0 v_f + b_0 \quad (a_0>0，b_0>0)$$

式中 a_0、b_0 是与焊丝材料、焊丝直径、焊丝伸出长度和焊接电压等参数有关的系数。随送丝速度的增加，电流增加。

随着焊接电流增大，渣池内析出的热功率增大，同时电流与自身磁场相互作用所产生的动压力也增大，因而渣池对流速度加快，母材熔深增大，金属熔池宽度增大。但当电流大于 800 A 时，金属熔池宽度不断减小，这是因为随电流及焊接速度增大，热输入是不断减小的。由于电流增加时电磁力增大，使金属熔池表面凹陷的深度增大，同时渣池析出的热功率增大，因此金属熔池的深度是随电流而增大的。熔深的增加和熔宽的减小恶化了焊缝成形系数，产生结晶裂纹的倾向随之增加。当焊接电流低于 350 A 时，由于渣池电阻热的降低而使焊缝熔宽减小。因此，为保证满意的熔宽并适当地提高生产率，常用的焊接电流范围为 400~700 A。

5) 焊接电压

焊接电压增大时，渣池内析出的功率增大，金属熔池宽度增大，金属熔池深度也稍有增大。但电压过高会破坏渣池的稳定性，甚至在渣池的表面处产生电弧，造成未焊透。电压过低会导致焊丝与工件的短路，引起渣的飞溅。常用的电压范围在 34~38 V。

6) 渣池深度

为了保持电渣焊过程的稳定性，渣池必须有一定的容积和深度。渣池深度对金属熔池的宽度影响较大，随着渣池深度的增大，金属熔池的宽度缩小，金属熔池深度也稍有减小。因为预热工件的部分热量散入工件而没有能使焊缝宽度增大，所以成形系数减小。焊接薄件时，由于容纳渣池的容积较小，应适当地增加渣池深度；焊接厚工件时，则相应减少渣池深度。随送丝速度加大或者每根焊丝负担的焊件厚度减小时渣池深度应相应加大。因此，渣池深度取决于工件厚度，并与送丝速度相匹配。当装配间隙为 24 mm，焊丝直径为 3 mm，伸出长度为 70 mm，焊丝横向摆动速度为 40 m/h 时，渣池深度可按表 3-12 选择。

表 3-12　渣池深度与 $v_f/(\delta/n)$ 的关系

$v_f/(\delta/n)$ (m·h^{-1}·mm^{-1})	1	1.5	2	3	4	5
熔池深度 h_s/mm	35	40	45	45	55	60

注：表中的 δ 为板厚。

7) 装配间隙

随着装配间隙的增大，渣池体积会开始增加，同时焊接速度降低，金属熔池的宽度随之增大，熔池深度基本不变。由此可见，装配间隙的大小显著地影响木材的熔宽及焊缝成形系数。装配间隙过大，增加了焊接材料的消耗，降低了生产率；装配间隙过小，导电嘴易与工件短路，焊丝导向困难，同时恶化了焊缝成形系数，提高了热裂倾向。装配间隙通常为 25～40 mm，由于焊缝的收缩量大于下端，所以装配间隙上大下小，差值通常为 3～6 mm。焊缝越长，则差值越大。

二、熔嘴电渣焊

1. 熔嘴电渣焊的特点

熔嘴电渣焊焊接时，电极固定在接头间隙中的熔嘴和从熔嘴孔道中不断向熔池中送进的焊丝同时熔化，成为焊缝金属的一部分。焊丝通过熔嘴上的导丝管送入渣池，熔嘴固定在装配间隙中并与工件绝缘。由于熔嘴固定在装配间隙中不用送进，故可制成与焊口断面相似的形状，可做成各种曲线或曲面形状，也可采用多个熔嘴。熔嘴电渣焊适合于大截面结构、曲线及曲面焊缝的焊接。熔嘴电渣焊的操作方便可靠，设备也比较简单，但要有适当的送丝机构。熔嘴电渣焊示意图如图 3-52 所示。

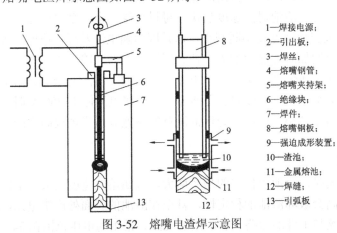

1—焊接电源；
2—引出板；
3—焊丝；
4—熔嘴钢管；
5—熔嘴夹持架；
6—绝缘块；
7—焊件；
8—熔嘴钢板；
9—强迫成形装置；
10—渣池；
11—金属熔池；
12—焊缝；
13—引弧板

图 3-52　熔嘴电渣焊示意图

2. 焊接参数

(1) 焊接速度 v。焊接速度与焊件厚度和材质有关，厚度大时选较低的焊接速度。不同材质所对应焊接速度的选择见表 3-13。

表 3-13 焊接速度的选择

材 质	40CrNi	20MnSiMo	20MnMo	20MnSi	25～40 号钢	低碳钢
焊速/(m/h)	0.3	0.4～0.7	0.45～0.8	0.4～0.7	0.35～0.6	0.7～1.2

(2) 送丝速度 v_f。在焊接速度选定以后，可按下式计算送丝速度

$$v_f = \frac{v(F_d - F_g)}{\Sigma F}$$

式中：F_d——焊缝金属的横截面积；

　　　F_g——熔嘴截面积；

　　　ΣF——全部丝极的总截面积。

焊接电流不是独立变量，与丝极数、送丝速度、熔嘴断面积、焊接速度、焊接电压及渣池深度等有关。对于直径为 3 mm 的丝极，焊接电流可由下式估算：

$$I = (2.2v_f + 90)n + 120v\delta_g S_g$$

式中：δ_g——熔嘴厚度；

　　　S_g——熔嘴宽度。

(3) 焊接电压 U。熔嘴电渣焊的焊接电压一般为 35～45 V。当焊件厚度大而送丝速度较低时，焊接电压取接近上限的值。在焊接开始时，为了加速造渣过程并保证焊透，起始电压要比正常的焊接电压高，然后再逐渐下降至正常焊接电压值。

(4) 渣池深度。在保证电渣焊过程稳定的前提下，尽可能用较浅的渣池。熔渣电渣焊的渣池深度一般为 40～50 mm，随着送丝速度的提高，渣池深度可适当增加，最深可达 60 mm。

三、管极电渣焊

管极电渣焊的示意图如图 3-53 所示。

1. 管极电渣焊特点

管极电渣焊与熔嘴电渣焊相似，不同点在于用一根涂有药皮的管子来代替熔嘴。管极电渣焊有如下特点：

(1) 管极外面涂有绝缘药皮，用于缩小装配间隙，熔化后可补充熔渣。可简化装配过程，提高焊接速度和生产率。

(2) 通过药皮可对焊缝渗合金、细化晶粒、改善焊缝机械性能，特别是提高焊缝的抗热裂性能。

(3) 管极可按照断面的形状进行弯曲，因此，可用此方法进行变断面及 45° 角以内的倾斜位置的焊接。

目前，我国已将管极电渣焊广泛用于高炉、热风炉、船体、球形容器等产品的焊接，被焊工件厚度一般为 20～60 mm，接头形式有对接、角接和 T 形接头。

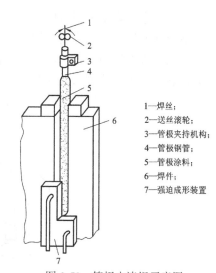

1—焊丝；
2—送丝滚轮；
3—管极夹持机构；
4—管极钢管；
5—管极涂料；
6—焊件；
7—强迫成形装置

图 3-53 管极电渣焊示意图

2．管极

管极金属占焊缝金属的 2%～3%。管材质量和化学成分应符合要求，一般用 10、15 和 20 号无缝钢管，管壁不能太薄以防过热熔断。常用规格有 $\phi 14 \times 4$ mm、$\phi 14 \times 3$ mm、$\phi 12 \times 4$ mm、$\phi 12 \times 3$ mm、$\phi 10 \times 3$ mm 等。

为了引弧顺利，在涂敷药皮前最好将钢管的引弧端进行收口处理，使钢管内径接近焊丝直径，这样可使引弧时焊丝通过管极末端接触良好。

管极的制造与一般焊条的制造方法相同，都是用机器压涂。在涂敷药皮前，钢管应进行矫直。对钢管内外表面需进行除油、锈的处理。药皮成分根据材质而定。

3．焊接参数

管极电渣焊的工件在焊后往往不经热处理过程，故在选择参数时应予以考虑。

(1) 装配间隙。减小间隙可提高焊速，降低线能量，提高接头力学性能，间隙通常为 20～35 mm。但间隙过小会使渣池太小，从而影响电渣焊过程的稳定性。

(2) 焊接电压。焊接电压一般取 38～55 V，板厚时，电压相应要高。由于管极上有电阻压降，所以在焊缝下部的焊接电压比焊缝上部的电压要高些，以保持熔深均匀。

(3) 送丝速度。送丝速度比一般电渣焊高，通常为 200～300 m/h。送丝速度过高，会使焊缝表面粗糙，甚至可能出现裂缝。焊丝直径一般为 3 mm。

(4) 焊接电流。焊接电流不是独立变量，根据经验归纳出下列关系式：

$$I = (5\sim7) \cdot F_i$$

式中：F_i——管极截面积(mm²)。

电流过大时，会使管极温升过高，药皮在高温下失去绝缘效能，易与工件产生电弧，使焊接过程中断；电流过小，会产生未熔合等缺陷，且因焊速过低会使晶粒粗大。

(5) 渣池深度。管极电渣焊所焊的工件厚度较小，渣池体积也小，焊接时渣池深度易波动。为使电渣焊过程稳定，管极电渣焊的渣池深度比一般电渣焊大一些，通常为 35～55 mm。

四、板极电渣焊

板极电渣焊是采用金属板条为电极，焊接时板极经送进机构不断地向熔池中送进。根据被焊件的厚度，可采用一块或数块金属板进行焊接。因板极宽度大，焊接厚度大的工件时不像丝极要做横向摆动，另外，板极的断面大，电阻小，刚度大，所以伸出长度可以很大，这就可免去从侧面伸入装配间隙的导电嘴、电极矫直机构、机头爬行机构和冷却滑块装置等，使板极电渣焊的设备大为简化。板极电渣焊的示意图如图 3-54 所示。

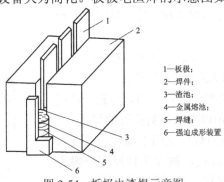

1—板极；
2—焊件；
3—渣池；
4—金属熔池；
5—焊缝；
6—强迫成形装置

图 3-54　板极电渣焊示意图

板极的长度通常要大于焊缝长度的三倍以上，板极电渣焊的焊缝长度通常不大于 1 m。焊缝越长，整个装置的高度将越高。板极电渣焊的焊缝断面呈明显的腰鼓形，通过增加板极数目可使熔宽的不均匀性得到改善。焊件厚度不大于 200 mm 时，通常用单板极；焊件厚度更大时，可用多板极。

板极电渣焊时，用低的电流密度(一般为 0.4～0.8 A/mm²)和低的电压(30～40 V)。焊接电流可以由下式给出：

$$I = 1.2(v + 0.2v_p)\delta_p S_p$$

式中：v_p——板极送进速度，可取 1.2～3.5 m/h；

v——焊接速度，约为 $1/3v_p$(m/h)；

δ_p——板极厚度(mm)；

S_p——板极宽度(mm)。

板极长度 L_p 可由下式确定：

$$L_p = \frac{I_s \cdot b}{\delta_p} + I_c$$

式中：I_s——焊缝长度与引入和引出部分的长度总和(mm)；

b——装配间隙(mm)；

δ_p——板极厚度，一般为 8～16 mm；

I_c——板极夹持部分所需长度(mm)。

板极电渣焊与丝极电渣焊相比，渣池深度对熔深的影响更大，渣池深度应为 25～35 mm。装配间隙一般为 28～40 mm。在保持焊接过程稳定，板极与工件不短路，不起弧和得到所需熔深的条件下，应尽可能减小装配间隙。板极与工件之间的间隙以 8～10 mm 为宜。

★ 知识点5 电渣焊过程

一、焊前准备

焊前准备最重要的是待焊边缘的加工质量、工件表面状态和被焊工件装配时的相对位置。工件厚度在 200 mm 以下时常用自动气割，割口最大倾斜不得超过 4 mm，割口上不应有沟槽，表面粗糙度不平控制在 2～3 mm。厚度超过 200 mm 时，通常用刨削。焊件边缘应在焊前清理干净。多数情况下，间隙呈上宽下窄的楔形，楔角 β 值一般取 1°～2°，这是为防止焊接收缩变形而设计的。电渣焊直缝时，工件错边不应超出 2～3 mm，错边大时可采用组合式铜滑块等，以防止渣和熔池的金属流失。如果被焊板的厚度差大于 10 mm，在装配前应把厚板刨成等厚度，或者在薄板上贴焊条板使板等厚，焊后再去掉。工件的装配位置由Ⅱ形铁固定。装配的实际间隙要比设计值大，以补偿焊接时的变形(表 3-14)。

表 3-14 电渣焊时的设计间隙和装配间隙

间隙/mm	板厚/mm				
	16～30	30～80	80～500	500～1000	1000～2000
设计间隙	20	24	26	30	30
装配间隙	20～21	26～27	28～32	36～40	40～42

在工件两侧必须有强迫成形装置，成形铜滑块可以和机头一起移动也可固定，或者在工件侧面焊上钢板。使用铜滑块便于观察焊接区和检测渣池深度，易于调整导电嘴和焊丝位置。缺点是要求滑块夹紧并沿工件长度方向移动。铜滑块的表面上开有深度与焊缝余高相应的槽。铜滑块可以是整体的，也可以是组合式。使用铜滑块要求工件表面光滑平整。工件底部装有起焊槽，在起焊槽内建立渣池。为保证焊缝的质量，起焊槽要有一定高度，在焊缝结尾处应装有引出板，以引出渣池和便于杂质较多的收尾部分的操作。

二、建立渣池

渣池的建立既可利用焊剂本身的熔化来实现，也可通过电弧熔化焊剂实现。如果利用固态导电焊剂建立渣池，只需使焊丝与焊剂接触构成导电回路，进而利用电阻热使固态焊剂熔化建立渣池，然后再加入正常焊接用的焊剂。若利用引弧建立渣池时，可先在起焊槽内放入少量铁屑并撒上一层焊剂，引弧后靠电弧热使焊剂熔化，渣池达一定深度后可转化为电渣过程。待电渣过程稳定，渣池达到所需深度并调至正常焊接规范后，即可开动机头进行焊接。

三、正常焊接

正常焊接阶段应保持将参数稳定在预定值。要保持焊丝在间隙中的正确位置，并经常检测渣池深度，均匀地添加焊剂。要防止产生漏渣现象，当发生漏渣后应降低送丝速度，并逐步加入适量焊剂以维持电渣过程的稳定进行。

四、收尾阶段

在收尾时，可采用断续送丝、逐渐减小送丝速度和焊接电压的方法来防止缩孔的形成和火口裂缝的产生。焊接结束时不要立即把渣放掉，以免产生裂缝。焊后应及时切除引出部分，以免在该处可能产生的裂缝扩展到焊缝上，并把起焊及固定用型铁切除。

★ 知识点 6 电渣焊常见缺陷及改善焊接质量的途径

一、常见缺陷

1. 裂纹

电渣焊的热裂纹可以位于焊缝中心对接处的薄弱面上，也可以位于晶界上，通常不伸展到焊缝的表面(焊接奥氏体钢时，裂缝多半伸展到表面上)。由于裂纹隐藏在内部，需采用无损探伤或破坏性试验才能判断。电渣焊的裂纹一旦产生，返修就比较困难，它是焊接接头中最危险的缺陷，必须注意预防。裂纹的形成与焊缝中杂质的偏析和脆弱面的形成有关，也和结晶时的应力状态和拘束度等有关。为了防止产生热裂纹，应限制焊缝中碳、硫和磷等元素的含量，应该选用好的母材和优质的电极材料，并选择合适的焊接规范，使形状系数比较大，也就是金属熔池宽而浅一些。实验证明，形状系数较大的焊缝不产生热裂纹的极限含碳量是较高的(0.22%～0.24%)；而形状系数较小的焊缝即使含碳量低，热裂纹仍然容易产生。此外，对结构和接头的形式都应设计合理，避免出现刚性很大的焊缝，要选择合理的装配焊接顺序。

为了防止在刚性大的厚壁结构件的焊缝内形成凝固裂纹，在焊到焊缝末端处时，应降低送丝速度，并把该处局部预热到 $150\sim200℃$。

低合金钢焊接接头内形成冷裂纹的敏感性不大，然而在某些含碳量和合金元素含量较多的钢内，有可能在热影响区内形成冷裂纹。为了避免形成冷裂纹，通常采用预热的办法，并且尽量缩短焊后至热处理的时间。

2．气孔

由于电渣焊焊缝表面首先凝固，气孔也不伸展到表面上。电渣焊的熔池存在时间长且上面有渣池覆盖，冷却速度缓慢，有利于熔池中气体逸出，故电渣焊时产生气孔的可能性远比电弧焊时小。电渣焊焊缝中的气孔通常是氢气孔和一氧化碳气孔，生长方向与结晶方向一致。

为了防止产生气孔，应防止铜滑块的冷却水漏入熔池，焊件边缘和电极表面要消除油污和铁锈，焊剂要烘干，石棉泥不宜太潮湿，焊接材料应含有适当的脱氧元素。

3．夹渣

当电渣焊规范变动较大或电渣过程不稳定时，会使母材熔深突然减小，从而该处的熔渣不易浮出而滞留在该处，形成夹渣。熔嘴电渣焊时，当由玻璃丝制成的绝缘块熔入渣池过多而使熔渣黏度增加时，也易引起夹渣。

4．未焊透

当电渣焊过程及焊丝送进不稳定，电压波动大，大量漏渣，电极与工件短路或起弧，焊剂导电性过大或焊接规范不当(如电压过低，送丝速度过大或过小，渣池过深，电极间距过大，电极离成形装置过远或停留时间不够等)，会使渣池热功率不足或热功率沿工件厚度分布不足而产生未焊透。在未焊透处往往都夹有薄层焊渣。要防止产生这种缺陷，应使电渣过程稳定，规范选择合适而且稳定。

二、改善焊接质量的途径

由于电渣焊时线能量大，在高温停留时间长，热影响区宽和晶粒粗大，导致接头的冲击韧性较低。为了提高冲击韧性，通常在焊后进行正火和回火热处理。另外，也可以选取减小间隙，加填充金属盒提高焊接速度等措施。

焊缝成分可通过选择适当成分的焊丝和调整熔合比来改变，也可加入细化晶粒的合金元素等来改善焊缝的质量。

项目六　扩　散　焊

学习目标 ✐

(1) 了解扩散焊的原理；

(2) 了解扩散焊的应用；

(3) 了解扩散焊工艺;

(4) 了解扩散焊的设备。

知识链接 📖

★ 知识点 1　扩散焊的原理及分类

一、扩散焊的原理

扩散焊是利用焊接界面区原子相互充分扩散来实现可靠连接的固相焊接方法。保证扩散焊接头质量的主要因素是焊接界面区原子相互充分扩散。温度和压力的主要作用是使焊接表面微观凸起处产生塑性变形,增大紧密接触的面积,激活原子,促进相互扩散。加压、加热和加扩散层都是为了保证和促进扩散过程。在扩散焊中为加速焊接过程和降低对焊接表面制备质量的要求,常在两焊接表面中间加一层很薄的、容易变形的、可促进扩散的材料,即中间扩散层。有时,中间扩散层与母材通过固态扩散形成少量液相,填充缝隙而形成接头,这就是瞬时液相扩散焊。

扩散焊通过界面原子间的相互作用形成接头,原子间的相互扩散是实现连接的基础,扩散现象如图 3-55 所示。对于具体材料和合金,要具体分析原子扩散的路径及材料界面元素间的相互物理化学作用。异种材料扩散焊可能生成金属间化合物,而非金属材料的扩散界面可能进行化学反应,界面生成物的形态及其生成规律对材料扩散焊接头性能有很大的影响。

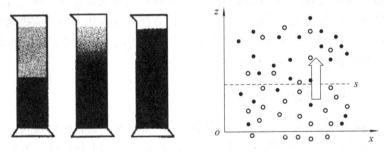

图 3-55　扩散现象

1. 材料界面的吸附与活化

在外界压力的作用下,被连接界面靠近到距离 2~4 nm 时,形成物理吸附。即使是经过仔细加工的表面,其微观仍有一定的不平度,在外力的作用下,被连接表面的微观凸起部位形成微区塑性变形(如果是异种材料,则较软的金属先变形),被连接表面的局部区域达到物理吸附,这一阶段被称为物理接触形成阶段。

随着扩散时间延长,被连接表面的微观凸起变形量增加,物理接触面积进一步增大,在接触界面的某些点形成了活化中心,在这个区域可以进行局部化学反应。此时被连接表面的局部区域形成原子间相互作用,当原子间距达到 0.1~0.3 nm 时,则形成原子间相互作用的反应区域会达到局部化学结合。对于晶体材料,位错在表面上的出口处及晶界可以作为反应源的发生地,在界面上完成由物理吸附到化学结合的过渡。在金属材料扩散焊时会形成金属键，而当金属与非金属连接时，此过程将形成离子键与共价键。

随着时间的延长，局部的活化区域沿整个界面扩展，局部表面形成黏合与结合，最终导致整个结合面出现原子间的结合。仅是结合面的黏合还不能称为固态连接过程的最终阶段，还必须向结合面两侧扩散或在结合区域内完成组织变化和物理化学反应。

随着连接材料界面结合区中再结晶形成共同的晶粒，接头区由于应变产生的内应力将得到松弛，使结合金属的性能得到改善。异种金属扩散焊界面附近可以生成无限固溶体、有限固溶体、金属间化合物或共析组织的过渡区。当金属与非金属扩散焊时，可以在连接界面区形成尖晶石、硅酸盐、铝酸盐及其他热力学反应新相。如果结合材料在焊接区形成脆性层，必须用改变扩散焊参数的方法加以控制与限制。

2. 固体中的扩散

扩散是指相互接触的物质由于热运动而发生的相互渗透，扩散向着浓度(化学位梯度)减小的方向进行，使粒子在其占有的空间均匀分布，它可以是自身原子的扩散，也可以是外来物质形成的异质扩散。扩散界面如图 3-56 所示。

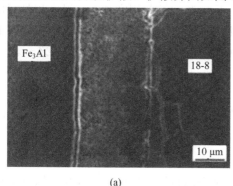
(a)

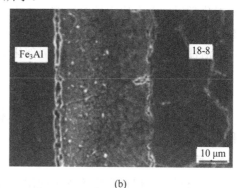
(b)

图 3-56 扩散焊中界面实例

扩散系数 D 是扩散的基本参数，它定义为单位时间内经过一定平面的平均粒子数。扩散系数对于加热时晶体中的缺陷、应力及变形特别敏感。当晶体中的缺陷，特别是空穴增加时，使原子在固体中的扩散加速，扩散系数 D 与温度呈指数关系变化——随着温度的提高而显著增加。原子一般从高浓度区向低浓度区扩散。对于两个具有理想接触面的物体，扩散焊时，原子的扩散距离与时间的平方根成正比。在扩散焊时，可以根据不同的要求选择不同的扩散时间：为了焊接接头成分和性能的均匀化，要用较长的扩散时间；如果连接界面间生成脆性的金属间化合物，则要缩短扩散时间。

在对异种金属或不同成分的合金进行扩散焊时，由于不同元素的扩散系数不一样，造成通过界面的物质流不一样，使某物质向一个方向运动，最终会形成界面的移动。造成这种现象的原因是由于不同元素的扩散速度不一样。在所有的情况下，若两种不同金属相互接触，则结合界面移向熔点低的金属一侧。当非均匀扩散时，界面也非均匀地运动，从而出现空洞。扩散焊时施加一定的压力，使所加的压强超过低熔点金属在扩散焊温度下的屈服强度，则有利于对扩散焊空洞的消除。

工程中实际应用的材料都存在着大量的缺陷，很多材料甚至处于非平衡状态，组织缺陷对扩散的影响十分显著。实际上，在许多情况下，组织缺陷决定了扩散的机制和速度。

材料的晶粒越细，即材料一定体积中的晶界长度越长，则沿晶界扩散的现象越明显。沿晶界的扩散与晶体的扩散不一样。英国物理学家费舍尔(Fisller)提出的沿晶界扩散模型认为，扩散沿晶界进行的很快，沿晶界进入的原子数量远超过从表面直接进入晶粒的原子。原子首先沿晶界快速运动，而后再从边界进入晶粒内部，在晶界上的扩散路径与一般扩散不一样，晶界扩散原子的平均扩散距离与时间的四次方根成正比。

沿金属表面的扩散与该表面的结构有关。实际晶体表面是不均匀的，表面存在着不少微观凸起，有时表面形成机械加工硬化，这使表面层位错密度很高，再加上异种金属连接时不同种材料原子间的吸附与化学作用，使表面原子有很大的活性。对表面、边界和体积扩散试验的研究结果表明，表面扩散的激活能在三种形式的扩散中是最小的，即表面扩散快得多。

异种材料(特别是金属与非金属材料间)连接时，界面将进行化学反应。首先在局部形成反应源，而后向整个连接界面上扩展，当整个界面都形成反应时，能形成良好的扩散连接。产生局部化学反应的萌生源与工艺参数，如温度、压力和时间有密切关系。扩散焊时压力对化学反应源有决定性的影响，压力越大，反应源的扩散程度越大；温度和时间也会影响反应源的扩散程度，但对反应数量的影响不大。固态物质之间的反应只能在界面上进行。向活性区输送原始反应物，其局部化学反应继续进行是反应区扩大的条件之一。

二、扩散焊的分类

扩散焊是一种正在不断发展的焊接技术，有关其分类、机理、设备和工艺都在不断完善和向前发展。

1. 同种材料扩散焊

同种材料扩散焊通常指不加中间层的两个同种金属直接接触的扩散连接。这种类型的扩散焊一般要求待焊表面制备质量较高，焊接时要求施加较大的压力，焊后接头的成分、组织与母材基本一致。Ti、Cu、Zr、Ta 等最易焊接，铝及其合金，含 Al、Cr、Ti 的铁基、钴基合金则因氧化物不易去除而难于焊接。

2. 异种材料扩散焊

异种材料扩散焊是指两种不同的金属、合金或金属与陶瓷、石墨等非金属材料的扩散焊接。异种金属的化学成分、物理性能等有显著差异，两种材料的熔点、线膨胀系数、电磁性、氧化性等差异越大，扩散焊难度越大。因两种材料扩散系数不同，可能导致扩散接头中形成显微孔洞，在扩散结合面上由于冶金反应产生的低熔点共晶体或脆性金属间化合物，容易使界面处产生裂纹，甚至断裂。异种材料的焊接实例如图 3-57 所示。

图 3-57　异种材料扩散焊接头

3. 共晶反应扩散焊

共晶反应扩散焊是利用在某一温度下待焊异种金属之间会形成低熔点共晶体的特点来加速扩散焊过程的方法。在被焊材料之间加入一层金属或合金(称为中间层)，这样就可以焊接相当难焊的或冶金上不相容的异种材料，也可以焊接熔点很高的同种材料。

4. 瞬间液相扩散焊

瞬间液相扩散焊是指在扩散焊过程中，接缝区短时出现微量液相的扩散焊方法。在扩散焊过程中，中间层与母材发生共晶反应，形成一层极薄的液相薄膜，此液膜填充整个接头间隙后再使之等温凝固并进行均匀化扩散处理，从而获得均匀的扩散焊接头。

5. 超塑性成形扩散焊

超塑性成形扩散焊工艺的特点是：扩散焊压力较低，与成形压力相匹配；扩散焊时间较长，可长达数小时。在高温下具有超塑性的金属材料，可以在高温下用较低的压力实现成形和连接。采用此方法的条件之一是材料的超塑性成形温度与扩散焊温度接近，常在低真空下完成。在超塑性状态下进行扩散焊有助于提高焊接质量，这种方法在航空航天工业中得到了广泛的应用。

★ 知识点2　扩散焊的焊接过程分析

由于实验研究时的设备与方法不同，对扩散焊接过程在认识上存在差异，在 20 世纪 50 年代，有人研究银、铜、黄铜、钛等材料的扩散焊时发现：在再结晶温度下，焊接的搭接接头抗剪强度有一个突然的增长，据此断定焊接过程是一个再结晶过程，叫再结晶焊接。

有人认为，真空扩散焊接过程可分为两个阶段：第一阶段在温度和压力的作用下，焊接表面微观凸起部分产生塑性变形，破坏和去除表面氧化膜及吸附层，达到紧密接触；第二阶段经过回复和再结晶，消除微观缺陷——界面孔洞，形成完整的连接。

大量实验结果表明：仅仅在焊接表面达到紧密接触而没有充分扩散的连接是不牢固的，强度也不高。要得到高质量的接头，必须建立金属键之后再经过原子相互的充分扩散，并达到一定的体积深度以形成冶金连接。多数从事扩散焊的研究者，均将纯固态下的焊接过程划分为三个阶段，即变形-接触，扩散-界面推移，界面和孔洞消失。但随着扩散焊工艺方法的发展与瞬时液相扩散焊方法的出现，扩散焊已不是在纯固态下进行了，下面针对这两种情况分别进行分析。

一、固态扩散焊接过程

(1) 第一阶段：变形-接触阶段。

不管如何精心加工的表面，它在微观上总是凹凸不平的，只不过程度不同而已。将这样的表面装配在一起，如不施加任何压力，紧密接触的部分很少，不超过总面积的1%。因此，只有通过焊接开始的第一阶段的加热加压，使微观凸起处产生塑性变形，紧密接触的表面积才不断增大，原子相互扩散并交换电子，从而形成金属键连接。由于开始时承受扩散焊压力只局限于占总面积极少部分凸起的点上，因而不必有太大压力即可使这些凸起处的应力达到很高的数值，进而超过材料的屈服极限并发生塑性变形。但随着塑性变形的发展，接触面积迅速增大，一般可达焊接表面的 40%～75%，所受压应力迅速减小，塑性变形因而停止。以后主要靠蠕变，使紧密接触面积继续增加，最后达到 90%～95%。剩下的 5%左右未能达到紧密接触面积，逐渐演变成界面孔洞，大部分在第二、第三阶段逐渐消除。个别大的孔洞会残留在焊缝内。

(2) 第二阶段：扩散-界面推移阶段。

达到紧密接触后，由于变形引起的晶格畸变、位错、空位等各种缺陷使得界面原子处于激活状态，扩散迁移十分迅速，很快就形成以金属键为主要形式的接头。但此时接头强度不高，必须继续保温扩散一定时间，使扩散层达到一定深度。再经过回复、再结晶及晶界推移，使第一阶段的金属键连接变成牢固的冶金连接，这个阶段大约需要延续几分钟到几十分钟。对于一些要求不是特别严格的接头，可不再步入第三阶段即可使用，从而提高生产率。

(3) 第三阶段：界面和孔洞消失阶段。

通过继续扩散，进一步加强已形成的连接，消除界面孔洞，使接头组织与成分均匀。在这个阶段主要是体积扩散，速度比较慢，通常需要几十分钟到几十个小时才能让晶粒穿过界面生长，原界面消失。由于需要时间很长，第三阶段一般难以进行到底，如果在焊接温度下保温扩散引起母材晶粒长大，致接头强度下降，则可在较低的温度下进行扩散。

二、瞬时液相扩散焊接过程

瞬时液相扩散焊是在中间扩散夹层的基础上，为解决弥散强化的高温合金及纤维强化复合材料等新型材料的焊接研制的。其具体过程(如图 3-58 所示)特征如下：

(1) 第一阶段：液相生成。首先，将扩散层材料夹在焊接面之间，施加一定压力(约 0.4 MPa)，然后在无氧化或无污染的条件下加热，母材与夹层材料之间发生相互扩散，形成少量的液相。随着扩散进行，液相层厚度逐渐增大。

(2) 第二阶段：等温凝固。当液相充分形成并填充整个焊缝后，应立即开始保温，进行充分的扩散。随着扩散进行，中间液相层的成分发生变化，其熔点升高，在等温条件下发生凝固过程，最后形成接头。

(3) 第三阶段：接头均匀化。等温凝固结束后，再通过扩散进行均匀化，就形成了瞬时液相扩散焊的接头。

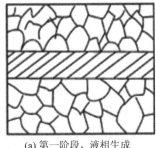 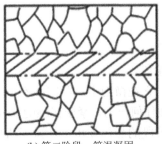 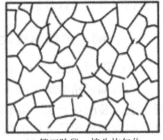

(a) 第一阶段，液相生成　　　　　(b) 第二阶段，等温凝固　　　　　(c) 第三阶段，接头均匀化

图 3-58　瞬时液相扩散焊过程

瞬时液相扩散焊过程与固态扩散焊的主要差别在于有液相参加，加速了焊接过程。对焊接表面的要求也大大降低，无需施加很大的压力；两者的共同特点是都要依靠扩散。

★ 知识点 3　扩散焊的特点及应用

扩散连接与熔焊、钎焊方法相比，在某些方面具有明显的优点，主要表现在以下几个方面：

(1) 焊接温度一般是母材熔化温度的 0.4～0.8 倍，对母材的性能影响小，内应力及变形很小，接头强度高，适合于熔化焊难于焊接或易受到严重损害的材料。

(2) 可焊接各种不同种类的材料，包括金属与非金属等冶金、物理性能差别极大的材料。

(3) 可焊接结构复杂、封闭型焊缝以及结构形状相差悬殊，尺寸精度要求很高的各种工件。

(4) 扩散焊显微接头的组织和性能与母材接近或相同，不存在各种熔化焊缺陷，也不存在具有过热组织的热影响区；工艺参数易于控制，在批量生产时接头质量稳定。

(5) 可以进行内部及多点、大面积构件的连接，以及电弧可达性不好或用熔焊方法不能实现的连接，可焊接其他焊接方法难于焊接的材料。

(6) 扩散连接是一种高精密的连接方法，用这种方法连接后，工件不变形，可以实现机械加工后的精密装配连接，从而获得较大的经济效益。

(7) 对于塑性差或熔点高的同种材料，或对于不互溶或在熔焊时会产生脆性金属间化合物的异种材料，扩散焊是一种可靠的方法。扩散焊适合于耐热材料(耐热合金、钨、铂、铌、钴等)、陶瓷、磁性材料及活性金属的连接，在扩散焊技术研究与实际应用中，有70%涉及异种材料的连接。

扩散焊也有自己的缺点，具体如下：

(1) 对零件被连接表面的制备和装配要求较高。

(2) 加热时间长，生产效率低。在某些情况下会产生一些晶粒过度长大等副作用。

(3) 设备一次性投资较大，且被连接工件的尺寸受到设备的限制。

扩散焊技术作为一种比较成熟的技术，以其特有的优势被广泛应用于航空、航天、核能以及其他技术领域。发展中的纤维增强复合材料将依赖它作为重要连接手段。未来的空间站或太空实验室的真空环境亦是发展和应用扩散焊的重要场所。但由于扩散焊要求焊接表面十分平整、光滑，并能均匀加压，所以适用范围受到限制。

一些新材料(如陶瓷、金属间化合物、非晶态材料及单晶等)采用传统的熔焊方法很难实现可靠地连接。一些特殊的高性能构件的制造，往往要求把性能差别较大的异种材料(如金属与陶瓷、有色金属与钢、金属与玻璃等)连接在一起，而运用传统的熔焊方法是难以实现的。为了满足上述种种要求，作为固相连接方法之一的扩散焊日益受到人们的重视。

★ 知识点4　扩散焊设备

一、扩散焊设备的分类

1. 按照真空度分类

根据工作空间所能达到的真空度或极限真空度，可以把扩散焊设备分为四类，即低真空度(10^{-1} Pa 以上)、中真空度(10^{-1}～10^{-3} Pa)、高真空度($<10^{-5}$ Pa)焊机和低压、高压保护气体扩散焊机。根据焊件在真空中所处的情况，可分为焊件全部处在真空中的焊机和局部真空焊机。局部真空扩散焊机对焊接区域进行保护，主要用来焊接大型工件。

2．按照热源类型和加热方式分类

扩散焊时，热源的选择取决于焊接温度、工件的结构形状及大小。根据扩散焊时所应用的加热热源和加热方式，可以把焊机分为感应加热、辐射加热、接触加热、电子束加热、辉光放电加热、激光加热等。实际应用最广的是高频感应加热和电阻辐射加热两种方式。

3．其他分类方法

根据真空室的数量，可以将扩散焊设备分为单室和多室两大类；根据真空焊接的工位数，又可分为单工位和多工位焊机；根据自动化程度，可分为手动、半自动和自动程序控制三类。

二、扩散焊设备的组成

扩散焊设备一般包括加热系统、加压系统、保护系统(在加热和加压过程中，保护工件不被氧化的真空或可控气氛)和控制系统等。

1．加热系统

加热方式分为感应加热、辐射加热、接触加热等。扩散焊常采用感应加热或电阻加热方法对焊件进行局部或整体加热。

高频感应扩散焊接设备采用高频电源加热，工作频率为 $60\sim500\,kHz$，由于集肤效应的作用，该频率区间的设备只能加热较小的工件。对于较大或较厚的工件，为了缩短感应加热时间，最好选用 $500\sim1000\,Hz$ 的低频焊接设备。在焊接非导电的陶瓷等材料时，应采用间接加热的方法，可在工件与感应线圈之间加圆筒状石墨导体，利用石墨导体产生的热量进行焊接加热。

电阻加热真空扩散焊设备采用电阻辐射加热，加热体可选用钨、钼或石墨等材料。真空室中应有耐高温材料围成的均匀加热区，以便保持温度均匀。

2．加压系统

为了使被焊件之间达到紧密接触，扩散焊时要施加一定的压力。高温下材料的屈服强度降低，为避免焊件的整体变形，加压只是使接触面产生微观的局部变形。对于一般的金属材料，扩散焊所施加的压力较小，压力范围为 $1\sim100\,MPa$。对于陶瓷、高温合金等难变形，或加工表面粗糙度值较大的材料，当扩散焊温度较低时，才采用较高的压力。

加压系统分为液压系统、气压系统、机械系统、热膨胀加压等。在自动控制压力的扩散焊设备上一般装有压力传感器，以实现对压力的测量和控制。目前大多数扩散焊设备采用液压和机械加压系统。近年来，热等静压技术(HIP)在国内外均有应用，即利用气压系统将所需的压力从各个方向均匀地施加到焊件上。

3．保护系统

目前扩散焊设备一般采用真空保护。真空系统通常由扩散泵和机械泵组成。机械泵能达到 $1.33\times10^{-3}\,Pa$ 的真空度，加扩散泵后可以达到 $1.33\times10^{-4}\sim1.33\times10^{-6}\,Pa$ 的真空度，几乎可以满足所有要求。真空室的大小应根据焊件的尺寸确定，真空室越大，要达到和保持一定的真空度对所需真空系统要求越高。真空室中应有由耐高温材料围成的均匀加热区，以保持设定的温度。真空室外壳需要冷却。

4．控制系统

控制系统主要实现温度、压力、真空度及时间的控制，少数设备还可以实现位移测量及控制。温度测量采用镍铬-镍铝、钨-铼、铂-铂铑等热电偶，测量范围为 20～2300℃，控制精度范围为±(5～10)℃。压力的测量与控制通常是通过压力传感器进行的。控制系统多采用计算机编程自动控制，可以实现焊接参数显示、存储、打印等功能。

三、典型扩散焊设备

目前生产中使用的扩散焊设备种类较多，现介绍几种常用的扩散焊设备。

1．电阻辐射加热真空扩散焊设备

电子辐射加热真空扩散焊机是目前最常用的扩散焊接设备，结构原理如图 3-59 所示。真空室内的压头或平台要承受高温和一定的压力，因而常用钼或其他耐热、耐压材料制成。加压系统一般采用液压方式，小型焊机也可采用机械加压方式。加压系统应保证压力均匀可调且可靠性高。图 3-60 是美国 Workhorse II 型真空扩散焊设备照片，该设备主要性能指标见表 3-15。该设备的主要特点是采用 Leybold 系列 D40B 真空机械泵的全自动真空系统，加热、加压和冷却采用数字程序控制，能自动调节，有计算机接口；由 Honeywell UDC-2000 数字指示仪控制过热温度指示；由 Honeywell UDC-3000 控制柱塞行程，并进行数字显示。

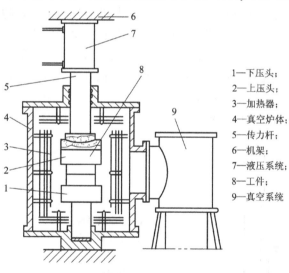

1—下压头；
2—上压头；
3—加热器；
4—真空炉体；
5—传力杆；
6—机架；
7—液压系统；
8—工件；
9—真空系统

图 3-59　电阻辐射加热真空扩散焊接设备结构原理图　　图 3-60　美国 Workhorst II 型真空扩散焊设备

表 3-15　Workhorse II 型真空扩散焊机的主要性能指标

型号	主要性能指标					
	极限真空度 /Pa	炉膛尺寸 /mm	最高炉温/℃	最大压力 /kN	加热功率 /kVA	气氛环境
Workhorse II 型	5×10^{-4}	$304 \times 304 \times 457$	1350	300	45	N_2，Ar，真空

2．感应加热扩散焊设备

感应加热扩散焊机示意图如图 3-61 所示，由高频电源和感应线圈构成加热系统，机械泵、扩散泵和真空室构成真空系统。对于非导电材料，如陶瓷等，可以采用高频加热石墨等导体，然后把工件放在石墨管中进行间接辐射加热。

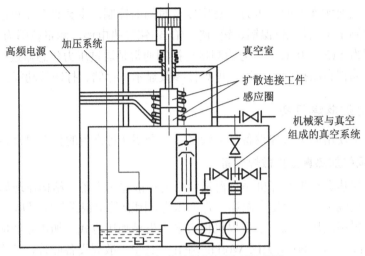

图 3-61　感应加热扩散焊机原理示意图

3. 超塑成形-扩散焊接设备

此类设备是由压力机和专用加热设备组成，可分为两大类：一类是由普通液压机与专门设计的加热平台构成，加热平台由陶瓷耐火材料制成，安装于压力机的金属台面上，超塑成形-扩散用模具及工件置于两陶瓷平台之间，可以将待焊接零件密封在真空容器内进行加热。另一类是压力机的金属平台置于加热设备内，如图 3-62 所示，其平台由耐高温的合金制成，为加速升温，平台内亦可安装加热元件。这种设备有一套金属抽真空供气系统，用单台机械泵抽真空，利用反复抽真空-充氢的方式来降低待焊表面及周围气氛中的氧分压，高压氢气经气体调压阀，向装有工件的模腔内或袋式毛坯内供气，以获得均匀可调的扩散焊压力和超塑成形压力。

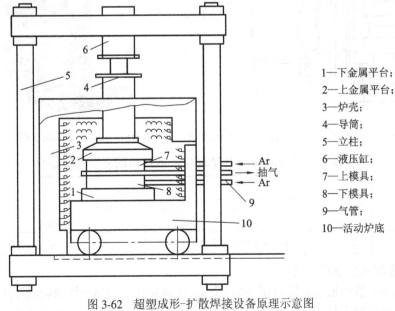

1—下金属平台；
2—上金属平台；
3—炉壳；
4—导筒；
5—立柱；
6—液压缸；
7—上模具；
8—下模具；
9—气管；
10—活动炉底

图 3-62　超塑成形-扩散焊接设备原理示意图

4. 热等静压扩散焊设备

近年来，为了制备致密性高的陶瓷及精密形状的构件，热等静压设备逐渐引起行业的重视。在高温施焊的同时，对工件施加很高的压力，以增加致密性或获得所需要的构件形状，一般采用全方位加压，压力最高可达 200 MPa。该设备可用于粉末冶金、铸件缺陷的愈合、复合材料制备、陶瓷烧结及精密复杂构件的扩散焊等。

表 3-16 列举了几种扩散焊设备的主要技术参数。

表 3-16　扩散焊设备主要技术参数

设备型号或类型		ZKL-1	ZKL-2	Workhorse II	HKZ-40	DZL-1
加热区尺寸/mm		$\phi 600 \sim \phi 800$	$\phi 30 \sim \phi 40$	304×304×457	300×300×300	—
真空度 /Pa	冷态	1.33×10^{-3}	1.33×10^{-3}	1.33×10^{-6}	1.33×10^{-3}	7.62×10^{-4}
	热态	5×10^{-3}	5×10^{-3}	6.65×10^{-3}	—	—
加压能力/kN		245(最大)	58.8(最大)	300	80	300
最高炉温/℃		1200	1200	1350	1300	1200
炉温均匀性/℃		1000 ± 10	1000 ± 5	1300 ± 5	1300 ± 10	1200 ± 5

★ 知识点5　扩散焊工艺参数

温度、压力、保温扩散时间、表面状态、保护方法、母材及中间扩散夹层的冶金性能等参数，是影响扩散焊过程及接头质量的主要因素。

一、温度

材料在加热过程的变化都要直接或间接地影响到扩散焊接过程及接头质量。从扩散规律可知：扩散系数 D 与温度呈指数关系，温度愈高，扩散系数愈大。金属的塑性变形能力愈好，焊接表面达到紧密接触所需的压力愈小。从这两方面考虑，似乎焊接温度愈高愈好。但是，加热温度受到材料的冶金特性方面的限制，如再结晶、低熔点共晶体和金属化合物的生成。因此，不同材料组合的焊接温度应根据具体情况来选定。

随温度的提高，接头强度迅速增加，但随着压力的继续增大，温度的影响逐渐减小。可见，温度只能在一定范围内提高接头的强度，过高反而使接头强度下降。这是由于随着温度的增高，母材晶粒迅速长大及其他变化的结果。

二、压力

施加压力的主要作用是使结合面微观凸起部分产生塑性变形，达到紧密接触，同时加速界面区扩散，加速再结晶过程。如果压力过低，表面塑性变形不足，会导致表面形成物理接触过程进行不彻底，界面上残留的孔洞过多且过大；较大的压力可以产生较大的表层塑性变形，还可以使表层再结晶温度降低，加速晶界迁移。高的压力有助于扩散微孔的收缩和消除，也可以减少或防止异种金属扩散焊时的扩散孔洞。在其他参数固定时，采用较高的压力能产生较好的接头。但压力过大会导致焊接变形，同时，高压力需要成本较高的设备和更精确的控制。从经济效益考虑，应选择较低压力。

三、保温时间

保温时间是指被连接焊件在焊接温度下保持的时间，扩散焊所需的保温时间与温度、压力、中间扩散层厚度和对接头成分及组织均匀化的要求密切相关。保温时间太短，扩散焊接头达不到稳定的结合强度。但高温、高压持续时间过长，对扩散焊连接接头质量起不到进一步提高的作用，反而会使母材的晶粒长大。一般情况下，原子扩散走过的平均距离与扩散时间的平方根成正比，即抛物线定律。因此，要求接头成分均匀化的程度越高，保温时间就将以平方的速度增长。

四、焊件表面状态

连接表面的粗糙度和平面度是影响扩散连接质量的重要因素。因此，焊接表面状态对焊接过程及接头质量有很大的影响。焊前必须对表面进行认真准备，包括：机械加工、磨平、甚至抛光，还要清洗去油、去除氧化膜等。

经过抛光的表面在微观上凹凸不平，最大可达到 50 nm。表面制备质量愈低，凹凸不平愈严重，界面孔洞就会愈大。因此，焊接表面的制备是一个十分重要的问题。表面制备与清洗方法很多，主要有：机械加工、化学侵蚀与剥离、真空烘烤、辉光放电、超声波清洗和去油清洗等。应尽量选用无毒、效果好、成本低的方法来准备焊接表面。表面愈平整、清洁，越容易进行扩散焊接，接头强度也愈高。

五、母材的物理特性

焊接同类材料时，应考虑其相转变和晶体结构方面的特性。Ti、Zr、Co 等以及许多合金和钢一样具有相转变。当发生相变时，上述材料的塑性特别好，这与再结晶时情况相似。因此，应该在相变温度附近进行焊接。这使焊接表面凸起处产生塑性变形所需的压力大幅降低，显然是十分有利的。

金属原子不管是自扩散还是异扩散，在不同晶体结构中的速度有时相差很大。如铁的自扩散在体心立方晶体中比在同一温度下的面心立方晶体中的扩散速度约大 1000 倍。显然，选择在体心立方晶体状态下进行扩散焊将大大缩短扩散时间。但是除了扩散速度外，还必须注意扩散元素在溶剂中的溶解度问题。

焊接异种材料时还要注意两个问题：

(1) 线膨胀差问题：将线膨胀系数不同的材料焊在一起时要产生内应力。工件尺寸愈大、形状愈复杂、焊接温度愈高，产生的线膨胀差就越大，接头中的内应力也就越大，甚至可导致焊后即开裂。遇到这种情况时，在接头设计上一定要设法减少由膨胀差引起的应力，特别是要防止脆性材料承受拉应力。要尽可能降低焊接温度，还可加中间过渡层以吸收应力和减少膨胀差。

(2) 低熔点共晶相和中间金属化合物问题：异种材料焊接往往产生低熔点共晶体和中间金属化合物，大多数共晶体与金属化合物是比较脆的，特别是当它们生长连成一片且有相当厚度后，将严重损害接头质量，要特别注意。

六、中间层材料的选择

为促进扩散焊过程的进行，降低扩散焊焊接温度、时间、压力，提高接头性能，扩散焊时常会在待焊材料之间插入中间层，特别是对于原子结构差别很大的异种材料。中间层的主要作用就是改善材料表面的接触，降低对待焊表面制备的要求，降低所需压力，改善扩散条件，改善冶金反应，避免或减少形成脆性金属间化合物，避免或减少因被焊材料之间物理化学性能差异过大而引起的其他冶金问题。

通常，中间层材料是熔点低(不低于扩散焊接温度)、塑性较好的金属，如铜、镍、铝、银等，或是与母材成分接近的含少量易扩散的低熔点元素的合金。

项目七　摩　擦　焊

学习目标

(1) 了解摩擦焊的原理；
(2) 了解摩擦焊的应用；
(3) 了解摩擦焊工艺；
(4) 了解摩擦焊的设备。

知识链接

★ 知识点 1　摩擦焊的原理及分类

一、摩擦焊的原理

摩擦焊是在工件界面将机械能直接转换为热能从而加热施焊的方法，工件间不需要再加电能或其他热源。摩擦焊接头靠静止与旋转工件之间的接触并施以恒定或递增压力，待界面达焊接温度后随即停止转动而产生。产生在界面间的摩擦热，在极短的轴向距离内使工件的温度很快上升至接近但低于熔点的温度区间，在加热区处于塑性温度时施加压力从而实现焊接。图 3-63 为摩擦焊现场。

摩擦焊是一种固态焊接方法，接头在被焊金属熔点下形成，施焊初期如产生熔化，因尚处于焊接过程中，

图 3-63　摩擦焊现场

最终焊后并无残迹。锻造性较好的金属有较大的施焊飞边。同种金属施焊时，焊缝界面两边的飞边大致相同。

我国早在 1957 年就采用封闭加压的原理成功进行了铝铜摩擦焊。经过多年的研究与发展，实践证明，摩擦焊是经济效益显著的焊接方法。摩擦焊已用于高效生产柴油发动机空心预燃室、焊接气缸、液压缸十字头、活塞杆以及球形轴封等。

二、摩擦焊的分类

摩擦焊可以分为以下几类：

(1) 连续驱动摩擦焊。连续驱动摩擦焊是以焊接表面中心为轴，做旋转摩擦运动(图 3-64)，用来焊接那些接头为旋转断面的工件，如圆柱、轴件和管子等。

(2) 储能摩擦焊。储能摩擦焊是一种在大功率、短时间焊接时，为降低主轴电动机的功率，利用和主轴连接的飞轮储能的焊接方法。若焊接所需能量全部取自飞轮，叫做惯性摩擦焊(图 3-65)；若焊接所需能量一部分取自飞轮，叫做飞轮摩擦焊。

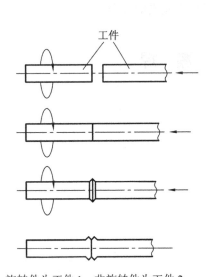

旋转件为工件 1，非旋转件为工件 2

图 3-64　旋转式摩擦焊原理图

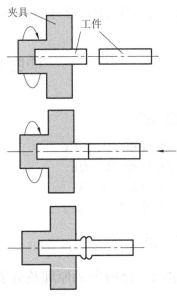

图 3-65　惯性摩擦焊原理图

(3) 相位摩擦焊。普通摩擦焊在工件停止旋转和顶锻以后，两个工件的焊接相位是不能控制的。在焊接有相位配合要求的工件，如六方钢、八方钢和汽车操纵杆时，要求相位配合适当，这就需要采用相位摩擦焊。

(4) 径向摩擦焊。这种摩擦焊是将一个有斜面的环装在一对开坡口的管子端面上，如图 3-66。焊接时环旋转，并向两个管端施加径向摩擦压力。当加热终止时，停止环的转动，向它施加顶锻压力。由于被连接的管子本身并不转动，管子内部不产生飞边，全部焊接过程大约 10 s，这种方法适用于长管的现场焊接。

(5) 线性摩擦焊。这是工件焊接表面的每一点，以一定轨迹和速度做平行摩擦运动，用于焊接非圆面工件(图 3-67)。

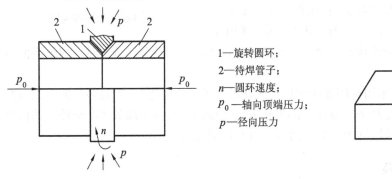

1—旋转圆环；
2—待焊管子；
n—圆环速度；
p_0—轴向顶端压力；
p—径向压力

图 3-66　径向摩擦焊原理图

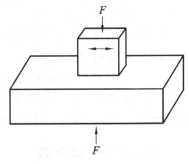

图 3-67　线性摩擦焊原理图

　　(6) 搅拌摩擦焊。其焊接过程是由一个圆柱体形状的焊头(welding pin)伸入工件的接缝处，通过焊头的高速旋转，使其与焊接工件材料摩擦，从而使连接部位的材料温度升高软化，同时对材料进行搅拌摩擦来完成焊接的。焊接过程如图 3-68 所示。在焊接过程中工件要刚性固定在背垫上，焊头边高速旋转，边沿工件的接缝与工件相对移动。焊头的突出段伸进材料内部进行摩擦和搅拌，焊头的肩部与工件表面摩擦生热，并用于防止塑性状态材料的溢出，同时可以起到清除表面氧化膜的作用。

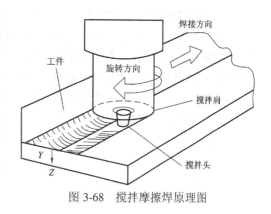

图 3-68　搅拌摩擦焊原理图

★ 知识点 2　摩擦焊的特点

　　摩擦焊相对于其他焊接方法有很多优点，具体如下。
　　(1) 接头的焊接质量好而稳定。
　　(2) 摩擦焊参数便于掌握，操作简单，容易实现机械化自动化，焊接生产率高。
　　(3) 焊机输入功率小。
　　(4) 能焊接异种钢和异种金属。
　　(5) 焊件尺寸精确。
　　(6) 焊件准备工作简单。与电阻对焊比较，所需工件端面状态要求不严格。
　　(7) 与其他熔化焊工艺比较，有较好的力学性能和窄的热影响区。
　　(8) 摩擦焊工作环境好。
　　(9) 无需熔剂、填充金属和保护气体。
　　(10) 热影响区极窄，且焊缝区晶粒度常小于母材。
　　同时，摩擦焊与其他焊接方法相比也有如下缺点。
　　(1) 工件端面需呈圆形或近似圆形，工件的尺寸和形状应能被夹持和旋转。
　　(2) 工件应能承受加热和顶锻施加的扭矩和轴向压力。
　　(3) 工件夹具应具有足够的强度，能承受大的冲击力和扭矩。
　　(4) 只能施焊与旋转轴线同心的对接或角接焊缝。

★ 知识点 3　传统摩擦焊

一、传统摩擦焊的焊接过程

　　连续驱动摩擦焊接过程如图 3-69，从图中可看到，焊接过程的一个周期可分为摩擦加热和顶端焊接两个过程。摩擦加热过程分四个阶段：初始摩擦、不稳定摩擦、稳定摩擦和停车摩擦。顶锻焊接过程分为两个阶段：纯顶锻和顶锻维持阶段。

1．初始摩擦阶段

　　如图 3-69 所示，此阶段从两个工件开始接触的 a 点起，到摩擦加热功率显著增大的 b

点止。此阶段随摩擦压力增大，加热功率逐渐增加，焊接摩擦表面温度升至200℃~300℃。在初始摩擦阶段，摩擦表面存在较大的摩擦压力和运动速度，使不平的表面迅速产生塑性变形和机械挖掘现象，变形层附近的母材也顺摩擦方向产生塑性变形。压入部分的挖掘，使摩擦表面出现同心圆痕迹，这样又增大了塑性变形。因表面微观不平，接触不连续，以及由于温度升高致钢材产生的蓝脆现象，会使摩擦表面产生振动，这时气体可能进入表面造成金属氧化，但时间很短，对接头质量影响不大。

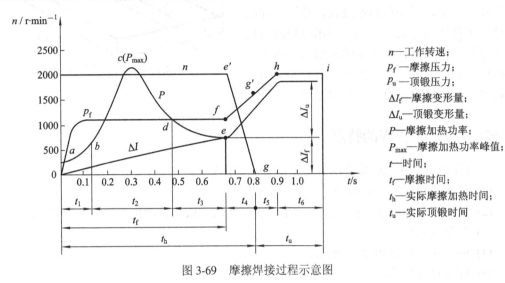

图 3-69　摩擦焊接过程示意图

2．不稳定摩擦阶段

此阶段从摩擦加热功率显著增大的 b 点起，越过功率峰值 c 点，到功率稳定值 d 点为止。在这个阶段，压力较初始摩擦阶段增大，破坏焊接金属表面，使纯净金属接触，其金属强度有所降低，但是塑性和韧性有很大提高。同时，焊接真实接触面积也增大了。不稳定阶段是加热过程中的一个主要阶段。

3．稳定摩擦阶段

此阶段从加热功率稳定 d 点起，到接头形成最佳温度分布 e 点止。在稳定摩擦阶段，工件摩擦表面的温度继续升高，达到1300℃。稳定摩擦阶段的金属强度极低，摩擦系数很小，塑性很大，摩擦加热功率基本上稳定在一个很低的数值。

4．停车阶段

停车阶段是摩擦加热过程和顶锻焊接过程的过渡阶段，具有双重特点，从主轴和工件一起开始停车减速的 e 点起，到主轴停止转动的 g 点止，是焊接过程的重要阶段。顶锻开始后，随着轴向压力加大，转速降低，再次出现扭矩峰值。该阶段直接影响接头的焊接质量，要严格控制。

5．纯顶锻和顶锻维持阶段

从停止旋转的 g 点起到顶锻压力最大值 h 点，为纯顶锻阶段。应有足够大的压力、顶锻变形量和顶锻速度。从顶锻压力的高点 h 点起，到接头温度冷却至低于规定值，为顶锻维持阶段。

二、传统摩擦焊的原理

传统的旋转式摩擦焊时，两个圆断面的金属工件摩擦焊接前，工件 1 夹持在可以旋转的夹头上，工件 2 夹持在能够向前移动加压的夹头上(图 3-64)。在压力作用下，通过待焊工件的摩擦界面及其附近温度的升高，材料的变形抗力降低、塑性提高、界面氧化膜破碎。伴随着材料产生塑性流变，通过界面的分子扩散和再结晶而实现焊接。焊接开始，工件 1 首先以高速旋转，然后工件 2 向工件 1 移动、接触，施加足够大的摩擦压力，将机械能转换成热能。通过一段选定的摩擦时间或达到规定的摩擦变形量，即加热温度达到焊接温度以后，停止工件 1 的转动，工件 2 快速移动，施加大的顶锻力，将压力保持一段时间以后，松开两个夹头，焊接过程结束。全部焊接过程只要 2～3s 的时间。

三、传统摩擦焊设备

摩擦焊的机械化程度较高，焊接质量对设备的依赖性很大，要求设备要有适当的主轴转速、足够大的主轴电动机功率、轴向压力和夹紧力，还要求设备同轴度好、刚度大。根据生产需要，还需配备自动送料、卸料、切除飞边等装置。

传统摩擦焊设备可分为连续驱动摩擦焊机和惯性摩擦焊机两大类。

连续驱动摩擦焊机通常由六部分组成，即主轴系统、加压系统、机身、夹头、控制系统及辅助装置，如图 3-70 所示。

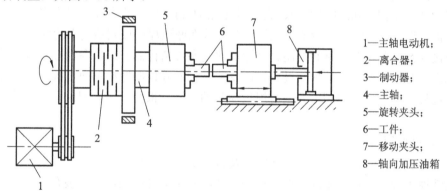

1—主轴电动机；
2—离合器；
3—制动器；
4—主轴；
5—旋转夹头；
6—工件；
7—移动夹头；
8—轴向加压油箱

图 3-70　连续驱动摩擦焊机示意图

1. 主轴系统

主轴系统由主轴电动机、带传动轮、离合器、制动器、旋转主轴和轴承等组成。主轴电动机一般采用交流电动机，通过带传动轮直接带动主轴旋转。主轴转速多为 1000～3000 r/min，电动机功率最高不超过 200 kW。摩擦加热终了时要求主轴迅速停车。对于功率较小、生产率不高的摩擦焊机，可以采用电动机反制动或能耗制动停车；生产率高和主轴电动机功率大的焊机，普遍采用离合-制动联合装置。离合器和制动器应能可靠连锁，即离合器合拢前制动器必须松开，而制动器制动前离合器必须与转动带轮脱开。

2. 加压系统

加压系统主要包括加压机构和受力机构两部分，加压机构由加压方式决定。摩擦焊机加压方式有丝杠-螺母、凸轮等机械加压、气压、液压和气-液联合加压。目前国内外摩擦焊机多采用液压方式加压，摩擦压力和顶锻压力的调节和变换由溢流阀、减压阀等完成。

受力机构的作用是为平衡轴向力(摩擦压力、顶锻压力)和摩擦转矩以及防止焊机变形，保持主轴与加压系统的同轴度。转矩的平衡常利用装在机身上的导轨来实现。轴向力的平衡可采用单拉杆或双拉杆结构，即以工件为中心，在机身中心位置设置单拉杆或以工件为中心对称设置双拉杆。

3．机身

机身一般为卧式，少数为立式，用来安装主轴、加压机构及导轨等。机身应有足够的强度和刚度，以防止焊接时产生变形和振动。

4．夹头

夹头分为旋转和固定两种。常用的旋转式夹头为自定心弹簧夹头和三爪夹头，前者适宜于直径变化不大的焊件，后者则用于直径变化较大的焊件。常用的移动式夹头是液压虎钳，简单的液压虎钳适用于直径变化不大的焊件，而自动定心液压虎钳适用于直径变化较大且需保持同轴度的焊件。为了使夹持牢靠，不出现打滑旋转、后退、振动等，夹头与工件的接触部分硬度要高、耐磨性要好。

5．控制系统

控制系统包括焊接操作程序控制和焊接参数控制等。程序控制即控制摩擦焊机按预先规定的动作次序完成送料、夹紧焊件、主轴旋转、顶锻焊接、切除飞边和退出焊件等操作。设计程序控制电路时，应着重考虑各种电磁阀的动作顺序、各动作之间的连锁以及各种器件的保护(如主轴电动机过载保护、夹头过热保护等)。早期的摩擦焊机大多数采用各种继电器保护，近年来可编程控制器、微机控制器等在摩擦焊机控制系统中的应用逐渐增多。

焊接参数控制主要有时间控制、摩擦加热功率峰值控制和综合参数控制等。时间和功率控制主要是控制摩擦焊加热过程，而变形量控制除控制摩擦加热过程之外，还控制顶锻焊接过程。综合参数控制主要是对焊接参数的监控、报警、显示记录，参数波动时能自动调节。

6．辅助装置

辅助装置主要包括自动送料、卸料以及自动切割飞边装置等。

惯性摩擦焊机与连续驱动摩擦焊机的主要区别是惯性摩擦焊机上装有一个供储存机械能的飞轮，如图 3-71 所示。惯性摩擦焊机由电动机、主轴、飞轮、夹盘、移动夹具、液压缸等组成。

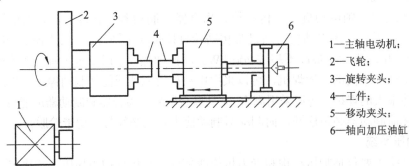

1—主轴电动机；
2—飞轮；
3—旋转夹头；
4—工件；
5—移动夹头；
6—轴向加压油缸

图 3-71　惯性摩擦焊机示意图

四、传统摩擦焊工艺

1. 接头形式设计

连续驱动摩擦焊可以实现圆棒-圆棒、圆管-圆管、圆棒-圆管、圆棒-板材及圆管-板材的可靠连接。接合面形状对获得高质量的接头非常重要，常用的接头形式如图3-72所示。

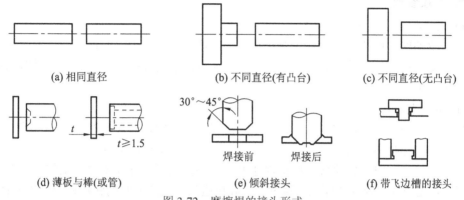

(a) 相同直径　　　　　(b) 不同直径(有凸台)　　　　　(c) 不同直径(无凸台)

(d) 薄板与棒(或管)　　　　　(e) 倾斜接头　　　　　(f) 带飞边槽的接头

图 3-72　摩擦焊的接头形式

连续驱动摩擦焊接头形式在设计时要遵循以下原则：

(1) 两被焊件中，最好旋转件是圆形且便于绕轴线做高速旋转。

(2) 焊件应具有较大的刚度，夹紧方便、牢固，要尽量避免采用薄管和薄板接头。

(3) 同种材料的两个焊件截面尺寸应尽量相同，以保证焊接温度分布均匀和变形层厚度相同。

(4) 对锻压温度或热导率相差较大的异种材料焊接时，为了使两个零件的顶锻相对平衡，应调整界面的相对尺寸。为了防止高温下强度低的焊件端面金属产生过多的变形流失，需要采用模子封闭接头金属。

(5) 一般倾斜接头应与中心线成30°～45°的斜面。

(6) 为了增大焊缝面积，可以把焊缝设计成搭接或锥形接头。

(7) 焊接大截面接头时，为了降低加热功率峰值，可采用将焊接端面倒角的方法，使摩擦面积逐渐增大。

(8) 要注意飞边的流向，使其在焊接时不受阻碍地被挤出。在不可能切除飞边或者要节省飞边切除费用的情况下，可设计带飞边槽的接头。

(9) 待焊表面应避免渗碳、渗氮等。

(10) 设计接头形式的同时，还应注意工件的长度，直径公差、焊接端面的垂直度、平面度和表面粗糙度。

2. 接头表面准备

摩擦焊过程中，在轴向压力作用下，焊件会产生轴向缩短，而在焊合处产生飞边，因此在准备毛坯时轴向尺寸需留有余量。

焊前还需对焊件作如下处理：

(1) 焊件的摩擦端面应平整，中心部件不能有凹面或中心孔，以防止焊缝中含空气和氧化物。但切断刀留下的中心凸台则无害，有助于中心部位加热。

(2) 当接合面上具有较厚的氧化层、镀铬层、渗氮层或渗碳层时，常不易加热或被挤出，焊前应进行清除。

(3) 摩擦焊对焊件接合面的粗糙度、清洁度要求并不严格，如果能加大焊接缩短量，则气割、冲剪、砂轮磨削、锯断的表面均可直接施焊。

(4) 端面垂直度一般小于直径的1%，过大会造成不同轴度的径向力。

3．焊接参数

1) 连续驱动摩擦焊的焊接参数

连续驱动摩擦焊的焊接参数主要包括主轴转速、摩擦压力、摩擦时间、顶锻压力、顶锻时间、变形量等。这些参数将直接影响焊接质量，也对焊接生产率、金属材料消耗、焊机功率等产生影响。

(1) 转速与摩擦压力。

转速与摩擦压力是最主要的工艺参数。在焊接过程中，转速与摩擦压力直接影响摩擦转矩、摩擦加热功率、接头温度、塑性层厚度以及摩擦变形速度等。

焊件直径一定时，转速代表摩擦焊速度。实心圆截面焊件摩擦界面上的平均摩擦焊接速度是距圆心2/3半径处的摩擦线速度。一般将达到焊接速度时的转速称为临界摩擦速度，为了使界面的变形层加热到金属材料的焊接温度，转速必须高于临界摩擦速度。一般来讲，低碳钢的临界摩擦速度为 0.3 m/s 左右，平均摩擦速度的范围为 0.6～3 m/s。

摩擦压力对焊接接头的质量有很大影响，为了产生足够的摩擦加热功率，保证摩擦表面的全面接触，摩擦压力不能太小。在摩擦加热过程中，摩擦压力一般为定值，但为了满足焊接工艺的特殊要求，摩擦压力也可以不断上升，或采用两级或三级加压。

转速和摩擦压力的选择范围很宽，而最常用的组合方式有两种：一是强规范，即转速较低，摩擦压力较大，摩擦时间短；二是弱规范，即转速较高，摩擦压力小，摩擦时间长。

(2) 摩擦时间。

摩擦时间决定了摩擦加热过程的阶段和加热程度，直接影响接头的加热温度、温度分布和焊接质量。碳钢工件的摩擦时间一般在 1～40 s。

(3) 摩擦变形量。

摩擦变形量与转速、摩擦压力、摩擦时间、材质的状态和变形抗力有关。要得到牢固的接头，必须有一定的摩擦变形量，在焊接碳钢时，摩擦变形量通常选取的范围为 1～10 mm。

(4) 停车时间。

停车时间影响接头变形层的厚度和焊接质量，通常根据变形层厚度选择该参数。当变形层较厚时，停车时间要短；当变形层较薄而且希望在停车阶段增加变形厚度时，则可加长停车时间。通常制动停车时间的选择范围为 0.1～1 s。

(5) 顶锻压力、顶锻变形量和顶锻速度。

施加顶锻压力是为了能挤出摩擦塑性变形层中的氧化物和其他有害杂质，并使接头金属得到锻造，结合紧密，晶粒细化，提高接头性能。顶锻压力的选择与材质、接头温度、变形层厚度以及摩擦压力有关。一般顶锻压力应为摩擦压力的2～3倍。摩擦压力越小，倍数越小。对碳素结构钢和低合金钢的顶锻压力一般取 103～414 MPa；对于耐热合金、不锈钢则需要较高的顶锻压力。顶锻变形量是顶锻压力作用的结果，一般选取 1～6 mm。顶锻速度对焊接质量影响很大，如果顶锻速度过慢，则达不到要求的顶锻量，一般为 10～40 mm/s。

2) 惯性摩擦焊的焊接参数

惯性摩擦焊在焊接参数选取上与连续驱动摩擦焊有所不同，主要焊接参数有飞轮转动惯量、飞轮起始转速和轴向压力。

五、传统摩擦焊应用实例

1. 高速钢-45 钢刀具的封闭焊

由于高速钢的高温强度高而导热率低，而 45 钢的高温强度差，摩擦焊时为了防止 45 钢变形流失，高速钢产生裂纹，对 45 钢工件需采用模具封闭加压，如图 3-73 所示。同时，提高摩擦压力和顶锻压力，延长摩擦时间，焊后立即对接头进行保温和退火处理。焊接参数见表 3-17。

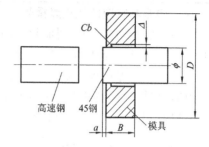

图 3-73　高速钢-45 钢摩擦焊示意图

表 3-17　高速钢-45 钢摩擦焊焊接参数

接头直径 /mm	转速 /(r·min⁻¹)	摩擦压力 /MPa	顶锻时间 /s	顶锻压力 /MPa	备 注
14	2000	120	10	240	采用模具
20	2000	120	12	240	采用模具
30	2000	120	14	240	采用模具
40	1500	120	16	240	采用模具
50	1500	120	18	240	采用模具
60	1000	120	20	240	采用模具

2. 锅炉蛇形管的摩擦焊

锅炉制造中，为了节省能量，常采用摩擦焊技术制造材料为 20 钢、直径为 32 mm、壁厚为 4 mm 的蛇形管。焊接时，为了提高和稳定蛇形管的焊接质量，减少内毛刺，选择强规范摩擦焊，焊接工艺参数见表 3-18，焊接过程中采用功率极值控制，最后快速停车、快速顶锻。经力学性能和金相组织检验，抽检 3% 全部合格。

表 3-18　蛇形管摩擦焊焊接工艺参数(直径为 32 mm，壁厚 4 mm)

转速 /(r·min⁻¹)	摩擦压力 /MPa	摩擦时间 /s	顶锻压力 /MPa	接头变形量 /mm	备 注
1430	100	0.82	200	2.3~2.4	采用功率极值控制

3. 石油钻杆的摩擦焊

石油钻杆是石油钻探中的重要工具，由带螺纹的工具接头与管体焊接而成。工具接头材料为 35CrMo 钢，管体材料为 40Mn2 钢。常用钻杆的焊接断面为 $\phi140$ mm × 20 mm，$\phi127$ mm × 10 mm。对于这种低合金异种钢的大截面、长管体管接头的摩擦焊，需要采用大型焊机。为了降低摩擦加热功率，特别是峰值功率，需采用弱规范焊接，焊接工艺参数见表 3-19。为了消除焊后的内应力，改善焊缝的金相组织和提高接头性能，必须进行焊后热处理。

表 3-19　　石油钻杆摩擦焊焊接工艺参数

接头尺寸 /mm	转速 /(r·min⁻¹)	摩擦压力 /MPa	摩擦时间 /s	顶锻压力 /MPa	接头变形量 /mm	备 注
$\phi141\times20$ $\phi127\times15$	530	5～6	30～50	12～14	摩擦变形量 12 mm 顶锻变形量 8～10 mm	杆工具接头焊 接端面倒角

4. 树脂基管道的线性摩擦焊

近年来，随着热硬化树脂材料的发展，树脂基管道在城市建设、石油化工等领域的应用越来越多，连接问题也比较突出，对于大型管道的安装现场，可采用线性摩擦焊的方法进行焊接，线性摩擦焊主要参数是振动频率、振幅和顶锻力。外径为 216 mm，壁厚为 16 mm 的管道，焊接时振幅可选择 1 mm 左右，振动频率在 15 Hz 以下，得到的接头屈服强度可达 20 MPa 以上，几乎与母材相等，伸长率达到母材的 72%。

★ 知识点 4　搅拌摩擦焊

搅拌摩擦焊(Friction Stir Welding)(图 3-74)于 1991 年由英国焊接研究所(TWI)发明，它是利用间接摩擦热实现板材连接。这种方法打破了原来摩擦焊只限于圆形断面材料焊接的概念，是 20 世纪末与 21 世纪初最新的铝及其合金的焊接技术。自从搅拌摩擦焊发明以来，该技术在世界各国突然兴起，得到广泛的关注和深入研究，并向生产实用化发展，特别是针对铝合金材料。世界范围的研究机构、学校以及大公司都对此进行了深入细致的研究和应用开发，并且在诸多制造工业领域得到了成功应用。

图 3-74　搅拌摩擦焊

一、搅拌摩擦焊的原理

搅拌摩擦焊原理如图 3-68，它是利用带有特殊形状的硬质搅拌指棒的搅拌头旋转着插入被焊接头，与被焊金属摩擦生热，通过搅拌摩擦，同时结合搅拌头对焊缝金属的挤压，使接头处于塑性状态，搅拌指棒边旋转边沿着焊接方向向前移动，在热-机联合作用下形成致密的金属间结合，实现材料的连接。

二、搅拌摩擦焊的特点

由于搅拌摩擦焊是一种固相连接，所以与其他焊接方法相比，它具有很多的优越性。

(1) 搅拌摩擦焊是一种高效、节能的连接方法。对于厚度为 12.5 mm 的 6××× 系列的铝合金材料的搅拌摩擦焊，可单道焊双面成形，总输入功率约为 3 kW，焊接过程中不需要填充焊丝和惰性气体保护，焊前不需要开坡口和对材料表面做特殊的处理。

(2) 焊接过程中，母材不熔化有利于实现全位置焊接及高速连接。

(3) 适用于热敏感性很强及不同制造状态材料的焊接。熔焊不能连接的热敏感性强的硬铝、超硬铝等材料可以用搅拌摩擦焊得到可靠连接；可以提高热处理铝合金的接头强度，焊接时不产生气孔、裂纹等缺陷，可以防止铝基复合材料的合金和强化相的析出或溶解，可以实现铸造/锻压以及铸造/轧制等不同状态材料的焊接(铝的搅拌摩擦焊接头如图 3-75 所示)。

图 3-75　铝的搅拌摩擦焊接头

(4) 接头无变形或变形很小。由于焊接变形很小，可以实现精密铝合金零部件的焊接。

(5) 焊缝组织晶粒细化，接头性能良好。焊接时焊缝金属产生塑性流动，接头不会产生柱状晶等组织，而且可以使晶粒细化。焊接接头的力学性能良好，特别是抗疲劳性能。

(6) 易于实现机械化、自动化。可以实现焊接过程的精确控制，以及焊接规范参数的数字化输入、控制和记录。

随着搅拌摩擦焊技术的发展，搅拌摩擦焊在应用领域所受的限制已得到很好的解决，但是受它本身特点的限制，仍存在以下问题：

(1) 焊缝无增高，在接头设计时要特别注意这一特征。焊接角接接头受到限制，接头形式必须特殊设计。

(2) 需要对焊缝施加较大的压力，限制了搅拌摩擦焊技术在机器人等设备上的应用。

(3) 焊接结束后，由于搅拌头的回抽，在焊缝中往往残留搅拌指棒的孔，所以在必要时需添加"引焊板或退出板"。

(4) 被焊零件需要一定的结构刚性或被牢固固定来实现焊接；在焊缝背面必须加一耐摩擦的垫板。

(5) 要求对接接头的错边量及间隙大小严格控制。

(6) 目前只限于对轻金属及其合金的焊接。与熔化焊相比，它是一种高质量、高可靠性、高效率、低成本的绿色连接技术。

三、搅拌摩擦焊的设备

搅拌摩擦焊设备主要由主体部分和辅助部分组成，如图 3-76 所示。

拌摩擦焊设备的主体部分分为机械部分、电气控制两部分；辅助部分主要指搅拌头、工装夹具以及加热系统。机械部分主要包括床身、立柱、横梁、工作台、主轴头、传动系统。搅拌摩擦焊的主体部分与其他焊接的设计都是按照各自的焊接特点和实际需要设计的，以下主要介绍辅助部分的搅拌头。

搅拌头由特殊形状的搅拌指棒和轴肩组成。搅拌指棒的长度等于板厚，但一般情况下，它的长度比母材的厚度稍短些，而轴肩的直径大于搅拌指棒的直径。

图 3-76　搅拌摩擦焊设备

搅拌指棒的作用是直接与工件接触摩擦生热，提高金属的温度使金属处于塑性状态，同时有向两侧挤压金属的作用，使金属塑性变形。搅拌头的轴肩的作用一是可以保证搅拌指棒插入的深度；其次是轴肩与被焊材料的表面紧密接触，防止处于塑性状态的母材表面的金属排出而造成损失和氧化；三是与母材表面摩擦生热，提供部分焊接所需的搅拌摩擦热。

搅拌摩擦焊接头焊缝的最大宽度决定于搅拌摩擦指棒肩部直径大小。搅拌摩擦焊要求特殊形状的搅拌指棒，一般要用具有良好的耐高温、耐磨损性材料制造。对于铝及其合金等轻型合金材料，搅拌头在焊接过程中的磨损程度很小。

焊接过程中，因为搅拌头对焊接区域的材料具有向下挤压和侧向挤压的倾向，所以被焊工件要夹装背垫并夹紧固定，以便承受搅拌头施加的轴向力、纵向力(沿着焊接方向)以及侧向力。通过研究，在对接接头中，搅拌摩擦焊对接头形状、清洁度以及接头装配间隙均有较大的工艺裕度，如搅拌摩擦焊对接焊时在接头间隙厚度为10%的条件下，同样可以得到优良的焊接接头。

四、搅拌摩擦焊工艺

搅拌摩擦焊的过程可以分为四个阶段(图 3-77)：旋转、插入、塑化和焊接。焊接时，将搭接或对接的工件放置在垫板上，然后用专用夹具压紧工件，旋转的搅拌头缓缓进入焊缝，当其与工件表面接触时摩擦生热，使得该点的金属软化，在顶锻压力作用下，摩擦头插入工件内部，轴肩端面包拢摩擦区域，同时搅拌头沿焊接方向移动，形成焊缝。

图 3-77　搅拌摩擦焊焊接过程示意图

1. 搅拌摩擦焊接头形式

搅拌摩擦焊可以焊接圆形、板状等结构件，接头形式可以设计为对接、搭接、角接及 T 形接头，可以进行环形、圆形、非线性和立体焊缝的焊接。由于重力对这种固相焊接方法没有影响，搅拌摩擦焊可以用于全位置焊接，如横焊、立焊、仰焊、环形轨道自动焊等。搅拌摩擦焊接头形式如图 3-78 所示。

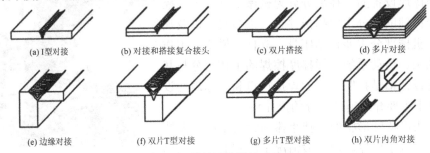

(a) I 型对接　　　(b) 对接和搭接复合接头　　　(c) 双片搭接　　　(d) 多片对接

(e) 边缘对接　　　(f) 双片T型对接　　　(g) 多片T型对接　　　(h) 双片内角对接

图 3-78　搅拌摩擦焊接头形式

2. 焊接参数

搅拌摩擦焊工艺参数主要包括焊接速度(搅拌头沿焊缝方向的行进速度)、搅拌头转速、焊接压力、搅拌头结构参数(倾角 θ)、搅拌头插入速度和保持时间。

1) 焊接速度

接头强度随焊接速度的变化并非单调增加，而是存在峰值。焊速较低时，随焊速增加，接头强度提高；焊速过高时，塑性材料填充空腔能力不足，导致接头强度降低。

2) 搅拌头转速

若焊接速度保持一定，即当焊接速度为定值时，若搅拌头的旋转速度较低时，焊接热输入较低，搅拌头前方不能形成足够的热塑性材料填充，搅拌头后方形成空腔，焊缝内部易形成孔洞、沟槽等缺陷，从而弱化接头强度。随着旋转速度的增加，沟槽宽度减小，当旋转速度提高到一定数值时，焊缝外观良好，内部的孔洞也逐渐消失。在适宜的旋转速度下，接头可获得最佳强度值。

3) 焊接压力

焊接压力除了影响搅拌摩擦生热以外，还对搅拌后的塑性金属起到压紧作用。试验表明，当焊接压力不足时，表面热塑性金属"上浮"溢出焊缝表面，焊缝内部由于缺少金属填充而形成孔洞。当焊接压力过大时，轴肩与焊件表面摩擦力增大，摩擦热将使平台发生粘附现象，使焊缝两侧出现飞边和毛刺，焊缝中心下凹量较大，不能形成良好的焊接接头，表面成形较差。

此外，搅拌头的倾角影响塑性流体的运动状态，从而对焊核的形成过程产生影响，搅拌头的插入速度决定搅拌摩擦焊起始阶段预热温度的高低及能否产生足够的塑性变形和流体的流动；搅拌头的形状决定了搅拌摩擦焊过程的生热及焊缝金属的塑性流动，最终影响焊缝的成形及焊缝性能。关于搅拌摩擦焊的焊接参数对焊接质量影响的定量分析，还有待于进一步研究。

五、搅拌摩擦焊的应用实例

搅拌摩擦焊经历十几年的研究发展，已经进入工业化应用阶段。搅拌摩擦焊在美国的宇航工业、欧洲的船舶制造工业、日本的高速列车制造等领域均得到了非常成功的应用。

船舶制造和海洋工业是搅拌摩擦焊首先获得应用的领域，主要用于船舶零件的焊接上，如甲板、侧板、防水壁板和地板，还有船体外壳和主体结构等，已成功焊接了 6×16 mm 的大型铝合金船甲板。此甲板采用厚度 6 mm、宽度 200～400 mm 的 6082-T2 铝合金进行纵缝拼焊而成。

在航空制造方面，搅拌摩擦焊在飞机制造领域的开发和应用还处于试验阶段，主要利用 FSW 实现飞机蒙皮和桁梁、筋条、加强件之间的连接，以及框架之间的连接。图 3-79 是用搅拌摩擦焊焊接的空中客车 A340 的机翼结构图。

在航天领域，搅拌摩擦焊已经成功应用在火箭和航天飞机助推燃料筒体的纵向对接焊缝和环向搭接接头的焊接。人们已用 ESAB 公司生产的称为 Superstir 的搅拌摩擦焊机焊接了直径 2.4 m、板厚 22.2 mm、型号为 2014-T6 铝合金 δ 火箭燃料筒的纵缝(图 3-80)。与 MIG 焊相比，搅拌摩擦焊缺陷率很低，MIG 焊焊缝长 832 cm 会出现一个缺陷，而搅拌摩擦焊焊缝长 7620 cm 才出现一个缺陷，相当于 MIG 焊的 1/10。最近，在 δIV 火箭中以搅拌摩擦焊焊接的 1200 m 长焊缝中无任何缺陷出现。

图 3-79　空客 A340 机翼搅拌摩擦焊

图 3-80　2014-T6 铝合金δ火箭燃料筒的摩擦焊纵缝

在铁道车辆中，搅拌摩擦焊已经用来制造高速列车(图 3-81)、货车车厢、地铁车厢和有轨电车等，也为汽车轻合金结构的制造提供了巨大的可能。

在建筑工业方面，采用搅拌摩擦焊焊接了蜂窝状结构的大型地面。面板厚为 2.5 mm、翘板厚为 5 mm、中心高为 100 mm，焊接规范为搅拌头转速 1500 r/min，焊接速度 250 mm/min。此外，搅拌摩擦焊在铝合金桥梁和铝合金、镁合金、铜合金的装饰板的制造中获得了应用。

在电子工业方面，搅拌摩擦焊已用于大型铝合金散热片的焊接，使散热片具有很好的热性能和耐振动特性。

搅拌摩擦焊已在越来越多的领域得到了广泛的应用，在叶轮的焊接、尤其是铝合金叶轮的焊接中也得到了广泛的应用，如图 3-82 所示。随着人们对搅拌摩擦焊技术认识的提高，预计在不远的将来，铝合金材料的连接将主要由搅拌摩擦焊来完成。尤其在运载火箭、铝合金高速列车、铝合金高速快艇、全铝合金汽车等项目中，搅拌摩擦焊技术将会占到主导地位。

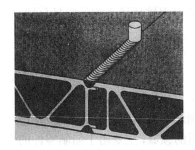
图 3-81　高速列车用结构 25 m 长的搅拌摩擦焊焊缝

图 3-82　搅拌摩擦焊焊接的叶轮

项目八　铝　热　焊

学习目标

　　(1) 了解铝热焊的原理；
　　(2) 了解铝热焊的应用；
　　(3) 了解铝热焊工艺；
　　(4) 了解铝热焊设备。

知识链接

★ 知识点 1　铝热焊的原理及应用

一、铝热焊的原理

铝热焊是利用金属氧化物被铝还原放出的反应热进行焊接的方法。19 世纪末期，基于冶炼和化学工业的发展，人们找到了利用铝热焊剂作为热源的铝热焊法。20 世纪初，德、英、美、法等国开始采用铝热焊接法焊接电车轨道，之后在铁路线路上投入使用(图 3-83)。

1924 年，德国首先把铝热焊法用于长钢轨的焊接。现今铝热焊接法已被公认为高效、快速的焊接方法。它采用的工具设备比较简单，特别适合于工地流动作业。因此，人们普遍把它作为焊接长钢轨联合接头的方法。我国铁路于 1960 年开始采用铝热焊接法焊接长钢轨的联合接头，1966 年在各铁路局推广使用，并在焊剂质量及焊接工艺方面进行了系统的研究与改进。

图 3-83　铝热焊接钢轨现场

铝热焊是用化学反应热作为热源的焊接方法。焊接时，预先把待焊两工件的端头固定在铸型内，然后把铝粉和氧化铁粉混合物(铝热剂)放在坩埚内加热，使之发生还原放热反应，成为液态金属(铁)和熔渣(主要为 Al_2O_3)，继而注入铸型。液态金属流入接头空隙后形成焊缝金属，熔渣则浮在表面上。

在钢轨的铝热焊中，由于还原出的铁比重大，会沉于坩埚底部；铝氧化成氧化铝所形成的熔渣较轻，浮于上部。高温的含铝热钢水随即浇入扣在轨缝上的砂型中，将两轨端熔化，浇注金属本身又作为填充金属，将两轨焊接起来。用铝热焊焊接铁轨的过程如图 3-84 所示。

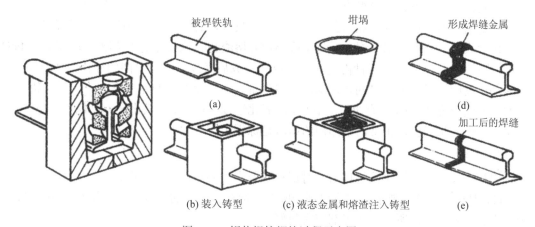

图 3-84　铝热焊接钢轨过程示意图

二、铝热焊的应用

铝热焊主要用于铁路钢轨、混凝土钢筋以及铜铝导体的现场焊接等。铝热焊还被大量用于修复工作，在国内还被用于石油管道接地线的焊接，以及大断面铸锻件的焊接、修复等。在军事方面，这种方法能够用于破坏战争中缴获并准备放弃的装备的活动部件。

除钢轨的焊接外，另外一个典型应用是被用来进行导线的连接。电缆的铝热焊焊接头如图 3-85 所示。

图 3-85　电缆铝热焊焊接头

★ 知识点 2　铝热焊使用的材料

一、铝热焊剂的组成和作用

铝热剂的混合比为铁含 3~4 份，铝约 1 份。发生化学反应的理论温度为 3093℃，但由于热损失和各种添加材料的影响，熔化金属的温度约为 2100℃。

铝热剂(图 3-86)是铝热焊的基本材料，铁系金属的铝热剂混合物除了单纯的铝热剂粉(氧化铁和铝)外，还有低碳钢铝热剂、钢轨焊接用铝热剂、铸铁用铝热剂和耐磨用铝热剂。根据用途的不同，可在这些铝热剂中添加铁粉、石墨粉(调整碳的含量)、Mn、Si、Ti、V、Mo、Ni 等，以及以萤石为主要成分的焊剂。添加铁粉可有效利用铝热剂的反应热，对于调节焊接金属的熔化温度和反应速度很有效，各种添加元素可用来控制脱氧、细化晶粒和化学成分。另外，焊剂可以改善渣的流动性，亦可影响反应速度。焊接铜导体以及铜与钢柱的铝热焊剂主要由氧化铜、铝粉、铜粉组成。

图 3-86　铝热剂

在坩埚中的铝热焊剂经点燃会立即进行化学反应，生成一定量的铁。经加入合金元素，调整化学成分后会形成铝热钢，同时生成 Al_2O_3 熔渣和其他成分的组成物，如 MnO、FeO 等进入熔渣中，反应在若干秒内完成，但反应完成后必须有一定时间的停留(镇静时间)，也就是在反应平静后适当时间才可浇注，以保证反应完全和铝热钢中含有一定量的铝。熔渣的主要成分为 Al_2O_3，含有少量的氧化铁、氧化锰以及硅酸物。氧化铁可以使熔渣呈黑色，氧化锰使熔渣呈褐色，正常的铝热钢的熔渣是棕褐色。

1. 铝粉

铝粉主要起还原氧化铁的作用。对铝粉的要求主要有以下两方面：

(1) 对化学成分的要求。铝热焊剂一般要求铝粉有较高的纯度，杂质如 Fe、Si、Cu 要少，不受潮和氧化，所以铝热焊剂应密封好。

(2) 对铝粉粒度的要求。粒度大小对反应速度影响很大，颗粒度太大，反应时间长，且热量损失大，所以对铝粉粒度有一定的要求范围：一般应采用粒度小于 0.6 mm 的铝粉，并且要求将不同粒度的铝粉按一定比例进行配制。

2. 氧化物

氧化物一方面可供给反应时所需要的氧，从而产生大量热量；另一方面，还原金属可作为焊接的填充金属。焊接钢时使用氧化铁，氧化铁包括 FeO、Fe_2O_3 和 Fe_3O_4 三种成分。一般要求含 FeO 的量在 60%(质量分数)左右，其余为 Fe_2O_3 和 Fe_3O_4。磷、硫含量需在 0.05%(质量分数)以下。氧化铁的氧化是从表面氧化逐渐深入到颗粒内部，所以氧化铁颗粒的表层由 Fe_2O_3 组成，核心部分则由 FeO 组成，氧含量随着颗粒大小而变化。氧化铁颗粒的大小对铝热焊剂反应速度的影响与铝粉粒度相似。

3．其他添加剂

为了控制铝热钢水温度和增加钢水生成量，在铝热焊剂中要加入适量的铁粉。为了提高焊缝的强度和硬度，在铝热焊剂中要加入一定量的铁合金，如锰铁、硅铁或其他铁合金。也可加入少量石墨，用以调整碳的含量。

二、铝热焊的辅助材料

铝热焊的辅助材料主要有铸型、坩埚、浇注孔、堵片、引燃剂等。

1．铸型

铸型包括用来形成焊缝、预热、浇铸部分的型腔，铸型应有足够的耐高温性和强度，同时还应具有足够的透气性，保证铸型内的气体在浇注过程中及时排出，防止形成气孔等缺陷。铸型可以是仅用一次的砂型，也可以是半永久性的金属模或者是可重复使用的碳模（图 3-87）。铸焊钢件时，铸型使用砂型。砂型一般用水玻璃石英砂强制成形，烘干而成。铸型也可用石墨机械加工成半永久性铸型，每个可用 50 次左右。

图 3-87　铝热焊碳膜

2．坩埚

坩埚主要用来容纳焊剂进行铝热反应（图 3-88），铝热焊剂在坩埚内反应的温度可达 2000℃以上，同时还伴随着强烈的沸腾现象。因此，要求坩埚或内衬材料具有较高的耐火度并与熔渣的化学作用较小，以防止由于熔渣的侵蚀而影响坩埚的使用寿命。

石墨的熔点和软化温度较高，可作为铜导体焊接坩埚的材料。但是在铝热反应时，在高温下石墨会使铝热钢水有较多的增碳。不能保证铝热焊缝的力学性能要求，所以在焊接钢轨中受到限制。Al_2O_3 虽具有高的耐火度，但价格昂贵，不适于大量使用。使用氧化铝含量较低的耐火材料制成的坩埚，其耐火度相应降低，但原材料供应充分，价格也较低廉。纯度高的 MgO

图 3-88　铝热焊多次使用坩埚

耐火度很高，但价格也较贵。工业上一般是以镁砂作原料，经高温烧结制成，烧结良好的镁砂坩埚寿命也会提高。石英砂的主要成分 SiO_2 也具有较好的耐火度，且价格较低，在要求不高、一次性使用的坩埚中已得到广泛应用。石英坩埚的缺点是耐蚀性差，焊缝中夹杂物含量也较多。

3．浇注孔、堵片

浇注孔与坩埚下口相通，孔的直径和高度由浇注金属确定。自熔堵片的尺寸应与孔径相对应。其作用是当铝热反应达到一定温度时，堵片熔化，实现自动浇注。

4．高温火柴

高温火柴燃烧温度在 1000℃以上，它由铝粉、镁粉和黏结剂等制成。高温火柴由引燃层和高温层组成，把引燃层擦燃后，将引燃高温层，发生剧烈燃烧，产生高温，进而把铝热剂引燃。

近年来，人们又研究出了适合各种强度钢轨的铝热焊剂和在焊剂中加入稀土元素来提高接头疲劳强度的新方法，以及采用射砂造型等新工艺。

★ 知识点3　铝热焊钢轨的工艺

一、焊接前的准备工作

准备砂箱、配制型砂(由水、膨润土和石英砂配成)并制成形态如钢轨外形的模子。备好置放铝热焊剂的坩埚，并检查坩埚的孔径及质量，配备加热钢轨及砂模用的预热器、压力汽油桶、汽油、氧气、铝热焊剂及一些辅助工具。检查清理现场杂物，准备好防火设备。

检查轨端是否有裂纹、毛刺、破损，轨端是否平直，焊前轨头要除锈、除油，轨端应平直，有扭曲的必须矫直。

两焊接钢轨的预留轨缝在浇注时应为 10～14 mm，在缝隙处的轨面要稍垫高一些(一般垫高 1～2 mm)，以免焊后金属收缩出现低塌现象。为更好地控制轨缝，避免因轨缝过大或过小而影响焊接质量，可采用轨缝固定器。如果没有轨缝固定器，可采用防爬器将长轨锁定于轨枕头上。长轨的锁定长度应根据当时气温变化幅度的大小决定。若用铝热焊焊接已铺线路的钢轨断头时，在卸下鼓包鱼尾板前要对焊接点前后 50 m 的线路加强临时锁定，以免因轨缝变化太大而影响焊接质量。

二、焊接工作

依照所需焊接接头的外形，制成黄蜡模型。模型外做成砂模，砂模材料以稀土及黏土混合材料为佳。如材料中杂质多，将来焊缝中易有气孔及杂质。材料黏合强度宜高，否则砂模易于破裂。砂模内具有预热口、浇口、升管、熔渣槽等。焊接批量大的小件(如钢筋等)时，推荐使用由钢或石墨制作的永久模具。

1. 制作砂型

砂型由两片组成，一片带预热孔，一片不带预热孔，砂型一般在现场用手工随制随用。砂型的好坏直接影响铝热焊接的质量，因此要求在造型时必须严格掌握尺寸规格。根据经验，需先捣实轨头上面的顶砂，然后顺序捣实轨底、轨腰及轨头其余部分的型砂。在安装预热孔塞棒时，要特别注意预热孔中心应与轨底水平绕成30°，以保证钢轨断面预热均匀。预热孔下方的回火扁孔应与轨底成45°，以便预热时使 3/4 火焰打入环形管，1/4 火焰打至汽化盒。砂模外面是金属砂箱，为脱模方便，可在模型里面涂微量的机油。

2. 卡砂型

卡砂型前应复查一下预热孔位置及预热塞棒的长短。先在砂型底部边缘抹上一道掺和黏土较多的型砂，然后把有预热孔的一片砂型扣在钢轨上，当这片砂型扣好，预热孔对准轨缝中心时，再卡入不带预热孔的一片砂型。卡砂型由两人进行，砂型卡入钢轨时，要端正砂型并平直地慢慢推入，不要卡偏。万一卡偏，要把砂型平直地拉出，再平直地卡入，切不可左右移动砂型，以免损坏。两片砂型完全吻合后再用砂型卡将砂型卡牢。接着，再用型砂把缝堵死，严密封箱，特别注意要封严轨底部分。

卡完砂型后，可把用型砂打底抹平的熔渣斗挂于砂箱上。与砂箱接触处则用型砂塞严，然后用喷灯加以烘烧。

3. 预热

预热是铝热焊很重要的工序，直接影响焊接质量。预热温度不够时，不能浇铸。

以汽油、氧气为燃料，用特制的预热器经过砂型预热孔来预热砂型及两钢轨端部。预热时间一般为 8～12 分钟，预热温度要求达到 850～1000℃(这时钢轨呈现橘黄色)。要力求整个钢轨断面的预热温度均匀。

4. 装料

在预热的同时，即可准备坩埚、装填焊剂等物。装料时要注意封口钉的上部要与出钢口密贴，下部伸出坩埚 15～25 mm。要把石棉搓成纤维状(不得成块状)，覆盖在封口上面，电熔镁砂的厚度约为 10 mm。

在加料的同时，在预热塞棒的顶盖内加入少量的镁砂并套在预热孔塞棒上。套时要轻轻压紧，以免因顶盖变形而不能顺利地插入预热孔。

5. 安置坩埚，封闭砂箱

当预热温度达到要求时，即可将坩埚架放到砂型上面，将出钢口对准砂型浇铸口的中央。坩埚底距砂箱顶部要保持 40～50 mm。若坩埚太高，浇铸时铁水冲击砂型可能使砂型损坏，低一点还可减少铁水的氧化。

三、保护砂型安装及焊剂填入

保证砂型完好无损，不受潮，将砂型放在轨缝处进行试合、摩擦，以使钢轨密贴。将底模放置好，装好砂型，用弓形卡将砂型卡牢，将砂型上盖口盖上，用封箱泥将砂型缝填实。装好接渣斗，斗内放置干砂。检查焊剂及坩埚后将焊剂放入坩埚，加高温火柴，盖上坩埚帽。

四、预热

将砂型安装好后进行预热。预热前先调整好预热器、支架位置，调整好预热器嘴底部与轨面距离，将预热器放入砂型中并迅速居中定位，预热时间根据钢轨的型号不同而变化。

五、施焊

预热完毕后，将装有焊剂的坩埚放于砂型上方的坩埚架上，用预热器点燃坩埚内的高温火柴，并迅速盖上坩埚帽，准备浇铸。

坩埚内反应完毕后，使熔铁流入砂模。焊接后金属仍留在模内，施以 6 h 以上退火。

六、焊接结束

浇铸完后，撤走坩埚、砂型模具。然后清除封箱泥、拆模、除瘤。除瘤可以采用液压除瘤机完成，在焊后 4～5 min 进行。除瘤完毕后，用轨顶打磨机进行轨顶磨修，将焊接接头打磨平整。整个铝热焊接过程结束。

七、焊后处理和质量检验

焊接结束后，还可根据要求对接头进行热处理，保证焊缝的组织和性能。根据铁道行业标准，钢轨铝热焊接头质量检验包括弯曲、疲劳、断口检查以及抗拉强度、屈服强度、伸长率、硬度、冲击韧度等。除上述要求外，对焊接接头应进行探伤，不得有裂纹、过烧、未焊透、气孔、夹渣等缺陷。

★ 知识点 4　铝热焊的典型缺陷

铝热焊出现的缺陷有缩孔、疏松、气孔、夹砂或夹渣、粘砂、热裂、焊不满、焊不住、外形不良等。其成因如下：

一、缩孔和疏松

在高温钢水冷凝过程中会自然形成体积收缩，最后冷凝的部位形成孔穴，称为缩孔。小而不连贯的缩孔若比较均匀地分布在铸件的局部，称为疏松。缩孔和疏松形成的主要原因有：

(1) 浇注系统的设计违背顺序冷凝的原则，使钢水的冷凝收缩过程得不到钢水的补充。

(2) 预热工作不正常，局部钢轨温度过高，形成突出的高温区。

二、气孔

气孔主要由于下列原因形成：

(1) 铝热焊剂受潮，在焊剂反应时形成气体，进入焊缝未能及时逸出。

(2) 焊剂中有油质混入，反应时油质燃烧产生气体，未能排出焊缝。

(3) 砂型配比不当，透气性能不良。

(4) 预热后至浇注前的停留时间过久，使预热温度下降。

(5) 预热塞棒帽有铁锈、油污、水分，坩埚浇注口过大或烘烤不干等。

三、夹砂或夹渣

夹砂或夹渣的主要原因有：

(1) 砂型强度不够或卡箱作业不仔细，砂掉入型腔内、损坏了砂箱。

(2) 浇注系统设计不合理，浇注时钢水在型腔内流动不顺，砂型经不住冲刷而脱落。

(3) 制型时，砂型捣固不实。

(4) 坩埚内衬型砂配比不当，经不住冲刷，打钉过早或自动浇注，坩埚体积太小，浇注时使渣与钢水分离不彻底，混入钢水并注入砂型内，形成夹渣。

四、粘砂

粘砂使焊缝表面粗糙不平，影响焊缝疲劳强度，其原因为：

(1) 型砂材质不好，耐火度低，遇到高温钢水使型砂表面熔化，冷却后形成了粘砂。

(2) 型砂粗或捣固不实，影响钢水的表面张力，造成粘砂。

(3) 钢水中的氧化物和型砂产生化学作用而形成粘砂。

五、热裂

钢水凝固后，在高温区形成的热裂纹为热裂，其原因为：

(1) 浇注系统设计不良，钢水冷凝后产生收缩应力，或在操作时受到外力。

(2) 焊剂中含硫量过高。

(3) 拆箱过早，或焊缝在气温低的情况下受到激冷。

六、焊不满

焊不满的原因有：

(1) 砂型设计断面过大、模板不标准、轨缝预留过大，钢水不足。

(2) 卡箱不严密，有"跑铁"现象。

(3) 采用的焊剂与所焊钢轨类型不符，焊剂的用量不够。

七、焊不住

焊不住是指在焊接断面上存在没有熔化的区域，其原因为：

(1) 预热温度过低，预留轨缝过小。

(2) 浇注系统设计不良，钢水进入型腔后未能使轨端熔化。

(3) 卡箱时，砂箱偏斜。

八、外形不良

外形不良的主要原因有：

(1) 钢轨未经调直或有扭曲等；轨端不平顺，钢轨端面尺寸超过公差标准。

(2) 钢轨切割或锯断时，切口端面不平直，其不平度超过 2 mm，或切割的熔渣未清除。

(3) 整修加工操作粗糙。

(4) 在对轨时，操作不仔细，造成低接头、高接头、左右错牙、上下错牙或扭曲。

总而言之，铝热焊的焊接质量较差，在焊接钢轨时的极限强度只及铁轨母材的 70% 左右，疲劳强度只及原钢材的 45%～60%。

项目九　爆　炸　焊

学习目标

(1) 了解爆炸焊的原理；

(2) 了解爆炸焊的应用；

(3) 了解爆炸焊工艺；

(4) 了解爆炸焊设备。

知识链接 📖

★ 知识点 1　爆炸焊的原理及分类

爆炸焊是以炸药为能源进行金属间焊接的方法。这种焊接是利用炸药的爆轰，使被焊金属面发生高速倾斜碰撞，从而在接触面上造成一薄层金属的塑性变形，在此十分短暂的过程中形成冶金结合。

人们在弹片与靶子的撞击中早已观察到爆炸焊接现象，但最早记入文献的是美国的卡尔。1957 年，美国的费列普捷克成功实现了铝和钢的爆炸焊接。20 世纪 50 年代末，国外开始了系统研究。60 年代中期以后，美、英、日等国先后开始了爆炸焊接产品的商业性生产。我国是 60 年代末和 70 年代初开始试验及生产的。爆炸焊已逐渐地应用于国民经济的一些部门。

一、爆炸焊原理

爆炸焊是以炸药为能源，利用爆炸时产生的冲击力使焊件发生剧烈碰撞、塑性变形、熔化及原子间相互扩散，从而实现连接的一种压焊方法。能承受工艺过程所要求的快速变形的金属，都可以进行爆炸焊。

1. 基本原理

爆炸焊是一个动态焊接过程，图 3-89 和 3-90 是典型的爆炸焊过程。爆炸焊时，首先将炸药、雷管和焊件进行安装，然后用雷管引爆炸药，炸药以恒定速度自左向右爆轰。爆炸瞬时释放的化学能将产生高压、高温和高速冲击波，随即作用在覆板上，使其与基板猛烈撞击，接触界点将产生射流。射流的冲刷作用清除了焊件表面的氧化膜和污物，使金属接触并在高压下紧密结合，形成金属键。随着炸药连续爆炸，界面将不断地前移，形成连续的结合面。

接触界面产生的射流以及变形与加速运动，是连续完成的。因此，炸药的引燃必须是逐步进行的。如果炸药同时爆炸，压力再高也并不能产生良好的结合。

2. 爆炸焊接头的结合特点

依据焊接条件的不同，爆炸焊接头的结合面可以有以下两种基本形式：

(1) 平坦界面。该类结合的特点是界面上可见到平直、清晰的结合线，基体金属直接接触和结合，没有明显的塑性变形或熔化等微观组织形态。形成这种结合特点的原因是速度低于某一临界值。但此时接头的强度不稳定，因而生产实际中很少采用。

(2) 波浪形。当撞击速度高于某一临界值时，接头的结合区呈现有规律的连续波浪形状，界面形成或大或小的不连续漩涡区，漩涡区内部由熔化物质组成。这种接头性能优于平坦界面结合。

二、爆炸分类

(1) 按装配方式，可将爆炸焊分为平行法装配和角度法装配。平行法装配时，见图 3-89，基板、覆板等距平行装配，预制夹角为零。焊接时试件随炸药爆炸的推进一次形成连接，接头各处的基本情况相同。角度法装配时，见图 3-90，基板、覆板间距不等，存在预制夹角。焊接时由两试件间隙较小处开始起焊，依次向间隙较大处推进，由于间隙不能过大，试件尺寸也不能太大。

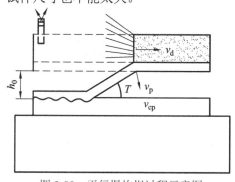

图 3-89　平行爆炸焊过程示意图　　　　　　　图 3-90　角度爆炸焊过程示意图

(2) 按接头形式，可将爆炸焊分为点爆炸、线爆炸和面爆炸等，其中线焊和点焊在实际生产中应用较少，面焊是爆炸焊应用的主要类型。

(3) 按试件是否预热，可将爆炸焊分为热爆炸焊和冷爆炸焊。热爆炸焊是将常温下脆性值较小的金属材料加热到它的韧脆转变温度以上后，立即进行爆炸焊接；冷爆炸焊是将塑性很高的金属置于液氮中，待其冷硬后取出，立即进行爆炸焊接。

★ 知识点 2　爆炸焊的特点及应用

一、爆炸焊的特点

1．爆炸焊的优点

(1) 爆炸焊可在同种金属或异种金属之间形成一种高强度的冶金结合焊缝。

(2) 可以焊接面积范围为 $13 \sim 28 \ m^2$ 的各种零件。

(3) 不需要填充金属结构设计。

(4) 可以进行双层、多层复合板的焊接，也可用于各种金属的对接、搭接焊缝与点焊。

(5) 焊接表面不需要进行很复杂的清理，只需去掉较厚的氧化皮和油污。

(6) 焊接工艺比较简单，不需要复杂设备，能源丰富。投资少，应用方便。

2．爆炸焊缺点

(1) 被焊的金属材料必须具有足够的韧性和抗冲击能力，以承受爆炸的冲击力和剧烈碰撞，对屈服强度大于 690 MPa 的高强度合金难以进行爆炸焊。

(2) 爆炸焊时，被焊金属间的高速射流呈直线喷射，因此一般只用于平面或柱面结构的焊接，复杂形状的构件受到限制。

(3) 爆炸焊大多在野外露天作业，机械化程度低、劳动条件差，易受气候条件限制。

(4) 爆炸焊时产生的噪声和气浪对周围环境有一定影响。

二、爆炸焊的应用

爆炸焊主要用于制作金属复合板材，使其表面或覆层具有某种特殊的性能；也可用于异种材料(异种金属、陶瓷与金属等)的过渡接头，使其具有良好的力学性能、导电性能和耐蚀性能。

★ 知识点 3　爆炸焊工艺

由于爆炸焊主要用于制作金属复合板材，焊接工艺也以此为例进行介绍。

一、焊前准备

1. 接头设计

按焊件的类型不同，可分为"板-板、管-管、管-板"爆炸焊；按产品和工艺要求，接头形式主要分为对接和搭接两种。基板越厚，基板与覆板的厚度比越大，越容易焊接，爆炸复合质量越容易保证。一般要求基覆比大于2。

2. 被焊材料的表面清理

虽然爆炸焊时形成的金属射流能清除金属表面的氧化膜，但其所清除的薄膜厚度只有几微米至几十微米，对更厚的锈蚀和氧化层无法彻底清除，从而影响结合性能，故安装前应将待焊面上的污物除去。常用的清理方法有化学清洗、机械加工、打磨、喷砂和喷丸等。

爆炸焊接前，对待焊结合面处理的越干净、越平整，爆炸焊接头的强度越高。表面粗糙度值越小越好，其要求取决于被焊金属的性能，一般要求表面粗糙度 $R_a \leqslant 12.5\ \mu m$。

3. 炸药的准备

选用炸药的原则是爆炸速度合适、稳定、可调、使用方便、价格便宜、货源广、安全无毒。炸药的最大爆炸速度一般不应超过被焊材料内部声速的120%，以便产生喷射和防止对材料的冲击损伤。炸药的爆炸速度由炸药厚度、填充密度或者混合在炸药中的惰性材料的数量决定，配置焊接用的炸药一般都是为了降低其爆炸速度。

二、爆炸焊工艺流程

焊接时，需将焊件按预定的形式进行工艺上的安装。

1. 堆造基础

将筛分好的砂子堆制成安置焊件的基础，该基础高度为200～300 mm，其上表面面积等于或略大于基板的底面积。

2. 安放基板

将基板安放到砂基础上，保持砂基础的原始形状。对基板的待焊表面用纱布再次擦拭一次，并用酒精清洗，以保证表面的洁净。

3. 安放覆板

先将待焊的覆板表面用纱布和酒精再次清洗干净，然后将其吊放(或抬放)到基板上。放置时，将两块板的待焊面相向接触。注意：覆板的长度和宽度应比基板相应大5～10 mm。管与管间爆炸焊时，管材也应有类似的额外伸出量。

4. 安放间隙柱

为了保持基板与覆板之间的距离，用螺钉旋具从周边插入基板和覆板之间的缝隙之中，然后撬动覆板。将覆板向上抬高一定距离，然后将一定长度的间隙柱放置其中，使两板之间形成以间隙柱长度为尺寸的间隙距离。

5. 涂抹缓冲保护层

当覆板在基板上支撑起来以后，用毛刷或滚筒将水玻璃或黄油涂抹在覆板的上表面，有时采用橡胶材料作缓冲层，这一薄层物质能起缓冲爆炸载荷和保护覆板表面免于氧化损伤的作用。

6. 安放药框

将预备好的木制或其他材质的炸药框放到覆板上面，药框内缘尺寸比覆板的外缘尺寸稍小。

7. 布放炸药

炸药分为主炸药和引爆炸药。药框安放好后，将主炸药用工具放入药框之内，然后将主炸药摊平，并保证各处厚度基本相同。主炸药通常用 2 号岩石炸药。为了提高主炸药的引爆和传爆能力，在插放雷管的位置上布放 50～200 g 的高爆速型引爆炸药。引爆炸药也可在主炸药布放之前放到预定的位置上。

8. 安插雷管

炸药布放好后，将雷管插入到引爆炸药的位置上，与覆板表面接触。通常用 8 号工业电雷管。

9. 引爆焊接

雷管的选择不同，引爆方式也不同。炸药的引爆必须是逐步进行的，如果炸药同时一起爆炸，整个覆板会与基板进行撞击，即使压力再高，也不能产生良好的结合。

爆炸焊的全部工艺流程如图 3-91 所示。

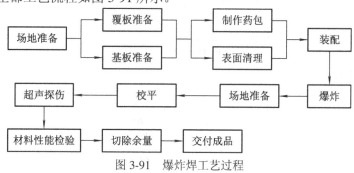

图 3-91 爆炸焊工艺过程

三、焊接参数选择

爆炸焊主要规范参数有：炸药品种、单位面积药量、起爆方式、基-覆板间间隙、安装角、基覆比、支持方法和焊前表面状态等。要使复合板质量优良，必须选用适当的焊接工艺参数。合理的焊接参数应满足以下三个要求：在界面瞬间剧烈碰撞时产生射流；在结合区呈现波浪形；消除或减少结合区的熔合。

1. 对材料的要求

复合板爆炸焊所用的基板和覆板均要求平直，而且表面要光洁。钛-钢复合板爆炸焊时，对 1 m 长的覆板(钛板)要求瓢曲度小于 10 mm。中间鼓起或高低不平的波浪板均不合乎要求。因为用这样的板进行爆炸复合时，易产生大面积熔化及表面烧伤，影响复合板的质量。

爆炸焊接对材料的要求并不严格，但塑性好、冲击韧性高以及强度低的材料较易于复合。如铜-碳钢、工业纯钛-碳钢等，其复合效果较好。

对 TA1、TA12、TA13 与 14MnMoV、15MnV、16Mn、16MnCu、18MnMoNb、20MnMo等的复合，在适当调整工艺参数后，可以得到剪切强度大于 200 MPa、性能良好的复合板。

此外，在制定焊接工艺时要考虑到原材料的熔点、密度、声速等(即碰撞给予金属或金属系统的应力超过单向弹性压缩极限时的波速，其中声速较为重要)。根据上述情况，选择炸药种类和复合时的安装方法。

2. 炸药种类及单位面积药量

1) 炸药种类的选择

炸药的选用是以原材料的声速和复合板厚度为依据。一般选用中、低爆速，潜能大，敏感度较低的炸药。根据资料介绍可知，选用炸药的爆速应低于材料声速的 1.2 倍。若高于此，会出现斜冲波而得不到喷射流，且产生板变形和连接层裂缝，爆速也不能太低，太低同样得不到喷射流，亦得不到好的复合质量。

若采用高爆速型炸药时，需采用角度法安装，以降低碰撞点的移动速度 v_{cp}，使 v_{cp} 在材料的亚音速范围之内。图 3-92 所示为角度法安装时，理想爆炸复合过程的瞬时概况图，其速度关系如下：

$$v_{cp} = v_d \frac{\sin \theta}{\sin \beta} = v_d \frac{\sin \theta}{\sin(\alpha + \theta)}$$

$$v_p = 2v_d \sin \frac{\theta}{2}$$

$$v_{cp} = \frac{v_p}{\sin(\alpha + \beta)}$$

也可按下式估计 v_p：

$$v_p = \frac{0.578 \dfrac{W_g}{m}}{2 + \dfrac{W_g}{m}}$$

式中：W_g——单位面积炸药量(g/cm^2)；

　　　m——覆板的单位质量(g/cm^2)；

　　　v_{cp}——移动速度(m/s)；

　　　v_d——炸药爆速(m/s)；

　　　v_p——覆板下落速度(m/s)。

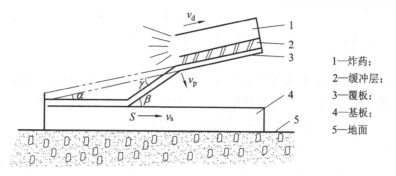

图 3-92　爆炸焊过程瞬时图

1—炸药；
2—缓冲层；
3—覆板；
4—基板；
5—地面

2) 单位面积药量

单位面积药量代表能量大小。覆板是否能达到足够速度向基板碰撞，使碰撞点前缘的压力超过某一临界压力，主要由单位面积药量来决定。由此可见，决定单位面积的药量大小是很重要的。但到目前为止，单位面积药量的大小尚未有合适的计算公式，主要靠试验来确定。

3．安装方法及间隙

1) 安装方法

双金属爆炸复合的安装方法有平行法及角度法两种。通常小面积采用角度法，大面积采用平行法或小角度法。管爆炸复合的安装方法亦有两种，内爆安装法和外爆安装法。

2) 安装间隙

安装间隙对复合质量影响甚大，试验证明，当间隙 $A=0$ 时，覆板和基板基本不能复合；间隙过大时，复合板的界面有烧伤、打伤、裂纹等现象，结合强度被削弱。间隙的大小是根据单位面积炸药量的大小和覆板的密度、厚度来考虑的。一般来说，当单位面积药量高时，安装间隙应小些；单位面积药量偏低时，安装间隙应大些。

间隙的主要作用是保证覆板下落加速到所需值，使之形成一个适当的压力，从而产生射流。间隙 h 和覆板的下落速度 v_p 有如下关系：

4．基、覆板厚度及表面处理

基板和覆板结合表面的粗糙度对复合质量影响较大。表面粗糙度大时，摩擦加大，降低了爆炸复合过程的均匀性和连续性，同时还影响对于表面脏物的去除。从表 3-20 可看出表面光洁度对复合板质量的影响。基覆比(基板与覆板厚度之比)对复合质量也有影响：一般来说，基覆比大时容易复合，基覆比小时复合比较困难。通常基覆比应大于 3。

表 3-20　表面处理方法对复合性能的影响

序号	处理方法	炸药量 $W_g/(g/cm^2)$	分离强度 $\sigma_分/MPa$
1	磨光	1.5	1.90
2	水磨石机磨光	1.5	1.15
3	砂轮打磨	1.5	0.90

5．缓冲层及基础的选择

1) 缓冲层

缓冲层主要用来保护铁板(覆板)表面免受损伤及污染。但在选用缓冲层时，要考虑不使炸药能量损失过大。目前使用的缓冲层材料有橡胶板，塑料、沥青等。经试验得知，使用沥青做缓冲层效果较好。使用沥青作缓冲剂时，最适宜的厚度为 3～6 mm。

　　2) 基础的选择

　　刚性基础适用于薄的基板及要求复合板平整度较高的情况。若无特殊要求，且又有对复合板进行平整的条件时，无论在砂地或大草原上进行板复合爆炸均允许。对于内爆法管复合，则对刚性基础(即模具)有要求，以保证复合材料的变形量不至过大。

　　6. 起爆方式

　　一般情况下采用端部起爆，但根据实际需要和材料的集合形状、炸药爆炸性能，还可以采用中心起爆。

　　1) 端部起爆法

　　端部起爆有 T 字形起爆和平面波发生器起爆两种。T 字形起爆是将导爆索做成 T 字形，放在炸药的一端引爆。目的是要使具有一定宽度的炸药近于同时引爆。平面波发生器起爆是另一种起爆方式。炸药爆炸时轰击波是球面波，对于复合板来说，从一端起爆时，波阵面就形成一个弧形，即中心突出、两边缘落后，这将影响复合质量。采用平面波发生器的目的是想把炸药爆炸产生的球面波改为平面波。这样与炸药爆炸方向垂直的一个横断面上的炸药都会同时引爆，使同一横断面上的覆板同时受到作用而发生变形，复合质量得到提高。

　　2) 中心起爆法

　　从炸药的性能来看，中心起爆可以充分利用炸药并完全爆炸。其爆炸均匀，爆速稳定，能提高复合质量，特别是对大面积复合，采用中心起爆比端部起爆更为合适，而且性能也好。目前，用中心起爆法已能复合出十几平方米的铝复合钢板，但其缺点是在起爆点附近有一定大小面积不能复合。因为该区的覆板和基板发生的是垂直碰撞，没有形成复合条件。如果采用聚能装药的形式起爆，或预先在起爆点给覆板一个小的变形，使最初的碰撞区减小，在它周围就能形成一个碰撞角，两板就会产生倾斜碰撞，形成复合条件使两板复合。只有中心极小区域(直径约 20 mm)没有复合，一般不影响使用。

★ 知识点 4　爆炸焊常见缺陷及使用安全

　　一、常见的爆炸焊缺陷

　　(1) 结合不良。结合不良是指爆炸焊后，覆板和基板之间全部或大部分没有结合，或者即使结合但强度较低。要克服这种缺陷，首先应选用低爆速炸药，其次是保证足够的炸药量和适当的间隙距离，另外，选择合适的起爆位置可以缩短间隙排气路程，从而创造有利于排气的条件。

　　(2) 鼓包。鼓包是指在复合板上的局部位置有凸起，期间充满气体，敲击时发出"梆梆"声。要消除鼓包，除了选择合适炸药量和间距外，还要创造良好的排气条件。

　　(3) 大面积熔化。大面积熔化产生的主要原因是焊接过程中间隙内的气体没有及时排出，在高压作用下，被绝热压缩，大量的绝热压缩热使气泡周围的一薄层金属被熔化。要减轻和消除这种现象，主要是采用低爆速型炸药和中心起爆法，以创造良好的排气条件。

(4) 表面烧伤。表面烧伤是指覆板受爆炸和热氧化而烧伤。防止措施是使用低爆速炸药和采用黄油、水玻璃或沥青等保护层，置于炸药与覆板之间。

(5) 爆炸变形。爆炸变形指爆炸焊后，复合板在长、宽、厚三个方向的尺寸和形状上发生宏观的、不规则的变化。一般情况下，这种变形很难避免，但可以采取一些措施减轻变形，例如增加基板的刚度或采用其他特殊工艺措施。变形后的复合板在加工或使用前必须校平或调直。

(6) 爆炸脆裂。常温下，冲击韧性低、硬度高的材料易出现此种缺陷。除非采用热爆炸焊工艺(即焊前对工件预热)，否则很难消除。

(7) 雷管区未结合。在雷管引爆部位，由于能量不足和排气不畅而引起该区未结合，通常可以采用在该处增加炸药量或将其引出复合面积之外的办法来避免。

(8) 微观缺陷。爆炸焊的微观缺陷如微裂纹、显微大洞等，它们是由于装药量过多所致。所以，在保证能焊合的前提下应尽量减少装药量。

这些缺陷影响焊接件的力学性能，严重时还会造成产品报废。

二、爆炸焊安全注意事项

爆炸焊所使用的炸药和爆炸元件是危险的，要注意运输、储存和使用中的安全，以免造成人员伤害和财产损失。

1．运输安全事项

雷管、导爆索、炸药等禁止用拖车运送。运输车上应有规定的警戒标志，运输时应防潮，严禁明火和吸烟。

2．储存安全事项

由于炸药品种繁多，特性各异，必须分类存放。一切爆炸用品严禁与氧化剂、酸、碱、盐、易燃物、可燃物、金属粉末和铁器等同库储存。敏感度高的起爆药和起爆器材不能与敏感度高的炸药和点火器同库储存。仓库需防雷击，应安装防爆式照明灯以防火。对仓库场地的选择和对存放量的把握应符合安全要求。

3．使用安全事项

爆炸品领取、加工需符合安全规定，以防发生爆炸和中毒事故。安置炸药、接线、插入雷管和起爆只允许爆炸工操作，其他人员应退到安全区。操作过程中要小心谨慎，药包不得受冲击，不得抛掷，在大雾、雷雨天禁止操作。起爆前应发出信号，等全体人员退到安全区后方可引爆。爆炸后需等 1～2 min 后，再根据信号进入爆炸区。发现"瞎火"时，应由专人处理。

项目十　电　阻　焊

学习目标 ✍

(1) 了解电阻焊的原理；

(2) 了解电阻焊的应用；

(3) 了解电阻焊工艺；

(4) 了解电阻焊的设备。

知识链接 🖹

★ 知识点 1　电阻焊的原理、分类及应用

一、电阻焊的原理

电阻焊是焊件组合后通过电极施加压力，利用电流通过接头的接触面及临近区域产生的电阻热将其加热到熔化或塑性状态，使之形成金属结合的焊接方法。

电阻焊与其他焊接方法相比有以下特点：

(1) 电阻焊冶金过程简单，热影响区小，变形小，易于获得质量较好的焊接接头。

(2) 电阻焊焊接速度快，特别对点焊来说，1 s 甚至可焊接 4～5 个焊点，故生产率高。

(3) 除消耗点电能外，电阻焊不消耗焊条、焊丝、焊剂等，可节省材料。

(4) 操作简便，易于实现机械化、自动化。

(5) 电阻焊所产生的烟尘、有害气体少因而使劳动条件改善。

(6) 电阻焊设备复杂，维修困难，一次性投资较高。其价格比一般弧焊机要贵数倍至数十倍。

(7) 目前尚缺乏简单而又可靠的无损检验方法。

二、电阻焊的分类及应用

电阻焊的分类方法很多，根据焊接接头的形式和工艺方法的不同可分为点焊、缝焊、凸焊和对焊四种形式。

1．点焊

将焊件搭接装配后，压紧在两圆柱电极间，并通以很大的电流，利用两焊件接触电阻，产生大量的热量，迅速将焊件接触处加热到熔化状态，形成似透镜状的液态熔池(焊核)，当液态金属达到一定量后断电，在压力的作用下，冷却凝固形成焊点，如图 3-93 所示。点焊适用于焊接 4 mm 以下的薄板(搭接)和钢筋交叉点，目前广泛用于汽车、飞机、电子、仪表和日常生活用品的生产。

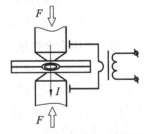

图 3-93　电阻点焊示意图

点焊时按对工件供电的方向不同，可分为单面点焊和双面点焊；按一次形成的焊点数，可分为单点、双点和多点点焊。

2．缝焊

缝焊与点焊相似，也是搭接形式。在缝焊时，以旋转的滚盘代替电焊时的圆柱形电极。焊件在旋转盘的带动下向前移动，电流断续或连续地由滚盘流过焊件时，即形成缝焊焊缝，如图 3-94 所示。缝焊适宜于焊接厚度在 3 mm 以下的薄板搭接，主要应用于生产密封性容器和管道等。如汽车油箱的焊接。

缝焊时，按熔核重叠程度不同，可分为连续缝焊、步进缝焊和滚点焊。

3．凸焊

凸焊是点焊的一种变形，凸焊通常是在两板件之一上冲出凸点，然后进行焊接，其焊接过程如图3-95所示。凸焊种类很多，除了板件凸焊外，还有螺帽、螺钉类零件凸焊等。

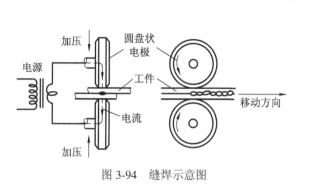

图3-94 缝焊示意图

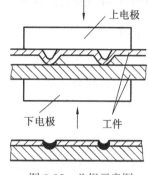

图3-95 凸焊示意图

4．对焊

根据焊接工艺过程不同，对焊可分为电阻对焊和闪光对焊。

1) 电阻对焊

将焊件置于钳口(即电极)中对正、夹紧，并借压紧机构施加压力使端面挤紧，然后通电加热，当零件端面及附近金属加热到一定温度(塑性状态)时，再切断电流，同时突然增大压力进行顶锻，使两个零件在固态下形成牢固的对接接头。

电阻对焊的接头较光滑，无毛刺，焊接过程较简单。但对焊件端面加工和清理要求较高，否则会造成接触面加热不均匀，产生氧化物夹杂、焊不透等缺陷，影响焊接质量。同时要求被焊的两个工件应为同种类金属。焊接时，工件不熔化，常用于焊接在塑性状态下可焊性良好的金属，如低碳钢等。适用于焊接断面简单，紧凑(例如圆形、正方形及长短边相差不大的长方形等)且断面直径小于 20 mm，强度要求不高的工件(如棒料和小直径厚壁管子)。

2) 闪光对焊

闪光对焊的焊接过程是先通电，再使两焊件轻微接触。由于焊件表面不平，使得接触点通过的电流密度很大，金属迅速熔化、气化、爆破，飞溅出火花，造成闪光现象。继续移动焊件，产生新的接触点，闪光现象不断发生，待两焊件端面全部熔化时，突然加速送进焊件，随即断电并进行顶锻，这时熔化金属被全部挤出结合面，靠大量塑性变形形成牢固接头，如图3-96所示。

闪光对焊是熔化对接焊法。焊前对被焊工件端面要求不高，接头中氧化物、夹渣较少，因而焊缝的强度和塑性较高。但金属损耗较多，焊后有毛刺，设备相对也

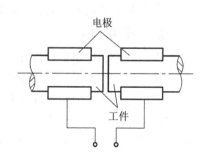

图3-96 闪光对焊示意图

较复杂。闪光对焊可用于相同金属或不同金属(钢-铜、铝-铜、铝-钢等)的焊接。可以说，工业上有价值的金属及合金均可用此法焊接。它可以焊接断面直径小到 0.01 mm 的金属丝，

也可以焊接直径 500 mm 的管子及截面为 20 000 mm² 的板材，如涡轮轴、锅炉管道等。

★ 知识点 2　电阻焊设备

常用的电阻焊设备有点焊机、对焊机、缝焊机等。

一、点焊机

固定式点焊机是由机座、加压机构、焊接回路、电极、传动机构和开关及调节装置所组成的，其中主要部分是加压机构、焊接回路和控制装置。

1) 加压机构

电阻焊在焊接中需要对工件进行加压，所以加压机构是点焊机中的重要组成部分。因各种产品要求不同，点焊机上有多种形式的加压机构。如小型薄零件多用弹簧、丝杠式加压机构；无气源车间则用电动机、凸轮加压机构；而采用更多的是压式和气-液压式加压机构。

2) 焊接回路

焊接回路是指除焊件之外参与焊接电流导通的全部零件所组成的导电通路。它是由变压器二次线圈、电极夹、电极、机臂、导电盖板、母线和导电铜排等组成。

3) 控制装置

控制装置是由开关和同步控制两部分组成。在点焊中开关的作用是控制电流的通断；同步控制的作用是调节焊接电流的大小，精确控制焊接程序，且当网路电压有波动时，能自动进行补偿等。

二、对焊机

对焊机是由机架、导轨、固定座板和动板、送进机构、夹紧机构、支点(顶座)、变压器和控制系统几部分组成。

1. 机架和导轨

机架上紧固着对焊机的全部基本部件。上部装有夹头和送进机构，下部装有变压器。导轨用来保证动板可靠的移动，以便送进焊件。

2. 送进机构

送进机构的作用是使焊件同动板一起移动，并保证有所需的顶锻力。送进机构应满足以下要求：保证动板按所需求的一定直线工作，当预热时，能往返移动；提供必要的顶锻力；能均匀地运动而没有冲击和振动。目前，常用的送进机构有三种：手动杠杆式，多用于 100 kW 以下的中小功率焊机中；弹簧式送进机构，多用于压力小于 750~1000 N 的电阻对焊机上；电动凸轮式送进机构，多用于大、中功率自动对焊机上。

3. 夹紧机构

夹紧机构由两个夹具构成，一个是固定夹具，另一个是动夹具。固定夹具直接安装在机架上，与焊接变压器二次线圈的一端相接，但在电气上与机架绝缘；动夹具安装在动板上，可随动板左右移动，与焊接变压器二次线圈的另一端相连。

夹紧机构的作用是：使焊件准确定位；紧固焊件，以传递水平方向的顶锻力；给焊件传送焊接电流。夹具可采用无顶座和有顶座两种系统，后者可承受较大的顶锻力。而夹紧力的作用主要是保证电极与焊件的良好接触。

目前常用的夹具结构形式有：手动偏心轮夹紧、手动螺旋夹紧、气压式夹紧、气-液压式夹紧和液压式夹紧。

4．焊接回路

对焊机的焊接回路一般包括电极、导电平板、二次软线及变压器二次线圈。焊接回路是由刚性和柔性的导线元件相互串联(有时并联)构成的导电回路。

三、电阻焊电源

电阻焊常采用工频变压器作为电源，电阻焊变压器的外特性采用下降的外特性，与常用变压器及弧焊变压器相比，电阻焊变压器具有以下特点：

(1) 电流大、电压低。电阻焊是以电阻热为热源的，为了使工件加热到足够的温度，必须施加很大的焊接电流。常用的电流为 2～40 kA，在铝合金点焊或钢轨对焊时甚至可达 150～200 kA。由于焊件焊接回路电阻通常只有若干微欧，所以电源电压低，固定式焊机通常在 10 V 以内，悬挂式点焊机因焊接回路很长，焊机电压才达 24 V 左右。

(2) 功率大、可调节。由于焊接电流很大，虽然电压不高，焊机仍可达到比较大的功率，一般电阻焊电源的容量均可达几十千瓦，大功率电源甚至高达 1000 W 以上，并且为了适应各种不同焊件的需要，还要求焊机的功率应能方便地调节。

(3) 断续工作状态、无空载运行。电阻焊通常是在焊件装配好之后才接通电源的，电源一旦接通，变压器便在负载状态下运行，一般无空载运行的情况发生。其他工序如装卸、夹紧等，一般不需接通电源，因此变压器处于断续工作的状态。

四、电阻焊电极

电极用于导电与加压，并决定主要散热量，所以电极的材料、形状、工作端面尺寸和冷却条件对焊接质量及生产率都有很大影响。电极主要是用加入 Cr、Cd、Be、Zn、Mg 等合金元素的铜合金加工制作的。

点焊电极的工作表面可以加工成平面、弧形或球形。平面电极常用于结构钢的焊接，这种电极的制造和修锉容易。使用球面电极，焊点表面压坑浅，散热也好，所以焊接轻合金和厚度大于 2～3 mm 的焊件时，都采球面电极，其球面半径一般在 40～100 mm 范围内。

★ 知识点 3　电阻焊工艺

一、薄板点焊

1．焊前准备

薄板点焊工件的表面必须清理，去除表面的油污、氧化膜。冷轧钢板的工件，表面无锈蚀，只需去油；对铝及铝合金等金属表面，必须用机械或化学清理方法去除氧化膜，并且必须在清理后规定的时间内进行焊接。

修磨好电极端头直径，尽量使表面光滑；调整好上下电极的位置，保证电极端头平面平行，轴线对中。

2. 点焊工艺及注意事项

(1) 点焊的搭接宽度及焊点间距要求。点焊的搭接宽度选择应以满足焊点强度为前提。厚度不同的材料，所需焊点直径也不同，即薄板，焊点直径小；厚板，焊点直径大。因此，不同厚度的材料搭接宽度就不同，一般规定见表 3-21。

表 3-21 点焊搭接宽度及焊点间距最小值　　　　　　mm

材料厚度	结 构 钢		不 锈 钢		铝 合 金	
	搭接宽度	焊点间距	搭接宽度	焊点间距	搭接宽度	焊点间距
0.3 + 0.3	6	10	6	7	—	—
0.5 + 0.5	8	11	7	8	12	15
0.8 + 0.8	9	12	9	9	12	15
1.0 + 1.0	12	14	10	10	14	15
1.2 + 1.2	12	14	10	14	12	15
1.5 + 1.5	14	15	12	12	18	20
2.0 + 2.0	18	17	12	14	20	25
3.0 + 3.0	20	24	18	18	26	30
4.0 + 4.0	22	26	20	22	30	35

(2) 防止熔核偏移。熔核偏移是不等厚度、不同材料电焊时，熔核不对称于交界面而向厚板或导电、导热性差的一边偏移。其结果造成导电、导热性好的工件焊透率小。

防止熔核偏移的原则是：增加薄板或导电、导热好的工件产热，加强厚板或导电、导热差的工件散热。

(3) 表面有镀层的零件点焊时，由于镀层金属的物理、化学性能不同于零件金属本身的性能，必须根据镀层性能选择电焊设备、电极材料和焊接工艺参数，尽量减少对镀层的破坏。

(4) 点焊时工件应放平，焊接顺序的安排要使焊点交叉分布，使焊接应力均匀分布，避免变形积累。

(5) 随时观察焊点表面状态，及时修理电极端头，防止工件表面粘住电极或烧伤。

(6) 对于工件表面要求无压痕或压痕很小时，应使表面要求高的一面放于下电极上，尽可能加大下电极表面直径，或选用平板定位焊机进行焊接。

(7) 焊前、焊接过程中及焊接结束时，应分阶段进行点焊层检验。

(8) 焊接工作结束后，关闭焊接电源开关，关闭气路和冷却水。

3. 典型材料的点焊工艺

(1) 低碳钢点焊工艺参数见表 3-22。

表 3-22 低碳钢点焊工艺参数

板厚/mm	低 碳 钢				
	$d_{极}$/mm	P/kN	T(周波)	$d_{核}$/mm	I/kA
0.5	4.8	0.9	9	4.0	5.0
0.8	4.8	1.25	13	4.8	6.5
1.0	6.4	1.50	17	5.4	7.2
1.2	6.4	1.75	19	5.8	7.7
1.5	6.4	2.40	25	6.7	9.0
2	8.0	3.00	30	7.6	10.3

(2) 不锈钢点焊工艺参数见表 3-23。

表 3-23 不锈钢点焊工艺参数

板厚/mm	不 锈 钢				
	$d_{极}$/mm	P/kN	T(周波)	$d_{核}$/mm	I/kA
0.5	4.0	1.5～2.0	3～4	3.5～4.5	—
0.8	5.0	2.4～3.6	5～7	—	5～6.5
1.0	5.0	3.6～4.2	6～8	—	5.8～6.5
1.2	6.0	4.0～4.5	7～9	—	6.0～7.0
1.5	6～6.5	5.0～5.6	9～12	—	6.5～8.0
2	7.0	7.5～8.5	11～13	—	8～10

(3) 铝合金点焊工艺参数见表 3-24。

表 3-24 铝合金点焊工艺参数

板厚/mm	铝 合 金				
	$d_{极}$/mm	P/kN	T(周波)	$d_{核}$/mm	I/kA
0.5	—	—	—	—	—
0.8	75	2.0～2.5	2.0	—	25～28
1.0	100	2.5～3.6	2.0	—	29～32
1.2	—	—	—	—	—
1.5	150	3.5～4.0	3.0	—	35～40
2	200	4.5～5.0	5.0	—	45～50

二、钢筋闪光对焊

1. 钢筋闪光对焊焊前准备

钢筋闪光对焊焊前需对接头处进行处理，清除端部的油污、锈蚀；弯曲的端头不能装夹，必须切掉。

2. 钢筋闪光对焊工艺

钢筋闪光对焊工艺参数见表 3-25。

表 3-25　钢筋闪光对焊工艺参数

钢筋直径/mm	顶锻压力/MPa	伸出长度/mm	燃化流量/mm	顶锻流量/mm	燃化时间/s
5	60	9	3	1	1.5
6	60	11	3.5	1.3	1.9
8	60	13	4	1.5	2.25
10	60	17	5	2	3.25
12	60	22	6.5	2.5	4.25
14	70	24	7	2.8	5
16	70	28	8	3	6.75
18	70	30	9	3.3	7.5
20	70	34	10	3.6	9
25	80	42	12.5	4.0	13
30	80	50	15	4.6	20
40	80	66	20	6.0	45

3. 钢筋闪光对焊操作过程

(1) 按焊件的形状调整钳口，使两钳口中心线对准。

(2) 调整好钳口距离。

(3) 调整形成螺钉。

(4) 将钢筋放在两钳口上，并将两个夹头夹紧、压实。

(5) 手握手柄将两钢筋头端面顶紧并通电，利用电阻热对接头部位预热，加热至塑性状态后，拉开钢筋，使两接头中间有约 1～2 mm 的空隙。焊接过程进入闪光阶段，火花飞溅喷出，排除接头间的杂质，露出新的金属表面。此时，迅速将钢筋端头顶紧，并断电继续加压，但不能造成接头错位、弯曲。加压使接头处形成焊包，焊包的最大凸出量高于母材 2 mm 左右为宜。

(6) 卸下钢筋，焊接完成。

★ 知识点 4　电阻焊安全操作规程

(1) 焊机安装必须牢固可靠，其周围 15 m 内应无易燃易爆物品，作业现场应备有专用的消防器材。

(2) 焊机安装应高出地面 20～30 cm，周围应有专用的排水沟。

(3) 焊机安装、拆卸、检修均由电工负责，焊工不得随意接线。

(4) 焊机必须可靠接地。

(5) 检修控制箱时必须切断电源。

(6) 焊机操作应是一个人进行，脚踏开关必须有安全保护。

(7) 操作时焊工必须戴防护眼镜，穿防护服和绝缘鞋。

(8) 操作现场应通风良好。

附录1 电焊工国家职业标准

1. 职业概况

1.1 职业名称

焊工。

1.2 职业定义

操作焊接和气割设备,进行金属工件的焊接或切割成型的人员。

1.3 职业等级

本职业共设五个等级,分别为初级(国家职业资格五级)、中级(国家职业资格四级)、高级(国家职业资格三级)、技师(国家职业资格二级)、高级技师(国家职业资格一级)。

1.4 职业环境

室内、外及高空作业且大部分在常温下工作(个别地区除外),施工中会产生一定的光辐射、烟尘、有害气体和环境噪声。

1.5 职业能力特征

具有一定的学习理解和表达能力;手指、手臂灵活,动作协调;视力良好,具有分辨颜色色调和浓淡的能力。

1.6 基本文化程度

初中毕业。

1.7 培训要求

1.7.1 培训期限

全日制职业学校教育,根据其培养目标和教学计划确定。晋级培训期限:初级不少于280标准学时,中级不少于320标准学时,高级不少于240标准学时,技师不少于180标准学时,高级技师不少于200标准学时。

1.7.2 培训教师

培训初、中、高级焊工的教师应具有本职业大专以上(含大专)学历或高级以上职业资格证书,培训技师、高级技师的教师应具有高级技师职业资格证书或相应专业技术职称,口齿清楚、有较好的表达能力。

1.7.3 培训场地设备

理论培训应具有可容纳30名以上学员的教室;实操培训场所应具有80 m^{2}以上且能安排8个以上工位,有相适应的设备和必要工卡具,通风良好,安全设施完善的场地。

1.8 鉴定要求

1.8.1 适用对象

从事或准备从事本职业的人员。

1.8.2　申报条件

——初级(具备以下条件之一者)

(1) 经本职业初级正规培训达规定标准学时数,并取得毕(结)业证书。

(2) 在本职业连续见习工作 2 年以上。

——中级(具备以下条件之一者)

(1) 取得本职业初级职业资格证书后,连续从事本职业工作 3 年以上,经本职业中级正规培训达规定标准学时数,并取得毕(结)业证书。

(2) 取得本职业初级职业资格证书后,连续从事本职业工作 5 年以上。

(3) 连续从事本职业工作 6 年以上。

(4) 取得经劳动保障行政部门审核认定的,以中级技能为培养目标的中等以上职业学校本职业毕业证书。

——高级(具备以下条件之一者)

(1) 取得本职业中级职业资格证书后,连续从事本职业工作 4 年以上,经本职业高级正规培训达规定标准学时数,并取得毕(结)业证书。

(2) 取得本职业中级职业资格证书后,连续从事本职业工作 7 年以上。

(3) 连续从事本职业工作 10 年以上。

(4) 取得高级技工学校或经劳动保障行政部门审核认定的,以高级技能为培养目标的高等职业学校本职业毕业证书。

(5) 取得本职业中级职业资格证书的大专以上本专业或相关专业毕业生,连续从事本职业工作 2 年以上。

——技师(具备以下条件之一者)

(1) 取得本职业高级职业资格证书后,连续从事本职业工作 5 年以上,经本职业正规技师培训达规定标准学时数,并取得毕(结)业证书。

(2) 取得本职业高级职业资格证书后,连续从事本职业工作 8 年以上。

(3) 高级技工学校本专业毕业生,连续从事本职业工作满 2 年。

——高级技师(具备以下条件之一者)

(1) 取得本职业技师职业资格证书后,连续从事本职业工作 3 年以上,经本职业正规高级技师培训达规定标准学时数,并取得毕(结)业证书。

(2) 取得本职业技师职业资格证书后,连续从事本职业工作 5 年以上。

1.8.3　鉴定方式

分为理论知识考试和技能操作考核(可根据申报人实际情况选定项目)。理论知识考试采用笔试,技能操作考核采用现场实际操作方式。考试成绩均实行百分制,两项皆达 60 分以上者为合格。技师和高级技师鉴定还须进行综合评审。

1.8.4　考评人员与考生配比

理论考评员与考生配比为 1∶20 且不少于 3 人;技能操作考评员与考生配比为 1∶5 且不少于 3 人;综合评审考评员与考生配比为 1∶10 且不少于 5 人。

1.8.5　鉴定时间

理论知识考试 60~120 min(等级不同时间不同);技能操作考核 90~150 min(项目不同时间不同);综合评审 20~40 min。

1.8.6　鉴定场所设备

理论知识考试在标准教室里进行。技能操作考核在具有必备设备、工卡具及设施、通风条件和安全措施完善的场所进行。

2．基本要求

2.1　职业道德

2.1.1　职业道德基本知识

2.1.2　职业守则

(1) 遵守法律、法规和有关规定。

(2) 爱岗敬业，忠于职守，自觉认真履行各项职责。

(3) 工作认真负责，严于律己，吃苦耐劳。

(4) 刻苦学习，钻研业务，努力提高思想和科学文化素质。

(5) 谦虚谨慎，团结协作，主协配合。

(6) 严格执行工艺文件，重视安全，保证质量。

(7) 坚持文明生产。

2.2　基础知识

2.2.1　识图知识

(1) 简单装配图的识读知识。

(2) 焊接装配图识读知识。

(3) 焊缝符号和焊接方法代号表示方法。

2.2.2　金属学及热处理知识

(1) 金属晶体结构的一般知识。

(2) 合金的组织结构及铁碳合金的基本组织。

(3) Fe-C 相图的构造及应用。

(4) 钢的热处理基本知识。

2.2.3　常用金属材料知识

(1) 常用金属材料的物理、化学和力学性能。

(2) 碳素结构钢、合金钢、铸铁、有色金属的分类、牌号、成分、性能和用途。

2.2.4　电工基本知识

(1) 直流电与电磁的基本知识。

(2) 交流电基本概念。

(3) 变压器的结构和基本工作原理。

(4) 电流表和电压表的使用方法。

2.2.5　化学基本知识

(1) 化学元素符号。

(2) 原子结构。

(3) 简单的化学反应式。

2.2.6　安全卫生和环境保护知识

(1) 安全用电知识。

(2) 焊接环境保护及安全操作规程。

(3) 焊接劳动保护知识。

(4) 特殊条件与材料的安全操作规程。

2.2.7 冷加工基础知识

(1) 钳工基础知识。

(2) 钣金工基础知识。

3. 工作要求

本标准对初级、中级、高级、技师、高级技师的技能要求依次递进，高级别包括低级别的要求。

3.1 初级(见下表)

职业功能	工作内容	技　能　要　求	相　关　知　识
一、焊前准备	(一) 劳动保护准备	1. 能够正确准备个人劳保用品 2. 能够进行场地设备、工卡具安全检查	1. 焊接环境的有害因素和防止措施知识(劳动卫生、安全事故等) 2. 安全用电知识 3. 手工电弧安全操作规程(包括一般条件及特殊条件下的操作规程)
	(二) 焊接材料准备	能够正确选择及使用焊条	1. 焊条的组成和作用 2. 焊条的分类及型号 3. 碳钢焊条的选择和使用
	(三) 工件准备	1. 能够识别金属牌号	金属材料基本知识
		2. 能够正确识图	1. 焊接装配图知识 2. 焊缝符号和焊接方法代号的表示方法
		3. 能够进行焊接坡口准备	1. 焊接接头种类 2. 坡口形式及坡口尺寸 3. 坡口清理
	(四) 设备准备	1. 能够正确选用手弧焊机	1. 手弧焊机的种类及型号 2. 焊机铭牌 3. 弧焊电源的要求
		2. 能够正确选用焊钳及焊接电缆	焊钳及焊接电缆的选用原则
二、焊接	可根据实际情况选择下列工作内容	能够运用手弧焊和气焊(气割)对低碳钢进行焊接(切割)	
	(一) 手工电弧焊(手弧焊)	1. 能够正确使用手弧焊机	1. 焊接概述 2. 手弧焊机的调节及使用方法
		2. 能够正确选择手弧焊工艺参数	1. 手弧焊工艺特点 2. 手弧焊工艺参数及其选择
		3. 能够进行焊接电弧的引燃、运条、收弧 4. 能够进行工件的组对及定位焊	焊接电弧知识

续表

职业功能	工作内容	技 能 要 求	相 关 知 识
二、焊接	(一) 手工电弧焊 (手弧焊)	5. 能够进行低碳钢平板平焊位的单面焊双面成形 6. 能够进行低碳钢平板的立焊、横焊 7. 能够进行角接及 T 形接头焊接 8. 能够进行低碳钢的水平转动管焊接	手弧焊操作要点
	(二) 气焊、气割	1. 能够正确使用气焊、气割设备、工具及材料	1. 气焊、气割原理及其应用范围 2. 气焊、气割设备及工具 3. 气焊、气割材料
		2. 能够进行低碳钢和低合金钢的气焊和气割	1. 气焊、气割工艺 2. 气焊、气割安全操作规程
	(三) 碳弧气刨	1. 能够进行碳弧气刨的设备、工具和材料的选择	1. 碳弧气刨原理 2. 碳弧气刨设备、工具和材料
		2. 能够进行低碳钢和低合金钢的碳弧气刨	常用金属材料的碳弧气刨
三、焊后检查	(一) 外观检查	能够进行焊缝外观尺寸和表面缺陷的检查	1. 焊接外部缺陷种类 2. 焊缝外观缺陷产生原因和防止方法
	(二) 缺陷返修和焊补	能够正确进行返修和焊补	1. 返修要求 2. 返修和焊补方法

3.2 中级(见下表)

职业功能	工作内容	技 能 要 求	相 关 知 识
一、焊前准备	(一) 安全检查	能够进行场地设备、工卡具安全检查	安全操作规程
	(二) 焊接材料准备	1. 正确选择和使用常用金属材料的焊条	1. 焊接冶金原理 2. 常用金属材料的焊条选择和使用
		2. 正确选择和使用焊剂	1. 焊剂的作用 2. 焊剂的分类及型号 3. 焊剂的使用
		3. 正确选择和使用保护气体	1. 保护气体的种类及性质 2. 保护气体使用
		4. 正确选择和使用焊丝	焊丝的种类、型号、成分、性能及使用

职业功能	工作内容	技能要求	相关知识
一、焊前准备	(三) 工件准备	1. 能够进行不同位置的焊接坡口的准备 2. 能够控制焊接变形 3. 能够进行焊前预热 4. 能够进行焊件组对及定位焊	1. 不同焊接位置的坡口选择 2. 焊接变形知识 3. 焊前预热作用和方法 4. 组对及定位焊基本要求
	(四) 设备准备	能正确选择手弧焊机、埋弧焊机、气体保护焊机、电阻焊机等及辅助装置	1. 埋弧焊机分类及组成 2. 埋弧焊机工作原理 3. 钨极氩弧焊机及辅助装置 4. 二氧化碳气体保护焊机及辅助装置
二、焊接		能够运用常用的焊接方法对常用的金属材料进行焊接	
	(一) 常用焊接方法运用(可根据申报人情况任选一种)	手工电弧焊 1. 能够进行低碳钢平板对接立焊、横焊的单面焊双面成形 2. 能够进行低碳钢平板对接的仰焊 3. 能够进行低碳钢管垂直固定的单面焊双面成形 4. 能够进行低碳钢管板插入式各种位置的焊接 5. 能够进行低碳钢管的水平固定焊接	1. 不同位置的焊接工艺参数 2. 不同位置焊接的操作工艺要点
		埋弧焊 1. 能够进行埋弧焊机的操作	1. 埋弧焊工作原理、特点及应用范围 2. 埋弧焊自动调节原理
		2. 能够正确选择埋弧焊工艺参数	埋弧焊工艺参数
		3. 能够进行中、厚板的平板对接盖面焊	埋弧焊操作要点
		钨极氩弧焊 1. 能够正确选择手工钨极氩弧焊工艺	1. 手工钨极氩弧焊工作原理、特点及应用范围 2. 手工钨极氩弧焊工艺参数
		2. 能够进行管的手工钨极氩弧焊对接单面焊双面成型 3. 能够进行管的手工钨极氩弧焊打底,手工电弧焊填充、盖面	手工钨极氩弧焊操作要点

续表二

职业功能	工作内容		技能要求	相关知识
二、焊接	(一) 常用焊接方法运用(可根据申报人情况任选一种)	二氧化碳气体保护焊	1. 能够正确选择半自动二氧化碳气体保护焊工艺	1. 二氧化碳气体保护焊工作原理、特点及应用范围 2. 二氧化碳气体保护焊的熔滴过渡及飞溅 3. 半自动二氧化碳气体保护焊工艺
			2. 能够进行半自动二氧化碳气体保护焊板的各种位置单面焊双面成形	半自动二氧化碳焊接操作要点
		电阻焊	1. 能够正确选择电阻焊工艺参数 2. 能够进行电阻焊机操作 3. 能够进行薄板点焊、钢筋对焊	1. 电阻焊原理、分类、特点及应用范围 2. 点焊工艺 3. 对焊工艺 4. 点焊和对焊操作要点
		等离子焊接与切割	1. 能够进行奥氏体不锈钢的等离子切割	等离子电弧特点及分类
			2. 能够进行奥氏体不锈钢的焊接	1. 等离子焊接方法分类 2. 等离子焊接工艺
		其他焊接方法运用(钎焊等)	能够运用所选用的焊接方法进行焊接	1. 其他焊接方法的原理和应用范围 2. 其他焊接方法的设备及工艺
	(二) 焊接接头质量控制	控制焊接接头的组织和性能	1. 能够控制焊后焊接接头中出现的各种组织	1. 焊接熔池的一次结晶、二次结晶 2. 焊缝中的有害气体及有害元素的影响 3. 焊接接头热影响区的组织和性能
			2. 能够控制和改善焊接接头的性能	1. 影响焊接接头的因素 2. 控制和改善焊接接头性能的措施
		控制焊接应力及变形	1. 能够控制和矫正焊接残余变形	1. 焊接应力及变形产生的原因 2. 焊接残余变形和残余应力的分类 3. 控制焊接残余变形的措施 4. 矫正残余变形的方法
			2. 能够减少和消除焊接残余应力	1. 减少焊接残余应力的措施 2. 消除残余应力的方法

职业功能	工作内容		技 能 要 求	相 关 知 识
二、焊接	(三) 常用金属材料的焊接(可根据申报人情况任选一种)	低合金结构钢的焊接	能够选择低合金结构钢焊接材料和工艺	1. 焊接性概念 2. 低合金结构钢的焊接性 3. 低合金结构钢焊接工艺
		珠光体耐热钢和低温钢的焊接	能够选择珠光体耐热钢和低温钢焊接材料和工艺	1. 珠光体耐热钢和低温钢的焊接性 2. 珠光体耐热钢和低温钢的焊接工艺
		奥氏体不锈钢的焊接	能够选择奥氏体不锈钢焊接材料和工艺	1. 不锈钢的分类及性能 2. 奥氏体不锈钢的焊接性 3. 奥氏体不锈钢焊接工艺
三、焊后检查	(一) 焊接缺陷分析		1. 能够防止焊接缺陷	1. 焊接缺陷的种类和特征 2. 焊接缺陷的危害 3. 焊接缺陷产生的原因 4. 焊接缺陷的防止措施
			2. 能够进行焊接缺陷的返修	1. 焊接缺陷返修要求 2. 焊接缺陷返修方法
	(二) 焊接检验		1. 能够对焊接接头外观缺陷进行检验	1. 焊接检验方法分类 2. 焊接检验方法的应用范围
			2. 能够根据力学性能和 X 射线检验的结果评定焊接质量	1. 破坏性检验方法 2. 力学性能评定标准 3. 非破坏性检验方法的工作原理 4. X 射线评定标准

3.3 高级(见下表)

职业功能	工作内容	技 能 要 求	相 关 知 识
一、焊前准备	(一) 安全检查	能够进行场地、设备、工卡具安全检查	安全操作规程
	(二) 焊接材料准备	能够正确选用和使用焊条及焊丝	铸铁、有色金属、异种金属等的焊条及焊丝选择和使用
	(三) 工件准备	能够进行铸铁、有色金属、异种金属等的坡口准备	1. 铸铁、有色金属、异种金属性质 2. 铸铁、有色金属、异种金属焊前准备要求
	(四) 设备准备	能够进行焊接设备的调试	焊接设备调试方法

职业功能	工作内容		技能要求	相关知识
二、焊接			能够运用常用的焊接方法对各种(常用及特殊)材料进行焊接	
	(一) 焊接接头试验		能够进行焊接接头试验试件的制备	1. 焊接接头力学性能试验 2. 焊接接头焊接性试验
	(二) 特殊材料焊接(可根据申报人情况任选一种)	铸铁焊接	能够进行灰口铸铁的焊补	1. 铸铁的分类 2. 铸铁的焊接性 3. 铸铁焊接工艺
		有色金属焊接	1. 能够进行铝及其合金的焊接	1. 铝及其合金的分类 2. 铝及其合金的焊接性 3. 铝及其合金的焊接工艺
			2. 能够进行铜及其合金的焊接	1. 铜及其合金的分类 2. 铜及其合金的焊接性 3. 铜及其合金的焊接工艺
			3. 能够进行钛及其合金的焊接	1. 钛及其合金的分类及性质 2. 钛及其合金的焊接性 3. 钛及其合金的焊接工艺
		异种金属的焊接	1. 能够进行珠光体钢和奥氏体不锈钢的单面焊双面成形	1. 异种钢的焊接性 2. 珠光体钢和奥氏体不锈钢(含复合钢板)的焊接工艺
			2. 能够进行低碳钢与低合金钢的焊接	1. 低碳钢与低合金钢的焊接性 2. 低碳钢与低合金钢的焊接工艺
	(三) 手工电弧焊或其他焊接方法运用		1. 能够进行平板对接仰焊位单面焊双面成形 2. 能够进行管对接水平固定位置的单面焊双面成形 3. 能够进行骑座式管板的仰焊位置单面焊双面成形 4. 能够进行小直径管垂直固定和水平固定加障碍的单面焊双面成形 5. 能够进行小直径管45°倾斜固定单面焊双面成形	各种位置焊接的操作要点
	(四) 典型容器和结构焊接		能够进行典型容器和结构的焊接	1. 锅炉及压力容器结构的特点和焊接 2. 梁及柱的特点和焊接

续表二

职业功能	工作内容	技能要求	相关知识
三、焊后检查	(一) 焊接缺陷分析	1. 能够防止特殊材料的焊接缺陷 2. 能够防止典型容器和结构的焊接缺陷	1. 特殊材料焊接缺陷产生原因及防止措施 2. 典型容器和结构焊接缺陷产生原因及防止措施
	(二) 焊接检验	1. 能够进行渗透试验 2. 能够进行水压试验	

3.4 技师(见下表)

职业功能	工作内容	技能要求	相关知识
一、焊前准备	(一) 安全检查	1. 能够指导焊工进行安全生产 2. 焊接装配图	1. 安全操作规程 2. 焊接劳动卫生
	(二) 工件准备	1. 能够看懂一般的焊接装配图 2. 能够进行一般结构的放样和下料	焊接装配图
	(三) 设备准备	1. 能够进行焊接设备的验收 2. 能够进行焊接设备简单故障分析及维修	1. 电子学基础知识 2. 焊接设备知识
	(四) 焊接工艺规程制定	1. 能够进行新材料、新工艺、新产品焊接工艺评定 2. 能够编制焊接技术交底单(焊接工艺卡)	1. 焊接工艺评定 2 焊接工艺规程
二、焊接		能够运用各种焊接方法对各种材料进行焊接,且能解决一般焊接结构生产问题	
	(一) 特种焊接方法焊接(可根据申报情况任选一种)	能够针对特殊材料和结构进行特种焊接方法的选择、运用	1. 钉焊 2. 电渣焊 3. 激光焊接及切割 4. 电子束焊接 5. 堆焊 6. 热喷涂
	(二) 新型材料的焊接	能够进行新型材料的焊接性分析	新型材料焊接(镍、陶瓷等)
	(三) 焊接接头静载强度计算和结构可靠性分析	1. 能够进行焊接接头简单受力分析	焊接接头受力分析
		2. 能够进行简单焊接接头的静载强度计算	焊接接头静载强度计算
		3. 能够进行简单的焊接接头可靠性分析	1. 焊接结构的脆性断裂 2. 焊接结构的疲劳破坏

续表

职业功能	工作内容	技 能 要 求	相 关 知 识
二、焊接	(四) 焊接结构生产	1. 能够参与编制一般焊接结构生产工艺流程 2. 能够进行工装卡具的选择和改进	1. 焊接结构生产 2. 工装卡具知识
三、焊后检查	(一) 焊接缺陷分析	能够进行焊接结构的缺陷分析	有关质量验收标准
	(二) 焊接检查	1. 能够进行焊接结构的质量检查 2. 能够撰写技师检查报告	
	(三) 焊接结构验收	能够进行一般焊接结构的质量验收	
四、管理	(一) 焊接生产管理	能够进行成本核算和定额管理	1. 成本核算 2. 定额管理
	(二) 技术文件编写	1. 能够进行技术总结 2. 能够撰写技术论文	1. 技术总结内容和方法 2. 论文内容和方法
五、培训	焊工培训	能够进行初、中、高级焊工培训	焊接及焊工培训有关知识

3.5 高级技师(见下表)

职业功能	工作内容	技 能 要 求	相 关 知 识
一、焊前准备	(一) 安全检查	能够指导焊工安全生产	1. 安全操作规程 2. 焊接劳动卫生
	(二) 工件准备	1. 能够看懂复杂焊接结构装配图 2. 能够进行复杂结构的放样和下料	1. 焊接装配图 2. 复杂结构放样
	(三) 设备准备	能够进行焊接设备的调试和维修	1. 电子学知识 2. 焊接设备
二、焊接	(一) 焊接结构生产	能够综合运用焊接知识解决本职业较高难度焊接工艺和结构问题	
		1. 能够参与编制复杂焊接结构生产工艺流程	焊接结构生产
		2. 能够进行一般工装夹具的设计	1. 机械设计基础知识 2. 工装夹具结构和组成
		3. 能够解决本职业较高难度焊接工艺难题	
	(二) 焊接自动控制	1. 能够参与焊接自动控制的方案设计 2. 能够选择焊接机械手和机器人	1. 自动控制基础理论 2. 焊接机械手和机器人基础知识

续表

职业功能	工作内容	技 能 要 求	相 关 知 识
三、焊后检查	(一) 焊接检查	能够进行复杂焊接结构和工程的检查	焊接结构及工程质量验收标准
	(二) 质量验收	能够进行工程质量验收	
四、管理	(一) 施工组织设计	能够参与施工组织设计或焊接工艺规程的编制	1. 施工组织设计和焊接工艺规程编制原则 2. 施工组织设计和焊接工艺规程内容 3. 典型施工组织设计和焊接工艺规程
	(二) 质量管理	能够根据 ISO 9000 质量管理体系要求指导生产	ISO 9000 质量管理体系
	(三) 技术文件编写	能够撰写技术总结和论文	
	(四) 科学试验及研究	1. 能够进行计算机的一般操作 2. 能够进行科学试验	1. 计算机基础知识 2. 计算机操作 3. 科学试验研究方法
五、培训	焊接培训	能够进行高级焊工和焊接技师的培训	焊接培训有关知识

4. 比重表

4.1 理论知识(见下表)

项　　目		初级(%)	中级(%)	高级(%)	技师(%)	高级技师(%)
基本要求	职业道德	5	2	2	—	—
	基础知识	25	15	15	10	10
相关知识	焊前准备 劳动保护准备	5	—	—	—	—
	安全检查	—	3	3	2	5
	焊接材料准备	5	3	5	—	—
	工件准备	5	3	5	2	5
	设备准备	5	3	5	5	5
	焊接工艺规程制定	—	—	—	5	—

续表

项　　目			初级 (%)	中级 (%)	高级 (%)	技师 (%)	高级技师 (%)
相关知识	焊接	手工电弧焊方法	45	32	5	—	—
		特种焊接方法	—	—	—	20	—
		焊接接头试验	—	—	10	—	—
		焊接质量控制	—	12	—	—	—
		常用金属材料的焊接	—	18	—	—	—
		特殊材料焊接	—	—	30	—	—
		新型材料的焊接	—	—	—	8	—
		典型容器和结构的焊接	—	—	10	—	—
		焊接结构静载强度计算和结构可靠性分析	—	—	—	12	—
		焊接结构生产	—	—	—	8	15
		焊接自动控制	—	—	—	—	10
	焊后检查	外观检查	3	—	—	—	—
		缺陷返修和焊补	2	—	—	—	—
		焊接缺陷分析	—	5	5	3	—
		焊接检验	—	4	5	—	—
		焊接缺陷	—	—	—	—	—
		焊接检查	—	—	—	5	3
		焊接质量(结构、工程)验收	—	—	—	(结构)5	(工程)2
	管理	焊接生产管理	—	—	—	5	—
		技术文件编写	—	—	—	5	10
		施工组织设计	—	—	—	—	10
		质量管理	—	—	—	—	10
		科学试验及研究	—	—	—	—	10
	培训	焊工培训	—	—	—	5	5
合　　计			100	100	100	100	100

4.2 技能操作

项　　目			初级(%)	中级(%)	高级(%)	技师(%)	高级技师(%)
技能要求	焊前准备	劳动保护准备	6	2	—	—	—
		安全检查	—	—	3	5	5
		焊接材料准备	2	2	3	—	—
		工件准备	5	2	3	5	5
		设备准备	2	2	3	10	5
		焊接工艺规程制定	—	—	—	15	—
	焊接	手工电弧焊等焊接方法运用(可根据申报人情况任选一种)	75	60	25	—	—
		焊接质量控制	—	10	—	—	—
		焊接接头试验	—	—	10	—	—
		常用金属材料的焊接(可根据申报人情况任选一种)	—	12	—	—	—
		特殊材料焊接(可根据申报人情况任选一种)	—	—	40	—	—
		典型容器和结构的焊接	—	—	5	—	—
		新型材料的焊接	—	—	—	10	—
		特种焊接方法	—	—	—	10	—
		焊接结构静载强度计算和结构可靠性分析	—	—	—	5	—
		焊接结构生产	—	—	—	10	15
		焊接自动控制	—	—	—	—	10
		焊接生产和质量管理	—	—	—	8	—
	焊后检查	外观检查	6	—	—	—	—
		缺陷返修和焊补	4	—	—	—	—
		焊接缺陷分析	—	5	4	2	—
	焊后检查	焊接检验	—	5	4	—	—
		焊接检查	—	—	—	5	5
		焊接质量(结构、工程)验收	—	—	—	5(结构)	5(工程)
	管理	焊接生产管理	—	—	—	4	—
		技术文件编写	—	—	—	6	12
		施工组织设计	—	—	—	—	20
		科学试验及研究	—	—	—	—	18
合　　计			100	100	100	100	100

附录2 电焊工安全操作规程

1. 电焊工安全操作规程

1.1 电焊机外壳必须接地良好，其电源的装拆应由电工进行。

1.2 施工前穿戴好劳动保护用品，戴好安全帽。敲焊渣、磨砂轮时戴好平光眼镜。

1.3 焊钳与把线必须绝缘良好，连接牢固，更换焊条应戴手套；潮湿地点工作，应站在绝缘胶板上或木板上。

1.4 在设备上施焊时，必须做好贵重物品的防护工作。并做好焊接飞溅物和敲下的焊渣的收集工作。焊接结束取下防护物时，要注意不要让焊渣等杂物掉落在设备内。

1.5 焊钳、电焊线应经常检查、保养，发现有损坏应及时修好或更换，焊接过程发现短路现象应先关好焊机，再寻找短路原因，防止焊机烧坏。换焊条时应戴好手套，身体不要靠在铁板或其他导电物件上。敲渣子时应戴上防护眼镜。移动电焊机位置，须先停机断电。

1.6 把线、地线禁止与钢丝绳接触，更不得用钢丝绳或机电设备代替零线。所有地线接头，必须连接牢固。

1.7 清除焊渣，采用电弧气刨清根部时，应戴防护眼镜或面罩，防止铁渣飞溅伤人。

1.8 雷雨时，停止露天焊接作业。

1.9 施焊周围有易燃、易爆物时，应清除、覆盖或隔离。

1.10 工作完毕，必须关闭电焊机，断开电源，检查清理现场，灭绝火种，然后才可以离开。在设备上施焊时，离开前必须将所有的焊渣、焊条头收集起来带离设备。

2. 气焊工安全操作规程

2.1 施焊场地周围必须清除易燃、易爆物品或覆盖、隔离。

2.2 氧气瓶、氧气表及焊割工具上严禁染油脂。

2.3 应掌握氧、乙炔瓶的安全使用规定。

2.4 乙炔发生器应每天换水，严禁在浮桶上放置物料，不准用手在浮桶上加压或摇动。

2.5 乙炔发生器不得放置在电线的正下方，与氧气瓶不得放一处，距易燃易爆物品和明火的距离，不得少于10米。检验是否漏气，要用肥皂水，严禁用明火。

2.6 氧气瓶、乙炔瓶应有防震胶圈，旋紧安全帽，避免剧烈震动，并防止曝晒。解冻应用热水或蒸汽加热，不准用火烤。

2.7 点火时，焊枪口不准对人，正在燃烧的焊枪不得放在工件或地面上。带有乙炔和氧气时，不准放在金属容器内，以防气体逸出，发生燃烧事故。

2.8 严禁手持连接胶管的焊枪爬梯登高。

2.9 严禁在带压的容器或管道上焊割，带电设备应先切断电源。

2.10 在贮存过易燃易爆及有毒物品的容器或管道上焊割时，应先清除干净，并将所有的孔、口打开。

2.11 工作完毕，应将氧气瓶、乙炔瓶气阀阀门关好，拧上安全罩。乙炔浮桶提出时，头部应避开浮桶上升方向，拔出后要卧放，禁止扣放在地上。检查操作场地，确认无着火危险，方准离开。

3. 氩弧焊工安全操作规程

3.1 工作前检查设备、工具是否良好。

3.2 检查焊接电源、控制系统是否有接地线，传动部分加润滑油。转动要正常，氩气、水源必须畅通。如有漏水现象，应立即通知修理。

3.3 氩弧焊必须由专人操作。

3.4 氩弧焊操纵按钮不得远离电弧，以便在发生故障时可以随时关闭。

3.5 设备发生故障应停电检修，操作工人不得自行修理。

3.6 在电弧附近不准赤身和裸露其他部位，不准在电弧附近吸烟、进食，以免臭氧、烟尘吸入体内。

3.7 氩弧焊工作场地必须空气流通。

3.8 氩气瓶不许撞砸，立放必须有支架，并远离明火 3 米以上。

3.9 在容器内部进行氩弧焊时，应戴专用面罩，以减少吸入有害烟气。容器外应设人监护和配合。

3.10 钍钨棒应存放于铅盒内，避免大量钍钨棒集中在一起。

附录 3　电焊工操作程序和动作标准

操作程序		操作内容		动　作　标　准
1	准备工作	1-1	检查	1. 电焊机无缺陷，防护罩齐全，接地良好可靠。 2. 电焊钳和地线、零线接触良好。 3. 电器开关良好，电源线可靠，一次线一般为 2 米。
		1-2	准备	1. 穿戴好劳动保护用品，备齐工具。 2. 电焊机应放在通风、干燥、便于调试的地方。 3. 在金属容器内、地下、地沟或狭窄、潮湿等处施焊时，要通风并设人监护。 4. 在金属容器内、地下、地沟或狭窄、潮湿等处施焊时，照明电源电压不能高于 12 伏。 5. 焊接贮存过易燃、易爆、有毒物质的容器和管道，要有严格的安全措施。 6. 侧身给电焊机送电，调整使用最佳电流。
2	焊接	2-1	焊接姿势	1. 根据被焊高低、大小，采取立式、半蹲式或蹲式。 2. 左手拿面罩，右手握焊钳。 3. 右手握焊钳，左手放夹和更换焊条
		2-2	平焊	1. 采取蹲式焊接或坐在绝缘椅上。 2. 焊条与焊件夹角为 90 度，向右成 30 度。 3. 由左起向右焊接。
		2-3	立焊	1. 蹲在焊缝中心位置。 2. 焊条前后夹角成 90 度角，向左成 80 度角。 3. 由下向上焊接，焊至半米以上时，半蹲或站立在焊缝左侧进行焊接。
		2-4	横焊	1. 根据焊缝高低，采取蹲、半蹲或站立式。 2. 焊条向右成 75 度角，向下成 80 度角。 3. 由左向右焊接。

操作程序		操作内容		动　作　标　准
2	焊接	2-5	仰焊	1．根据焊缝高低，采取卧式、蹲式、半蹲式或立式，身体和面部躲开焊缝。 2．焊条左右成 90 度角，向前成 70～80 度角。 3．由后向前焊接。
		2-6	高空焊接	1．站立牢靠，扎好安全带，戴好头面罩。 2．右手握焊钳，左手抓住固定物。 3．根据焊缝位置，遵照前述焊法焊接。
		2-7	大件焊接	1．顶部平形地蹲在上面，遵照平焊的动作标准，照顾四周，防止滑下。 2．反转焊件时，在焊件一侧挂好钢丝绳，专人指挥天车，人员离开，焊件翻过，慢慢落下，摆放垫平后再继续焊接。
3	焊件处理	3-1	消除药皮 补焊	1．左手拿面罩，右手拿钢锤清除药皮，检查焊接质量。
		3-2		1．检查不合格处需要补焊，根据焊缝位置情况，遵照前述各焊接方法的动作标准补焊。
4	焊接结束	4-1	停电	1．侧身单手拉下电焊机电源。 2．将电焊机二次线盘好放到固定地方。
		4-2	清理	1．将焊接好的小件，双手搬到固定位置，摆放平稳、整齐。 2．将大件由天车吊到合适的地方放平稳。 3．清理打扫现场，消灭火种。

附录4 电焊工岗位职责

1．熟悉计划、明确任务、坚守岗位，保证按时完成生产任务，并对焊接质量负责。

2．焊接压力容器的焊工，一定要凭《焊工考试合格证》所批准的操作项目进行焊接，严禁超项焊接。

3．必须掌握焊接工艺与焊接规范的每项要求，焊接前校对母材、坡口、焊材(焊条、焊丝、焊剂)。

4．牢固树立质量第一的观念，精心操作，严格自检，保证焊接质量，坚持做到以下几点：

4.1 "四严格"：严格焊材的使用；严格遵守焊接规范；严格预热层间、焊接温度；严格层层清除药皮和飞溅物。

4.2 "六不焊"：材质、焊材不清不焊；坡口、焊丝不净不焊；焊条、焊剂未烘干不焊；没有良好的地线回路不焊；组装不合格不焊；清根不净不焊。

4.3 "两过硬"：外观质量过硬(均匀、平滑、焊渣打净)；内在质量过硬(按要求经得起探伤检查)。

4.4 严格执行"三检"制：以自检为主，互检为辅，确认合格后交专检。

5．不合格的焊缝返修时要严格遵守焊接返修工艺。

6．遵守焊接操作规程，要精心维护设备、工具，搞好文明生产，安全生产。做到班后拉闸、盘线、清扫、保证工地整洁，不乱丢焊条焊剂，注意节约焊材(焊条、焊丝、焊剂)，及时回收焊条头，坚持用焊条头换新焊条制度。

附录 5　电焊工技术等级标准

1. 职业定义

使用电焊设备和工具，利用焊接材料对工件进行焊接、切割、碳弧气刨等加工。

2. 适用范围

手弧焊、埋弧焊、气体保护焊、电渣焊、等离子弧切割、碳弧气刨、铸件焊补等。

3. 技术等级

初、中、高三级

4. 初级电焊工

4.1　知识要求：

4.1.1　自用设备的名称、型号、规格、性能、结构、使用规则和维护保养方法。

4.1.2　自用仪器、仪表的名称、规格、用途、使用规则和维护保养方法。

4.1.3　自用工、夹、量具和防护用具的名称、规格、用途、使用规则和维护保养方法。

4.1.4　常用金属材料的种类、牌号、力学性能和焊接性能。金属热处理基本知识。

4.1.5　使用焊条、焊丝、焊剂、钨极的种类、牌号、规格、适用范围、使用和保管方法。

4.1.6　常用焊接保护气体(氩气、二氧化碳) 的性质和纯度对焊接质量的影响。

4.1.7　机械识图的基本知识和焊缝符号与坡口形式的表示方法及意义。

4.1.8　常用数学计算知识。

4.1.9　常用焊接方法的种类、特点、适用范围和操作方法。

4.1.10　正接法、反接法的适用范围和连接方法。

4.1.11　焊接工艺参数的基本概念。

4.1.12　常用碳钢、低合金钢、铸铁、有色金属材料的焊接方法，焊接材料和焊接工艺参数选择的知识。

4.1.13　常用焊接接头形式、坡口形式和坡口角度、根部间隙、钝边等的大小及其对焊接变形和焊接质量的影响。

4.1.14　碳弧气刨的基本原理，所用工具、设备、工艺参数、操作方法和适用范围。

4.1.15　一般焊件的焊接工艺过程及焊接缺陷返修的方法。

4.1.16　常见焊接、碳弧气刨缺陷的种类、产生原因、危害和防止方法。

4.1.17　高空、狭窄室内或容器内作业的基本知识。

4.1.18　安全技术规程。

4.2　技能要求：

4.2.1　自用焊接设备和辅助设备的使用和维护保养。

4.2.2　自用工、夹、胎、量具及保护用具的使用和维护保养，并对电焊钳、气体保护焊焊枪、气刨枪等进行修理和更换。

4.2.3 常用仪表、气瓶的使用和保管。

4.2.4 焊接材料的烘焙、使用和保管。

4.2.5 看懂焊接零件图及简单部件图。

4.2.6 选择焊接、气刨工艺参数，做好焊前的准备工作。

4.2.7 焊接低碳钢、低合金钢的一般焊件，使用碳弧气刨清理焊根。

4.2.8 对焊件进行正确的预热与温度测量。

4.2.9 检查焊缝外观质量，识别焊缝表面焊接缺陷，测量坡口及焊缝外形尺寸。

4.2.10 平焊和横焊位置的手弧焊和气体保护焊焊接。

4.2.11 正确执行安全技术操作规程。

4.2.12 做到岗位责任制和文明生产的各项要求。

4.3 工作实例：

4.3.1 板厚为 10～14 mm 低碳钢板的对接焊缝，在平焊、横焊位置进行手弧焊，要求开 V 形坡口，单面焊双面成形。

4.3.2 板厚为 7～12 mm 低碳钢板的对接焊缝，平焊或横焊位置的手工钨极氩弧焊或二氧化碳气体保护焊，要求开 V 形坡口。

4.3.3 平焊或横焊位置低碳钢板角焊缝(焊脚尺寸 6 mm)的手弧焊和气体保护焊，平焊位置低碳钢板角焊缝(焊脚尺寸 10 mm)的埋弧焊和二氧化碳气体保护焊。

4.3.4 直径大于 89 mm、壁厚小于 12 mm 的低碳钢管对接水平转动的手弧焊。

4.3.5 梁和柱的焊接。

5．中级电焊工

5.1 知识要求：

5.1.1 常用焊接设备的种类、型号、性能、结构、使用规则和调整方法。

5.1.2 修理常用工具、夹具、胎具、保护用具的基本知识。

5.1.3 钢材焊接性的估算方法及不同自然条件对焊接性影响的一般知识。

5.1.4 焊条药皮、焊剂、焊丝、钨极、保护气体的主要化学成分、作用及选用焊条、焊丝和焊剂的原则。

5.1.5 常用合金钢、不锈钢、铸铁、有色金属材料的焊接性能、焊接方法、焊接工艺参数和焊接材料的选择知识。

5.1.6 常用焊接工艺参数，各参数间的关系及其对焊接质量的影响，编制工艺规程的基本知识。

5.1.7 焊前预热、层间保温、焊后缓冷、后热、焊后热处理的概念及目的。

5.1.8 焊接接头的组成、特点，热影响区的组织、力学性能的变化及影响因素。

5.1.9 坡口形式选择的原则、加工方法及质量要求。

5.1.10 焊接变形与应力的基本概念，各种焊接变形与应力的产生原因、危害性及控制方法。

5.1.11 等离子弧焊接与切割的基本原理、种类、用途、操作方法及工艺参数对质量的影响。

5.1.12 堆焊的用途及操作方法，焊接缺陷产生的原因及防止、修补的方法。

5.1.13　常用焊接检验的方法，焊接缺陷的识别及评定的一般知识。

5.1.14　焊接缺陷的防止和返修方法。

5.1.15　机械加工常识和焊工电工基础知识。

5.1.16　编制工艺规程的基本知识。

5.1.17　生产技术管理知识。

5.2　技能要求：

5.2.1　常用焊接设备的检查、调整及故障处理。

5.2.2　常用焊接设备及辅助设备的正确使用和维护保养。

5.2.3　修理、改进自用的工、夹具。

5.2.4　看懂焊接部件图，绘制一般零件草图。

5.2.5　焊条工艺性能试验。

5.2.6　圆筒件内、外环缝及纵缝的焊接。

5.2.7　高压容器和承受冲击力的产品部件平、立、横焊位置的焊接。

5.2.8　有色金属、合金钢的焊接。

5.2.9　根据射线探伤的底片判断焊接缺陷(裂纹、夹渣、气孔、未焊透等)的位置及程度。

5.2.10　分析焊接缺陷产生的原因并返修至合格。

5.3　工作实例：

5.3.1　板厚为 10～16 mm 的中碳钢板及低合金强度钢板的对接焊缝，平、立、横焊位置的手工电弧焊，要求开 V 型坡口，单面焊双面成形。

5.3.2　直径为 273～362 mm、壁厚为 30～50 mm 的低合金钢管，开 U 形坡口，采用对接接头，在水平转动位置用手工钨极氩弧焊打底、手弧焊过渡和盖面。

5.3.3　板厚为 10～20 mm 的中碳钢板及低合金强度钢板角焊缝(焊脚尺寸不大于最小试件厚度)，平焊或横焊位置的手弧焊和气体保护焊。

5.3.4　直径为 38～60 mm、壁厚为 3～6 mm 的低合金强度钢管对接，在水平固定和垂直固定位置的手弧焊。

5.3.5　板厚大于 4 mm 的奥氏体不锈钢板对接焊缝的氩弧焊。

5.3.6　相应复杂程度工件的焊接、焊补。

6．高级电焊工

6.1　知识要求：

6.1.1　多种焊接设备的检修、调整、试车和验收方法。

6.1.2　焊接接头和新材料焊接性的试验方法。

6.1.3　焊缝强度的计算知识。

6.1.4　控制复杂构件焊接变形和焊接应力的方法及应力与变形的相互关系。

6.1.5　多层高压容器的焊接方法。

6.1.6　焊接冶金的基本知识。

6.1.7　复杂产品焊接工艺规程、工艺细则的编制方法。

6.1.8　复杂、关键产品的质量分析及废、次品的处理方法。

6.1.9　微机应用基本知识。

6.1.10　提高生产率的基本知识。

6.2 技能要求：

6.2.1 焊接设备的调整、试车和验收。

6.2.2 异种金属(低碳钢与不锈钢、钢与有色金属等)的焊接、不锈钢复合板的焊接。

6.2.3 新材料的焊接试验及焊接工艺评定。

6.2.4 编制多种焊接方法组合的焊接工艺规程。

6.2.5 各种高压、超高压容器及承受巨大冲击力构件的焊接。

6.2.6 任何焊接位置上的焊接。

6.2.7 复杂新产品的试制与质量鉴定。

6.2.8 解决焊接生产中的技术关键问题。

6.2.9 评定焊接材料的工艺性。

6.2.10 应用推广新技术、新工艺、新设备、新材料。

6.3 工作实例：

6.3.1 合金钢的焊接。

6.3.2 承受低、中、高、超高压管子、管道的任何规格、任何位置的焊接。

6.3.3 异种金属的各种接头形式、任何规格及任何空间位置的焊接。

6.3.4 复杂铸件的焊补。

6.3.5 高压、超高压容器及承受巨大冲击力构件的全位置焊接。

6.3.6 相应复杂程度工件的焊接和焊补。

附录 6　气焊(割)、电焊的"十不焊"

1. 非焊、割工不能进行焊、割作业。

2. 重点要害部分及重要场所未经消防安全部门批准，未落实安全措施的，不能进行焊、割作业。

3. 不了解焊、割地点及周围情况(如该处是否能动用明火、有无易燃、易爆物品等)的，不能进行焊、割作业。

4. 不了解焊、割件内部是否有易燃、易爆危险性的，不能进行焊、割作业。

5. 盛装过易燃、易爆液体及气体的容器(如钢瓶、油箱、槽车、贮罐)，如未经过彻底置换、清洗，不能进行焊、割作业。

6. 用可燃燃料(塑料、软木等)做保温层、冷却层、隔音、隔热的部位或火星能飞溅到的地方，在未采取切实可靠的安全措施以前，不能进行焊、割作业。

7. 有压力或密封的导管、容器等，不能进行焊、割作业。

8. 焊、割部位附近有易燃、易爆物品时，在未做清理、未采取有效的安全措施之前，不能进行焊、割作业。

9. 未经消防、安全部门批准，在禁火区内不能进行焊、割作业。

10. 附近有与明火作业相抵触的工种在作业(如油漆等)时，不能进行焊、割作业。

附录7　气焊(割)工、电焊工安全口诀

指挥天车要得当，正确手势不能忘。

起吊工件要小心，上面不能放物品。

使用烤枪要安全，气带接头要捆严。

吊起工件别夹手，脚不放在件下面。

干活内衣要穿棉，化纤布料不沾边。

活件小面不能立，特殊情况有手续。

使用砂轮戴眼镜，防止异物伤眼睛。

砂轮机上有护罩，保证安全最有效。

翻件需站件两边，工件需要链子翻。

不准吊着工件焊，免除事故和隐患。

吊活提醒邻和里，不挂撑子挂孔里。

立焊必须靠架子，插上杠子挂链子。

更换焊丝防伤人，一手抓丝一手剪。

工件不准摞着焊，件倒伤人最危险。

正确穿戴劳保服，预防烧伤最安全。

平放一头翘起时，支护至少两个点。

参 考 文 献

[1] 刘光云，赵敬党. 焊接技能实训教程. 北京：石油工业出版社，2011.

[2] 雷世明. 焊接方法与设备. 北京：机械工业出版社，2009.

[3] 郝建军，马璐萍，刘洪杰. 焊条电弧焊工艺与实训. 北京：北京理工大学出版社，2011.

[4] 《焊接工艺与操作技巧丛书》编委会. 焊条电弧焊工艺与操作技巧. 沈阳：辽宁科学技术出版社，2010.

[5] 郝建军，马璐萍，赵晓顺. CO_2 气体保护焊工艺与实训. 北京：北京理工大学出版社，2011.

[6] 《焊接工艺与操作技巧丛书》编委会. CO_2 气体保护焊工艺与操作技巧. 沈阳：辽宁科学技术出版社，2010.

[7] 郝建军，李建平，李新领. 氩弧焊工艺与实训. 北京：北京理工大学出版社，2011.

[8] 《焊接工艺与操作技巧丛书》编委会. 氩弧焊工艺与操作技巧. 沈阳：辽宁科学技术出版社，2010.

[9] 李恒. 焊接核心技术实训教程. 南京：江苏教育出版社，2012.

[10] 李恒. 焊接新工艺及新设备. 南京：江苏教育出版社，2012.

[11] 杨兵兵. 焊接实训. 北京：高等教育出版社，2009.